高等教育"十三五"规划教材

高职高专食品类专业教材系列

畜产品加工技术及实训教程

马兆瑞　李慧东　主编

科学出版社

北　京

内 容 简 介

本书为普通高等教育"十三五"国家级规划教材。全书涵盖乳制品加工和肉制品加工两篇共 21 个项目。第一篇乳与乳制品加工技术,主要讲述乳的基础知识及预处理、液态奶加工技术、酸牛奶加工技术、干酪加工技术、炼乳加工技术、奶粉加工技术、奶油加工技术、冰淇淋加工技术;第二篇肉制品加工技术,主要讲述肉制品加工的基础知识、畜禽屠宰与分割肉技术、肉类冷藏技术、干制肉制品加工技术、腌腊肉制品加工技术、熏烤肉制品加工技术、酱卤肉制品加工技术、香肠制品加工技术、西式火腿制品加工技术。每个项目后附有单元操作训练、综合实训内容和配套练习题。

在编写过程中,本书注重工学结合、双证配合,并将国家职业标准融入相关项目中,体现了以工作过程为导向、以工作任务为重点的高职教育改革思想。

该书可作为高职高专院校食品、农产品加工专业师生的教学参考书,也可供相关行业企业的技术人员参考或作为技术、岗位培训用书。

图书在版编目(CIP)数据

畜产品加工技术及实训教程/马兆瑞,李慧东主编. —北京:科学出版社,2011.3
(高等教育"十三五"规划教材·高职高专食品类专业教材系列)
ISBN 978-7-03-030217-5

Ⅰ.①畜… Ⅱ.①马… ②李… Ⅲ.①畜产品—食品加工—高等学校:技术学校—教材 Ⅳ.①TS251

中国版本图书馆 CIP 数据核字(2011)第 020853 号

责任编辑:沈力匀 / 责任校对:刘玉靖
责任印制:吕春珉 / 封面设计:邵涵韬

科 学 出 版 社 出版
北京东黄城根北街 16 号
邮政编码:100717
http://www.sciencep.com

北京虎彩文化传播有限公司 印刷
科学出版社发行 各地新华书店经销

*

2011 年 3 月第 一 版 开本:787×1092 1/16
2019 年 1 月第三次印刷 印张:25 3/4
字数:620 000

定价:58.00 元
(如有印装质量问题,我社负责调换〈虎彩〉)
销售部电话 010-62134988 编辑部电话 010-62135235(VP04)

高等教育"十三五"规划教材
高职高专食品类专业教材系列
专家委员会

高等教育"十三五"规划教材
高职高专食品类专业教材系列
编写委员会

前　　言

为认真贯彻落实教育部《关于全面提高高等教育教学质量的若干意见》中提出"加大课程改革的力度，增强学生的职业能力"要求，适应我国职业教育课程改革的趋势，我们根据食品行业各技术领域的职业岗位（群）的任职要求，以"工学结合"为切入点，以真实的生产任务或（和）工作过程为导向，以相关职业资格标准基本工作要求为依据，重新构建了课程建设与改革经验的基础上，组织开发、编写了高等职业教育食品类专业教材系列，以满足各院校食品类专业建设和相关课程改革的需要，提高课程教学质量。

本书在理论知识上本着"适度、必需和够用"的原则，注重突出高职高专教育以实验、实训教学和技能培养为主导方向的特点，改变了以往教材中过于注重理论而忽视实践的不足，加强了实践、实训方面的内容，达到精练、实用的目的；在结合职业技能鉴定内容的基础上，突出"工学交替"的教学思想，每项目后附有单元操作训练、综合实训和配套练习题。

全书包括乳制品加工技术、肉制品加工技术两部分内容，共 21 个项目。本课程实践性较强，建议在讲授时使用多媒体课件或进行实践教学。

本书由马兆瑞、李慧东任主编，袁仲、吴晓彤、郑晓杰、闫庆标任副主编。参加编写人员分工如下：项目一、二、九由漯河职业技术学院魏秋红编写；项目三、五由商丘职业技术学院袁仲编写；项目四、十二、二十一由滨州职业学院李慧东编写；项目六、七、八由内蒙古商贸职业学院刘静编写；项目十、十三、十四由温州科技职业学院郑晓杰编写；项目十一、十六由日照职业技术学院鲁曾编写；项目十五、十七、十八由内蒙古大学生命科学学院吴晓彤编写；项目十九、二十由邯郸职业技术学院李志民编写。乳品部分由马兆瑞、闫庆标、张哲统稿，全书由李慧东总统稿。

本书经教育部高职高专食品类专业教学指导委员会组织审定。在编写过程中，得到教育部高职高专食品类专业教学指导委员会、中国轻工职业技能鉴定指导中心的悉心指导以及科学出版社的大力支持，谨此表示感谢。在编写过程中参考了许多文献、资料，包括大量网上资料，难以一一鸣谢，在此一并感谢。

本书的编写注重各产品生产过程的实际操作问题的解决，内容针对性强，可作为高职高专食品类专业学生、教师用书，也可作为乳制品生产企业的培训用书，生产指导用书和相关专业人员参考书。

尽管我们在探索本教材"工学交替、双证教材"特色建设方面做出了许多努力，但由于编者水平和能力有限，书中疏漏和不妥之处在所难免，敬请使用本教材的老师和读者批评指正。

目　　录

第二篇　肉制品加工技术

第一篇　乳与乳制品加工技术

第一单元　原料乳的基础知识及预处理

项目一　乳的基础知识

☞ 能力目标

(1) 会测定乳的相对密度和酸度，并能够对生乳的质量做出正确的判断。

(2) 能够辨别正常乳和异常乳。

☞ 案例导入

乳中除了不含膳食纤维外，含有人体所需要的全部营养物质，并且容易消化吸收，物美价廉，食用方便。所以被人称为"白色血液"，是最"接近完美的食品"，是最理想的天然食品，西方人称为"人类的保姆"。

☞ 课前思考题

(1) 牛乳主要由哪些成分组成？

(2) 酪蛋白、乳脂肪和乳糖有哪些主要的化学性质？

(3) 牛乳的物理性质主要有哪些？如何利用乳的物理性质对乳的新鲜度进行判断？

(4) 什么是异常乳？常见的异常乳有哪些？

任务一　认　识　乳

一、乳的概念

乳是哺乳动物分娩后由乳腺分泌的一种白色或微黄色的不透明液体。它含有幼小机体生长发育所需要的全部营养成分，是哺乳动物出生后最适于消化和吸收的全价食物。

按乳的来源可将乳分为牛乳、羊乳、马乳等，其中以牛乳的产量最多，是乳品加工业的主要原料。本书所提到的乳类除特别说明外，一般是指牛乳。

二、乳的组成

牛乳的成分十分复杂，至少含有上百种化学成分，主要包括水、蛋白质、脂肪、乳糖和矿物质。另外，牛乳中还含有其他微量成分，如酶类、维生素、磷脂、色素及气体。乳中除去水和气体之外的物质称为乳的总固形物（total solids，TS）。总固形物也称为干物质（dry solids，DS）或全乳固体，包括脂肪（fat，F）和非脂乳固体（solids not fat，SNF），即 TS＝F＋SNF。

牛乳的组成成分可概括为图1.1。牛乳基本组成及含量见表1.1。

表 1.1　牛乳基本组成及含量

成　分	水分	全乳固体	脂肪	蛋白质	乳糖	无机盐
变化范围/%	85.5～89.5	10.5～14.5	2.5～6.0	2.9～5.0	3.6～5.5	0.6～0.9
平均值/%	87.5	13	4.0	3.4	4.8	0.8

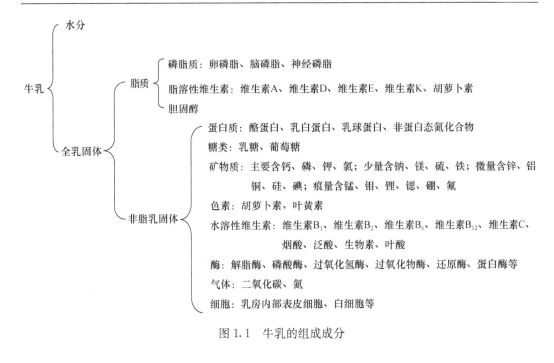

图 1.1　牛乳的组成成分

任务二　乳的化学性质

一、水分

水是乳的主要成分之一，占 87%～89%。乳中水分可分为游离水、结合水和结晶水。游离水占水分含量的绝大部分，是乳汁中各种营养成分的分散剂。结合水占 2%～3%，以氢键和蛋白质的亲水基或与乳糖及某些盐类结合存在。要想除去这些水分，只有加热到 150～160℃或长时间保持在 100～105℃的恒温下才能实现。结晶水存在于结晶乳糖（$C_{12}H_{22}O_{11} \cdot H_2O$）中，当生产奶粉、炼乳及乳糖等产品时就会有乳糖结晶。

二、乳蛋白质

牛乳的含氮化合物中 95%为乳蛋白质，蛋白质在牛乳中的含量为 3.0%～3.5%。乳中主要的蛋白质是酪蛋白，还有乳清蛋白及少量的脂肪球膜蛋白。

（一）酪蛋白

酪蛋白是在 20℃调节脱脂乳的 pH 至 4.6 时沉淀下来的一类蛋白质，占乳蛋白总量的 80%～82%。

1. 酪蛋白的存在状态

乳中的酪蛋白与钙结合生成酪蛋白酸钙，再与磷酸钙结合形成酪蛋白酸钙-磷酸钙复合体，以胶体悬浮液的状态存在于牛乳中，其胶体微粒直径在 20～600nm 之间（平均 120nm），以海绵状结构存在，这有利于蛋白质水解酶进入分子的内部。

2. 酪蛋白的化学性质

1) 酸凝固

酪蛋白胶粒对 pH 的变化很敏感，加入酸后，酪蛋白酸钙-磷酸钙复合体中磷酸钙先行分离，继续加酸，酪蛋白酸钙中的钙被酸夺取，渐渐地生成游离酪蛋白，达到等电点时，钙完全被分离，游离的酪蛋白凝固而沉淀。反应式为

$$酪蛋白酸钙[Ca_3(PO_4)_2] + 4HCl \longrightarrow 酪蛋白 \downarrow + Ca(H_2PO_4)_2 + 2CaCl_2$$

工业上常常利用酪蛋白的这种性质，用盐酸作凝固剂来生产干酪素。此外，牛乳中的乳糖在乳酸菌的作用下可生成乳酸，乳酸也可以将酪蛋白酸钙中的钙分离而形成可溶性的乳酸钙，同时使酪蛋白形成硬的凝块，酸奶制品的生产就是利用酪蛋白的这种特点。

2) 酶凝固

牛乳中的酪蛋白在皱胃酶等凝乳酶的作用下会发生凝固，工业上生产干酪就是利用此原理。酪蛋白在皱胃酶的作用下水解为副酪蛋白，后者在钙离子等二价阳离子存在下形成不溶性的凝块，这种凝块叫做副酪蛋白钙。反应式为

$$酪蛋白酸钙 + 皱胃酶 \longrightarrow 副酪蛋白钙 \downarrow + 糖肽 + 皱胃酶$$

3) 盐类及离子对酪蛋白稳定性的影响

酪蛋白酸钙-磷酸钙胶粒对其体系内二价阳离子含量的变化很敏感。钙或镁离子能与酪蛋白结合，使粒子发生凝集作用。正常乳汁中的钙和磷呈平衡状态存在，当向乳中加入氯化钙时，则能破坏这种平衡状态，在加热时酪蛋白会发生凝固现象。

（二）乳清蛋白

乳清蛋白是指酪蛋白沉淀之后所留下的蛋白质，约占乳总蛋白质的 18%～20%，可分为对热不稳定的乳清蛋白和对热稳定的乳清蛋白两大部分。对热不稳定的乳清蛋白是指乳清 pH4.6～4.7 时，煮沸 20min，发生沉淀的一类蛋白质，约占乳清蛋白的 81%，其中包括乳白蛋白和乳球蛋白。乳白蛋白约占乳清蛋白的 68%，对酪蛋白起保护作用。乳球蛋白约占乳清蛋白的 13%，与机体的免疫性相关，具有杀菌、溶菌和促吞噬作用，故又称为免疫球蛋白。对热稳定的乳清蛋白包括蛋白胨和蛋白胨。

三、乳脂肪

乳脂肪是牛乳的主要成分之一，其在乳中的含量一般是 3%～5%。

（一）乳脂肪的存在状态

乳脂肪不溶于水，呈微细球状分散于乳浆中，形成乳浊液。乳脂肪球通常直径约为 0.1～20μm，其中以 2～5μm 居多。乳脂肪的相对密度为 0.93。牛乳静置后，乳脂肪球将逐渐上浮到表面一层，称为稀奶油层。脂肪球的上浮速度与脂肪球半径的平方成正比，若要使乳脂肪球呈均匀稳定的分散状态，可通过均质处理使脂肪球的平均直径小于 1μm。

（二）乳脂肪的化学组成

乳脂肪是各种脂肪酸甘油三酯的混合物。脂肪酸可分为三类，第一类为水溶性挥发性脂肪酸，如丁酸、己酸、辛酸和癸酸等；第二类是非水溶性挥发性脂肪酸，其代表为十二烷酸；第三类是非水溶性不挥发脂肪酸，其代表为十四烷酸、十六烷酸、十八烷酸等。

乳脂肪不同于其他动植物脂肪，它含有 20 种以上的脂肪酸，且低级挥发性脂肪酸高达 14%，而其中水溶性脂肪酸达 8%左右，其他动植物脂肪只含有 1%。正是由于这些挥发性脂肪酸熔点低，在室温下呈液态、易挥发等特点，才赋予乳脂肪以特有的香味和柔弱的质体，而且易于消化吸收。

（三）乳脂肪的化学性质

（1）乳脂肪受光、氧、热、金属（Cu，Fe）作用而氧化，从而产生脂肪氧化味。
（2）乳脂肪易在解脂酶及微生物作用下发生水解，使酸度升高，产生的低级脂肪酸可导致牛乳产生不愉快的刺激性气味，即所谓的脂肪分解味。

四、乳糖

乳糖是哺乳动物乳汁中特有的碳水化合物。牛乳中 99.8%的碳水化合物为乳糖，还有少量的果糖、葡萄糖、半乳糖。牛乳中含乳糖 4.4%～5.2%，甜度相当于蔗糖的 1/6～1/5。

乳糖是由 1 分子葡萄糖和 1 分子半乳糖通过 β-1,4-糖苷键连接而成，又称为 1,4-半乳糖苷葡萄糖。因乳糖分子中含有醛基，属于还原糖。乳糖酶能使乳糖水解成葡萄糖和半乳糖。

（一）乳糖的存在形式

由于 D 葡萄糖分子中半缩醛羟基位置的不同，乳糖有 α-乳糖和 β-乳糖两种异构体。而 α-乳糖易于与 1 分子结晶水结合，成为 α-含水乳糖，所以乳糖实际上有三种异构体，即 α-含水乳糖、α-无水乳糖和 β-乳糖。一般常见的乳糖是 α-含水乳糖（$C_{12}H_{22}O_{11} \cdot H_2O$）。

（二）乳糖的营养

乳糖不仅能够提供能量，而且有利于大脑和神经的正常发育，乳糖的水解产物半乳糖是脑及神经糖脂质的重要组分。在肠道内乳糖被乳酸菌分解成乳酸，使肠道内呈弱酸性，抑制某些有害菌群的繁殖，阻止和减少有害代谢产物的产生。乳糖还有利于钙的吸收，有助于骨骼和牙齿等的正常发育。

（三）乳糖不耐症

婴儿出生时体内乳糖酶的活性很高，一部分人随着年龄增长，消化道内缺乏乳糖酶，不能分解和吸收乳糖，饮用牛乳后会出现呕吐、腹胀、腹泻等不适应症，称其为乳糖不耐症。乳糖不耐症的人群，可通过饮用发酵乳制品、在乳及乳制品中添加乳糖酶或口服乳糖酶片剂等方法解决乳糖不耐症。

五、乳中的无机物

牛乳中的无机物亦称为矿物质，是指除碳、氢、氧、氮以外的各种无机元素，主要有磷、钙、镁、氯、钠、硫、钾等，此外还有一些微量元素。牛乳中无机物的含量随泌乳期及个体健康状态等因素而异，一般为 0.30%～1.21%，平均为 0.7%左右。牛乳中主要无机物含量见表 1.2。牛乳中的盐类含量虽然很少，但对乳品加工，特别是对热稳定性起着重要作用。

表 1.2　牛乳中主要无机物的含量　　　　　　　　单位：mg/100g

项　目	钾	钠	钙	镁	磷	硫	氯
牛乳	158	54	109	14	91	5	99

六、乳中的维生素

牛乳含有几乎所有已知的维生素，特别是维生素 B_2 含量丰富，维生素 D 含量不多。牛乳中的维生素包括脂溶性维生素 A、维生素 D、维生素 E、维生素 K 和水溶性的维生素 B_1、维生素 B_2、维生素 B_6、维生素 B_{12}、维生素 C 等两大类。

乳在加工中维生素往往受到一定程度的损失。发酵法生产的酸奶由于微生物的生物合成，能使一些维生素含量增高。在干酪及奶油的加工中，脂溶性维生素可得到充分的利用，而水溶性维生素则残留于酪乳、乳清及脱脂乳中。维生素 B_1、维生素 C 等在日光照射下会遭到破坏。

七、乳中的酶类

乳中的酶主要分为内源酶和外源酶。乳中内源酶有 60 多种，主要来源于乳腺组织、乳浆及白细胞。乳与乳制品中由于微生物代谢生成的还原酶属于外源酶。现将与乳品加工密切相关的几种酶分述如下。

1. 脂酶

乳脂肪在脂酶的作用下水解产生游离脂肪酸，从而使牛乳带上脂肪分解的酸败气味，这是乳制品，特别是奶油生产上常见的缺陷。为了抑制脂酶的活性，在奶油生产中，一般采用 80～85℃的高温或超高温处理。

2. 过氧化氢酶

牛乳中的过氧化氢酶主要来自白细胞的细胞成分，特别在初乳和乳房炎乳中含量较多。所以，利用对过氧化氢酶的测定可判定牛乳是否为乳房炎乳或其他异常乳。经75℃、20min 加热，则 100%钝化。

3. 还原酶

乳中还原酶是细菌活动的产物，乳中细菌污染越严重，则还原酶的数量越多。还原酶实验是用来判断原料乳新鲜程度的一种实验。新鲜乳加入亚甲基蓝（美蓝）后染成蓝色，如乳中污染有大量微生物，则产生的还原酶使颜色逐渐变淡，直至无色。通过颜色变化速度，可以间接地判断出鲜乳中的细菌数。还原酶实验见表1.3。

表1.3　还原酶实验

美蓝褪色时间	微生物数量/(cfu/mL)	原料乳质量	美蓝褪色时间	微生物数量/(cfu/mL)	原料乳质量
>5.5h	≤50万	良好	20min～2h	400万～2000万	不好
2～5h	50万～400万	中等	20min以内	≥2000万	很坏

八、乳中的其他成分

除上述成分外，乳中尚含有少量的有机酸、细胞成分和气体等。乳中的有机酸主要是柠檬酸，乳中柠檬酸的含量为0.07%～0.40%，平均为0.18%。乳中所含的细胞成分主要是白细胞和一些乳房分泌组织的上皮细胞，也有少量红血球。一般正常乳中细胞数不超过50万个/mL。鲜牛乳中的气体主要为二氧化碳、氧气和氮气等，约占鲜牛乳的5%～7%（体积分数），其中二氧化碳最多，氧最少。在挤乳及储存过程中，二氧化碳由于逸出而减少，而氧、氮则因与大气接触而增多。

任务三　乳的物理性质

乳的物理性质包括乳的色泽、气味、相对密度、酸度、冰点、沸点等许多内容。这些性质不仅是辨别乳的质量及掺假的一些重要依据，同时在选择正确的加工工艺条件方面也具有重要的意义。

一、乳的色泽

正常的新鲜牛乳呈不透明的乳白色或稍带淡黄色。乳白色是由于乳中的酪蛋白酸钙-磷酸钙复合体胶粒及脂肪球等微粒对光的不规则反射所产生。牛乳中的脂溶性胡萝卜素和叶黄素使乳略带淡黄色。而水溶性的核黄素使乳清呈荧光性黄绿色。

二、乳的滋味与气味

新鲜纯净的乳稍带甜味，这是由于乳中含有乳糖。乳中因含有氯离子而稍带咸味。常乳中的咸味因受乳糖、脂肪、蛋白质等所调和而不易觉察，但异常乳（如乳房炎乳）中氯的含量较高，故有浓厚的咸味。乳中的苦味来自Mg^{2+}、Ca^{2+}，而酸味是由柠檬酸及磷酸所产生。

乳中含有挥发性脂肪酸及其他挥发性物质，所以牛乳带有特殊的香味。这种香味随温度的高低而异，乳经加热后香味强烈，冷却后减弱。牛乳也很容易吸收外界的各种气味。

三、乳的酸度

刚挤出的新鲜乳是偏酸的，这是由于乳中的蛋白质、柠檬酸盐、磷酸盐及二氧化碳等酸性物质所造成，这种酸度称为固有酸度或自然酸度。挤出后的乳在微生物作用下发生乳酸发酵，导致乳的酸度逐渐升高，这部分酸度称为发酵酸度或发生酸度。固有酸度和发酵酸度之和称为总酸度。乳的酸度是反映牛乳新鲜度和热稳定性的重要指标。乳的酸度与乳的凝固温度的关系见表1.4。

表1.4 乳的酸度与乳的凝固温度的关系

乳的酸度/°T	凝固条件	乳的酸度/°T	凝固条件
18	煮沸时不凝固	40	加热63℃时凝固
20	煮沸时不凝固	50	加热40℃时凝固
26	煮沸时能凝固	60	22℃时自行凝固
28	煮沸时凝固	65	16℃时自行凝固
30	加热至77℃凝固		

乳品工业中酸度通常用滴定酸度来表示，滴定酸度亦有多种测定方法及其表现形式，我国滴定酸度用吉尔涅尔度（°T）或乳酸度（%）来表示。

1. 吉尔涅尔度（°T）

取10mL牛乳，用20mL蒸馏水稀释，加入酚酞指示剂，以0.1mol/L氢氧化钠标准溶液滴定，到滴定终点时将所消耗的NaOH毫升数乘以10，即中和100mL牛乳所需0.1mol/L氢氧化钠的毫升数，消耗1mL为1°T。正常牛乳的酸度通常为16~18°T。

2. 乳酸度（%）

用乳酸量表示酸度时，按上述方法测定后用下列公式计算：

$$乳酸度（\%）=\frac{0.1mol/L\ NaOH\ 标准溶液体积（mL）\times0.009}{供试乳质量[体积（mL）\times密度（g/mL）]}\times100\% \quad (1.1)$$

正常牛乳的乳酸度为0.15%~0.18%。

四、乳的密度与相对密度

乳的密度指乳在20℃时的质量与同容积的水在4℃时的质量比。正常乳的密度 d_4^{20} 平均为1.030g/mL。乳的相对密度又称比重，是指乳在15℃时的质量与同容积、同温度水的质量之比。正常乳的相对密度 d_{15}^{15} 平均为1.032g/mL。乳的密度和相对密度在挤乳后1h内最低，其后逐渐上升。乳的密度和相对密度随乳成分的变化而变化，乳中无脂干物质越多则密度越高。乳中脂肪增加时，密度也降低。乳中加水时密度下降，每加水10%，密度下降0.003。

可用乳稠计测定乳的密度或相对密度，而乳稠计有两种规格，即20℃/4℃的密度乳稠计和15℃/15℃的相对密度乳稠计。20℃/4℃乳稠计的测定刻度数比后者低2°，生产中常以0.002为差数进行换算。测定时乳样的温度并非必须是标准温度值，在10~25℃范围内均可测定，乳温度每升高1℃，乳稠计的刻度值降低0.0002（0.2°），其原因是热胀冷缩。因此可按如下公式来矫正因温度差异造成的测定误差：

$$乳的相对密度（或密度）=1+\frac{乳稠计刻度计数+（乳样温度-标准温度）\times0.2}{1000}$$

$$(1.2)$$

五、乳的热学性质

1. 乳的冰点

牛乳的冰点一般为 -0.565～-0.525℃，平均为 -0.540℃。牛乳中的乳糖和盐类是导致冰点下降的主要因素。正常的牛乳其乳糖及盐类的含量变化很小，所以冰点很稳定。可根据冰点变动用下列公式来推算掺水量：

$$X = \frac{T - T'}{T} \times 100\% \tag{1.3}$$

式中　X——掺水量，%；

　　　T——正常乳的冰点；

　　　T'——被检乳的冰点。

2. 沸点

牛乳的沸点在 101.33kPa(1atm) 下为 100.55℃，乳的沸点受其固形物含量影响。浓缩到原体积一半时，沸点上升到 101.05℃。

3. 比热

牛乳的比热为其所含各成分比热的总和。牛乳的比热约为 3.89kJ/(kg·℃)。牛乳的比热随其所含的脂肪含量及温度的变化而异，在 14～16℃ 其脂肪含量越高，比热越大。在其他温度脂肪含量越高，乳的比热越小。乳和乳制品的比热在乳品生产过程中有很重要的意义，常用于加热量和制冷量的计算。

任务四　异　常　乳

乳牛产犊 7d 以后挤出的乳，其性质和成分基本稳定，从这时开始一直持续到乳牛下次产犊的泌乳期前所产的乳，就是正常乳。在泌乳期中，由于生理、病理或其他因素的影响，乳的成分与性质发生变化，这种成分与性质发生了变化的乳，称为异常乳。

一、异常乳的种类

异常乳可分为生理异常乳、病理异常乳、化学异常乳及微生物污染乳等几大类。生理异常乳主要指初乳和末乳以及营养不良乳。由于牛体病理原因造成乳成分与性质异常的乳为病理异常乳，如乳房炎乳。原料若被微生物严重污染而产生异常变化，则为微生物污染乳，如酸败乳。化学异常乳是成分或理化性质有了不正常变化的乳，如低成分乳。

二、异常乳的产生原因和性质

（一）生理异常乳

1. 营养不良乳

饲料不足、营养不良的乳牛所产的乳对皱胃酶几乎不凝固，所以这种乳不能制造干酪。当喂以充足的饲料，加强营养之后，牛乳即可恢复正常，对皱胃酶即可凝固。

2. 初乳

产犊后一周之内所分泌的乳称之为初乳。初乳呈黄褐色、有异臭、苦味、黏度大。脂肪、蛋白质，特别是乳清蛋白质含量高，乳糖含量低，灰分高，特别是钠和氯含量高，含铁量为常乳的 3～5 倍，铜含量约为常乳的 6 倍。维生素 A、维生素 D、维生素 E 含量较常乳多，水溶性维生素含量一般也较常乳高。初乳中还含有大量的活性蛋白，如免疫球蛋白、乳铁蛋白、多种刺激生长因子等。初乳不适于作为一般乳制品生产用的原料乳，可作为特殊乳制品的原料。目前利用初乳的免疫活性物质生产保健乳制品得到广泛的应用。

3. 末乳

末乳是指乳牛干乳期前一周左右所分泌的乳。末乳中各种成分的含量除脂肪外，均较常乳高。末乳具有苦而微咸的味道，含脂酶多，常有油脂氧化味，且微生物含量比常乳高。因此不宜作为乳制品的原料乳。

（二）化学异常乳

1. 酒精阳性乳

乳品厂检验原料乳时，一般先用 68%～72% 的酒精进行检验，凡产生絮状凝块的乳称为酒精阳性乳。酒精阳性乳有下列几种。

1）高酸度酒精阳性乳

高酸度酒精阳性乳是由于鲜乳中微生物繁殖使酸度升高而导致酒精试验呈阳性的。一般酸度在 24°T 以上的乳酒精试验均为阳性。

2）低酸度酒精阳性乳

低酸度酒精阳性乳是指牛乳酸度低于 16°T，但酒精试验也呈阳性的乳。低酸度酒精阳性乳与正常乳相比，钙、氯、镁含量高，尤其是钙含量增高明显，钠较低；蛋白质、脂肪及乳糖等含量与正常乳几乎没有差别，但蛋白质成分变异大，从而导致乳的稳定性降低；在温度超过 120℃时易发生凝固，不利于加工，降低了其利用价值。低酸度酒精阳性乳添加磷酸盐和柠檬酸盐可显著提高其对酒精的稳定性。

3）冷冻乳

冬季因受气候和运输的影响，鲜乳产生冻结现象，这时乳中一部分酪蛋白变性。同时，在处理时因温度和时间的影响，酸度相应升高，以致表现为酒精阳性。

2. 低成分乳

由于乳牛品种、饲养管理、营养素配比、高温多湿及病理等因素的影响而产生的乳固体含量过低的牛乳，称为低成分乳。

3. 混入异物乳

混入异物乳是指在乳中混入原来不存在的物质的乳。其中，有人为混入异味的异常乳和因预防治疗、促进发育等使抗生素和激素等进入乳中的异常乳。此外，还有因饲料等使农药进入乳中而造成的异常乳。乳中含有抗生素时，不能用做加工使用。

4. 风味异常乳

造成牛乳风味异常的因素很多，主要有通过机体转移或从空气中吸收而来的饲料味；由酶作用而产生的脂肪分解味；挤乳后从外界污染或吸收的牛体味或金属味等。

风味异常乳主要包括：①生理异常风味；②脂肪分解味；③氧化味；④日光味；⑤蒸煮味；⑥苦味；⑦酸败味。

（三）微生物污染乳

微生物污染乳也是异常乳的一种。由于挤乳前后的污染、不及时冷却和器具的洗涤杀菌不完全等原因，使鲜乳被大量微生物污染。因此，鲜乳中的细菌数大幅度增加，以致不能用做加工乳制品的原料，而造成浪费和损失。

（四）病理异常乳

1. 乳房炎乳

乳房炎是乳房组织内产生炎症而引起的疾病，主要由细菌感染引起。引起乳房炎的主要病原菌大约 60% 为葡萄球菌，20% 为链球菌，混合型的占 10%，其余 10% 为其他细菌。

乳房炎乳中血清白蛋白、免疫球蛋白、体细胞、钠、氯、pH 等均有增加的趋势；而脂肪、无脂乳固体、酪蛋白、乳糖、酸度、相对密度、磷、钙、钾、柠檬酸等均有减少的倾向。因此，凡是氯糖数 [（氯/乳糖）×100] 在 3.5 以上、酪蛋白氮与总氮之比在 78 以下、pH 在 6.8 以上、细胞数在 50 万个/mL 以上、氯含量在 0.14% 以上的乳，都很可能是乳房炎乳。

2. 其他病牛乳

其他病牛乳主要是指由患口蹄疫、布氏杆菌病、结核杆菌等乳牛所产的乳，乳的质量变化大致与乳房炎乳相类似。另外，患酮体过剩、肝机能障碍、繁殖障碍等的乳牛，易分泌酒精阳性乳。

 小结

牛乳的成分十分复杂，主要成分是由水、蛋白质、脂肪、乳糖、盐类、维生素和酶等组成。乳中主要的蛋白质是酪蛋白，酪蛋白在酸、凝乳酶等的作用下不稳定，易发生凝固现象。组成乳脂肪的脂肪酸中低级可溶性挥发性脂肪酸含量较高。乳中乳糖有助于大脑和神经的正常发育，如果对食品中的乳糖不能充分消化吸收，则会产生乳糖不耐症。乳的物理性质主要有色泽、滋气味、酸度、相对密度、热学性质等。这些物理特性是原料乳检测的重要指标，也是设计乳制品加工工艺及研发新产品的基础。异常乳是由奶牛生理、病理和人为掺假造成的。对异常乳的利用必须要设计出符合异常乳加工特性的工艺，从而加工出特殊的乳制品，以减少经济损失。

 复习思考题

一、单项选择题

1. 牛乳中酪蛋白等电点为（　　）。

A. 4.0　　　　　　B. 4.6　　　　　　C. 5.0　　　　　　D. 5.5

2. 乳是复杂的分散体系，其乳脂肪以（　　）形式存在。

A. 胶体悬浮液　　B. 真溶液　　　　C. 复合胶体　　　　D. 乳浊液

3. （　　）使乳脂肪在乳中保持稳定的分散状态。

A. 不饱和脂肪酸　　　　　　　　B. 低级挥发性脂肪酸

C. 脂肪球膜　　　　　　　　　　D. 乳清蛋白

4. 正常乳的酸度通常为（　　）。

A. 16～18°T　　　B. 20°T 以下　　C. 16～25°T　　　D. 乳酸度 0.1%～0.2%

5. 牛乳中主要的糖类是（　　）。

A. 葡萄糖　　　　B. 乳糖　　　　　C. 蔗糖　　　　　　D. 果糖

6. 牛乳的相对密度通常用（　　）测定。

A. 波美计　　　　B. 乳稠计　　　　C. 锤度计　　　　　D. 密度计

7. 初乳和末乳属于（　　）。

A. 异常乳　　　　B. 酒精阳性乳　　C. 冻结乳　　　　　D. 再制乳

8. 在牛乳蛋白质中，含量最高的是（　　）。

A. 乳白蛋白　　　B. 乳酪蛋白　　　C. 乳球蛋白　　　　D. 乳清蛋白

9. 低酸度酒精阳性乳是由下列哪种原因引起的（　　）。

A. 微生物繁殖　　　　　　　　　B. 盐类平衡被打破

C. 乳房炎症　　　　　　　　　　D. 气候的影响

10. 下列关于乳糖说法不正确的是（　　）。

A. 乳糖是哺乳动物乳腺所分泌的特有糖类，是一种单糖

B. 在乳中以晶粒形式存在，甜度相当于蔗糖的 1/6

C. 乳糖在乳中有三种形态：α 型、β 型和少量的醛型

D. 乳糖的形态不同导致不同形态具有不同的物理性质

二、多项选择题

1. 下列关于牛乳化学组成说法正确的是（　　）。

A. 牛乳是由复杂的化学成分所组成，它是具有胶休特性的液体

B. 牛乳中有上百种物质所组成，但主要有水、脂肪、蛋白质、乳糖、维生素、盐类等

C. 水分是乳中的主要成分

D. 维生素或其前体物并非为乳腺所合成，是由血液中原有物质进入乳中

2. 下列关于乳中维生素 C 的说法正确的是（　　）。

A. 糖类、盐类、氨基酸等物质在溶液中有保护维生素 C 的作用

B. 生产奶粉时，由于与高温空气的接触，维生素 C 损失达 60%

C. 乳中维生素 C 含量为 10～24mg/L

D. 维生素 C 有酸味，不溶于脂肪溶剂中

3. 下列关于乳在加工过程中的物理化学性质叙述正确的是（　　）。

A. 将乳迅速冷却是获得优质原料的必要条件

B. 新鲜牛乳中含有一种抗菌物质——乳烃素

C. 乳在冻结过程中由于水形成冰晶体析出，使乳的电解质浓度提高

D. 乳的杀菌和灭菌都是以热处理为主

4. 在乳中的水分含量为 87%～89%，这些水在乳中的存在形式有（　　　）。

A. 游离水　　　　　B. 结合水　　　　　C. 水蒸气的冷凝水　D. 结晶水

5. 高酸度酒精阳性乳是由下列哪种原因引起的（　　　）。

A. 乳房炎症　　　　　　　　　　　　B. 盐类平衡被打破

C. 微生物繁殖　　　　　　　　　　　D. 气候的影响

三、判断题

1. 100mL 牛乳所消耗的 0.1mol/LNaOH 的毫升数就是该乳样的吉尔涅尔度。（　　　）

2. 乳的酸度一般特指发酵酸度。（　　　）

3. 如果原料乳的密度低于正常值就有掺水的可能性。（　　　）

4. 异常乳不能作为乳制品加工的原料。（　　　）

5. 乳清蛋白是乳中热稳定性最高的成分。（　　　）

6. 刚挤出的乳因温度较高不能测定酸度和密度。（　　　）

7. 乳中掺水后密度降低，冰点上升。（　　　）

8. 正常乳的 pH7.0，呈中性。（　　　）

9. 奶粉中含 2%～5% 的水分，因为干燥温度达不到，不能使奶粉中的所有水分去除。（　　　）

10. 原料乳被微生物严重污染，以致不能用作生产原料，这种乳叫细菌污染乳。（　　　）

四、名词解释

1. 常乳

2. 异常乳

3. 亚甲基蓝还原试验

4. 吉尔涅尔度（°T）

5. 乳糖不耐症

五、简答题

1. 酪蛋白的酸凝固、酶凝固的原理分别是什么？

2. 牛乳的物理性质对判断牛乳质量有什么意义？

3. 乳的甜味、咸味来自哪些物质？

4. 简述异常乳的种类及其特性？

5. 我国酸度常用的表示方法有哪几种？

知识链接

牛乳的泌乳期

乳牛分娩后不久就开始分泌乳，一头乳牛一年持续泌乳的时间大约是 300d，这段时间称为泌乳期。在乳牛下次分娩前的 6～9 周一般要停止榨乳，这段时间为干乳期。乳牛再次分娩后又开始新一轮的泌乳期。乳牛产犊后 1.5～2 个月之间产乳量最大，其后逐渐减少，到第 9 个月开始显著降低，到第 10 个月末、第 11 个月初即为干乳期。但这是指乳牛要按时进行配种或通过人工授精，使其怀胎和能按时产犊的正常情况而言。

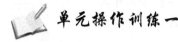

单元操作训练一

乳的相对密度的测定

一、实验目的

(1) 掌握测定相对密度的原理和方法。
(2) 了解测定相对密度对原料乳的实际意义。

二、实验原理

利用乳稠计在乳中的浮力与重力平衡的原理。

三、仪器与材料

1. 仪器
乳稠计（20℃/4℃或15℃/15℃），温度计，250mL量筒。
2. 材料
牛乳。

四、实验方法与步骤

(1) 将牛乳充分混匀，取样200mL，沿量筒壁徐徐注入量筒中，避免产生气泡。
(2) 用手拿住乳稠计上部，将乳稠计沉入乳样，使其沉入到1.030刻度处，放手使其在乳中自由浮动（勿使重锤接触量筒壁），如图1.2所示。

图1.2　乳密度的测定

(3) 静置1～3min后读取牛乳液面的刻度，以牛乳凹液面下缘为准。
(4) 用温度计测乳温。
(5) 测定值的校正。
用20℃/4℃(15℃/15℃)乳稠计测量时，若乳温不是20℃(15℃)，其测定值的校正可用计算法和查表法进行。
1. 计算法
乳温在10～25℃范围内，乳密度随温度升高而降低，随温度降低而升高。温度每升高或降低1℃，实际密度减小或增加0.0002。例如，乳温度为18℃时，测得密度的读数为1.034，则校正为20℃乳的密度应为

$$1.034 - [0.0002 \times (20-18)] = 1.034 - 0.0004 = 1.0336$$

2. 查表法
根据乳温和乳稠计读数，20℃/4℃和15℃/15℃的乳稠计分别查表1.5和表1.6。

表 1.5　乳稠计为 20℃ 时的刻度换算表

乳稠计读数	鲜乳温度/℃															
	10	11	12	13	14	15	16	17	18	19	20	21	22	23	24	25
	换算为20℃时牛乳乳稠计读数															
25	23.3	23.5	23.6	23.7	23.9	24.0	24.2	24.4	24.6	24.8	25.0	25.2	25.4	25.5	25.8	26.0
26	24.2	24.4	24.5	24.7	24.9	25.0	25.2	25.4	25.6	25.8	26.0	26.2	26.4	26.6	26.8	27.0
27	25.1	25.3	25.4	25.6	25.7	25.9	26.1	26.3	26.5	26.8	27.0	27.2	27.5	27.7	27.9	28.1
28	26.0	26.1	26.3	26.5	26.6	26.8	27.0	27.3	27.5	27.6	28.0	28.2	28.5	28.7	29.0	29.2
29	26.9	27.1	27.3	27.5	27.6	27.8	28.0	28.3	28.5	28.8	29.0	29.2	29.5	29.7	30.0	30.2
30	27.9	28.1	28.3	28.5	28.6	28.8	29.0	29.3	29.5	29.8	30.0	30.2	30.5	30.7	31.0	31.2
31	28.8	29.0	29.2	29.4	29.6	29.8	30.0	30.3	30.5	30.8	31.0	31.2	31.5	31.7	32.0	32.2
32	29.8	30.0	30.2	30.4	30.6	30.7	31.0	31.2	31.5	31.8	32.0	32.3	32.5	32.8	33.0	33.3
33	30.7	30.8	31.1	31.3	31.5	31.7	32.0	32.2	32.5	32.8	33.0	33.3	33.5	33.8	34.1	34.3
34	31.7	31.9	32.1	32.3	32.5	32.7	33.0	33.2	33.5	33.8	34.0	34.3	34.4	34.8	35.1	35.3
35	32.6	32.8	33.1	33.3	33.5	33.7	34.0	34.2	34.5	34.7	35.0	35.3	35.5	35.8	36.1	36.3
36	33.5	33.8	34.0	34.3	34.5	34.7	34.9	35.2	35.6	35.7	36.0	36.2	36.5	36.7	37.0	37.3

表 1.6　乳稠计为 15℃ 时的刻度换算表

乳稠计读数	鲜乳温度/℃														
	8	9	10	11	12	13	14	15	16	17	18	19	20	21	22
	换算为15℃时牛乳乳稠计读数														
15	14.2	14.3	14.4	14.5	14.6	14.7	14.8	15.0	15.1	15.2	15.4	15.6	15.8	16.0	16.2
16	15.2	15.3	15.4	15.5	15.6	15.7	15.8	16.0	16.1	16.3	16.5	16.7	16.9	17.1	17.3
17	16.2	16.3	16.4	16.5	16.6	16.7	16.8	17.0	17.1	17.3	17.5	17.7	17.9	18.1	18.3
18	17.2	17.3	17.4	17.5	17.6	17.7	17.8	18.0	18.1	18.3	18.5	18.7	18.9	19.1	19.5
19	18.2	18.3	18.4	18.4	18.6	18.7	18.8	19.0	19.1	19.3	19.5	19.7	19.9	20.1	20.3
20	19.1	19.2	19.3	19.4	19.5	19.6	19.8	20.0	20.1	20.3	20.5	20.7	20.9	21.1	21.3
21	20.1	20.2	20.3	20.4	20.5	20.6	20.8	21.0	21.2	21.4	21.6	21.8	22.0	22.2	22.4
22	21.1	21.2	21.3	21.4	21.5	21.6	21.8	22.0	22.2	22.4	22.6	22.8	23.0	23.3	23.4
23	22.1	22.2	22.3	22.4	22.5	22.6	22.8	23.0	23.2	23.4	23.6	23.8	24.0	24.2	24.4
24	23.1	23.2	23.3	23.4	23.5	23.6	23.8	24.0	24.2	24.4	24.6	24.8	25.0	25.2	25.5
25	24.0	24.1	24.2	24.3	24.5	24.6	24.8	25.0	25.2	25.4	25.6	25.8	26.0	26.2	26.4
26	25.0	25.1	25.2	25.3	25.5	25.6	25.8	26.0	26.2	26.4	26.6	26.9	27.1	27.3	26.4
27	26.0	26.1	26.2	26.3	26.4	26.6	26.8	27.0	27.2	27.4	27.6	27.9	28.1	28.4	28.6
28	26.9	27.0	27.1	27.2	27.4	27.6	27.8	28.0	28.2	28.4	28.6	28.9	29.2	29.4	29.6
29	27.8	27.9	28.1	28.2	28.4	28.4	28.8	29.0	29.2	29.4	29.6	29.9	30.2	30.4	30.6
30	28.7	28.9	29.0	29.2	29.4	29.6	29.8	30.0	30.2	30.4	30.6	30.9	31.2	31.4	31.6
31	29.7	28.8	30.0	30.2	30.4	30.6	30.8	31.0	31.2	31.4	31.6	32.0	32.2	32.5	32.7
32	30.6	30.8	31.0	31.2	31.4	31.6	31.8	32.0	32.2	32.4	32.7	33.0	33.3	33.6	33.8
33	31.6	31.8	32.0	32.2	32.4	32.6	32.8	33.0	33.2	33.4	33.7	34.0	34.3	34.7	34.8
34	32.5	32.8	33.0	33.1	33.3	33.7	33.8	34.0	34.2	34.6	34.7	35.0	35.3	35.6	35.9
35	33.6	33.7	33.8	34.0	34.2	34.4	34.8	35.0	35.2	35.4	35.7	36.0	36.3	36.6	36.9

单元操作训练二

乳的酸度测定

一、实验目的

(1) 掌握测定酸度的原理和方法。

(2) 了解测定酸度的实际意义。

二、实验原理

乳挤出后在存放过程中，由于微生物的活动，分解乳糖产生乳酸，而使乳的酸度升高。测定乳的酸度，可判定乳是否新鲜。乳的滴定酸度常用吉尔涅尔度（°T）和乳酸度（％）表示。

三、仪器与材料

1. 仪器

25mL 碱式滴定管，滴定架，150mL 三角瓶，10mL 吸管。

2. 材料

0.1mol/L 氢氧化钠标准溶液，0.5％酚酞酒精溶液。

四、实验方法与步骤

精确吸取 10mL 乳样，注入 150mL 三角瓶中，加入 20mL 新煮沸冷却后的蒸馏水，再加 0.5mL 酚酞指示剂，混匀。用已标定的 0.1mol/L 氢氧化钠标准溶液滴定至粉红色，并在 30s 内不褪色为止。记录所消耗的氢氧化钠的体积 V(mL)。

五、计算

$$吉尔涅尔度(°T) = V \times 10$$
$$乳酸度(乳酸 ％) = 吉尔涅尔度(°T) \times 0.009$$

六、思考题

(1) 什么是乳的相对密度？

(2) 简述乳的相对密度测定方法。

(3) 乳的滴定酸度有哪两种表示形式？

(4) 简述滴定酸度测定方法。

(5) 认真做好实训记录，写出实训报告。

 综合实训

异常乳的检验

一、实训目的

掌握异常乳的成分、病理异常乳的检验方法和检测技术。

二、实训内容

本实训检验向乳中加入某些物质，以改变乳的性状的掺假乳及乳房炎乳（不包括生理异常乳）。如为降低酸度而添加碱性物质；为便于储存而添加防腐剂或抗生素；以及为增加重量而掺水、淀粉或豆浆等。对此必须进行严格检查和卫生监督。

（一）乳中碳酸钠的检出

1. 实训原理

鲜乳保藏不好时酸度往往升高，加热煮沸时会发生凝固。为了避免被检出高酸度乳，有时向乳中加碱性物质。感官检查时对色泽发黄、有碱味、口尝有苦涩味的乳应进行掺碱检验。常用溴麝香草酚蓝定性法。溴麝香草酚蓝的 pH 为 6.0～7.6，遇到加碱而呈碱性的乳，其颜色由黄色变成蓝色。

2. 仪器与材料

1）仪器

5mL 吸管 2 支，试管 2 个，试管架 1 个。

2）材料

0.04％的溴麝香草酚蓝酒精溶液，牛乳。

3. 实训方法与步骤

取被检乳样 3mL 注入试管中，然后用滴管吸取 0.04％溴麝香草酚蓝溶液，小心地沿试管壁滴加 5 滴，使两液面轻轻地互相接触，切勿使两溶液混合，放置在试管架上，静置 2min，根据接触面出现的色环特征进行判定，同时以正常乳作对照。

4. 实训结果与评价

结果与评价见表 1.7。

表 1.7　碳酸钠检出判定标准表

乳中碳酸钠的浓度／％	色环的颜色特征	乳中碳酸钠的浓度／％	色环的颜色特征
0	黄色	0.1	青绿色
0.03	黄绿色	0.7	淡青色
0.04	淡绿色	1.0	青色
0.05	绿色	1.5	深青色
0.07	深绿色	—	—

（二）乳中铵盐化合物的检出

1. 仪器与材料

1）仪器

小试管 2 支，2mL 吸管 1 支，滴管 1 支，试管架

2）材料

纳氏试剂（碘化钾 11.5g，碘化汞 8g，加蒸馏水 50mL，溶解后再加入 50mL 30％氢氧化钠，混匀后移入棕色瓶中，用时取其上清液）。

2. 实训方法与步骤

吸取 2mL 乳样于试管中，滴加纳氏试剂 4～5 滴，放在试管架上静置 5min。然后观察颜色变化。

3. 实训结果与评价

管底出现棕色或橙黄色沉淀为阳性，颜色深浅依铵盐浓度而定。

（三）乳中饴糖、白糖的检出

1. 仪器与材料

1）仪器

5mL 吸管 1 支，量筒 1 支，50mL 烧杯 1 个，试管 1 支，50mL 三角瓶 1 个，漏斗 1 个，滤纸 2 张，100mL 烧杯 1 个，电炉 1 个。

2）材料

0.1g 间苯二酚 1 瓶，牛乳。

2. 实训方法与步骤

量取 30mL 乳样于 50mL 烧杯中，然后加入 2mL 浓盐酸，混匀，待乳凝固后进行过滤。吸取 15mL 滤液于试管中，再加入 0.1g 间苯二酚，混匀，溶解后，置沸水中数分钟。

3. 实训结果与评价

出现红色者为掺糖可疑。

（四）乳中重铬酸钾的检出

1. 仪器与材料

1）仪器

2mL 吸管 2 支，试管 2 支。

2）材料

2％的硝酸银溶液。

2. 实训方法与步骤

吸取 2mL 被检乳注入试管中，再加入 2％的硝酸银溶液 2mL，摇匀后，观察颜色变化。

3. 实训结果与评价

如出现黄色或红色，则判定有重铬酸钾存在。

注：100mL 乳中加入 1％的重铬酸钾溶液 1mL，可储存 8～12d。

（五）乳中掺水检验

1. 实训原理

对于感官检查发现乳汁稀薄、色泽发灰（即色淡）的乳，有必要作掺水检验，目前常用相对密度法。因为牛乳的相对密度一般为 1.028～1.034，当被检乳的相对密度＜1.028 时，便有掺水的嫌疑，并可用相对密度数值计算掺水百分数。

2. 乳相对密度的测定方法

见单元操作训练一。

3. 实训结果与评价

测出被检乳的相对密度后，与正常乳的相对密度对照，以判定掺水与否。可按以下公式算出掺水百分数。

$$掺水量(\%) = \frac{正常乳相对密度的读数 - 被检乳的相对密度的读数}{正常乳相对密度的读数} \times 100\% \quad (1.4)$$

（六）乳中淀粉的检验

1. 实训原理

掺水的牛乳乳汁稀薄，相对密度降低。向乳中掺淀粉可使乳变稠，相对密度接近正常。根据碘遇淀粉变蓝色原理，进行掺淀粉检验。

2. 仪器与材料

1）仪器

5mL 吸管 2 支，20mL 试管 2 支。

2）材料

碘溶液（称取碘化钾 4g 溶于少量蒸馏水中，然后用此溶液溶解结晶碘 2g，全溶后移入 100mL 容量瓶中，加水至刻度即可）。

3. 实训方法与步骤

取样乳 5mL 注入试管中，加入碘液 2～3 滴。

4. 实训结果与评价

如有淀粉存在，则出现蓝色、紫色或暗红色，并有沉淀物。

（七）乳中抗生素的检验

1. TTC 试验

1）实训原理

先在样乳中加入菌液和 TTC 指示剂（2,3,5-氯化三苯四氮唑），如乳中含有抗生素时，则会抑制试验菌繁殖，TTC 指示剂不能还原为红色化合物，因而检样无色。

2）仪器与材料

（1）仪器。恒温水浴槽，恒温培养箱，1mL 灭菌移液管 2 支，灭菌的 10mL 具塞刻度试管或灭菌带棉塞的普通试管 3 支。

（2）材料。试验菌液（嗜热链球菌接种在脱脂乳培养基中保存，使用时经 37℃ 培养 15h 后，以灭菌脱脂乳稀释至 2 倍待用），TTC 试剂（1gTTC 溶于灭菌蒸馏水中，置于褐色的瓶中在冷暗处保存，最好现用现配）。

3）实训方法与步骤

吸取 9mL 样乳注入试管甲、试管乙、试管丙中，向试管甲和试管乙各加入试验菌液 1mL 充分混合，然后将试管甲、乙、丙三试管置于 37℃ 恒温水浴中 2h（注意水面不要高于试管的液面，并要避光），然后取出，向 3 个试管中各加 0.3mLTTC 试剂，混合后置于恒温箱中 37℃培养 30min，观察试管中的颜色变化。

4）实训结果与评价

如甲管与乙管中同时出现红色，则表明无抗生素存在，甲管与乙管相同颜色无变化，则判定有抗生素存在。

2. 滤纸圆片法

1）仪器与试剂

（1）仪器。灭菌镊子，滤纸圆片（直径为 8～10mm）。

（2）材料。灭菌蒸馏水，试验用菌（将 *B. calicolactis* 'C93' 菌种用增菌培养基 55℃±1℃、16～18h 培养后，接种于琼脂平板培养基），菌种保存培养基（酵母浸汁 2g，肉汁 1g，蛋白 5g，琼脂 15g，蒸馏水 1000mL），增菌培养基（酵母浸汁 1g，胰蛋白胨 2g，葡萄糖 0.05g，蒸馏水 100mL，pH 8.0±0.1，120℃，20min 灭菌），试验用琼脂平板培养基（酵母浸汁 2.5g，胰蛋白胨 5g，葡萄糖 1g，琼脂 15g，蒸馏水 1000mL，pH 7.0±0.1，120℃，20min 灭菌）。

2）实训方法与步骤

用灭菌镊子夹住滤纸片浸入乳样中（事先要混合均匀），去掉多余的乳，放在平板上，用镊子轻轻按实，然后将平皿倒置于 55℃温箱中，培养 2.5～5h，取出观察滤纸片周围有无抑菌环出现。

3）实训结果与评价

有抑菌环证明有抗生素存在，如需定量可用配制不同浓度的抗生素标准液的抑菌环大小做比较，本法对青霉素检出浓度为 0.025～0.05IU/mL。

4）注意事项

抑菌环测量时，包括滤纸片直径在内。

（八）乳房炎乳的检验

1. 实训原理

健康牛乳的氯糖数不超过 4，患乳房炎时牛乳中氯化物增加，乳糖减少，氯糖数增高。

2. 仪器与材料

1）仪器

1mL、2mL、20mL 吸管各 1 支，10mL 吸管 2 支，5mL 吸管 2 支，大试管 2 支，200mL 容量瓶 1 个，250mL 三角瓶 1 个，50mL 滴定管 1 支，滴定台架 1 个，量筒 1 个，石蕊试纸。

2）材料

20％硫酸铝溶液，2mol/L 氢氧化钠溶液，10％酪酸钾溶液，0.02817mol/L 硝酸银溶液（每升水溶入 4.788g 硝酸银，标定后备用），硝酸银溶液（1.3415g 硝酸银溶于 1000mL 蒸馏水）。

3. 实训方法与步骤

先测定乳糖量（本试验可按经验数值 4.6％～5％计算）。然后测氯化物，测定时吸取 20mL 牛乳，注入 200mL 容量瓶中，加入 20％硫酸铝溶液 10mL 和 2mol/L 的氢氧化钠溶液 8mL，混合后，加蒸馏水至刻度，摇匀、过滤。取 100mL 滤液注入 250mL 三角瓶中，加入 1mL 10％的酪酸钾溶液，以石蕊试纸调 pH 到中性，用 0.02817mol/L 硝酸银滴定，呈砖红色为终点。

4. 实训结果与评价

读出消耗 0.02817mol/L 硝酸银的毫升数，按下列公式计算氯化物百分比及氯糖数，氯糖数＞4 即是乳房炎乳。

$$氯(\%) = \frac{V \times 10}{1000 \times 1.030} \times 100\%$$

式中 V——滴定消耗 0.02817 mol/L 硝酸银数，mL；

$V \times 10$——表示每 100mL 牛乳中的含氯量，mg；

1.030——正常牛乳的相对密度。

$$氯糖数(\%) = \frac{氯(\%)}{乳糖(\%)}$$

三、思考题

(1) 常见的异常乳检验有哪些？

(2) 认真做好实训记录，写出实训报告。

项目二 原料乳的验收及预处理

☞ **岗位描述**

从事原料乳的验收、净化、冷却、标准化、均质等的人员。

☞ **工作任务**

(1) 对原料乳及辅助原料进行感官评定，可使用检测仪器、试剂，进行理化和卫生检测。

(2) 可使用流量计、磅秤对原料乳及辅料进行计量。

(3) 可操作高速净乳机、过滤器除去原料乳或液体混合料中的杂质。

(4) 可操作冷却设备对原料乳或混合料进行冷却。

(5) 可操作高速分离机、预热设备进行原料乳脱脂及标准化。

(6) 可操作高压均质机对原料乳进行均质。

☞ **知识目标**

(1) 掌握原料乳验收时所要进行的检验项目和具体的操作过程。

(2) 掌握原料乳预处理的步骤和方法。

☞ **能力目标**

(1) 能够使用仪器设备熟练完成原料乳的验收，并做出正确的判断。

(2) 能够使用仪器设备熟练完成原料乳预处理。

案例导入

　　2008 年 9 月 11 日，有媒体报道，甘肃 14 名婴儿患肾结石。随后，全国各地多处发现婴儿因食用三鹿奶粉而出现肾结石的事件。当晚，三鹿集团承认婴幼儿奶粉受到三聚氰胺污染。三鹿案发前，国家质检总局确实不知道奶粉中掺杂三聚氰胺，质检部门检测牛乳，往往是感官检测和理化检测。三鹿事件暴露出检测标准缺失问题。2008 年 9 月 14 日起，三聚氰胺纳入检测对象，成为乳制品必检项目。

课前思考题

　　(1) 如何对原料乳进行验收和储存？
　　(2) 原料乳的预处理包括哪些步骤？

任务一　原料乳的质量标准及验收

　　在乳品工业中，将未经任何加工处理的生鲜乳称为原料乳。为了保证原料乳的质量，必须准确地掌握原料乳的质量标准和验收方法。原料乳送到工厂后，必须根据指标规定，及时进行质量检验，按质论价分别处理。

一、原料乳的质量标准

　　食品安全国家标准 GB 19301—2010 生乳对原料乳的感官要求、理化指标、污染物限量、真菌毒素限量、微生物限量、农药残留限量和兽药残留限量都做了规定。

1. 感官要求

　　正常牛乳呈白色或微黄色，不得有红色、绿色或其他异色；具有牛乳固有的香味，无异味，不能有苦味、咸味、涩味、饲料味、青储味、霉味等异常味；呈均匀一致液体，无凝块，无沉淀，无正常视力可见异物。

2. 理化指标

理化指标见表 2.1。

表 2.1　原料乳的理化指标

项　目		指　标
冰点[a,b]/℃		−0.560～−0.500
相对密度/(20℃/4℃)	≥	1.027
蛋白质/(g/100g)	≥	2.8
脂肪/(g/100g)	≥	3.1
杂质度/(mg/kg)	≤	4.0
非脂乳固体/(g/100g)	≥	8.1
酸度/°T		12～18

a 挤出 3h 后检测；
b 仅适用于荷斯坦奶牛。

3. 污染物限量

污染物限量应符合 GB 2762—2005 的规定。

4. 真菌毒素限量

真菌毒素限量应符合 GB 2761—2005 的规定。

5. 微生物限量

微生物限量应符合表 2.2 的规定。

表 2.2 原料乳的微生物限量

项 目		限量/[cfu/g(mL)]
菌落总数	≤	2×10^6

6. 农药残留限量

农药残留限量应符合 GB 2763—2005 及国家有关规定和公告。

7. 兽药残留限量

兽药残留限量应符合国家有关规定和公告。

二、原料乳的验收

(一) 原料乳的运输

牛乳是从奶牛场或奶牛小区用奶桶或奶槽车送到乳品厂的。我国乳源分散的地方多采用奶桶运输 (图 2.1);乳源集中的地方多采用奶槽车运输 (图 2.2);国外还有的采用地下管道运输 (图 2.3)。奶桶一般采用不锈钢或铝合金制造,容量为 40~50L,要求桶身有足够的强度,耐酸碱清洗。奶槽车是由汽车、奶槽、奶泵室、人孔等构成,奶槽由不锈钢制成,其容量为 5~10t,内外壁之间有保温材料。奶泵室内有离心泵、流量计、输乳管等。在收乳时,奶槽车可开到储乳间,将输乳管与储乳罐的出口阀相连,流量计自动记录收乳的数量。

  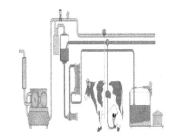

图 2.1 奶桶运输示意图　　　图 2.2 奶槽车运输示意图　　　图 2.3 地下管道运输示意图

无论采用哪种运送方法,牛乳必须保持良好的冷却状态并且没有空气混入。为防止乳在途中升温,最好选择在夜间或早晨运输。运输过程的震动越轻越好,如奶桶和奶槽车要装满以防止牛乳在容器中晃动。另外,长途运输最好采用奶槽车。

(二) 原料乳的检验

原料乳送到加工厂后,立即进行逐车逐批验收,以便按质论价和分别加工,这是保证产品质量的有效措施。原料乳检验主要包括感官检验、理化检验和卫生检验三个方面。

1. 感官检验

利用人的视觉、嗅觉、味觉等感觉器官，结合原料乳的标准对牛乳的色泽、组织状态、滋味、气味进行检验。打开储乳器或奶槽车的盖子，立即嗅鲜乳的气味，观察色泽，有无杂质、发黏或凝块。最后，试样含入口中，遍及整个口腔的各个部位，鉴定是否存在异味。

2. 理化检验

1）相对密度

相对密度常被作为评定鲜乳成分是否正常的一个指标。但不能只凭这一项来判断牛乳的优劣，必须再结合脂肪、干物质及其他指标来判断鲜乳是否经过脱脂或是否加水。相对密度的检验方法依据 GB 5413.33—2010，其具体操作参见项目一任务三。

2）滴定酸度

正常牛乳的酸度随乳牛的品种、饲料、挤乳和泌乳期的不同而略有差异，一般在16～18°T。滴定酸度的检验方法依据 GB 5413.34—2010，其具体操作参见项目一任务三。

3）酒精试验

酒精试验是检验牛乳新鲜度和抗热性的一种简便方法。其原理是：新鲜牛乳中的酪蛋白对酒精的脱水作用表现出相对的稳定性。而不新鲜的牛乳，其蛋白质胶粒已经呈不稳定状态，当受到酒精的脱水作用时，水化膜极易被破坏，则加速其聚沉。

酒精试验与酒精浓度有关（表2.3），一般以一定浓度（按体积分数计）的中性酒精与原料乳等量混合摇匀，无絮片出现的牛乳为酒精试验阴性，否则为酒精阳性乳。操作时可用吸管吸取 1～2mL 乳样于干燥、干净的平皿内，吸取等量酒精，加入皿内，边加边转动平皿，使酒精与乳样充分混合。注意勿使局部酒精浓度过高而发生凝聚。

表 2.3　酒精浓度与酸度关系判定表

酒精浓度/%	不出现絮片的酸度/°T
68	<20
70	<19
72	<18

4）沸腾试验

在加热的条件下高酸度乳易产生乳蛋白质的凝固，可用沸腾试验来验证原料乳的酸度高低，测定原料乳在超高温杀菌中的稳定性。操作方法是取 10mL 牛乳放入试管中，在酒精灯上加热煮沸 1min 或置于沸水浴中 5min，取出观察管壁有无絮片或发生凝固现象。产生絮片或发生凝固，表示牛乳已不新鲜，酸度>23°T。

5）乳成分的测定

近年来随着分析仪器的发展，乳品检测方面出现了很多高效率的检验仪器。例如丹麦 Foss 公司生产的乳品成分快速分析仪，利用傅里叶红外全谱扫描技术，可一次性在短时间内测定乳中的脂肪、乳糖、蛋白质、乳固体、非脂乳固体、冰点、pH 等指标。

其原理是红外线通过牛乳后,牛乳中的脂肪、蛋白质、乳糖等物质减弱了红外线的波长,通过红外线波长的减弱率反映出各种成分的含量。该法测定速度快、精度高,但设备造价高。

3. 卫生检验

定量采样后,在实验室中进一步检验其他理化性质及菌落总数和体细胞数,以确定原料乳的质量和等级。如果是加工发酵制品的原料乳,必须做抗生素检查。

1) 细菌检验

(1) 亚甲基蓝还原试验。具体操作:无菌操作吸取乳样 5mL,注入灭菌试管中,加入 0.25% 亚甲基蓝溶液 0.25mL,塞紧棉塞,混匀,置 37℃水浴,每隔 10~15min 观察试管内容物褪色情况。褪色时间越快说明污染越严重。

(2) 稀释倾注平板法。平板培养计数法是取样稀释后,接种于营养琼脂培养基上,培养 24h 后计数,测定样品的细菌总数。该法可测定样品中的活菌数,但需要的时间较长。

(3) 直接镜检法。取一定量的乳样,在载玻片上涂抹一定的面积,经过干燥、染色,镜检观察细菌数,根据显微镜视野面积,推断出鲜乳中的细菌总数。直接镜检法比平板培养法更能迅速判断结果,通过观察细菌的形态,还能判断细菌数增多的原因。

2) 体细胞数检验

体细胞(简称 SCC)主要是白细胞和乳房组织分泌的上皮细胞,奶牛感染乳房炎是体细胞数升高的主要原因。体细胞数超过 500000 个/mL 是大多数国家原料乳拒收的标准。体细胞数常用的检测方法有直接镜检法(同细菌检验)和加利福尼亚细胞数测定法(GMT)。GMT 法是根据表面活性剂对细胞的表面张力,细胞在遇到表面活性剂时,会收缩凝固,细胞数越多,凝聚程度越大。具体操作步骤是先将大约 2mL 牛乳注入平盘中,再加入等量的 GMT 试剂混匀,在 10s 内读取结果,可按记录点值(表 2.4)来表示体细胞数的大概范围。

表 2.4 GMT 点值与体细胞数的关系

点 值	试 验 现 象	体细胞数/(个/mL)
N	混合物保持液体状态	$(0\sim20)\times10^4$
T	在晃动混合物时有轻微黏稠现象	$(20\sim40)\times10^4$
1	有十分明显黏稠现象,但在持续晃动混合物 20s 后无胶体形成	$(40\sim120)\times10^4$
2	混合物立即变得黏稠,有胶体形成,晃动时有聚集的趋势,停止晃动后混合物覆盖在杯底	$(120\sim500)\times10^4$
3	形成显著胶体,混合物聚集在中心	50×10^5 以上

3) 抗生素检验

抗生素在原料乳中不能超过一定的含量。如果是加工发酵制品,抗生素会影响微生物的繁殖,导致发酵迟缓或不发酵。抗生素检验方法有以下几种:

(1) TTC 试验。如果鲜乳中有抗生物质的残留,试验菌不能增殖,此时加入的指示剂 TTC 保持原有的无色状态。反之,如果没有抗生物质残留,试验菌就会增殖,使

TTC 还原，被检样变成红色。其具体操作参见项目一单元操作训练三。

（2）滤纸圆片法。将指示剂（芽孢杆菌）接种到琼脂平板培养基上，然后用灭菌镊子将浸过被检乳样的滤纸片放在平板培养基上，将平皿倒置于 55℃恒温箱中培养 2.5～5.0h。如果被检乳样中有抗生素残留，在纸片的周围形成透明的抑菌环。

（3）SNAP 抗生素残留检测系统。SNAP 快速检测法是当前应用最广、发展最快的酶联免疫测定（ELISA）技术。检测时加乳样于样品管中，摇匀，加热样品管和检测板 5min 后，将样品加于检测板上的样品孔中，当激活的圆环开始退却时，按 SNAP 键，反应 4min 后由读数仪读数并打印结果。检测读数＜1.05 时判为阴性，＞1.05 时判为阳性。

（三）原料乳的接收

原料乳经检验合格后，进行称量。可按体积法或质量法来计量。体积法使用流量计，但流量计在计量乳的同时也能把乳中的空气计量进去，使结果不准确，可在流量计前装一台脱气装置，如图 2.4 所示。质量计量使用特制的乳秤或地磅（图 2.5）。

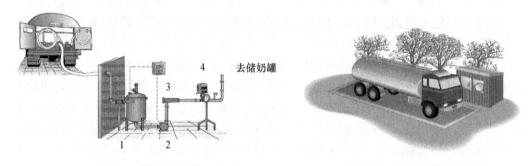

图 2.4　体积法计量　　　　　　　　　　图 2.5　地磅上的奶槽车
1. 脱气装置；2. 泵；3. 过滤器；4. 流量计

任务二　原料乳的净化、冷却与储存

一、原料乳的过滤与净化

原料乳过滤与净化的目的是除去乳中的机械杂质并减少微生物的数量。

（一）过滤

为防止粪屑、牧草、牛毛以及蚊蝇等昆虫带来的污染，挤下的牛乳必须及时进行过滤。凡是将乳从一个地方送到另一个地方，从一个工序到另一个工序，或者由一个容器转移到另一个容器时，都应该进行过滤。过滤的方法很多，可在收乳槽上安装一个不锈钢金属丝制的过滤网并在网上加多层纱布进行粗滤；也可采用管道过滤器或在管道的出口装一个过滤布袋。进一步过滤可使用双联过滤器。要求过滤器具、介质必须清洁卫生，及时清洗灭菌。

（二）净化

经过数次过滤后，乳中污染的很多极细小的细菌细胞和机械杂质仍难以除去，需用离心净乳机净化。离心净乳机是由装在转鼓内的圆锥形碟片组成，其结构原理如图2.6所示。依靠电动驱动，碟片高速旋转，牛乳在离心力作用下由碟片的外侧边缘进入分离通道，并快速地流过通向转轴的通道，由上部出口排出。牛乳中的杂质、尘土及一些体细胞等不溶性物质因密度较大，沿着碟片的下侧被甩回到净化钵的周围，在此集中到沉渣空间，从而达到净乳的目的。现代乳品厂多用自动排渣净乳机或三用分离机，以使乳净化、奶油分离和标准化，从而减少拆卸清洗和重新组装等手续。

离心净乳机构造与离心分离机（图2.7）相似，最大的不同在于碟片组的设计。净乳机没有分配孔，只有一个出口，而分离机有两个。在离心分离机中，牛乳进入距碟片边缘一定距离的分配孔中，在离心力的作用下，稀奶油密度小，在通道内朝着转动轴的方向运动，通过轴口连续排出；脱脂乳向外流动至碟片的外侧，由最上部的碟片与钵罩之间的通道排出。

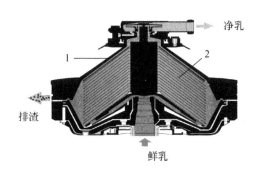

图2.6　离心净乳机

1. 钵罩；2. 碟片

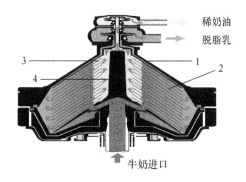

图2.7　离心分离机

1. 钵罩；2. 碟片；3. 分配孔；4. 分配器

二、原料乳的冷却

刚挤下乳温在36℃左右，是微生物繁殖最适宜的温度。故新挤出的乳经净化后须迅速冷却到2～6℃，储存期间不得超过10℃。从表2.5看出，未冷却的乳其微生物增加迅速，而冷却乳其微生物增加缓慢，并且6～12h还有减少的趋势。这是由于乳中含有自身抗菌物质——乳烃素，能够抑制细菌的繁殖。如表2.6所示新挤出的乳迅速冷却至低温可以使抗菌物质保持较长的时间。

表2.5　冷却对乳中微生物的抑制作用　　　　　　　　单位：个/mL

储存时间 项目	刚挤出的乳	3h	6h	12h	24h
冷却乳	11500	11500	8000	7800	62000
未冷却乳	11500	18500	102000	114000	1300000

表 2.6　乳温与抗菌作用的关系

乳温/℃	37	30	25	10	5	0	—10	—25
抗菌物质作用时间/h	2	3	6	24	36	40	240	720

原料乳冷却的方法有三种：

（1）水池冷却。将装乳桶放在水池中，用冷水或冰水进行冷却。水池冷却的缺点是冷却缓慢，耗水量较多，劳动强度大，不易管理。

（2）浸没式冷却器冷却。这种冷却器可以插入储乳槽或奶桶中冷却牛乳，它带有离心式搅拌器，可以定时自动进行搅拌，故可使牛乳均匀冷却，并防止稀奶油上浮，适于奶站和较大规模的奶牛场。

（3）板式热交换器冷却。目前许多乳品厂及奶站都用板式热交换器对乳进行冷却。此设备热交换效率高，可使乳温迅速降到 4℃左右。

三、原料乳的储存

为了保证工厂连续生产的需要，储乳量应不少于 1d 的处理量。储乳罐一般采用不锈钢材料制成，要有良好的绝热保温措施，要求储乳 24h 温度升高不超过 2～3℃，容量规格有 1t、10t、30t 不等，大规模乳品厂的储乳罐可达 100t。10t 以下的储乳罐多装于室内，有立式、卧式两种，大型罐通常为立式，安装在室外，带保温层和防雨层。

储乳罐配有搅拌器、液位指示、温度指示等（图 2.8），有些储乳罐还配有就地清洗装置。搅拌的目的使牛乳能自上而下循环流动（图 2.9），防止脂肪上浮。搅拌过程应温和、平稳，以防止牛乳中混入空气以及脂肪球破碎。一般使用叶轮搅拌器，在较高的储乳罐中，需要在不同的高度安装 2 个或 3 个搅拌器。罐内的液位指示通常采用气动液位指示器，通过测量静压来检测罐内牛乳的高度，压力越大，罐内液位越高，并将读数传送至仪表盘显示出来。

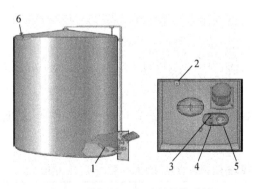

图 2.8　带探针、指示器的储乳罐

1. 搅拌器；2. 探针；3. 温度指示；4. 低液位电极；
5. 气动液位指示器；6. 高液位电极

图 2.9　乳罐中牛乳
流动示意图

储乳罐的总容量应根据每天牛乳总收纳量、收乳时间、运输时间及能力等因素决定。一般储乳罐的总容量应为日收纳总量的 2/3～1。而且每只储乳罐的容量应与生产品种的班产能力相适应，每班处理量一般相当于 2 只储乳槽的乳容量。储乳罐使用前应彻底清洗、杀菌，待冷却后储入牛乳。每罐须放满，并加盖密封。如果装半罐，会加快乳温上升，不利于原料乳的储存。储存期间要定时开动搅拌器，24h 内搅拌 20min，乳脂率的变化在 0.1% 以下。

任务三　原料乳的预处理

一、乳的脱气

牛乳刚刚挤出后约含 5%～7% 的气体。经过储存、运输和验收后，一般气体含量在 10% 以上，而且绝大多数为非结合的分散气体。这些气体对牛乳加工后的破坏作用主要有：①影响牛乳计量准确度；②影响牛乳标准化的准确性；③在脱脂过程中降低分离效率；④使巴氏杀菌器中结垢增加；⑤影响奶油的产量；⑥促使发酵乳中乳清析出。所以，在牛乳处理的不同阶段进行脱气是非常必要的。

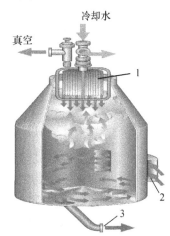

图 2-10　真空脱气罐
1. 安装在罐顶部的冷凝器；
2. 切线方向的牛乳进口；3. 带水平控制系统的牛乳出口

首先，在奶槽车上安装脱气设备，以避免泵送牛乳时影响流量计的准确度。其次，在收奶间的流量计之前安装脱气设备。但这两种方法对细小分散气泡不起作用。在进一步处理牛乳的过程中，应使用真空脱气罐（图 2.10），以除去细小的分散气泡和溶解氧。工作时，将牛乳预热至 68℃，泵入真空脱气罐，牛乳温度立即降到 60℃。这时牛乳中空气和部分牛乳蒸发到罐顶部，遇到罐冷凝器之后，蒸发的牛乳冷凝回到罐底部。空气及一些非凝结气体（异味）由真空泵抽吸除出。一般经脱气的牛乳在 60℃ 条件下进行标准化和均质。

二、乳的标准化

为了使产品符合要求，乳制品中脂肪与无脂干物质含量要求保持一定比例。原料乳中脂肪与无脂干物质的含量随乳牛品种、地区、季节和饲养管理等因素不同而有较大差别。因此，必须调整原料乳中脂肪和无脂干物质之间的比例关系，使其符合标准要求，一般把该过程称为原料乳的标准化。

1. 标准化的计算方法

标准化在储乳罐的原料乳中进行或在标准化机中连续进行，其计算原理如下：

设：原料乳含脂率为 $p(\%)$，原料乳数量为 $x(\text{kg})$。

脱脂乳或稀奶油的含脂率为 $q(\%)$，脱脂乳或稀奶油的数量为 $y(\text{kg}，y > 0$ 为添加，$y < 0$ 为提取）。

标准化后乳中的含脂率为 $r(\%)$。

对脂肪进行物料衡算，则形成关系式：$px+qy=r(x+y)$

即
$$\frac{x}{y}=\frac{r-q}{p-r}$$

式中：若 $p>r$，则表示需添加脱脂乳或提取部分稀奶油；

若 $p<r$，则表示需添加稀奶油或提取部分脱脂乳。

【例】 试处理 1000kg 含脂率 3.6% 的原料乳，要求标准化乳中脂肪含量为 3.1%。①若稀奶油脂肪含量为 40%，则应提取稀奶油多少千克？②若脱脂乳脂肪含量为 0.2%，则应添加脱脂乳多少千克？

解：按关系式 $\frac{x}{y}=\frac{r-q}{p-r}$，得① $\frac{x}{y}=\frac{3.1-40}{3.6-3.1}=\frac{-36.9}{0.5}$，已知 $x=1000$kg

则 $y=\frac{1000}{-73.8}=-13.6$（负号表示提取）

即需提取脂肪含量为 40% 的稀奶油 13.6kg。

② $\frac{x}{y}=\frac{3.1-0.2}{3.6-3.1}=\frac{2.9}{0.5}$，$\frac{1000}{y}=\frac{2.9}{0.5}$，则 $y=172.4$（kg）

即需添加脂肪含量为 0.2% 的脱脂乳 172.4kg。

2. 标准化的方法

（1）预标准化。预标准化是在杀菌之前把全脂乳分离成稀奶油和脱脂乳。如果标准化乳含脂率高于原料乳的含脂率，则需将稀奶油按计算比例与原料乳混合以达到要求的含脂率；如果标准化乳含脂率低于原料乳的含脂率，则需将脱脂乳按计算比例与原料乳混合以达到稀释的目的。

（2）后标准化。后标准化是在杀菌之后进行标准化，方法同上。它与预标准化相比，二次污染的可能性较大。

（3）直接标准化。直接标准化的原理如图 2.11 所示。将牛乳加热至 $55\sim65\,^\circ\mathrm{C}$，然后按预先设定好的脂肪含量分离出脱脂乳和稀奶油，根据最终产品的脂肪含量，由设备自动控制回流到脱脂乳中的稀奶油的流量，多余的稀奶油流向稀奶油巴氏杀菌机。图 2.12 是直接标准化的完整流程。其主要特点是快速、稳定、准确，单位时间内处理量大。

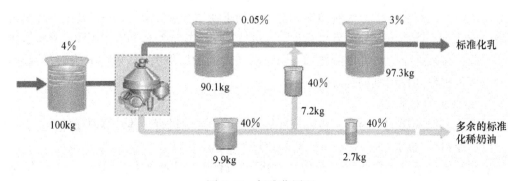

图 2.11　标准化原理

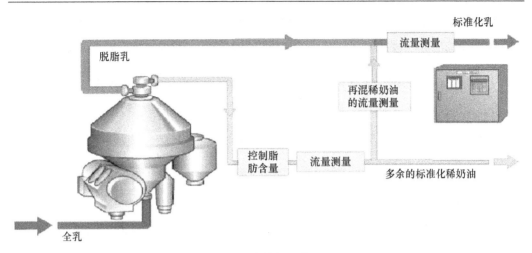

图 2.12　直接标准化流程

三、乳的均质

均质是在机械作用下将乳中大的脂肪球破碎成小的脂肪球，并均匀一致地分散在乳中的过程。经过均质，脂肪球直径可控制在 $1\mu m$ 左右，乳脂肪的表面积增大，浮力下降，乳可长时间保持不分层，不易形成稀奶油层。同时，均质后的乳脂肪球直径减小，易于消化吸收。

1. 均质原理

乳通过均质阀的情况如图 2.13 所示。均质作用由以下三个因素产生的：①牛乳高速通过均质头的窄缝，对脂肪球产生巨大的剪切力，使脂肪球变形、伸长和破碎；②牛乳间隙中静压能下降，产生空穴现象，使脂肪球受到极强的爆破力；③当脂肪球高速冲击均质环时会产生进一步的剪切力。

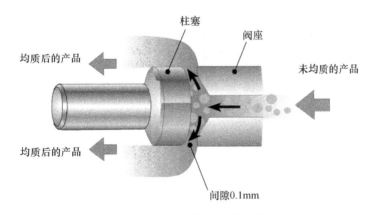

图 2.13　乳通过均质阀的情况

2. 均质的设备及均质条件

常用的均质设备有高压均质机（图 2.14）、胶质磨（图 2.15）等。目前，乳品生产多采用高压均质机。均质效果与均质温度有关，温度高，均质效果好，但温度过高会使乳脂肪、乳蛋白质变性。一般均质温度采用 55～80℃。均质压力越大，脂肪球直径越小。有一级均质和二级均质两种方式，二级均质效果好。经过一级均质和二级均质后脂肪球的情况见图 2.16。一级均质后被破碎的小脂肪有聚集的倾向，而二级均质能将粘在一起的小脂肪球打开，分散均匀。通常，一级均质用于低脂产品和高黏度产品的生产，而二级均质用于高脂、高干物质产品和低黏度产品的生产。均质压力一级为 17～20MPa，二级为 3.5～5MPa。

图 2.14　高压均质机

图 2.15　胶质磨

3. 均质效果的测定

(1) 显微镜下镜检。在显微镜下直接用油镜镜检脂肪球的大小（图 2.16）。此法简便、直接和快速。但只能定性不能定量，且需要较丰富的实践经验。

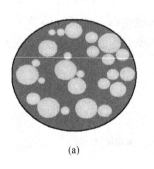
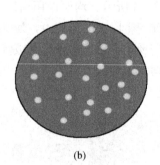
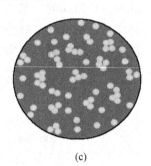

(a)　　　　　　　　　　(b)　　　　　　　　　　(c)

图 2.16　均质前后脂肪的情况

(a) 未均质；(b) 一级均质之后；(c) 二级均质之后

(2) 均质指数。取 250mL 均质乳在 4～6℃下保持 48h。然后分别测定上层（容量的 1/10）和下层（容量的 9/10）的脂肪含量，最后根据公式计算出均质指数。

$$均质指数 = \frac{100 \times (w_t \times w_b)}{w_t}$$

式中　w_t——上层脂肪含量，%；

$\quad\quad w_b$——下层脂肪含量，%。

一般均质指数在 1～10 表明均质效果可接受，该法可定量测出均质效果，但需较长时间。

（3）尼罗法。取 25mL 乳样在半径 250mm、转速 1000r/min 的离心机内，40℃离心 30min，取下层 20mL 样品和离心前样品分别测乳脂率，二者相除，乘以 100 即得尼罗值。一般巴氏杀菌乳的尼罗值在 50％～80％范围内，此法迅速，但精确度不高。

 小结

原料乳送到工厂后，必须及时根据标准规定，从感官、理化、卫生三个方面进行质量检验。理化检验包括相对密度、滴定酸度、酒精试验、沸腾试验和乳成分的测定；卫生检验包括细菌检验、体细胞数检验和抗生素检验等。检验合格的原料乳需进行净化、冷却与储存。

牛乳刚挤出后含有一定量的气体，在牛乳处理的不同阶段进行脱气是十分必要的。根据不同产品的要求，原料乳须进行标准化，标准化计算的原理是物料衡算，标准化的方法有预标准化、后标准化和直接标准化。乳中脂肪球容易上浮，乳品加工中多采用高压均质机对乳进行均质操作，均质后脂肪球的表面积增大，乳可长时间不分层，同时，利于消化吸收。

 复习思考题

一、单项选择题

1. 乳品厂收购回来的原料乳来不及加工，进行储藏的最佳方法是（　　）。

　A. －15℃的冻藏　　　　　　　　　B. 2～6℃的冷藏

　C. －1～0℃的半冻藏　　　　　　　D. 63℃、30min 杀菌后常温储藏

2. 判断原料乳被微生物污染的程度，可以采用（　　）。

　A. 还原酶试验　　B. 沸腾试验　　　C. 酒精试验　　　　D. 过氧化物酶试验

3. 原料乳的标准化是为了调整（　　）。

　A. 脂肪含量　　　　　　　　　　　B. 无脂干物质含量

　C. 脂肪与无脂干物质含量　　　　　D. 乳成分

4. 生产发酵乳制品的原料乳必须（　　）。

　A. 酒精试验为阴性　　　　　　　　B. 抗生素检验为阴性

　C. 美蓝还原试验为阴性　　　　　　D. 酶失活

5. 均质的主要目的是（　　）。

　A. 破碎酪蛋白胶粒　　　　　　　　B. 破碎凝乳块

　C. 破碎脂肪球　　　　　　　　　　D. 杀菌

6. 在我国 GB 19301—2003 生乳标准的规定中，要求原料乳的蛋白质含量不小于（　　）%。

　A. 2.80　　　　　　B. 3.10　　　　　　C. 3.68　　　　　　D. 4.20

7. 在我国 GB 19301—2003 生乳标准的规定中，要求原料乳的密度（20℃/4℃）不

小于（   ）。

    A. 0.950   B. 0.968   C. 1.000   D. 1.027

8. 在我国 GB 19301—2003 生乳标准的规定中，要求原料乳中的杂质度小于等于（   ）mg/kg。

    A. 2.9   B. 3.0   C. 3.6   D. 4.0

9. 在我国 GB 19301—2003 生乳标准的规定中，每 1mL 生乳中细菌总数不得超过（   ）万个。

    A. 25   B. 40   C. 50   D. 200

10. 原乳感官评价时的温度一般是（   ）℃。

    A. 10～12   B. 18～20   C. 24～30   D. 36～37

二、多项选择题

1. 乳品工业中常用（   ）来判定乳的新鲜度。

    A. 酸度   B. 酒精实验   C. 密度   D. 煮沸实验

2. 乳房炎乳的判断方法有（   ）。

    A. 氯糖数在 3.5 以上   B. pH 在 6.8 以上

    C. 氯含量在 0.14% 以上   D. 体细胞数在 100 万个/mL 以上

三、判断题

1. 均质可使乳中的脂肪球变小，且大小均匀（   ）。

2. 为了保证均质效果，均质前需要预热（   ）。

3. 酒精阳性乳的新鲜度比较差（   ）。

四、名词解释

1. 乳的标准化

2. 均质

3. 酒精试验

4. 沸腾试验

5. TTC 试验

五、简答题

1. 运输原料乳时应注意些什么？

2. 原料乳验收时应检验的指标有哪些？

3. 试述原料乳验收的具体方法及注意事项。

4. 如何除去牛乳中的杂质？

5. 为什么要对原料乳进行标准化？标准化的方法有哪些？

6. 试述原料乳细菌指标检测的常用方法。

7. 原料乳均质的目的是什么？

8. 抗生素检验常用的方法有哪些？

9. 原料乳冷却方法有哪些？各自优缺点是什么？

10. 乳品加工中真空脱气有何作用？

六、技能操作题

1. 酒精试验法。

2. 掺淀粉的检验。

3. 乳的标准化计算：今有含脂率为 3.6% 的牛乳 1000kg，拟用含脂率为 0.1% 的脱脂乳标准化，若使混合乳的含脂率为 3.2%，需加脱脂乳多少？

 单元操作训练

乳的均质技术

一、实验目的

(1) 掌握牛乳均质的原理和方法。

(2) 了解牛乳均质的实际意义。

二、实验原理

均质是在机械作用下将乳中大的脂肪球破碎成小的脂肪球，并均匀一致地分散在乳中的过程。经过均质，脂肪球直径减小，乳可长时间不分层，同时，易于消化吸收。

三、仪器与材料

1. 仪器

板式热交换器，高压均质机。

2. 材料

新鲜牛乳。

四、实验方法与步骤

(1) 取新鲜牛乳若干，在板式热交换器中加热到 60～65℃。

(2) 将预热后的牛乳打入高压均质机，均质压力 17～20MPa。

(3) 取出 25mL 均质后的牛乳，利用尼罗法计算均质效果。

五、实验结果与评价

取 25mL 乳样在半径 250mm、转速 1000r/min 的离心机内，40℃离心 30min，取下层 20mL 样品和离心前样品分别测定乳脂率，二者相除，乘以 100 即得尼罗值。一般尼罗值在 50%～80% 范围内。

六、思考题

(1) 熟悉牛乳均质原理。

(2) 掌握牛乳均质操作。

(3) 认真做好实训记录，写出实训报告。

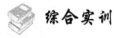 **综合实训**

原料乳的检验

一、感官检验

1. 实训目的

掌握原料乳感官检验的方法。

2. 实训原理

正常牛乳呈乳白色或稍带微黄色；具有特殊的乳香味，无其他异味，呈均匀的胶态流体；无沉淀、无凝块、无杂质。

3. 实训方法和步骤

（1）色泽检验。将少许乳倒入白瓷皿中观察其颜色。

（2）气味检验。将乳加热，闻其气味。

（3）滋味检验。取少量乳，用口尝之。

（4）组织状态检验。将乳倒入小烧杯中静置 1h，然后小心将其倒入另一烧杯内，细心观察第一个杯底部有无沉淀和絮状物，再取 1 滴于大拇指上，检查是否黏滑。

二、相对密度的测定

参看项目一单元操作训练一。

三、酸度测定

参看项目一单元操作训练二。

四、酒精试验

1. 实训目的

掌握酒精试验的原理和方法；了解测定酒精稳定性的实际意义。

2. 实训原理

酪蛋白在乳中以稳定的胶体状态存在，当乳的酸度增高时，酪蛋白胶粒带有的负电荷被 H^+ 中和，同时，酒精具有脱水作用，浓度越大，脱水作用越强。酪蛋白胶粒周围的结合水层易被酒精脱去而发生凝固。

3. 仪器与材料

1）仪器

1mL、2mL 移液管，10mL 试管。

2）材料

乳样，68%、70%、72%的酒精。

4. 实训方法和步骤

（1）取试管 3 支，编号（1、2、3 号），分别加入同一乳样 1～2mL。

（2）3 个试管分别加入等量的 68%、70%、72%的酒精，混合摇匀。

（3）观察有无出现絮片，确定乳的酸度（表 2.7）。不出现絮片的牛乳为酒精试验阴性，表示其酸度较低；而出现絮片的牛乳为酒精试验阳性，表示其酸度较高。

表 2.7　酒精浓度与酸度关系判定表

酒精浓度/%	不出现絮片酸度/°T
68	<20
70	<19
72	<18

注：试验温度以 20℃为标准。

五、沸腾试验

1. 实训目的

掌握煮沸试验的原理和方法；了解煮沸试验的实际意义。

2. 实训原理

乳的酸度越高，乳中蛋白质对热的稳定性越低，越易凝固。根据乳中蛋白质在不同温度时凝固的特征，可判断乳的新鲜度。

3. 仪器与材料

10mL 吸管、试管、水浴箱。

4. 实训方法与步骤

取 10mL 乳，放入试管中，置于沸水浴中 5min，观察管壁有无絮片出现或发生凝固现象。

5. 实训结果与评价

如果产生絮片或发生凝固，则表示不新鲜，酸度>26°T。

六、全乳固体的测定

1. 实训目的

掌握测定全乳固体的原理和方法；了解测定全乳固体的实际意义。

2. 实训原理

乳中除去水和气体之外的物质称为乳的总固形物，也称全乳固体。用加热法把乳中的水全部蒸发掉，剩下的干燥物就是全乳固体。

3. 仪器与材料

带盖铝皿（直径 50～70mm），海砂，5mL 移液管。

4. 实训方法和步骤

（1）在带盖铝皿中加入海砂 10～20g，置于 100～105℃烘箱中干燥 2h，取出置于干燥器中冷却 0.5h 后称重，并反复称至恒重。

（2）用移液管吸取 5mL 乳，置于此铝皿中，置分析天平上称重（精确至 0.2mg），再置于水浴上蒸发至干，擦去皿四周的水迹，移入 100～105℃烘箱中干燥 3h，加盖取出，但不要盖紧，置于干燥器中冷却后称重，如此重复至前后两次质量相差不超过

2mg 为止。

    5. 计算

$$全乳固体(\%) = \frac{w_2 - w_3}{w_1 - w_3} \times 100$$

式中　w_1——含有海砂的皿加样品重，g；

       w_2——含有海砂的皿加样品干燥后重，g；

       w_3——含有海砂的皿重，g。

七、思考题

    （1）知道原料乳常规检验项目。

    （2）会操作感官检验。

    （3）会操作酒精试验、沸腾试验和全乳固体的测定。

    （4）认真做好实训记录，写出实训报告。

第二单元　乳制品加工技术

☞ 职业描述
　　使用乳品加工设备和辅助设备，对标准化物料或乳进行加工的人员。

☞ 工作任务
　　（1）可操作发酵设备，使用发酵剂或酶制剂将杀菌乳在一定温度下产酸并凝集。

　　（2）可操作干酪设备将凝块切割、搅拌、加温、排出乳清、压榨成型，并进行成熟。

　　（3）可操作点制、分离设备并使用酸或凝乳酶将脱脂乳中的酪蛋白、乳清相分离。

　　（4）可操作冷却、搅拌、压炼设备将杀菌的稀奶油进行物理、生化成熟。

　　（5）可操作提纯、过滤、结晶和分离设备将酸或酶乳清及其浓缩物进行中和、澄清、脱色、过滤及结晶、分离洗涤和脱水处理。

　　（6）可操作真空蒸发器对杀菌乳、混合料或乳清等物料进行浓缩。

　　（7）可操作结晶设备对浓缩乳强制结晶。

　　（8）可操作高压均质机对物料进行均质处理。

　　（9）可操作干燥设备对浓缩乳、结晶乳糖、酪蛋白及其钠盐进行干燥。

　　（10）可操作计量、灌装和封口设备，将液态、固态物料进行灌装密封。

　　（11）可操作凝冻、成型机，添加辅料、灌注浆料、浇模插扦、冻结成型、脱模。

　　（12）可操作包装机对冻结后产品进行包装。

☞ 包含工种
　　乳品浓缩工、乳品干燥工、炼乳结晶工、乳品发酵工、奶油搅拌压炼工、干酪素点制工、冰淇淋成型工。

☞ 本单元内容

项目三　液态乳加工

☞ **岗位描述**

从事乳的巴氏杀菌、灌装、超高温灭菌、无菌灌装、CIP 清洗等工作。

☞ **工作任务**

（1）可操作巴氏杀菌机对物料进行预热、均质、巴氏杀菌和冷却。

（2）可操作灌装机对杀菌过的料液进行灌装。

（3）可操作超高温灭菌机对物料进行超高温瞬间灭菌。

（4）可操作无菌灌装机对灭菌料液进行无菌灌装。

☞ **知识目标**

了解杀菌、灭菌、商业无菌的概念及常用的杀菌方式；灭菌乳及无菌包装的概念；掌握巴氏灭菌乳、超高温灭菌乳的生产工艺流程与质量控制要点。

☞ **能力目标**

会使用乳品杀菌设备进行乳的杀菌操作。

☞ **案例导入**

很多消费者误认为原乳与液态乳本质上没有太大区别。实际上，两者有很大区别。

从乳品工程角度来说，原乳仅仅是"原料"，而市场上销售的液态乳、酸奶等都是"加工成品"。液态乳至少要经过两个加工环节，即"加热灭菌"和"无菌包装"后，才能进入市场。

液态乳以灭菌温度和时间可划分为"巴氏杀菌乳"和"超高温瞬时灭菌乳"。"巴氏杀菌乳"杀菌温度低，目标是杀灭致病性细菌和病毒，比如沙门氏菌、结核杆菌等，并保证产品有一定的保质期；"超高温瞬时灭菌乳"处理的目的是杀灭所有细菌、真菌及其芽孢和孢子，保质期通常可达 6 个月以上。显然，"超高温瞬时灭菌乳"营养素（如蛋白质和必需氨基酸）的损失比"巴氏杀菌乳"大，但安全性高，且货架期长，从而商品化特性高。

此外，原乳和液态乳还有加工方面的差异，如"标准化"工艺，保证液态乳及其他乳制品的营养素指标（如脂肪、蛋白质、干物质）等。通常原乳营养素会偏低，可用"闪蒸"工艺"浓缩"；另外，一些液态乳产品，尤其是花色乳产品还可能会使用食品添加剂、功能性添加剂等。

☞ **课前思考题**

（1）什么是杀菌、灭菌、商业无菌？

（2）巴氏灭菌乳和超高温灭菌乳是怎样生产的？

任务一　认识液态乳

一、液态乳生产状况

随着人们生活水平和生活质量的不断提高，乳品以其诸多优点，而成为人们日常健康生活不可或缺的饮食之一。包装材料、包装技术的发展，使色彩缤纷的软包装液态乳品成为各生产厂家的主打品牌。液态乳品以其营养丰富，饮、食合一的特优品质，成为人们乳品消费的首选，现在市场的液态乳品，绝大多数采用塑料或纸塑复合材料的软包装，软包装液态乳品作为学生饮用奶，国家"学生饮用奶计划"是在政府统一部署下，奶业企业生产"营养、安全、方便、价廉"的牛乳，直接进入学校，专供学生饮用，以提高全国学生身体素质和健康水平。

巴氏杀菌乳是以新鲜牛乳为原料，经有效的加热杀菌处理，以液体状态灌装，直接供给消费者饮用的商品乳。巴氏杀菌乳因脂肪含量不同，可分为全脂巴氏杀菌乳、低脂巴氏杀菌乳和脱脂巴氏杀菌乳。巴氏杀菌乳可以最大限度地保留牛乳中的营养和新鲜度，但同时巴氏杀菌乳的保质期短，而且须低温储存（2～6℃），包装方式主要有塑料袋、玻璃瓶、纸盒（屋顶包）等。

我国市场上销售的灭菌乳主要有灭菌乳和灭菌调制乳两种。灭菌乳是以牛乳为主料，不添加辅料；灭菌调制乳则要添加调味辅料。灭菌乳按生产工艺分为超高温灭菌乳和保持灭菌乳。超高温灭菌乳是以牛乳为原料，添加或不添加复原乳，在连续流动的状态下，加热到至少132℃并保持很短时间的灭菌，再经无菌灌装等工序制成的液体产品；保持灭菌乳就是以牛乳为原料，添加或不添加复原乳，无论是否经过预处理，在灌装并密封之后经灭菌等工序制成的液体产品。灭菌乳可在常温下长期保存，有利乐砖、利乐枕等包装。

酸牛乳是以牛乳或复原乳为主要原料，使用含保加利亚乳杆菌和嗜热链球菌的菌种发酵制成的产品。我国市场上销售的酸奶主要有纯酸牛乳、调味酸牛乳和果料酸牛乳三种。纯酸牛乳是以牛乳为主料，不添加辅料；调味酸牛乳添加食糖、调味剂等辅料；果料酸牛乳添加天然果料等辅料。目前市场上的酸牛乳产品大多数为调味酸牛乳和果料酸牛乳。

乳制品是纳入食品市场生产准入制度管理的食品，生产企业必须获得食品生产许可证才能获准生产，产品必须经出厂检验合格并加印或加贴 QS 标志后才能销售。从近年来液态乳制品质量监督抽查情况看，液态乳制品质量状况稳定。市场上的液态乳主要有巴氏杀菌乳、灭菌乳和酸牛乳三种。消费者应根据自身需要选择不同的乳制品。就营养而言，牛乳主要为人类提供优质的蛋白质和钙，试验证明，在同等条件下这三种牛乳制品的蛋白质和钙相差微小。牛乳产品中的脂肪品质高，容易消化吸收，供给人体能量，其中部分脱脂和脱脂牛乳特别适合需要限制和减少饱和脂肪摄入量的成年人饮用。近年来，市场上的牛乳品种越来越多，有"特浓奶"、"高钙奶"，还出现了加入铁、锌等微量元素的牛乳。专家指出，在牛乳中添加一些元素并非不可，但应按国家标准规定添加，且应明示。最近，消费者还关注"复原乳"（又称"还原乳"）的问题。"复原乳"

是指把奶粉添加适量水，制成与原乳中水、固形物比例相当的乳液。国家标准对用复原乳为原料和用生鲜乳为原料生产的乳制品的营养要求是一样的。国家标准允许酸牛乳和灭菌乳用复原乳作原料，而巴氏杀菌中不能使用复原乳，同时还规定，以复原乳为原料的产品应标明为"复原乳"。

二、杀菌、灭菌及商业无菌的概念

（一）杀菌的概念

杀菌是指对细菌（微生物）的杀灭过程，一般不包含杀灭的程度。杀菌有两个目的，一个目的是杀死引起人类疾病的所有微生物，使之完全没有致病菌；第二个目的就是尽可能地破坏除致病微生物外能影响产品味道和保存期的微生物其他成分如酶类，以保证产品的质量。杀菌有多种方法，但牛乳加工中最常用的是加热杀菌法，如低温短时间杀菌、高温短时杀菌、超高温瞬时杀菌等；与热杀菌相对应的工艺称其为"冷杀菌"，常用的有离心杀菌（除菌）、高浓度二氧化碳杀菌、超声波杀菌、高压杀菌、微波杀菌（除菌）等，由于杀菌过程中食品温度并不升高或升高很低，所以"冷杀菌"技术既有利于保持食品中功能成分的生理活性，又有利于保持其色、香、味及营养成分。

（二）灭菌的概念

灭菌是将所有的微生物和病毒全部杀灭，以达到无菌的目的。这种热处理能杀死所有微生物包括芽孢，通常采用 $115\sim120℃$、$20\sim30min$ 加压灭菌（在瓶中灭菌），或者采用 $135\sim150℃$，保持 $0.5\sim4s$，后一种热处理条件被称为超高温瞬时灭菌（UHT）。热处理条件不同产生的效果也不一样。$115\sim120℃$、$20\sim30min$ 加热可钝化所有乳中固有酶，但不能钝化所有细菌酯酶和蛋白酶，产生严重的美拉德反应，导致棕色化，形成灭菌乳气味，损失一些赖氨酸，维生素含量降低，引起包括酪蛋白在内的蛋白质相当大的变化，使乳 pH 大约降低了 0.2 个单位；而 UHT 处理则对乳几乎没有破坏。

（三）商业无菌的概念

商业无菌是指乳品经过适度的热杀菌后，不含有致病的微生物，也不含有在通常温度下能在其中繁殖的非致病性微生物，这种状态称作商业无菌。UHT 处理的产品也经常被说成是"商业无菌"的。商业无菌的含义是在一般储存条件下，产品中不存在能够生长的微生物。

三、杀菌和灭菌的方式

（一）低温长时间巴氏杀菌（LTLT）

低温长时间巴氏杀菌即牛乳在 63℃下保持 30min 以达到巴氏杀菌的目的。目前，这种方法在液态乳生产中已很少使用。

（二）高温短时间巴氏杀菌（HTST）

用于液态乳的高温短时间杀菌工艺是把乳加热到 $72\sim75℃$ 或 $82\sim85℃$，保持 15~

20s 后再冷却。这是目前乳品企业普遍采用的较好的鲜奶杀菌方法，它既能保全鲜奶中的营养成分，又能杀死牛乳中的有害菌，保证产品鲜美纯正。

（三）超高温瞬时灭菌（UHT）

超高温瞬时灭菌是指将原料奶在连续流动的状态下通过热交换器而快速加热到 135～140℃，保持 3～4s 以达到商业无菌的杀菌方法。由于加热时间短，产品风味、性状和营养价值等均未受到明显破坏，与巴氏杀菌乳差异不大。

（四）二次灭菌

一般是先采取 72～75℃，保持 15～20s 的巴氏杀菌，灌装封口后，再经过 121℃、30min 的高温灭菌。与巴氏杀菌乳相比，产品色泽、风味、性状和营养价值等均受到一定程度影响。

任务二 巴氏杀菌乳加工技术

巴氏杀菌乳又称市乳，是以合格的新鲜牛乳为原料，经离心净乳、标准化、均质、巴氏杀菌、冷却和灌装，直接供给消费者饮用的商品乳。巴氏杀菌乳是发展历史悠久的乳制品，在欧美至今仍占乳品市场的大部分，在我国乳品市场亦占据主导地位。巴氏杀菌乳因脂肪含量不同，可分为全脂乳、部分脱脂乳、脱脂乳；就风味而言，有草莓、巧克力、果汁等风味产品。

国际乳品联合会（IDF）将巴氏杀菌定义为：适合于一种制品的加工过程，目的是通过热处理尽可能地将来自牛乳中的病原性微生物的危害降至最低，同时保证制品中化学、物理和感官的变化最小。由此看出，巴氏杀菌在牛乳生产中的主要目的是减少微生物和可能出现在原料乳中的致病菌对人体健康的危害。巴氏杀菌不可能杀死所有的致病菌，它只可能将致病菌的数量降低到一定含量，对消费者不会造成危害的水平。巴氏杀菌乳要求巴氏杀菌后，应及时冷却、包装，这种产品在热处理后一定要立即进行磷酸酶试验，且呈阴性。

按国家标准 GB 19645—2010《食品安全国家标准 巴氏杀菌乳》，只能以生鲜牛乳或羊乳为原料，经巴氏杀菌工艺而制成的液体产品，又可称为巴氏杀菌乳、巴氏消毒奶（乳）、鲜牛奶（乳），纯鲜牛奶（乳）。

一、巴氏杀菌乳加工工艺

（一）巴氏杀菌乳生产工艺流程

一般巴氏杀菌乳的生产工艺流程如下：
原料乳验收→过滤、净化→标准化→均质→杀菌→冷却→灌装→检验→冷藏。

（二）巴氏杀菌乳的生产工艺要求

1. 原料乳的验收
欲生产高质量的产品，必须选用品质优良的原料乳。乳品厂收购鲜乳时，对原料乳的质量应严格要求并做检验,检验的内容包括:①感官指标:包括牛乳的滋味、气味、色泽、组织状态;②理化指标:包括酸度(酒精试验、煮沸实验和滴定酸度)、相对密度、脂肪、蛋白质、冰点、抗菌素残留等;③微生物指标:主要是细菌总数,其他还包括嗜冷菌数、芽孢数、耐热芽孢数及体细胞数等。原料乳的验收参见项目二任务一。

2. 原料乳的过滤与净化

原料乳验收后必须进行过滤、净化,其目的是去除乳中的机械杂质,并减少乳中的微生物数量。净乳的方法通常有过滤法和离心净乳法两种。原料乳的过滤、净化见项目二任务二。

净化后的原料乳应立即冷却到 4～10℃,以抑制细菌的繁殖,保证加工之前原料乳的质量。牛乳挤出后微生物的变化过程可分为 4 个阶段,即抗菌期、混合微生物期、乳酸菌繁殖期、酵母和霉菌期。因此,新鲜牛乳迅速冷却,其抗菌特性可保持相当长的时间。乳品厂通常可以根据储存时间长短选择适宜的冷却温度,两者的关系见表 3.1。

表 3.1　乳的储存时间与冷却温度的关系

乳的储存时间/h	6～12	12～18	18～24	24～3
应冷却的温度/℃	10～8	8～6	6～5	5～4

为保证连续生产的需要,乳品厂需有一定数量的原料储存量,储存量按工厂的具体条件来确定,一般为生产能力的 80%～100%。储乳容器体积有:小型 2000L、5000L、10000L,中型 15000～50000L,超大型 100000～200000L。为防止乳在罐中升温,储乳容器要有良好的绝热层或冷却夹套,并配有搅拌器、视孔、人孔及温度计、液位计(现在还有自动清洗装置)等。搅拌的目的是使牛乳能自下而上循环流动,防止脂肪上浮,达到搅拌均匀的要求。储乳罐的数量应由每天处理的乳量和罐的大小来决定。罐要装满,半罐易升温,影响乳的质量。牛乳温度的上升,应以在 24h 内不超过 1℃为宜。绝缘性能以储乳 10h 以上,升温 2～3℃为标准。

瑞典规定原料乳保存时温度不能超过 15.5℃,并要求牧场在挤乳后 1h 内降温至 10℃,3h 内降至 4.4℃。我国规定,验收合格的牛乳应迅速冷却到 4～6℃,储存期间不得超过 10℃。

3. 标准化

标准化的目的是为了确定巴氏杀菌乳中的理化指标含量,以满足不同消费者的需要。标准化方法见项目二任务三。

4. 原料乳的均质

原料乳的均质作用及方法见项目二任务三。

5. 巴氏杀菌

牛乳中含有各种丰富的营养物质,是微生物的良好培养基,再加之牛乳收购间隔时间的延长,尽管有现代化的制冷技术,但牛乳中的微生物还是有足够的时间繁殖并产生酶类,而且微生物代谢产生的副产物有时是有毒的;此外,微生物还会引起牛乳中某些成分分解,引起 pH 下降等不良反应。因而,及时进行巴氏杀菌是很有必要的。

1）巴氏杀菌的目的

（1）杀死引起人类疾病的所有微生物。经巴氏杀菌的产品必须完全没有致病菌，如果在巴氏杀菌后的牛乳中仍有病原菌存在，那么其原因是热处理没有达到要求，或者是该产品被二次污染了。

（2）尽可能多地破坏牛乳中含有的能影响产品味道和保存期的微生物和酶类，以保证产品质量，这就需要采用比杀死致病菌更强的热处理。

2）巴氏杀菌的方法

为了保证杀死所有的致病微生物，牛乳加热必须达到某一温度，并在此温度下保持一定时间，然后冷却。温度和时间组合决定了热处理的效果。巴氏杀菌的方法见表 3.2。

表 3.2　巴氏杀菌的主要热处理分类

工艺名称	温度/℃	时 间	方 式
初次杀菌	63～65	15s	连续式
低温长时间巴氏杀菌（LTLT）	62.8～65.6	30min	间歇式
高温短时间巴氏杀菌（HTST）	72～75	15～20s	连续式
超巴氏杀菌	125～138	2～4s	连续式

间歇式热处理足以杀灭结核杆菌，对牛乳的感官特性的影响很小。连续式热处理，要求热处理温度至少在 71.1℃保持 15s（或相当条件），此时乳中的磷酸酶试验呈阴性，而过氧化物酶试验呈阳性，这是因为碱性磷酸酶与过氧化物酶是牛乳中的内源酶，前者的热变性所需的强度比杀死结核杆菌要大，后者则需要 80℃的温度来抑制，如果在巴氏杀菌乳中不存在过氧化物酶，表明热处理过度。热处理温度超过 80℃，也会对牛乳的风味和色泽产生负面影响。磷酸酶与过氧化物酶活性的检测被用来验证牛乳已经巴氏杀菌，采用了适当的热处理，产品可以安全饮用。经 HTST 杀菌的牛乳在 4℃储存期间，磷酸酶试验会立即显示阴性，而稍高的储温会使牛乳表现出碱性磷酸酶阳性。经巴氏杀菌后残留的微生物芽孢还会生长，会产生耐热性微生物磷酸酶，这极易导致错误的结论，IDF（1995）已意识到用磷酸酶试验来确定巴氏杀菌是有困难的，因此一定要谨慎。

6．冷却

杀菌后的牛乳应尽快冷却至 4℃，冷却速度越快越好。其原因是牛乳中的磷酸酶对热敏感，不耐热，易钝化（63℃/20min 即可钝化）。但同时牛乳中含有不耐高温的抑制因子和活化因子，抑制因子在 60℃、30min 或 72℃、15s 的杀菌条件下不被破坏，所以能抑制磷酸酶恢复活力，而在 82～130℃加热时抑制因子被破坏，活化因子在 82～130℃加热时能存活，因而能激活已钝化的磷酸酶。所以巴氏杀菌乳在杀菌灌装后应立即置 4℃下冷藏。

7．灌装

灌装的目的是便于保存、分送和销售。

1）包装材料

包装材料应具有以下特性：

能保证产品的质量和营养价值；能保证产品的卫生及清洁，对内容物无任何污染；避光、密封，有一定的抗压强度；便于运输；便于携带和开启；减少食品腐败；有一定的装饰作用。

2）包装形式

巴氏杀菌乳的包装形式主要有玻璃瓶、聚乙烯塑料瓶、塑料袋、复合塑纸袋和纸盒等。

3）危害关键控制

在巴氏杀菌乳的包装过程中，要注意：避免二次污染，包括包装环境、包装材料及包装设备的污染；避免灌装时产品的升温；对包装设备和包装材料提出较高的卫生要求。

8. 检验

出厂前按 GB 19645—2010《食品安全国家标准　巴氏杀菌乳》对产品进行检验，各项指标要符合表 3.3 要求。检验合格，填写检验报告，确保出厂产品全部合格。

表 3.3　巴氏杀菌乳质量要求

项　目		指　标
色泽		呈均匀一致的乳白色或微黄色
滋味和气味		具有乳固有的滋味和气味，无异味
组织状态		均匀的液体，无沉淀，无凝块，无黏稠现象
脂肪含量/%	≥	3.1
蛋白质含量/%	≥	2.9
非脂乳固体/%	≥	8.1
酸度/°T		12~18
杂质度/(mg/kg)	≤	2
污染物限量		应符合 GB 2762—2005 的规定
真菌毒素限量		应符合 GB 2761—2005 的规定
菌落总数/(cfu/mL)	≤	50000~100000
大肠菌群/(cfu/mL)	≤	1~5
金黄色葡萄球菌		不得检出
沙门氏菌		不得检出

9. 储存、分销

巴氏杀菌乳的产品特点决定其在储存和分销过程中，必须保持冷链的连续性，尤其是出厂转运过程和产品的货架储存过程是冷链的两个最薄弱环节。除温度外，还应注意避光；避免产品强烈振荡；远离具有强烈气味的物品。

二、巴氏杀菌乳实际生产线

巴氏杀菌乳的加工工艺因不同的法规而有所差别，而且不同的乳品厂也有不同的规定。例如，脂肪的标准化可采用前标准化、后标准化或直接标准化；均质可采用全部均质或部分均质。最简单的全脂巴氏杀菌乳加工生产线应配备巴氏杀菌机、缓冲罐和包装机等主要设备，而复杂的生产线可同时生产全脂乳、脱脂乳、部分脱脂和含脂率不同的稀奶油。最典型的工艺是生产巴氏杀菌全脂奶（图 3.1），这种巴氏杀菌乳生产线包括一台净乳机、巴氏杀菌器、缓冲罐和包装机。

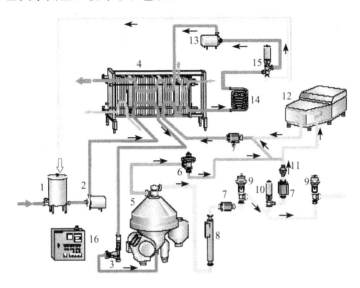

图 3.1　巴氏杀菌全脂奶生产线

1. 平衡槽；2. 奶泵；3. 流量控制器；4. 板式热交换器；5. 分离机；6. 分配盘；7. 流量传感器；8. 密度传感器；9. 调节阀；10、11. 阀门；12. 均质机；13. 动力泵；14. 保温管；15. 回流阀；16. 过程控制器

原料乳先通过平衡槽 1，经泵 2 送至板式热交换器 4，预热后，通过流量控制器 3 至分离机 5，以生产脱脂乳和稀奶油。其中稀奶油的脂肪含量可通过流量传感器 7、密度传感器 8 和调节阀 9 确定和保持稳定，为了在保证均质效果的条件下节省投资和能源，仅使稀奶油通过一个较小的均质机。稀奶油的去向有两个分支，一是通过阀门 10、11 与均质机 12 相联，以确保巴氏杀菌乳的脂肪含量；二是多余的稀奶油进入稀奶油处理线。进入均质机的稀奶油的脂肪含量不能高于 10%，所以一方面要精确地计算均质机的工作能力；另一方面应使脱脂乳混入稀奶油进入均质机，并保证流速稳定。随后均质的稀奶油与多余的脱脂乳混合，使物料的脂肪含量稳定在 3%，送至板式热交换器 4 和保温管 14 进行杀菌，通过回流阀 15 和动力泵 13 使杀菌后的巴氏杀菌乳在杀菌机内保证正压，这样就可避免由于杀菌机的渗漏，导制冷却介质或未杀菌的物料污染杀菌后的巴氏杀菌乳。当杀菌温度低于设定值时，温度传感器将指示回流阀 15，使物料回到平衡槽。巴氏杀菌后，杀菌乳继续通过杀菌机热交换段与流入的未经处理的乳进行热交换，而本身被降温，后经冷却段，用冷水和冰水冷却，冷却后先通过缓冲罐，再进行灌装。

在部分均质后，稀奶油中的脂肪球被破坏，游离脂肪与外界相接触很容易受到脂肪酶的侵袭，因此，均质后的稀奶油应立即与脱脂乳混合并进行巴氏杀菌。图 3.1 所示工艺流程不会造成这一问题，因为重新混合巴氏杀菌过程全部在同一封闭系统中迅速而连续地进行。如果采用前标准化则存在这样的问题，这时必须重新设计工艺流程。

三、较长保质期乳（ESL）的生产

较长保质期乳，即国外 ESL（extended shelf life）乳。它的本质含义是延长（巴氏杀菌）产品的保质期，目前主要措施是采用比巴氏杀菌更高的杀菌温度（即超巴氏杀菌），尽最大可能避免产品在加工、包装和分销过程的再污染。这需要较高的生产卫生条件和优良的冷链分销系统。一般冷链温度越低，产品保质期越长，其温度最高不得超过 7℃。典型的超巴氏杀菌条件为 125～130℃、2～4s。

"较长保质期"乳的保质期有 7～10d、30d、40d，甚至更长，这主要取决于产品从原料到分销的整个过程的卫生、工艺技术装备和质量控制。但无论超巴氏杀菌强度有多高，生产的卫生条件有多好，"较长保质期"乳本质上仍然是巴氏杀菌乳，与超高温灭菌乳有根本的区别。首先，超巴氏杀菌产品并非无菌灌装；其次，超巴氏杀菌产品不能在常温下储存和分销；第三，超巴氏杀菌产品不是商业无菌产品。

生产较长保质期乳的方法有板式热交换器法和浓缩、杀菌相结合的方法两种。

（一）板式热交换器法

包含不同温度与时间的组合，温度一般为 115～130℃，如果在 120℃左右，该产品只需经受 1s 或更短的快速热处理。近年来 APV 和 ELOPAK 公司联合成功开发了 Pure-Lac 系统，该系统不仅有热处理，同时也包括生产中的每一关键步骤——原材料、生产加工、包装和储存。该工艺是一种基于蒸汽注入工艺，它精确变化时间、温度之间的关系，可控制在 0.2s 之内。这在达到延长保存期目的的同时，也最低程度地减少了热处理对牛乳的破坏。牛乳通过在注入室内自由降落时直接与蒸汽接触完成加热处理，避免了与"硬件"接触导致产生不良风味的可能性。

（二）浓缩和杀菌相结合的方法

把牛乳中的微生物浓缩到一小部分，这部分富集微生物的乳再受较高的热处理，杀死可形成内生孢子的微生物如蜡状芽孢杆菌，之后再在常规杀菌之前，将其与其余的乳混匀，之后一并再进行巴氏杀菌，钝化其余部分带入的微生物，该工艺包括采用重力或离心分离超滤和微滤，目前已有商业应用。利乐公司的 Alfa-Laval Bactocatch 设备，将离心与微滤结合，其工艺流程见图 3.2。

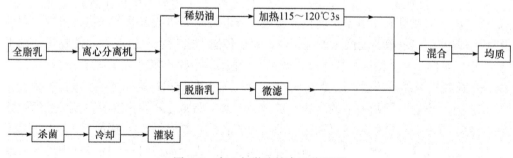

图 3.2　离心与微滤结合工艺流程

这种设备在达到同样的微生物处理效果的同时，只是部分乳经受较高温度处理，其余乳（主体）仍维持在巴氏杀菌的水平，产品口感、营养都更加完美，保质期又可适当地延长。

任务三　灭菌乳及无菌包装技术

一、灭菌乳及无菌包装的概念

(一) 灭菌乳

以牛乳（或羊乳）为原料，经超高温瞬时灭菌、无菌灌装或保持灭菌而达到"商业无菌"的液态产品，称为灭菌乳。灭菌乳即是对牛乳进行足够强度的热处理，使产品中所有的微生物和耐热酶类失去活性。灭菌的产品具有优异的保存质量并可以在室温下长时间储存。20 世纪初，商业灭菌乳在欧洲广为普遍。

灭菌乳杀菌工艺一般有两种：

1. 超高温瞬时灭菌 (ultra high-temperature，UHT)

关于 UHT 产品的定义是：物料在连续流动的状态下，经 135～150℃不少于 1s 的超高温瞬时灭菌（以完全破坏其中可以生长的微生物和芽孢），然后在无菌状态下包装，以最大限度地减少产品在物理、化学及感官上的变化，这样生产出来的产品称为 UHT 产品。UHT 产品能在非冷藏条件下分销。瞬时灭菌的出现，大大改善了灭菌乳的特性，不仅使产品的色泽和风味得到改善，而且提高了产品的营养价值。

2. 保持灭菌 (holding sterilized)

将乳液预先杀菌（或不杀菌），包装于密闭容器中，在不低于 110℃下灭菌 10min 以上。瓶装灭菌乳就是将牛乳装到瓶子中，再进行灭菌处理，牛乳可在环境温度中储存。瓶子主要为玻璃瓶和塑料聚酯瓶，后者为目前市场的主要包装形式。

生产灭菌乳的主要目的是使产品的特性在加工后保持稳定。灭菌乳应符合以下要求：加工后产品的特性应尽量与其最初状态接近；储存过程中产品质量应与加工后产品的质量保持一致。

(二) 无菌包装技术

无菌包装 (aseptic packing) 技术是指被包装的食品在包装前经过短时间的灭菌，然后在无菌条件下（即在包装物、被包装物、包装辅助器材均无菌的条件下）、无菌的环境中进行充填和封合的一种包装技术。可取得较长的货架寿命。

1. 食品的无菌化

食品的无菌化可以最大限度地保留食品原有的营养成分和风味。进行深加工的食品一般含水分较多（除干制品外），物理强度不高，属耐热性较低的加工物料，应避免长时间加热杀菌。如果运用了超高温瞬时灭菌技术，可使食品在高温下只经受很短的时间（几秒，十几秒）迅速灭菌，然后快速降温，避免了营养成分和风味的过度损失，这样可获得色、香、味、形俱佳的高质量无菌产品。包装产品的除菌方法有超高温瞬时杀菌和高温短时杀菌的热杀菌法以及紫外线杀菌、辐射杀菌和微波照射杀菌的冷杀菌法。

2. 包装材料的无菌化

由于包装材料不必与食品一起进行高温高压杀菌处理，可采用高强度紫外线和低浓度过氧化氢相结合的灭菌方法给包装容器灭菌。紫外线杀菌或过氧化氢杀菌单独使用时，其效果受到了一定限制，两者结合使用其杀菌效果理想，可以实现包装材料的无菌化。

3. 包装环境（操作）的无菌化

首先，包装环境不与外界产生气体交换，即外界有菌空气不能进入包装环境，以避免二次污染；第二，通过化学灭菌剂（如过氧乙酸、双氧水等）与紫外线杀菌方式相结合，实现包装环境的无菌化；第三，无菌包装材料和无菌食品进入无菌包装环境是通过无菌通道或无菌传递装置实现的，无菌包装产品则通过产品无菌出口脱离无菌包装环境。包装环境的灭菌包括工作机器的灭菌和空气的灭菌等。无菌包装封口方法有热封、超声波封、胶封和气封等。

无菌包装必须符合如下要求：

（1）包装容器和封合的方法必须适于无菌灌装，封合后的容器在储存和分销期间必须能阻挡微生物透过，同时包装容器应具有阻止产品发生化学变化的特性。

（2）容器与产品接触的表面在灌装前必须经过灭菌，灭菌的效果是与灭菌前容器表面的污染程度有关的。

（3）在灌装过程中，产品不能受到来自任何设备表面或周围环境的污染。

（4）若采用盖子封合时，封合前必须立即灭菌。

（5）封合必须在无菌区域内进行，以防止微生物污染。

综合以上各点，无菌包装过程可以用图 3.3 来表示。

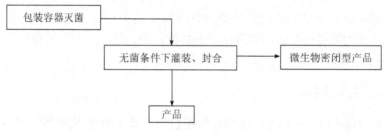

图 3.3　无菌包装示意图

二、超高温灭菌技术原理

牛乳在加热中细菌的灭菌效应（SE），也就是杀死孢子效率随着温度的上升，大大快于牛乳中的化学变化（如褐变、维生素破坏、蛋白质变性等）。例如，在温度有效范围内，热处理温度每升高 $10℃$，牛乳中所含细菌孢子的破坏速率提高 $11\sim30$ 倍（枯草杆菌孢子致死 $Q_{10}=30$，嗜热脂肪芽孢杆菌孢子致死 $Q_{10}=11$），而牛乳中化学变化如褐变速度仅提高 $2.5\sim3$ 倍，（$Q_{10}=2.5\sim3$）。这意味着温度越高，其灭菌效果越好，而引起的化学变化很小。根据巴顿通过实验结果所绘制的灭菌效应（SE）与褐变效应速率之比对温度的曲线来看（图 3.4），当温度上升不到 $135℃$ 时，两者之比未发生急剧变化；在 $135℃$ 以上，灭菌效应比褐变效应的增长要快得多；当温度升高至 $140℃$，$3.6s$ 加热时，灭菌效应（SE）与褐变速率之比增大到 2000∶1，150℃、0.36s 加热则两者之比增大到 5000∶1，从 150℃ 再升高，曲线与直线上升，说明再提高温度已无多大意义；温度超过 150℃ 以上，则相应加热时间必须随之更加缩短，这在工艺操作上准确控制这样短的加热时间是很困难的，因为流速稍微有一点波动就会产生相当的影响。所以，目前在超高温瞬时灭菌工艺上是以 150℃、0.36s 作为最高极限，一般都采用 135～150℃、1～4s。

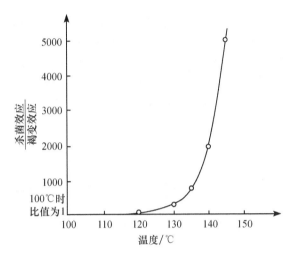

图 3.4　杀菌温度上升对杀菌和褐变效应比值的影响

厌氧微生物 PA3679 的孢子具有极高的 Z 值（完全杀灭 PA3679 孢子所必须的最短热处理时间，其 $Z=35$），这种孢子用来检验各种超高温处理的效果无疑是很有说服力的。PA3679 细菌孢子在 150℃ 时的 D 值（杀死 90% PA3679 孢子数所需时间）为 0.258s，如果某超高温工艺要求 F 值为 12D，处理后的孢子总数减少到原先的 $1/10^{12}$，这无疑是极高的质量标准，此时所需处理的全部时间是 0.258×12＝3.4s，如果时间进一步延长到 4s，总孢子数就会减少到 $1/10^{14}$，因此，用超高温工艺在 135℃ 高温处理 3～4s 时间就有可能得到极为优质的超高温灭菌产品。

根据加勒斯路特（Galesloot）法则，超高温工艺杀菌效率的定义是以杀菌前后孢子数的对数比来表示，以下式来表示为

$$SE = lg（原始孢子数／最终孢子数）$$

SE 值可定量评判超高温工艺。林德格伦（Lindgren）和斯瓦特林（Swartling）在原乳中加入已知数量的枯草杆菌孢子，然后在不同温度下用超高温设备杀菌 4s，得到的杀菌效果如表 3.4 所示。

表 3.4　不同温度下用超高温杀菌的效率

杀菌温度/℃	每毫升原乳中初始孢子数/个	每毫升杀菌乳中孢子数/个	杀菌效率（SE）
125	450000	0.45	6
130	450000	0.0007	8.8
135	450000	0.0004	＞9
140	450000	0.0004	＞9

　　实验中用来确定残存孢子数的方法是"稀释法"，该方法能够得到的最小残存孢子数是 0.0004 个/mL，因此，实际杀菌效果可能比表中显示的更高。

　　在 135℃、4s 下对耐高温的嗜热脂肪芽孢杆菌孢子的杀菌效果见表 3.5。

表 3.5　超高温杀菌对嗜热脂肪芽孢杆菌孢子的杀灭的效率

每毫升原乳中初始孢子数/个	每毫升杀菌乳中孢子数/个	杀菌效率（SE）
10000	0.0004	＞7.4
150000	0.0004	＞9

　　尽管表 3.5 中试验的 SE 仅为 7.4，但这只是数字计算的结果，在 135℃ 或更高温度进行 4s 的热处理过程中，残存数都达到了 0.0004。对于商业无菌标准的商品，杀菌效率（SE 值）6～9 是必需的，从以上两表中可知，135℃、4s 的杀菌可使 SE 值全部＞6～9。因此，135℃ 或 135℃ 以上、4s 的条件是可靠的超高温杀菌条件。

三、灭菌乳加热类型

　　超高温灭菌加工系统的各种类型如表 3.6 所示。这些加工系统所用的加热介质为蒸汽或热水。从经济角度考虑，蒸汽或热水是通过天然气、油或煤加热获得的，只在极少数情况下使用电加热锅炉。因电加热的热效率仅为 30％，而采取其他形式加热，锅炉的热转化率为 70％～80％。

表 3.6　各种类型的超高温加热系统

蒸汽或热水加热	间接加热	板式加热
		管式加热（中心管式和壳管式）
		刮板式加热
	直接蒸汽加热	直接喷射式（蒸汽喷入牛乳）
		直接混注式（牛乳喷入蒸汽）

　　如上所述使用蒸汽或热水为加热介质的灭菌器可进一步被分为两大类，即直接加热系统和间接加热系统。在间接加热系统中，产品与加热介质（或热水）由导热面所隔开，导热面由不锈钢制成，因此在这一系统中，产品与加热介质没有直接的接触。在直接加热系统中，产品与一定压力的蒸汽直接混合，这样蒸汽快速冷凝，其释放的潜热很快对产品进行加热，同时产品也被冷凝水稀释。

四、瓶装灭菌乳的生产工艺及质量控制

（一）生产工艺流程

瓶装灭菌乳生产工艺流程如图 3.5 所示。

（二）质量控制

1. 对原料乳的要求

1）对原料乳理化特性的要求

（1）蛋白的热稳定性用于灭菌处理的牛乳必须是高质量的，特别是乳蛋白的热稳定

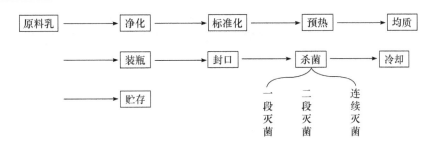

图 3.5 瓶装灭菌乳生产工艺流程

性对灭菌乳的加工相当重要，它直接影响到灭菌系统的连续运转时间和灭菌情况。可通过酒精试验测定乳蛋白的热稳定性，一般具有良好热稳定性的牛乳至少要通过 75% 的酒精试验。酒精实验用来剔除下列原因造成不宜加工的牛乳：酸度偏高的牛乳；盐类平衡不适当的牛乳；含有过多乳清蛋白的牛乳；典型的初乳。

（2）异常乳在此主要是指乳房炎乳，乳房炎不仅导致牛乳细菌含量高，乳牛产乳量下降，还产生大量的蛋白酶，其中有些是相当耐热的，可存活于灭菌乳中从而影响产品的品质，使产品在储存期内变质，形成凝块等。乳房炎是乳牛一种常见病，在牛群中占有相当的比例，只有加强乳牛的卫生管理，采取合理的挤乳技术及饲养技术，才能有效地避免乳房炎的发生。另外，有抗菌素残留的牛乳的盐类平衡系统遭到破坏，使蛋白耐热性差，也不适合灭菌乳的加工。

2）原料乳中微生物的种类及含量的要求

牛乳中微生物的种类及含量对灭菌乳的品质影响至关重要。首先从灭菌效率考虑是芽孢的含量；其次从酶解反应考虑是细菌总数，尤其是嗜冷菌含量。对热有特别抵抗力的芽孢数量应尽可能少，我国许多工厂采用细菌总数 < 10 万个/mL，嗜冷菌 ≤ 1000 个/mL 的牛乳为原料。

（1）根据生长温度范围，芽孢主要分为两大类，即嗜中温芽孢和嗜热芽孢，仅从灭菌效率考虑，进行灭菌的物料的微生物指标应符合表 3.7 的要求。

表 3.7 灭菌前物料的芽孢数 　　　　　　　　　　单位：cfu/mL

芽孢名称	目标值	行动值	加工极限值
嗜中温芽孢	100	1000	10000
嗜热芽孢	10	100	1000

（2）细菌数，因为绝大多数细菌是不耐热的，经灭菌之后，原来每毫升乳中含有的百万甚至上千万的细菌总数并不会影响灭菌效果，但灭菌乳是长货架期产品，含有过高的细菌，其代谢将产生各种脂肪酶和蛋白酶，有些酶是相当耐热的，尤其是嗜冷菌产生的酶类，这些酶存活于灭菌乳加工中，并在产品的储存期内复活，分解蛋白和脂肪而产生一系列非微生物的质量缺陷，如凝块、脂肪上浮等。据美国最新医学研究表明，残留于牛乳中的过多的细菌的代谢残物，仍会使人有一些不良反应，如发热、关节发炎等。因此，控制原料乳的质量对保证灭菌乳的质量是至关重要的。表 3.8 是对灭菌乳加工的原料乳的一般技术要求。

表 3.8　用于灭菌乳加工的原料乳的一般要求

项　目			指　标
理化特性	脂肪含量/%	≥	3.10
	蛋白质含量/%	≥	2.95
	相对密度（20℃/4℃）	≥	1.028
	滴定酸度/°T		12～18
	pH		6.6～6.8
	杂质含量/(mg/kg)	≤	4
	蛋白稳定性		通过75%的中性酒精试验
	冰点/℃		−0.59～−0.54
抗菌素含量/(μg/mL)	青霉素	<	0.004
	其他		不能验出
微生物特性	体细胞数/(个/mL)	≤	500000
	细菌总数/(cfu/mL)	≤	100000
	芽孢总数/(cfu/mL)	≤	100
	耐热芽孢数/(cfu/mL)	≤	10
	嗜冷菌/(cfu/mL)	≤	1000

2. 预处理技术要求

灭菌乳加工中的预处理，即净乳、冷却、储乳、标准化、预热均质等技术要求同巴氏杀菌乳。

3. 装瓶、封口

常见的有玻璃瓶、塑料瓶。做到计量准确，封口严密。

1）玻璃瓶

可以多次循环使用，破损率可以控制在0.3%左右。与牛乳接触不起化学反应，无毒，光洁度高，易于清洗。缺点为重量大，运输成本高，易受日光照射产生不良气味，造成营养成分损失。回收的空瓶微生物污染严重。这就意味着玻璃瓶带来的污染可能大大增加，所以乳品厂对于回收的玻璃瓶，必须彻底清洗和消毒。

2）塑料瓶

塑料乳瓶多用聚乙烯或聚丙烯塑料制成。其优点为：质量轻，可降低运输成本，破损率低，能耐碱液及次氯酸的洗涤和杀菌处理。特别是聚丙烯能耐150℃的高温，具刚性、耐酸、碱、盐的性能均佳。其缺点为：旧瓶表面易磨损，污染程度大，不易清洗和消毒。在较高的室温下，数小时后即产生异味，影响质量和合格率。

4. 杀菌

瓶装灭菌乳的灭菌方法有三种：一段灭菌、二段灭菌和连续灭菌，现分述如下：

1）一段灭菌

牛乳预热到80℃，灌装，封盖，放入杀菌器，在110～120℃下灭菌10～40min。

2）二段灭菌

牛乳在130～140℃预热2～20s，此预热可在管式或板式热交换器中靠间接加热或者用蒸汽直接喷射牛乳，当牛乳冷却到80℃后，灌装，封盖，再入灭菌器进行灭菌。

后一段处理不需要像前一段那样强烈，因第二段杀菌的主要目的只是为了消除第一段杀菌后灌装重新感染的细菌。

3）连续式灭菌

牛乳在装瓶封口后，经连续工作的灭菌器灭菌，连续灭菌器中灭菌可采用一段灭菌，也可采用二段灭菌。奶瓶缓慢地通过杀菌器中的加热区和冷却区往前输送，这些区段的长短应与处理中各个阶段所需求的温度和停留时间相对应。

5. 冷却、装箱

瓶装灭菌乳灭菌后，及时冷却到自来水温度，烘干后贴标、装箱。

五、典型管式超高温灭菌法生产 UHT 乳

（一）超高温灭菌乳加工工艺流程

超高温灭菌乳基本工艺流程如下：

原料乳验收→预处理→超高温灭菌→无菌灌装→灭菌乳。

下面以管式超高温方法为例介绍 UHT 乳的典型加工工艺。

如图 3.6 所示，原料乳首先经验收、标准化、巴氏预杀菌等过程。UHT 乳的加工工艺有时包含巴氏杀菌过程，因为巴氏杀菌可及时杀灭嗜冷菌，避免其繁殖代谢产生的酶类而影响产品的保质期。巴氏预杀菌后的乳（一般为 4℃左右）由平衡槽 1 经离心泵 2 进入预热段 3a，在这里牛乳被热水加热至 75℃后进入非无菌均质机 4，通常采用二级均质，第二级均质压力为 5MPa，均质机合成均质效果为 25MPa。均质后的牛乳进入加热段 3c，在这里牛乳被加热至灭菌温度（通常为 137℃），在保温管 5 中保持 4s，然后进入热回收冷却层 3d，在这里牛乳被冰水冷却至灌装温度，冷却后的牛乳直接进入无菌灌装机 8，或先进无菌缸 7 后，再进入无菌灌装机 8。若牛乳的灭菌温度低于设定值，则牛乳就沿着 3e 返回平衡槽。加热循环热水的流程是这样的：热水经平衡槽、离心泵

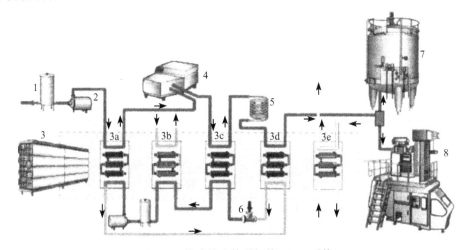

图 3.6　管式热交换器间接 UHT 系统

1. 平衡槽；2. 离心泵；3. 管式热交换器；3a. 预热段；3b. 中间冷却段；3c. 加热段；3d. 热回收冷却层；
3e. 启动冷却段；4. 非无菌均质机；5. 保温管；6. 蒸汽喷射阀；7. 无菌缸；8. 无菌灌装机

进入预热段 3a 和热回收冷却层 3d，由蒸汽喷射阀 6 注入蒸汽，调节至灭菌所需要的加热介质温度后进入 3c，热水温度通常高于产品温度 1～3℃，之后热水经 3b 冷却返回平衡槽。

在此过程中牛乳温度变化如下：

4℃牛乳→预热至 75℃→均质 75℃→加热至 137℃→137℃保温 4s→冰水冷却至 20℃。

可以看出，在灭菌过程中，牛乳不与加热或冷却介质直接接触，保证产品不受外界污染；另外，热回收操作可节省大量能量。

（二）超高温灭菌乳加工的关键操作

1. 设备灭菌——无菌状态

在投料之前，先用水代替物料进入热交换器。水直接进入均质机、加热段、保温段、冷却段，此过程全程保持超高温状态，继续输送至包装机，从包装机返回，流回平衡槽，如此循环保持回水温度不低于 130℃，时间 30min 左右。杀菌完毕后，放空灭菌水，进入物料，开启冷却阀，投入正常生产流程。

2. 生产操作——保持无菌状态

生产中，应设定准确均质机的转速，保持要求的牛乳流量；注意稳定蒸汽压力使其不低于 0.6MPa，正常的进汽量按加热段灭菌乳温度自动控制；注意控制冷却介质的进量，以使热水箱内不致沸腾。从灭菌器输送至包装机的管道上装有无菌取样器，生产条件正常时定时取样检测乳是否无菌。

3. 乳灭菌——保证乳无菌

在生产中，由控制盘严密监视灭菌温度。当温度低于设定值时，立即启动分流阀，牛乳返回进料槽，将其放空并用水顶替，重新进行设备灭菌及重新安排生产操作。这样可保证送往包装机的牛乳为经冷却的无菌牛乳。

4. 中间清洗及最后清洗

大规模连续生产中，一定时间后，传热面上可能产生薄层沉淀，影响传热的正常进行。这时，可在无菌条件下进行 30min 的中间清洗，然后继续生产，中间不用停车。生产完毕后，用清洗液进行循环流动 CIP 清洗。中间清洗及最后清洗操作均由控制盘内的程序板控制，按程序执行 CIP 操作。

5. 停车

生产完毕及清洗完毕后即可停车，全部生产设备由控制盘统一停车，同时注意停供蒸汽、冷却水及压缩空气。

（三）超高温灭菌乳加工的关键控制

超高温灭菌为高度自动化操作，均质机配有专用控制柜，并与总控制柜连通，主要操作由总控制柜指挥。

1. 流程控制

生产中的开车、设备灭菌、牛乳灭菌、水灭菌、中间清洗及最后清洗等都有不同的流程和程序，由控制柜统一控制，操作人员只需操作控制按钮即可控制。

2. 流量控制

设备的生产能力由物料流量决定，物料流量由均质机的转速控制。

3. 灭菌温度控制

牛乳灭菌的最高温度要先行设定。在生产过程中，实际的灭菌温度不断变化，提供的信息在控制盘上提示和记录，控制系统可根据记录数据发出指令，不断调整进气阀的开启大小，以保持稳定的灭菌温度。

4. 冷却温度控制

由冷却阀的调节来控制。

（四）无菌灌装系统的类型

无菌包装系统形式多样，但就其本质不外乎包装容器形状的不同、包装材料的不同和灌装前是否预成型。以下主要介绍无菌纸包装系统、吹塑成型无菌包装。

1. 纸卷成型包装系统

纸卷成型包装系统是目前使用最广泛的包装系统。包装材料由纸卷连续供给包装机，经过一系列成型过程进行灌装、封合和切割。纸卷成型包装系统主要分为两大类，即敞开式无菌包装系统和封闭式无菌包装系统。

1）敞开式无菌包装系统

敞开式无菌包装系统的包装容量有 200mL、250mL、500mL 和 1000mL 等，包装速度一般为 3600 包/h 和 4500 包/h 两种形式。

2）封闭式无菌包装系统

封闭式无菌包装系统最大的改进之处在于建立了无菌室，包装纸的灭菌是在无菌室内的双氧水浴槽内进行的，并且不需要润滑剂，从而提高了无菌操作的安全性。这种系统的另一改进之处是增加了自动接纸装置，并且包装速度有了进一步的提高。封闭式包装系统的包装体积范围较广，从 100mL 到 1500mL，包装速度最低为 5000 包/h，最高为 18000 包/h。

2. 预成型纸包装系统

预成型纸包装系统目前在市场上也占有一定的比例，但份额较少。这种系统纸盒是经预先纵封的，每个纸盒上压有折叠线。运输时，纸盒平展叠放在箱子里可直接装入包装机。若进行无菌运输操作，封合前要不断地向盒内喷入乙烯气体以进行预杀菌。

预成型无菌灌装机的第一功能区域是对包装盒内表面进行灭菌，灭菌时，向包装盒内喷洒双氧水膜，喷洒双氧水膜的方法有两种：一是直接喷洒含润湿剂的 30% 的双氧水，这时包装盒静止于喷头之下；另一种是向包装盒内喷入双氧水蒸气和热空气，双氧水蒸气冷凝于内表面上。

3. 吹塑成型瓶装无菌包装系统

吹塑瓶作为玻璃瓶的替代，具有成本低，瓶壁薄，传热速度快，可避免热胀冷缩的不利影响。从经济和易于成型的角度考虑，聚乙烯和聚丙烯广泛应用于液态乳制品的包装中，但这种材料避光、隔绝氧气能力差，会给长货架期的液态乳制品带来氧化问题，因此在材料中加入色素来避免这一缺陷，但此举不为消费者所接受。随着材料和吹塑技术的发展，采用多层复合材料制瓶，虽然其成本较高，但具有良好的避光性和阻氧性，使用这种包装可大大改善长货架期产品的保存性。目前市场上广泛使用的聚酯瓶就是采用了这种材料的包装，绝大部分聚酯瓶均用于保持灭菌而非无菌包装。

采用吹塑瓶的无菌灌装系统有三种类型：①包装瓶灭菌-无菌条件下灌装、封合；②无菌吹塑-无菌条件下灌装、封合；③无菌吹塑同时进行灌装、封合。

（五）无菌灌装机与超高温加工系统的结合

无菌灌装机与超高温灭菌系统的结合，首先要保证无菌输送，同时为降低加工成本要保证最大限度地使用单个设备，也就是说每个热处理系统可以连接一种以上的灌装机，以加工和包装不同类型、体积的产品。

最简单的结合方法是超高温系统与无菌灌装直接相连，较复杂的设计是在系统中间安装无菌平衡罐。但即使加装无菌平衡罐，系统也要尽量简化，因为中间原料的数量越多，细菌污染的可能性越大，故障排除的难度也相应增大。

1. 超高温系统与无菌灌装机直接相连

如图 3.7 所示，这种系统适用于连续性的无菌灌装，容积式非连续性灌装机并不适用。

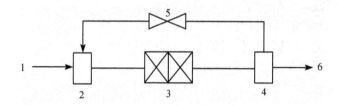

图 3.7   超高温系统与无菌灌装机直接相连

1. 原料进；2. 平衡槽；3. 超高温灭菌机；4. 无菌灌装机；5. 背压阀；6. 产品

超高温系统与无菌灌装机系统直接连接，将细菌污染的危险性降到最低。但由于超高温系统与无菌灌装机直接相连，其灵活性较差，其中一台机器出现故障将导致整个生产线必须停产，进行全线的清洗和预杀菌，另外，超高温系统与无菌灌装机相连的包装形式（形状、体积）比较单一。

单台灌装机与超高温系统相连的生产能力是较低的，生产能力决定于灌装机，而超高温系统的生产能力一般较大，除非生产无菌大包装产品（500mL 以上），否则生产成本相对较高。

为提高生产能力，可安装多台灌装机，并配以不同的体积，但加工的灵活性提高的并不显著，若其中一台灌装机停止操作，则多条产品将回流再加工，这样将给产品带来严重的负面感官影响，为减轻这一影响，超高温系统中要采用变速均质机，但由于流量减少，产品流速降低，受热时间就相应增加，从而导致产品质量下降。

2. 灌装机内置小型无菌平衡罐

这种系统主要适用于非连续性灌装机的生产，小型无菌罐与灌装机结合在一起，其体积并不很大，但足以提供灌装机所需求量。生产中其液位应保持恒定以保证稳定的灌装压力，为此就需要随时有产品溢出回流或作他用。无菌罐必须是能灭菌的，罐内产品的顶隙要通入无菌过滤空气，以保持无菌状态。小型无菌罐使非连续性的灌装机与连续性的超高温系统得以匹配。

3. 大型无菌平衡罐的使用

大型无菌罐的容量为 4000～30000L，根据灌装机不同的生产能力，可以连续供应物料 1h 以上。无菌罐的使用使生产的灵活性大大提高，灌装机和灭菌机可以相对独立地操作，互不影响。无菌罐与灭菌灌装机的连接方式有多种，图 3.8 所示是最简单的连接方式，平衡罐在灭菌机和灌装机之间形成 "T" 形连接，无菌罐内通入 0.5MPa 的无菌过滤空气，无菌过滤器本身是以蒸汽灭菌的，无菌空气经除油处理，在操作过程中，压力控制系统控制空气压力，以保证合格的灌装压力，因此这种灌装方式不需要回流。

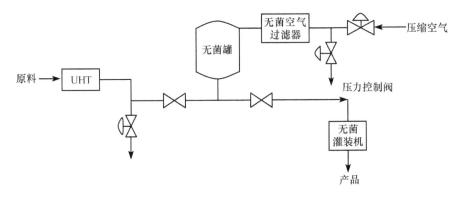

图 3.8　最简单的含有无菌罐的灌装线

在生产中，产品压力由压力阀控制，由于灭菌机的流量大于灌装机所需流量的 10% 以上，无菌罐在生产的同时被缓慢充填。若灌装机停机，则灭菌机可继续操作，直至灌满无菌罐。另一种情况是若灭菌机停止生产（如中间清洗），而灌装机仍可以利用无菌罐内储存的物料继续工作。

图 3.9 所示为一种多用途的无菌灌装生产线，有一个灭菌机，一个无菌罐带动两组灌装机，两组灌装机可同时生产不同的产品。即由灭菌机和无菌罐分别供料，生产中任何一台灌装机因故停机都不会影响其他灌装机的生产。

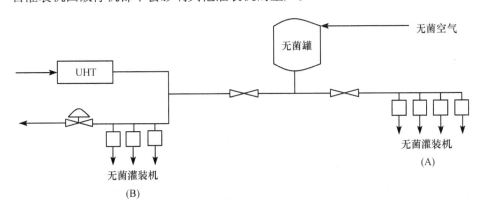

图 3.9　多用途无菌灌装生产线

由无菌罐供料的（A）组灌装不会产生回流及加工过度的情况。这种形式的组合可以使灭菌机在无菌状态下清洗，继续加工下一产品，以供（B）组灌装机的生产。

如果对某些产品在灭菌时进行良好的组合，更换产品时灭菌机就不需要清洗。如先生产全脂乳后生产脱脂乳，全脂乳采用无菌罐和灌装机组（A）。灭菌结束后，将灭菌机与无菌罐、灌装机组（A）分离，脱脂乳代替全脂乳进入灭菌机，这时灭菌机与（B）组灌装机连接。若含脂率要求非常严格，可采用相反的次序。为保证产品质量的稳定性，生产开始时的部分产品或者放出他用，或者作为不合格产品处理。若经过精确计算，这种不合格产品的量应是很少的。但若生产的两种产品的性质不同，为避免前一种产品灭菌时在管壁上形成的残留物进入下一个工序，或不同风味的混淆，一定要进行清洗操作。另外，灭菌机的连续生产时间也受一定限制。无菌罐的采用给生产增加了许多灵活性，但同时也增大了微生物污染的危险性，因此在选用无菌罐前要正确了解无菌罐的性能，还要在生产中严格监控。

 小结

本项目介绍了杀菌、灭菌及商业无菌的概念，杀菌和灭菌的主要方式，重点讲述了巴氏杀菌乳加工工艺与巴氏杀菌乳实际生产线，介绍了较长保质期乳（ESL 乳）的生产方法；还介绍了灭菌乳及无菌包装的概念，讲述了超高温灭菌技术原理及灭菌乳加热类型，重点讲述了灭菌乳的生产工艺及质量控制，介绍了典型管式超高温灭菌法生产 UHT 乳的工艺过程。

 复习思考题

（1）杀菌、灭菌及商业无菌的概念。

（2）杀菌和灭菌的主要方式有哪些？

（3）简述巴氏杀菌乳加工工艺及操作要点。

（4）灭菌乳及无菌包装的概念。

（5）简述瓶装灭菌乳的生产工艺及质量控制。

（6）巴氏杀菌乳与超高温灭菌乳有何区别？

 知识链接

巴氏杀菌乳与超高温灭菌乳的区别

巴氏杀菌乳因巴氏杀菌而得名，国际上通用的巴氏杀菌法主要有两种：一种是将牛乳加热到 62~65℃，保持 30min，采用这一方法，可杀死牛乳中各种生长型致病菌，灭菌效率可达 97.3%~99.9%，经杀菌后残留的只是部分嗜热菌及耐热性菌以及芽孢等，但这些细菌占多数的是乳酸菌，乳酸菌不但对人无害反而有益健康。这种杀菌方法，现在用的比较少，因为时间太长，不利于流水线生产。第二种方法将牛乳加热到 75～90℃，保温15～16s，其杀菌时间更短，工作效率更高。杀菌的基本原则是，能将病原菌杀死即可，温度太高反而会有较多的营养损失，比如一些维生素的损失，蛋白质的变性，还有一些微量的芳香烃可能会分解，导致牛乳风味的变化。巴氏杀菌一般保质期为 72h，当天饮用最好，因为巴氏杀菌乳中还是含有一些微生物的，而牛乳是微生物很好的培养基，微生物在里面很好的生长，所以不能保存太长时间，且要在冰箱里保存，也叫低温奶。

超高温灭菌乳是牛乳经过超高温瞬时灭菌灭菌，温度为 135～150℃，灭菌时间为 4～15s，是一种瞬间灭菌处理，完全破坏其中可生长的微生物和芽孢。因为高温处理，牛乳的一些不耐热营养成分，如维生素等会遭到破坏，其中的乳糖也会焦化，蛋白质与乳糖还会发生一定程度的美拉德反应，使牛乳褐变，并破坏牛乳原有的风味。超高温灭菌乳可在常温下保藏 30d、60d、90d、180d 以上，主要取决于包装材料。

 单元操作训练

乳的杀菌操作

一、实训目的

通过实训，了解牛乳的杀菌方法、意义；掌握乳的杀菌操作技能，会使用 RP6L20 型超高温瞬时灭菌机进行杀菌操作。

二、仪器与材料

1. 仪器

RP6L20 型超高温瞬时灭菌机，乳杀菌装置系统。

2. 材料

牛乳，2%NaOH，2%HNO$_3$，水。

三、实训内容

1. 乳的杀菌操作

RP6L20 型超高温瞬时灭菌机使用前，要检查安全阀、压力表、温度表是否正常，设备的阀门是否畅通无阻，确认一切正常后，按下列程序操作：

（1）在循环水槽中注满水，开启清水阀门。

（2）启动进料泵。

（3）打开蒸汽阀门，观察压力表和温度表的数值，根据工艺要求进行调节。

（4）关闭清水阀门，当循环水槽中的水将放尽时，打开进料三通旋塞开始进料。

（5）当旋转管排出物料时，即转动旋转管，使物料流入循环水槽中，与此同时打开三通旋塞开始排料。

（6）经常观察杀菌温度，调节蒸汽阀，以防温度过高引起积垢和堵塞。

（7）控制节流阀，保证物料在预定温度内不断地在管内流过，避免积垢和堵塞。

（8）每次杀菌结束时，待最后的物料通过进料三通旋塞后，立即将此旋塞转换，使储槽内的水代替物料流入，并打开储槽上的供水阀门进行清洗，一直到排出水变清为止。与此同时关闭蒸汽入口截止阀，开启放水截止阀放净高温桶内加热蒸汽，然后关闭。

2. 设备的清洗

RP6L20 型超高温瞬时灭菌机连续使用 6～8h 后，需要进行一次清洗，清除盘管壁上的积垢，以提高设备热交换能力，清洗采用化学清洗法，按如下程序进行：

（1）水洗，按杀菌结束时清洗操作。

（2）碱洗，在循环槽内配制 2% 浓度的 NaOH 碱性洗涤剂，加热至 80℃，循环约 30min。

（3）水洗，排除碱液后，用水冲洗约 15min。

（4）酸洗，在循环槽内配制 2% 浓度的 HNO_3 酸性洗涤剂，加热至 80℃，循环约 30min。

（5）水洗，排除酸液后，用水冲洗约 15min。

四、思考题

（1）乳的杀菌操作应注意哪些问题？

（2）认真做好杀菌记录，写出实训报告。

 综合实训

巴氏杀菌乳的加工

一、实训目的

通过实训，了解原料乳的验收方法和标准，掌握巴氏杀菌乳的加工工艺。

二、仪器与材料

1. 仪器

储奶槽，过滤设备，高压均质机，杀菌设备，灌装设备。

2. 材料

牛乳。

三、实训内容

1. 工艺流程

巴氏杀菌加工工艺流程如图 3.10 所示。

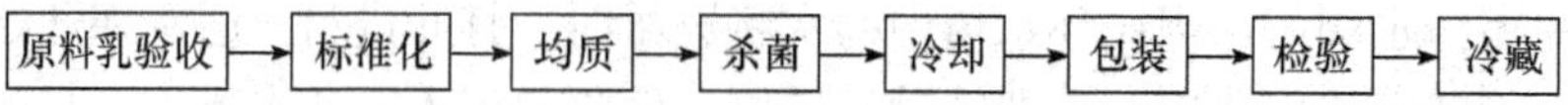

原料乳验收 → 标准化 → 均质 → 杀菌 → 冷却 → 包装 → 检验 → 冷藏

图 3.10　巴氏杀菌乳加工工艺流程

2. 操作要点

（1）原料乳的验收。杀菌乳的质量决定于原料乳，必须加强对原料乳的质量控制。

（2）牛乳净化。过滤材料选用滤孔较粗的人造纤维纱布，在乳槽上装不锈钢金属网加多层纱布进行粗滤，进一步过滤可通过管道过滤器或双联过滤器进行。

（3）标准化。标准化的目的是为了确定巴氏杀菌乳中的理化指标含量，以满足不同消费者的需求。乳脂肪的标准化可通过添加稀奶油或脱脂乳进行调整。

（4）均质。常用的均质机为两段式，预热的牛乳经第一段压力调节阀时压力为 10～20MPa，而第二段压力保持在 34.3kPa。均质温度为 65℃。

（5）杀菌。

① 低温长时间杀菌法（LTLT），又叫保持杀菌法、低温杀菌法。其杀菌方法为向具有夹套的消毒缸或保温缸中泵入牛乳，开动搅拌器，同时向夹套中通入蒸汽或热水（66～77℃），使牛乳的温度升至 62～65℃并保持 30min。但是使病原菌完全死灭的效率只达到 85%～99%，对耐热的嗜热细菌及孢子等不易杀死。尤其是牛乳中的细菌数越多时，杀菌后的残存菌数也多，有些工厂采用 72～75℃、15min 的杀菌方式。

② 高温短时间杀菌法（HTST），高温短时间杀菌是用管式或板状热交换器使乳在流动的状态下进行连续加热处理的方法。加热条件是 72～75℃、15s。

（6）冷却。牛乳经杀菌后应立即冷却至 5℃以下，以抑制乳中残留细菌的繁殖，增加产品的保存期。同时也可以防止因温度高而使黏度降低导致脂肪球膨胀、聚合上浮。凡连续性杀菌设备处理的乳一般都直接通过热回收部分和冷却部分冷却到 4℃。非连续式杀菌时需采用其他方法加速冷却。

（7）灌装。灌装的目的主要是便于分送销售、便于消费者饮用。灌装容器多种多样，有玻璃瓶、塑料瓶、塑料袋、塑料夹层纸盒和涂覆塑料铝箔纸等。

四、思考题

（1）巴氏杀菌乳加工的工艺流程与操作要点是什么？

（2）认真做好实训记录，写出实训报告。

项目四　酸奶加工

☞ **岗位描述**

负责发酵剂的制备和酸奶的发酵工艺管理，能熟练操作发酵设备，使用发酵剂，将杀菌乳在一定温度下完成发酵。

☞ **工作任务**

（1）可操作配料系统进行各种酸奶料液配制。

（2）可操作制种系统制备各级酸奶发酵剂。

（3）可操作酸奶生产中杀菌机、种子罐、发酵罐、灌装机等设备。

☞ **知识目标**

(1) 了解酸奶的分类及营养价值。

(2) 掌握发酵剂的制备、储藏方法。

(3) 掌握酸奶的加工工艺和质量控制方法。

☞ **能力目标**

(1) 能熟练操作酸奶加工相关设备。

(2) 能进行发酵剂的制备和保存。

(3) 能够制作凝固型和搅拌型酸奶。

(4) 能够解决酸奶生产中的一般质量问题。

☞ **案例导入**

20 世纪初,诺贝尔奖获得者、俄国著名科学家梅契尼科夫 (E. Metchni-koff) 在考察了巴尔干半岛地区居民长寿的原因后得出结论:这一带长寿者多与他们长期大量饮用酸奶有着密切关系。1910 年他发表了著名的"乳酸菌与长寿"学说,指出酸牛乳中的保加利亚乳酸杆菌在人体肠道内可抑制腐败菌的繁殖。同年,俄国科学家格尔叶又阐述了发酵制品中的嗜酸性菌,不仅能抑制腐败菌的繁殖,而且还能清除病原菌,从此发酵乳制品的名声大振,在世界各国掀起了消费发酵乳的热潮。

☞ **课前思考题**

(1) 何谓酸奶?

(2) 酸奶是怎样制成的?

(3) 酸奶有哪些生理保健作用?

任务一　认识酸奶

一、酸奶的定义

1977 年,联合国粮食及农业组织 (FAO)、世界卫生组织 (WHO) 与国际乳品联合会 (IDF) 对酸奶做出的定义:酸奶是指在添加 (或不添加) 奶粉 (或脱脂奶粉) 的牛乳中 (杀菌乳、浓缩乳),经保加利亚乳杆菌和嗜热链球菌进行乳酸发酵而制成的凝乳状产品,成品中必须含有大量的、相应的活性微生物。

二、酸奶的分类

根据食品安全国家标准发酵乳、成品组织状态及口味、原料乳脂肪含量、生产工艺和菌种组成,通常将酸奶分成不同种类。

（一）根据食品安全国家标准发酵乳 GB 19302—2010 分类

1. 发酵乳（fermented milk）

以生牛（羊）乳或奶粉为原料，经杀菌、发酵后制成的 pH 降低的产品，叫发酵乳。以生牛（羊）乳或奶粉为原料，经杀菌、接种嗜热链球菌和保加利亚乳杆菌（德氏乳杆菌保加利亚亚种）发酵制成的产品，叫酸奶（yoghurt）。

2. 风味发酵乳（flavored fermented milk）

以 80% 以上生牛（羊）乳或奶粉为原料，添加其他原料，经杀菌、发酵后，pH 降低，发酵前或后添加或不添加食品添加剂、营养强化剂、果蔬、谷物等制成的产品，叫风味发酵乳。以 80% 以上生牛（羊）乳或奶粉为原料，添加其他原料，经杀菌、接种嗜热链球菌和保加利亚乳杆菌（德氏乳杆菌保加利亚亚种）发酵前或后添加或不添加食品添加剂、营养强化剂、果蔬、谷物等制成的产品，叫风味酸奶（flavored yoghurt）。

（二）按成品的组织状态分类

1. 凝固型酸奶（set yoghurt）

凝固型酸奶是在包装容器中进行发酵的，成品呈凝乳状，我国传统的玻璃瓶和瓷瓶装的酸奶属于此类型。如图 4.1 所示。

图 4.1　凝固型酸奶

2. 搅拌型酸奶（stirred yoghurt）

搅拌型酸奶是将在发酵罐中发酵后的凝乳在灌装前或灌装过程中搅碎，添加（或不添加）果料、果酱等制成的具有一定黏度的流体制品。如市场上的草莓酸奶、水蜜桃酸奶、凤梨酸奶等属于此类型。如图 4.2 所示。

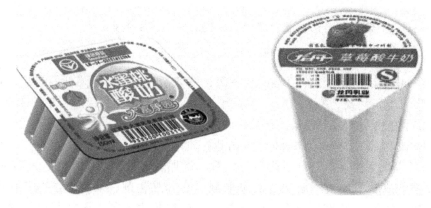

图 4.2　搅拌型酸奶

（三）按成品的风味分类

1. 天然纯酸奶（natural yoghurt）

天然纯酸奶是由原料乳添加菌种发酵而成，不含任何辅料和添加剂。我国市场上很少有此类型。

2. 调味酸奶（modified yoghurt）

调味酸奶是在原料乳中加入糖并经菌种发酵而成的，市场上多属此类型，糖的添加量一般为 6%～8%。有的在此基础上加入各种香料，如香蕉、柠檬、柑橘、草莓等，制成水果味调味酸奶，如图 4.3 所示。

图 4.3　调味酸奶

3. 果料酸奶（fruit yoghurt）

果料酸奶成品由天然纯酸奶与糖、果料混合而成，主要添加草莓、杏、菠萝、樱桃、橘子、山楂及水蜜桃等，如图 4.4 所示。

4. 复合型或营养型酸奶

这类酸奶通常强化了不同的营养素（维生素、食用纤维素等）或加入了不同的辅料（如谷物、干果等），在西方国家非常流行，常作为早餐饮品，如图 4.5 所示。

图 4.4　果料酸奶

（四）按原料中脂肪含量分类

世界粮食及农业组织和世界卫生组织规定，酸奶按含脂率可分为全脂酸奶（含脂 3% 以上）、部分脱脂酸奶（含脂 0.5%～3%）和脱脂酸奶（含脂 0.5% 以下），如图 4.6 所示。

图 4.5　复合型酸奶　　　　　　　　图 4.6　脱脂酸奶

有些国家还有一种高脂酸奶，其脂肪含量一般在 7.5% 左右，例如法国的"希腊酸奶"（greek yoghurt）就属于这一类。

（五）按发酵后的加工工艺分类

1. 浓缩酸奶（concentrated yoghurt）

浓缩酸奶是将一般酸奶中的部分乳清除去而得到的浓缩产品，因其除去乳清的方式与干酪类似，故又称为酸奶干酪。

2. 冷冻酸奶（frozen yoghurt）

冷冻酸奶是在酸奶中加入果料、增稠剂、乳化剂，然后进行凝冻处理而得到的产品，所以又称为酸奶冰淇淋。

3. 充气酸奶（carbonated yoghurt）

充气酸奶是酸奶中加入稳定剂、起泡剂（通常是碳酸盐）后，经均质处理而成的酸奶饮料。

4. 酸奶粉（dried yoghurt）

酸奶粉是在酸奶中加入淀粉或其他水解胶体后，经冷冻干燥或喷雾干燥而成的粉状产品。

（六）按添加的菌种分类

1. 普通酸奶

普通酸奶是仅用保加利亚乳杆菌和嗜热链球菌发酵而成的产品。

2. 双歧杆菌酸奶

双歧杆菌酸奶内含双歧杆菌，如法国的"Bio"，日本的"Mil-Mil"等。

3. 嗜酸奶杆菌酸奶

嗜酸乳杆菌酸奶内含嗜酸奶杆菌。

4. 干酪乳杆菌酸奶

干酪乳杆菌酸奶内含干酪乳杆菌。

三、酸奶的营养价值

（一）酸奶的营养价值

酸奶不仅具有原料牛乳本身的营养价值，而且优于原料牛乳，主要体现在以下几个方面。

1. 具有极好生理价值的蛋白质

在发酵过程中，乳酸菌发酵产生蛋白质水解酶，使原料乳中部分蛋白质水解，而使酸奶含有比原料乳中更多的肽和比例更合理的人体所需的必需氨基酸，使酸奶中的蛋白质更易被机体所利用。另外，发酵产生的乳酸使乳蛋白质形成微细的凝块，使酸奶中的蛋白质比牛乳中的蛋白质在肠道中释放速度更慢、更稳定，这样就使蛋白质分解酶在肠道中充分发挥作用，使蛋白质更易被人体消化吸收，所以酸牛乳蛋白质具有更高的生理价值。

2. 含有更多易于吸收的矿质元素

发酵后，乳酸还可以与乳中 Ca、P、Fe 等矿物质形成易溶于水的乳酸盐，大大提高了 Ca、P、Fe 的吸收利用率。

3. 维生素

酸奶中含有大量的 B 族维生素（维生素 B_1、维生素 B_2、维生素 B_6）和少量其他脂溶性维生素。其中主要维生素的含量主要取决于原料乳，但是与菌株种类关系也很大，如 B 族维生素就是乳酸菌生长代谢的产物之一。

（二）酸奶制品的保健功能

1. 缓解"乳糖不耐受症"

人体内乳糖酶活力在刚出生时最强，断乳后开始下降，成年时人体内的乳糖酶活力仅是刚出生时的 10%，当他们喝奶时就会出现腹痛、腹泻、痉挛、肠鸣等症状，称为

"乳糖不耐受症"。而酸奶中一部分乳糖水解成半乳糖和葡萄糖，葡萄糖再被转化为乳酸，因此酸奶中的乳糖比鲜牛乳中要少，可以减缓乳糖不耐受症。目前市场上推出的"舒化奶"、"新养道"就是典型的由乳糖酶分解牛乳中大部分乳糖而制成的低乳糖奶。

2. 调节人体肠道中的微生物菌群平衡，抑制肠道有害菌生长

酸奶中的某些乳酸菌株可以存活着到达大肠，并在肠道中定植下来，从而在肠道中营造了一种酸性环境，有利于肠道内有益菌的繁殖，而对一些致病菌和腐败菌的生长有显著的抑制作用，从而起到协调人体肠道中微生物菌群平衡的作用。

3. 降低胆固醇水平

研究表明，长期进食酸奶可以降低人体胆固醇水平，但少量摄入酸奶的影响结果则很难判断，并且乳中其他组成（如钙或乳糖）也可能参与影响人体内胆固醇含量的作用。但有一点可以相信：进食酸奶并不增加血液中胆固醇含量。

4. 合成某些抗菌素，提高人体抗病能力

在生长繁殖过程中，乳酸链球菌能产生乳酸链球菌素，能抑制多种病原菌，从而提高人体对疾病的抵抗能力。

另外，常饮酸奶还有美容、明目、固齿和健发等作用。

四、酸奶制品的发展动态和趋势

酸奶制品的种类越来越多，新品不断涌现，如长货架期酸奶、冷冻酸奶、浓缩酸奶、益生菌酸牛乳、益生元酸牛乳等，大大丰富和扩展了传统意义上酸奶概念的内涵。现代酸奶技术概括起来呈以下态势：

（1）酸奶的品种已由原味酸奶向调味酸奶（添加各类香精）、果粒酸奶（添加各类水果果料）和功能性酸奶（益生菌、益生元、营养成分的功能性，如低脂低糖高钙高蛋白、添加维生素和矿物元素）等转变。见图4.7和图4.8。

图4.7　原味酸奶和果味酸奶

（2）保加利亚乳杆菌和嗜热链球菌为生产普通酸奶的最优菌种组合，双歧杆菌酸奶和嗜酸奶杆菌酸奶已越来越被消费者所接受。20世纪90年代以后，芬兰、挪威、荷兰等国出现了新型功能性酸奶——干酪乳杆菌酸奶。具有良好的产香和滑爽细腻质构类酸奶菌种选育已备受关注，无后酸化酸奶菌种的研究也引起人们的重视。

图 4.8　果粒酸奶和益生菌酸奶

（3）通过改变牛乳基料的成分生产低热量的发酵产品。添加剂应用的变化包括：使用各种填充剂如纤维素和亲水胶体；使用强甜味剂而不是高热量的糖；降低基料中脂肪和非脂乳固体的含量，使用脂肪代用品、微粒蛋白质、植物油等。

（4）生产方便、口味温和、几乎不用添加剂的长货架期产品。利用现代杀菌技术延长酸奶保质期，已成为酸奶发展的新热点，这类酸奶因常温下具有半年以上的保质期，更适于运输和消费。

任务二　发酵剂的制备

一、发酵剂的概念和种类

（一）发酵剂的概念

发酵剂是制作发酵乳制品的特定微生物的培养物，内含一种或多种活性微生物。根据生产阶段分为如下几种：

1. 商品发酵剂

商品发酵剂又称乳酸菌纯培养物，一般指所购得的原始菌种。

2. 母发酵剂

母发酵剂是商品发酵剂的初级活化产物。

3. 中间发酵剂

中间发酵剂是母发酵剂的活化产物，也是发酵剂生产的中间环节。

4. 工作发酵剂

工作发酵剂又称生产发酵剂，能直接应用于实际生产。

（二）发酵剂的种类

1. 根据其中微生物的种类分类

根据发酵剂中微生物的种类，发酵剂可以分为单一发酵剂和混合发酵剂。

1）混合发酵剂

混合发酵剂是由两种或两种以上的菌种按照一定比例混合而成，如酸奶用的传统发酵剂就是由保加利亚乳杆菌和嗜热链球菌以 1∶1 或 1∶2 的比例混合而成的，两种菌种的比例保持相对稳定，一般杆菌的比例较小，否则产酸太强。

2）单一发酵剂

单一发酵剂是指只含一种微生物的发酵剂。先单独活化，使用时，再与其他种类的菌种按比例混合使用。

单一发酵剂的优点有很多，一是容易继代，且便于保持、调整不同菌种的使用比例；二是在实际生产中便于更换菌株，特别是在引入新型菌株时非常方便；三是便于进行选择性继代，如在果味酸奶生产中，可以先接种球菌，一段时间后再接种杆菌；四是能减弱菌株之间的共生作用，从而减慢产酸的速度；五是单一菌种在冷藏条件下容易保持性状，液态母发酵剂甚至可以数周活化一次。

2. 根据发酵剂的物理形态分类

根据发酵剂的物理形态，发酵剂可分为液态发酵剂、冷冻发酵剂、粉末状直投式发酵剂。

1）液态发酵剂

液态发酵剂比较便宜，但由于品质不稳定，且易受污染，已经逐渐被大型酸奶厂家所淘汰，只有一些中小型酸奶工厂还在联合一些大学或研究所进行生产。

2）冷冻发酵剂

冷冻发酵剂价格比直投式酸奶发酵剂便宜，菌种活力较高，活化时间也较短，但是运输和储藏过程中都需要－55～－45℃左右的特殊环境条件，深冷冻链的费用比较高，使用的广泛性受到限制。

3）粉末状直投式酸奶发酵剂（directed vat set，DVS）

粉末状直投式酸奶发酵剂是指一系列高度浓缩和标准化的冷冻干燥发酵剂菌种，多呈粉末状，不仅可以直接投入到发酵罐中生产酸奶，而且储藏在普通冰箱中即可，运输成本和储藏成本都很低，其使用过程中的方便性、低成本性和品质稳定性特别突出。见图4.9。

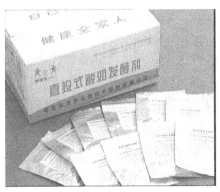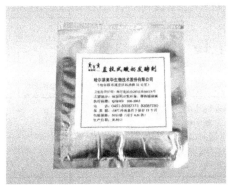

图 4.9　粉末直投式酸奶发酵剂

二、发酵剂用菌种

（一）传统菌种

许多国家明文规定，酸奶仅适合于用保加利亚乳杆菌和嗜热链球菌两种菌发酵制得。

比如中国，就明确提出，酸牛乳是由保加利亚乳杆菌和嗜热链球菌发酵而成的乳制品。

（二）其他菌种

除了保加利亚乳杆菌和嗜热链球菌这两种传统菌种外，目前，一些具有特殊功能的菌种也正逐渐应用于酸牛乳的生产，如乳脂串珠菌、丁二酮乳酸链球菌和双乙酰链球菌等产香菌种；双歧杆菌、谢氏丙酸杆菌等产维生素的菌种；及具有保健作用的双歧杆菌、干酪杆菌、嗜酸奶杆菌等菌种。

如果同时使用了第三种菌，发酵后所得产品在法国、美国、巴西、墨西哥、比利时、西班牙、意大利、荷兰和韩国等国就不能叫酸奶而只能称作发酵乳。在英国，酸奶必须使用保加利亚乳杆菌，其他菌种的使用不会影响酸奶的名称；而在澳大利亚，规定必须使用嗜热链球菌。在日本，生产酸奶时可以使用各种乳酸菌和某些酵母菌。

三、发酵剂用菌种的选择

菌种的选择对发酵剂的质量起着重要作用，应根据生产目的不同选择适当的菌种。选择时以产品的主要技术特性，如产香性、产酸力、产黏性及蛋白水解力作为发酵剂菌种的选择依据。常用发酵剂菌种及其特性见表 4.1 所示。

表 4.1　常用乳酸菌的形态、特性及培养条件

细菌名称	细菌形状	菌落形状	发育最适温度 /℃	在最适温度中乳凝固时间	极限酸度 /°T	凝块性质	滋味	组织形态	适用的乳制品
乳酸链球菌（Str. Lactis）	双球菌	光滑、微白，菌落有光泽	30～35	12h	120	均匀稠密	微酸	针刺状	酸奶、酸稀奶油、牛奶酒、酸性奶油、干酪
乳油链球菌（Str. Cremoris）	链状	光滑、微白，菌落有光泽	30	12～24h	110～115	均匀稠密	微酸	酸稀乳油状	酸奶、酸稀奶油、牛奶酒、酸性奶油、干酪
产生芳香物质的细菌：柠檬明串珠菌，戊糖明串珠菌，丁二酮乳酸链球菌	单球单状双球状长短不同的细长链状	光滑、微白，菌落有光泽	30	不凝结 2～3d 18～48h	70～80 100～105	均匀稠密	微酸	酸稀乳油状	酸奶、酸稀奶油、牛奶酒、酸性奶油、干酪
嗜热链球菌（Str. thermophilus）	链状	光滑、微白，菌落有光泽	37～42	12～24h	110～115	均匀	微酸	酸稀乳油状	酸奶、干酪
噬热性乳酸杆菌：保加利亚乳酸杆菌，干酪杆菌，噬酸杆菌	长杆状有时呈颗粒状	无色的小菌落，如絮状	42～45	12h	300～400	均匀稠密	酸	针刺状	酸牛奶、马奶酒、干酪、乳酸菌制剂

四、使用发酵剂的目的

(一) 乳酸发酵

乳酸发酵就是利用乳酸菌对底物进行发酵,结果使碳水化合物转变为有机酸的过程。如牛乳进行乳酸发酵的结果形成乳酸,使乳中 pH 降低,促使酪蛋白凝固,产品形成均匀细致的凝块,并产生良好的风味。

(二) 产生风味

添加发酵剂的另一个主要作用是使产品产生良好的风味,即依靠蛋白质分解菌和脂肪分解菌的作用,形成低级分解产物而产生风味。在产生风味方面起重要作用的为柠檬酸分解,与此有关的微生物,包括明串球菌属、一部分链球菌(如丁二酮乳酸链球菌)和杆菌,这些产生风味的细菌,分解柠檬酸而生成丁二酮、羟丁酮、丁二醇等四碳化合物和微量的挥发酸、酒精、乙醛等,这些成分均为带有风味的物质,其中对风味起最大作用的是丁二酮。但产生风味的浓厚程度受菌种和培养条件的影响,如在发酵剂的培养基中添加柠檬酸并进行通气培养,可促进风味的产生。

(三) 蛋白和脂肪分解

乳酸菌在代谢过程中能生成蛋白酶,具有较弱的蛋白分解作用,其中乳杆菌分解蛋白的能力强于乳球菌;乳酸链球菌和干酪乳杆菌具有分解脂肪的能力。但在实际生产中,发酵剂的使用没有单以脂肪分解为目的,通常均采用混合微生物发酵剂,因此具有乳酸发酵、蛋白和脂肪分解的多重作用,从而使酸奶更有利于消化吸收。

(四) 酒精发酵

酸牛奶酒、酸马奶酒之类的酒精发酵乳,系采用酵母菌发酵剂,将乳酸发酵后逐步分解产生酒精的过程。由于酵母菌适于酸性环境中生长,因此,通常采用酵母菌和乳酸菌混合发酵剂进行生产。

(五) 产生抗菌素

乳酸链球菌和乳脂链球菌中的个别菌株能产生 Nisin (乳酸链球菌素) 和 Dipilococcin 抗菌素。使用这类菌作发酵剂的目的,除产生乳酸发酵外,所产生的抗菌素还有防止杂菌生长的作用,尤其对防止酪酸菌的污染有重要作用。

五、发酵剂的制备方法

发酵剂的调制是乳品厂中最困难也是最重要的工艺之一,必须慎重选择发酵剂生产工艺及设备,并要求极高的卫生条件,要把微生物污染危险降低到最低限度,菌种活化、母发酵剂调制应在有正压和配备空气过滤器的无菌室中进行。

（一）发酵剂的具体制备方法

1. 纯培养物的复活及保存

从菌种保存单位取来的纯培养物，通常都装在试管、安瓶或铝箔袋中，由于保存和运送等影响，活力减弱，需反复进行接种，以恢复其活力。

接种时先将盛菌种的试管口用火焰杀菌，然后打开棉塞，用灭菌吸管从底部吸取1～2mL纯培养物（即培养在脱脂乳中的乳酸菌种）立即移入预先准备好的灭菌培养基中。根据所用菌种的特性，并参照表4.1的规定，放入保温箱中进行培养。凝固后又取出1～2mL，再按上述方法移入灭菌培养基中，如此反复数次，待乳酸菌充分活化后，即可调制母发酵剂。

如新取到的发酵剂是粉末状时，将瓶口或铝箔袋口充分灭菌后，用灭菌铂耳取出少量，移入预先准备好的培养基中，在所需温度下培养，最初数小时徐徐加以振荡，使菌种与培养基（即脱脂乳）均匀混合，然后静置，使其凝固。凝固后再按上述方法反复移植数次，使菌种充分活化，即可用于调制母发酵剂。

以上操作均需在无菌室内进行。

乳酸菌纯培养物的保存：如果单以维持活力为目的，只需将凝固后的菌管保存于0～5℃的冰箱中，每隔1～2周移植一次即可。但在正式应用于生产以前，仍需按上述方法反复接种进行活化。

2. 母发酵剂的调制

取新鲜脱脂乳100～300mL（相同2份）装入预经干热灭菌（160℃/1～2h）的母发酵剂容器中，以120℃/（15～20min）高压灭菌或采用100℃/30min进行连续3d的间歇灭菌，然后迅速冷却至菌种最适生长温度。用灭菌吸管吸取适量纯培养物（约为培养母发酵剂用脱脂乳量的2%～3%）进行接种后放入温箱中，按所需温度进行培养，凝固后冷藏备用，然后用于调制生产发酵剂。

3. 生产发酵剂（工作发酵剂）的调制

取实际生产量2%～3%的脱脂乳，装入预经灭菌的生产发酵剂容器中，以90℃/30～60min杀菌并冷却至最适生长温度，然后以无菌操作添加母发酵剂，加入后充分搅拌，使其均匀混合，然后在所需温度下进行保温发酵，达到所需酸度后，取出储于冷藏库中待用。

当调制生产发酵剂时，为了使菌种的生活环境不致急剧改变，生产发酵剂的培养基，最好与成品的原料相同，即成品的原料如果用脱脂乳时，生产发酵剂的培养基最好也用脱脂乳；如成品的原料是全乳，则生产发酵剂也用全乳。

（二）发酵剂在乳品厂的制备方法

（1）发酵剂在乳品厂中的一般培养步骤如图4.10所示。

（2）发酵剂生产的典型系统如图4.11和图4.12所示。

① 从菌种保存单位购得商品菌种。

② 传统的母发酵剂制备是在一个带膜盖的100mL瓶子中进行。

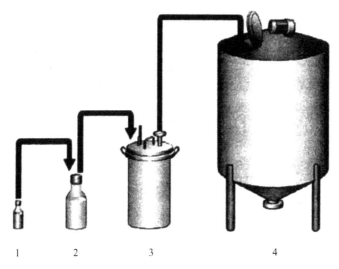

图 4.10　乳品厂中发酵剂的活化和培养步骤图

1. 商品菌种；2. 母发酵剂；3. 中间发酵剂；4. 生产发酵剂

　　a. 首先把脱脂乳装进瓶子中，高压灭菌后冷却到接种温度。

　　b. 用灭菌注射器把发酵剂注入带膜盖的瓶子中。

　　c. 经适当的培养和充分冷却后，再把制得的母发酵剂接种到脱脂乳中作中间发酵剂。

　　③ 中间发酵剂的制备通常是在中间发酵剂容器中进行。

　　a. 中间发酵剂通常用脱脂乳，要进行 95℃、5min 的热处理，然后冷却到培养温度，加热和冷却是在特别设计的培养器里进行的。

　　b. 培养一段时间后冷却到 10～12℃，然后用过滤空气将中间发酵剂通过软管转移到生产发酵罐中。过滤空气用的是灭菌高效微粒空气过滤器（HEPA）。

　　④ 生产发酵剂制备是在夹层的发酵剂罐中进行的。

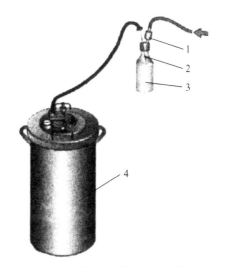

图 4.11　母发酵剂、中间发酵剂
的无菌转送

1. 无菌过滤器；2. 无菌注射器；

3. 母发酵剂瓶子；4. 中间发酵剂容器

　　a. 牛乳（通常是脱脂乳）被接种以前通过罐夹层用热介质和冷却剂循环加热和冷却。

　　b. 然后进行接种并在适宜的条件下培养。

　　制备生产发酵剂时，一般需要两个罐循环使用，其中一个罐存放的是当天要使用的发酵剂，另一个用来做第二天使用的发酵。发酵罐应该是无菌的，且安装有完整、固定的 pH 计；发酵罐要有良好的密封性，而且还能承受一定的负压和高压；发酵罐应该安装 HEPA 过滤器，以防止罐或罐中培养基冷却时吸入的空气污染发酵剂。

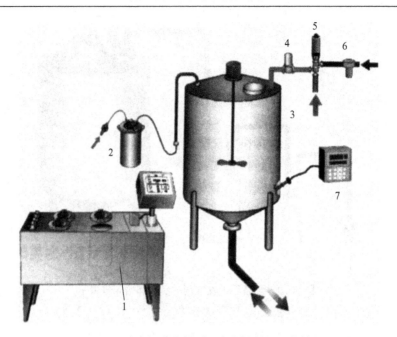

图 4.12　从中间发酵剂到生产发酵剂的无菌转运
1. 培养器；2. 中间发酵剂容器；3. 生产发酵剂罐；4. HEPA 过滤器；
5. 气阀；6. 蒸汽过滤阀；7. pH 测定装置

六、发酵剂的质量检验和保藏

（一）发酵剂的质量要求及鉴定

乳酸菌发酵剂的质量要求

1. 乳酸菌发酵剂的质量应符合下列各项要求

（1）凝块需有适当的硬度，均匀而细腻，富有弹性，组织均匀一致，表面无变色、龟裂、产生气泡及乳清分离等现象。

（2）具有优良的酸味与风味，不得有腐败味、苦味、饲料味和酵母味等异味。

（3）凝块完全粉碎后，质地均匀，细腻滑润，略带黏性，不含块状物。

（4）按上述方法接种后，在规定时间内产生凝固，无延长现象。活力测定时（酸度、感官、挥发酸、滋味、气味）合乎规定指标。

2. 发酵剂的质量鉴定

生产酸奶制品时，发酵剂质量的好坏直接影响成品的质量，故对发酵剂的质量必须进行严格鉴定，最常用的质量评定方法如下：

（1）感官鉴定。观察发酵剂的质地、组织状况、色泽及乳清分离等，用触觉或其他方法检查凝块的硬度、黏度及弹性等，品尝酸味是否过高或不足，有无苦味和异味等。

（2）化学性质鉴定。这方面的检查方法很多，最主要的为测定酸度和挥发酸，酸度一般用滴定酸度表示，以 0.9%～1.1%（乳酸度）左右为宜。

（3）形态与菌种比例。将发酵剂涂片，用革兰氏染色，在高倍光学显微镜（油镜头）下观察乳酸菌形态、杆菌与球菌的比例及数量等。

（4）活力测定。使用前对发酵剂的活力进行检查，测定方法如下：

① 产酸活力测定。在灭菌冷却后的脱脂乳中加入 3% 的待测发酵剂，在 37.8℃ 恒温箱中培养 3.5h，然后取出，加入 20mL 蒸馏水，再加入 2 滴 1% 酚酞指示剂，用 0.1mol/L 氢氧化钠标准溶液滴定，若乳酸度达 0.8% 以上表示活力良好。

② 刃天青还原试验。9mL 脱脂乳中加入 1mL 发酵剂和 0.005% 的刃天青溶液 1mL，在 36.7℃ 恒温箱中培养 35min 以上，如刃天青溶液完全褪色表示发酵剂活力良好。

（二）发酵剂的保藏

对于调制好的液体工作发酵剂，多保存在 0～4℃ 待用；对于活化好的母发酵剂在 0～4℃ 冷藏条件下储存时，一般要求每 7d 移植一次（传代），否则对菌种活力有影响；若连续传代培养会出现退化或变异现象，则需要更换菌种。

对于浓缩发酵剂、深冻发酵剂、冷冻干燥发酵剂等商品发酵剂，在生产商推荐的条件下能保存相当长的时间。深冻发酵剂比冻干发酵剂需要更低的储存温度，而且要求用装有干冰的绝热塑料容器包装运输；而冻干发酵剂在 20℃ 下运输 10d 也不会缩短原有的货架期，到达购买者手中后，按建议的温度储存即可。

任务三　酸奶加工技术

一、酸奶生产工艺流程及车间工艺布置

（1）酸奶生产工艺流程如图 4.13 所示。
（2）酸奶连续生产车间工艺布置如图 4.14 所示。

二、酸奶加工原料及预处理

（一）酸奶加工原料

1. 原料乳

用于生产酸奶的原料乳必须是高质量的，要求酸度在 18°T 以下，菌落总数不高于 500000cfu/mL，全乳固体不低于 11.5%，不得含有抗菌素和其他杀菌剂残留。

2. 脱脂奶粉

脱脂奶粉可提高干物质含量，改善产品组织状态，促进乳酸菌产酸，一般添加量为 1%～1.5%。要求无抗生素和防腐剂残留。

3. 稳定剂

在搅拌型酸奶生产中，通常添加稳定剂，常用的有明胶、果胶、琼脂、阿拉伯胶、瓜尔豆胶、海藻胶、交叉胶、CMC、黄原胶、变性淀粉等，添加量为 0.1%～0.5%。

4. 甜味剂

消费者喜欢酸甜可口的酸奶，因此加糖调味酸奶有较大的市场。在生产酸奶时，往往加入以蔗糖为主的甜味剂，蔗糖的加入量一般为 5%～8%。近几年，市场上又推出

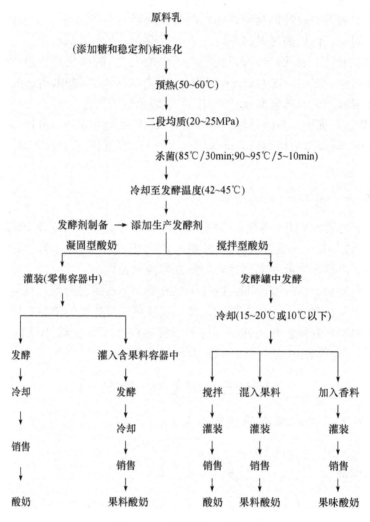

图 4.13　酸奶生产工艺流程

了许多无蔗糖的保健酸奶,其代替蔗糖的甜味剂主要是山梨醇、甜味菊苷、木糖醇、天冬酰苯丙氨酸甲酯、乙酰磺胺酸钾、环己基氨基磺酸钠等。

5. 果料

在凝固型酸奶中很少使用果蔬料。在搅拌型酸奶中常常使用果料、蔬菜等营养风味辅料,如果酱、果汁、果粒等,使用时,做好果料的杀菌和护色等。果料的杀菌是十分重要的,对带固体颗粒的水果或浆果进行巴氏杀菌,其杀菌温度应控制在能抑制一切有生长能力的细菌,而又不影响果料的风味和质地的范围内。

(二) 预处理

1. 原料乳预处理

经验收合格的原料乳应及时过滤、净化、预杀菌、标准化、冷却和储藏(具体方法参见项目二原料乳预处理部分)。

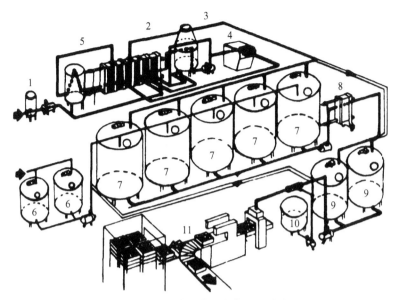

图 4.14　酸牛乳连续生产车间工艺布置

1. 浮标式加料斗；2. 板式热交换器；3. 减压室；4. 均质机；5. 保持部；6. 发酵剂罐；
7. 培养罐；8. 板式冷却器；9. 中间罐；10. 添加香料；11. 包装
——————风味奶粉；══════凝固型酸奶用管道

2. 配合料预处理

1) 均质

料液配好后，进行均质处理，可使原料充分混匀，有利于提高酸奶的稳定性和稠度，并使酸奶质地细腻，口感良好。一般均质温度为 55~65℃，压力为 20~25MPa。

2) 热处理

热处理主要是杀灭原料乳中的杂菌，确保乳酸菌的正常生长和繁殖；钝化原料乳中对发酵菌有抑制作用的天然抑制物；热处理使牛乳中的乳清蛋白变性，以达到改善组织状态，提高黏稠度和防止成品乳清析出的目的。通常原料乳经过 90~95℃并保持 5min 的热处理效果最好。

3. 冷却与接种发酵剂

热处理后的乳要快速冷却到 40~45℃或发酵剂菌种最适生长温度，以便接种发酵剂。接种量根据菌种活力、发酵方法、生产时间的安排和混合菌种配比等综合因素考虑。一般液体发酵剂，其产酸活力均在 0.7%~1.0%，接种量应为 2%~4%。如果活力低于 0.6%时，则不应用于生产。加入的发酵剂应事先在无菌操作条件下搅拌成均匀细腻的状态，不应有大凝块，以免影响成品质量，同时，发酵剂加入后也要充分搅拌，使发酵剂与原料乳混合均匀。

(三) 酸奶制品预处理流程

酸奶制品在乳品厂的预处理流程如图 4.15 所示。

不管是做凝固型酸奶还是搅拌型酸奶，牛乳的预处理都是一样的，它主要包括原料乳的标准化、热处理和均质。

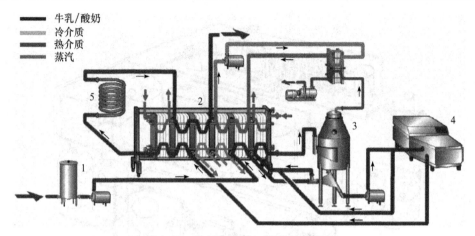

图 4.15　酸奶制品的一般预处理流程
1. 平衡罐；2. 片式热交换器；3. 真空浓缩罐；4. 均质机；5. 保温管

1. 预热

把牛乳泵入储存罐中，然后进入平衡罐 1，再被泵送到热交换器 2，进行第一次热回收并被预热至 70℃左右，最后在第二段加热至 90℃。

2. 蒸发

从热交换器中出来的热牛乳送到真空浓缩罐 3，在此牛乳中有 10%～20%的水分被蒸发，蒸发比例根据牛乳中所需的固形物含量确定，如果水分被蒸发 10%～20%，总固形物含量将增加 0.5%～3.0%，在蒸发阶段，牛乳温度从 85～90℃下降到 70℃左右。

3. 均质

蒸发后，牛乳被送到均质机 4，均质压力为 20～25MPa(200～250bar)。

4. 巴氏杀菌

经均质的牛乳回流到热交换器 2 热回收段，再加热到 90～95℃，然后牛乳进入保温管 5，保温 5min，可根据实际需要，使用不同的时间和温度。

5. 牛乳的冷却

巴氏杀菌后的牛乳要进行冷却，首先是在热回收段，然后用水冷却至所需接种温度，一般为 40～45℃。

三、凝固型酸奶的生产技术要点

（一）生产技术要点

1. 灌装

在装瓶前需对玻璃瓶进行有效灭菌，一次性塑料杯可直接使用，灌装时速度要快。香精可在牛乳灌装以前连续地按比例加入；带颗粒的果料应在灌装前先定量地加到包装容器中。

2. 发酵

用保加利亚乳杆菌与嗜热链球菌混合发酵剂时，温度保持在 41～42℃，温度要恒定，培养时间 2.5～4.0h（2%～4%的接种量），达到凝固状态时即可终止发酵。

一般发酵终点可依据如下条件来判断：

（1）滴定酸度达到 65～70°T 以上。

（2）pH 低于 4.6。

（3）表面有少量乳清析出。

（4）倾斜酸牛乳瓶或杯，乳变黏稠，流动性差。

3. 冷却

发酵好的凝固酸奶，应立即移入 0～4℃的冷库中，迅速抑制乳酸菌的生长，以免继续发酵而造成酸度升高。

4. 后熟

发酵凝固后须在 0～4℃储藏 24h 后，可增强风味，质检待销售，通常把该储藏过程称为后熟。

5. 运输

凝固型酸奶在运输与销售过程中不能过于振动和颠簸，否则其组织结构易遭到破坏，乳清析出，影响外观。

（二）凝固型酸奶生产线（图 4.16）

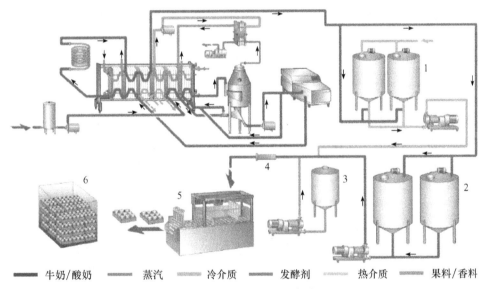

　牛奶/酸奶　　　　蒸汽　　　　冷介质　　　　发酵剂　　　　热介质　　　　果料/香料

图 4.16　凝固型酸奶生产线

1. 生产发酵剂罐；2. 缓冲罐；3. 果料或香精罐；4. 果料混合器；5. 包装机；6. 培养室

原料乳经过热处理并冷却、接种发酵剂后，从中间的缓冲罐 2 出来与从计量泵出来的发酵剂 1 和果料 3 混合 4 一起进入包装机 5，再送入培养室 6 进行发酵，最后进入冷却室进行冷却和后熟。

四、搅拌型酸奶生产技术要点

（一）生产技术要点

1. 发酵

搅拌型酸奶的发酵是在发酵罐中进行的，应控制好发酵罐的温度，避免忽高忽低。

发酵罐上部和下部温差不能超过 1.5℃。为了能对罐内酸度变化进行检测，可在罐上安装 pH 计。

2. 冷却

搅拌型酸奶冷却的目的是快速抑制乳酸菌的生长和酶的活性，以防止发酵过程产酸过度及搅拌时脱水。在酸奶完全凝固（pH4.6～4.7）时开始冷却，冷却过程应稳定进行。冷却过快将造成凝块收缩迅速，导致乳清分离；冷却过慢则会造成产品产酸和添加果料的脱色。搅拌型酸奶的冷却可采用片式冷却器、管式冷却器、表面刮板式热交换器、冷却罐等设备。

3. 搅拌

通过机械力破坏凝胶体，使凝胶体的粒子直径达到 0.01～0.4mm，并使酸奶的硬度和黏度及组织状态发生变化。

1）搅拌的方法

机械搅拌使用宽叶片搅拌器，搅拌过程中应注意既不可过于激烈，又不可过长时间。搅拌时应注意凝胶体的温度、pH 及固体含量等。搅拌开始用低速，以后逐渐加快。

2）搅拌时的质量控制

（1）温度。搅拌的最适温度为 0～7℃，此时适于亲水性凝胶体的破坏，可得到搅拌均匀的凝固物，既可缩短搅拌时间，还可减少搅拌次数。在 20～25℃ 的中温区域进行搅拌时，酸奶凝胶体的黏度随着搅拌的进行逐渐减小，但机械应力消失后，凝胶粒子可以重新配位，从而使黏稠度再度增大，酸奶凝胶体经历了一个从溶胶状态又回到凝胶状态的可逆性变换过程，这个过程有助于提高酸奶的黏稠度。若在 38～40℃ 进行搅拌，凝胶体易形成薄片状或砂质结构等缺陷。结合生产实际，若要使 40℃ 的发酵乳降到 0～7℃ 不太容易，所以开始搅拌时发酵乳的温度以 20～25℃ 为宜。

（2）pH。酸奶的搅拌应在凝胶体的 pH 达 4.7 以下时进行，若在 pH4.7 以上时搅拌，则因酸奶凝固不完全、黏性不足而影响其质量。

（3）干物质。较高的乳干物质含量对搅拌型酸奶防止乳清分离能起到较好的作用。

（4）管道流速和直径。凝胶体在通过泵和管道移送，流经片式冷却板片和灌装过程中，会受到不同程度的破坏，最终影响到产品的黏度。凝胶体在经管道输送过程中应以低于 0.5m/s 的层流形式出现；若以高于 0.5m/s 的湍流形式出现，胶体的结构将受到严重破坏，破坏程度还取决于管道长度和直径，管道直径不应随着包装线的延长而改变，尤其应避免管道直径突然变小。

4. 混合、灌装

果蔬、果酱和各种类型的调香物质等可在酸奶自缓冲罐到包装机的输送过程中加入，这种方法可通过一台变速的计量泵连续加入到酸奶中。果蔬混合装置固定在生产线上，计量泵与酸奶给料泵同步运转，保证酸奶与果蔬混合均匀。也可在发酵罐内用螺旋搅拌器搅拌混合。在果料处理中，杀菌是十分重要的，对带固体颗粒的水果或浆果进行巴氏杀菌，其杀菌温度应控制在能抑制一切有生长能力的细菌，而又不影响果料的风味和质地。在连续生产中，应采用快速加热和冷却的方法，既能保证质量，又经济。添加物有时也采用天然果汁浓缩液，使酸奶形成所需的色泽和风味。

酸奶可根据需要，确定包装量和包装形式及灌装机。

5. 冷却、后熟

将灌装好的酸奶于 0～7℃冷库中冷藏 24h 进行后熟，进一步促使芳香物质的产生和改善黏稠度。

（二）搅拌型酸奶生产线（图 4.17）

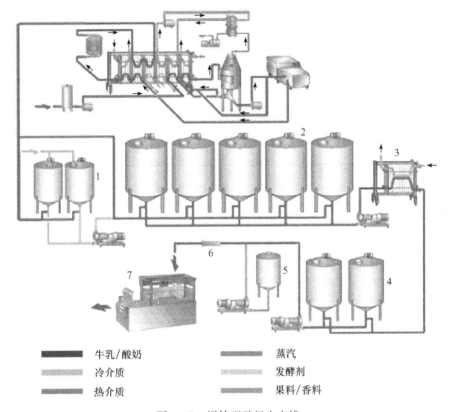

	牛乳/酸奶		蒸汽
	冷介质		发酵剂
	热介质		果料/香料

图 4.17　搅拌型酸奶生产线

1. 生产发酵剂罐；2. 发酵罐；3. 片式冷却器；4. 缓冲罐；5. 果料罐；6. 静态混合器；7. 灌装机

（发酵阶段）预处理的牛乳冷却到培养温度，然后连续地与所需的生产发酵剂 1 一并泵入发酵罐 2，灌满后，开动搅拌数分钟，保证发酵剂均匀分散，然后在 42～43℃条件下，培养 2.5～3h；（冷却阶段）在培养的最后阶段，已达到所需的酸度时（pH4.2～4.5），酸奶进入特殊板式热交换器 3 中进行快速冷却，降温至 15～22℃，这样可以暂时阻止酸度的进一步增加；冷却的酸奶在进入包装机 7 以前一般先打入缓冲罐 4 中；（调味阶段）果料和香料 5 可在酸奶从缓冲罐到包装机的输送过程中加入，这是通过一台可变速的计量泵连续地把这些成分泵到酸奶中，经过混合装置 6 混合。（包装阶段）酸奶进入包装机 7，根据市场需要包装成各种形式。

五、酸奶的质量控制

酸奶生产中，由于各种原因，常会出现一些质量问题，发生的原因和控制措施见表 4.2。

表 4.2　酸奶常见的质量缺陷及控制措施

酸奶类型	质量缺陷	主要原因	控制措施
凝固型酸奶	凝固性差	原料乳质量差： 乳中含有抗菌素、防腐剂会抑制乳酸菌的生长，影响乳酸发酵，从而导致酸奶凝固性差 牛乳中掺水，会使乳的总干物质降低，也会影响酸奶的凝固性 原料乳因变酸而掺碱中和等，造成酸奶凝固差	必须把好原料验收关，杜绝使用含有抗菌素、农药以及防腐剂或掺碱牛乳生产酸奶 对由于掺水而使干物质降低的牛乳，可适当添加脱脂奶粉，使干物质达 11% 以上，以保证质量
		发酵温度与时间不当： 发酵温度与时间低于乳酸菌发酵的最适温度与时间，会使乳酸菌凝乳能力下降，从而导致酸奶凝固性降低 发酵室温度不均匀也会造成酸奶凝固性降低	应尽可能保持发酵室的温度恒定，并控制好发酵温度和时间
		发酵剂活力差： 发酵剂活力弱或接种量太少会造成酸奶的凝固性下降 灌装容器上残留的洗涤剂（如氢氧化钠）和消毒剂（如氯化物），会影响菌种活力，从而使酸奶的正常发酵和凝固受到影响	提高发酵剂的活力 接种量要适量 灌装容器的洗涤剂和消毒剂要洗涤干净
		加糖量太多： 加糖量过大，会产生高渗透压，抑制了乳酸菌的生长繁殖，造成乳酸菌脱水死亡，相应活力下降，使牛乳不能很好凝固	加糖量要适当，一般添加量为 5%~8%
		噬菌体污染： 是造成发酵缓慢、凝固不完全的原因之一	定期更换发酵剂 两种以上菌种混合使用
	乳清析出	原料乳热处理不当： 热处理温度偏低或时间不够，不能使大量乳清蛋白变性，而变性乳清蛋白可与酪蛋白形成复合物，能容纳更多的水分，并且具有最小的脱水收缩作用	要控制好热处理温度和时间。通常采用 90~95℃/5~10min
		发酵时间过长或过短： 过长，酸度过大破坏了乳蛋白质已经形成的胶体结构，使乳清分离出来 过短，胶体结构还未充分形成，也会形成乳清析出现象	要掌握好发酵时间
		其他原因： 原料乳中总干物质含量低、机械振动、乳中钙盐不足、接种量过大等也会造成乳清析出	适当添加奶粉，提高原料乳的干物质含量 发酵时避免机械振动 接种量要适当
	风味不良	无芳香味： 由于菌种选择和操作工艺不当造成	菌种混合比例要适当，任何一方占优势均会导致产香不足，风味变劣 发酵要适度 原料乳中要保证有足够的柠檬酸
		酸奶的不洁味： 由发酵剂或发酵过程中污染杂菌引起	要严格保证卫生条件，防止丁酸菌和酵母菌污染原料乳
		酸奶的酸甜度不适： 发酵过度、冷藏时温度偏高和加糖量较低等会使酸奶偏酸，而发酵不足或加糖过高又会导致酸奶偏甜	控制好发酵条件、冷藏温度及加糖量
	表面霉菌生长	酸奶储藏时间过长或温度过高时，往往在表面出现有霉菌	要严格保证卫生条件，并根据市场情况控制好储藏时间和储藏温度
	口感差	生产酸奶时，采用了高酸度的乳或劣质的奶粉	采用新鲜牛乳或优质奶粉，并采取均质处理

续表

酸奶类型	质量缺陷	主要原因	控制措施
搅拌型酸奶	砂状组织	发酵温度不当 原料乳受热过度 奶粉用量过多 在干物质过多和较高温度下搅拌	应选择适宜的发酵温度 避免原料乳受热过度 减少奶粉用量 避免干物质过多和较高温度下的搅拌
	乳清分离	酸奶搅拌速度过快、过度搅拌或泵送造成空气混入产品，将造成乳清分离 酸奶发酵过度，冷却温度不适及干物质含量不足等因素也可造成乳清分离现象	应选择合适的搅拌器搅拌并注意降低搅拌温度 可选用适当的稳定剂，以提高酸奶的黏度，防止乳清分离，其用量为 0.1%～0.5%
	风味不正	除了与凝固型酸奶的相同因素外，还主要因为搅拌型酸奶在搅拌过程中因操作不当而混入大量空气，造成酵母和霉菌的污染	搅拌要适度，防止混入大量空气 要严格保证卫生条件，防止霉菌和酵母菌污染产品
	色泽异常	在生产中因加入的果蔬处理不当而引起变色、褪色等现象而造成的酸奶色泽异常	根据果蔬的性质及加工特性与酸奶进行合理的搭配和制作，必要时还可添加抗氧化剂

 小结

本项目主要讲述了酸奶的种类、营养及其发展趋势；酸奶发酵剂的概念、种类和制备方法；凝固型和搅拌型酸奶的加工工艺流程及操作技术要点以及酸奶质量的控制方法；同时还简要介绍了酸奶的连续生产线等内容。

本项目按其工作任务分为以下几部分：

一是认识酸奶。酸奶是指在添加（或不添加）奶粉（或脱脂奶粉）的乳中（杀菌乳、浓缩乳），经保加利亚乳杆菌和嗜热链球菌进行乳酸发酵而制成的凝乳状产品，成品中必须含有大量的、相应的活性微生物，按工艺分为凝固型酸奶和搅拌型酸奶两类。

二是制备发酵剂。发酵剂是一种能够促进乳的酸化过程，含有高浓度乳酸菌的特定微生物培养物。发酵剂（继代式）制备分三步：一是对纯培养菌种的活化，二是母发酵剂和中间发酵剂的调制，三是生产发酵剂的调制。目前，这种继代式酸奶发酵剂在我国还有一定的市场，但由于其固有的缺陷，正逐渐为直投式酸奶发酵剂所取代，直投式酸奶发酵剂具有质量稳定、生产易行等特点。

三是酸奶生产。通过对酸奶生产流程（原料乳预处理→标准化→配料→预热→均质→杀菌→冷却→加发酵剂→装瓶→发酵→冷却→后熟→冷藏）的认识，掌握凝固型和搅拌型酸奶加工工艺流程及操作技术要点。

四是酸奶质量控制。酸奶生产中，由于种种原因，常会出现诸如凝固性差、乳清析出、风味不良、表面霉菌生长、砂状口感等质量缺陷。出现这些质量问题的原因很多，本项目对此进行了主要原因分析控制措施。

复习思考题

一、简述题

(1) 简述发酵剂的概念及种类。

(2) 发酵剂的质量检验主要有哪几方面? 怎样进行检验?

二、综述题

(1) 以市场上的酸牛乳为例,分析其最容易发生的质量缺陷和产生的原因,并找出其解决的办法?

(2) 试述凝固型和搅拌型酸牛乳的加工工艺及要点。

 **知识链接**

关于益生菌的小知识

1. 益生菌从何获取?

市面上的益生菌产品包括含益生菌的酸奶、酸奶酪、酸豆奶以及口服液、片剂、胶囊、粉末剂等。最方便的当算是饮品类。

2. 益生菌如何保存?

益生菌产品必须低温冷藏保存。这样才能最大限度地保持其中活性益生菌的数量。一般保质期在 1 个月内,冷藏温度控制在 2~10℃。建议放入冰箱保鲜层,避免在温度太高或者直射光下保存,这样会引起里面活菌过度发酵,口味变酸,效果受影响。

3. 怎么进食?

益生菌的活性会随着温度升高而提升并进入发酵过程,长时间常温保存容易造成产品口味变化。当温度超过 60℃时,益生菌会进入衰亡阶段。因此,益生菌产品最好是在冷藏条件下取出后直接食用,避免高温加热。

4. 喝多少才够?

一般来说,每天喝 1 瓶(约 100mL,以每瓶 100 亿个活性乳酸菌计)活性乳酸菌饮品就足以满足人体所需。

5. 有没有最佳饮用时间?

益生菌产品虽然也可以单独食用,但最佳食用时间为饭后。因为有食物中和胃酸,更有利于活菌顺利到达肠道发挥作用,所以饭后饮用效果更佳。

6. 什么人不宜补充益生菌?

胃酸过多的人、胃肠道手术后的患者、心内膜炎和重症胰腺炎患者不宜多喝益生菌酸奶,最好事先咨询医生;其他人则可以尽情享用。一般出生 3 个月后的婴幼儿即可开始逐渐补充一些含有益生菌的乳制品。对于孕期容易产生便秘等问题的孕妇来说,补充益生菌也是非常有帮助的,且一般随着年龄增加,肠内有害菌增多,所以成年人及老年人更需要补充益生菌。

 **单元操作训练**

酸奶发酵工序

一、实训目的

熟悉酸奶发酵的工作原理和操作技术特点，学会酸奶发酵的操作流程，熟练操作各种发酵设备及维护。

二、工作任务

酸奶发酵工序的主要任务是对发酵温度、发酵时间、球菌杆菌比例和判定发酵终点的管理。

三、仪器与材料

1. 仪器

发酵罐，发酵室。

2. 材料

保加利亚乳杆菌和嗜热链球菌混合发酵剂，鲜牛乳。

四、实训方法步骤

（一）搅拌型酸奶发酵工序的操作步骤

（1）预处理后的牛乳冷却到培养温度，连续地与生产发酵剂一并泵入发酵罐，搅拌数分钟，保证发酵剂均匀分散。

（2）观察发酵罐显示屏，搅拌型酸奶生产培养条件为 42～43℃/2.5～3h，pH 计指示 4.7 左右，停止培养。

如果用浓缩、冷冻和冻干菌种直接作发酵剂时，发酵时间可延长为 4～6h。

（3）搅拌与冷却罐中酸奶终止发酵后降温搅拌破乳，用容积式泵将酸奶送入板式或管式冷却器冷却到 15～22℃，再打入到缓冲罐中。

（二）凝固型酸奶发酵工序的操作步骤

（1）发酵室提前预热准备，一般控制盘显示温度略高于培养温度 1～2℃。

（2）灌装到包装容器的酸牛乳，送入发酵室中，进行发酵培养。

（3）控制并管理好酸奶的生产培养条件，一般 40～43℃/3h（短时间培养）；特殊情况下，30～37℃/8～12h（长时间培养）。

（4）发酵终点的判断，具体方法可依据如下条件来判断：

① 抽样测定，滴定酸度达到 65～70°T 以上。

② pH 低于 4.6。

③ 表面有少量乳清。

④ 倾斜酸奶瓶或杯，乳变黏稠。

⑤ 控制好酸奶进入发酵室的时间，在同等的生产条件下，以前几班发酵时间为准。

（5）酸奶达到发酵终点后要立即运出发酵室，进行冷却。

五、注意事项

（1）发酵温度要恒稳，避免忽高忽低。

（2）轻手轻放，防止震动，以免影响酸奶凝结的组织状态。

（3）观察酸奶凝结情况，掌握好发酵时间，防止酸度不够、过高以及乳清析出。

（4）设备停止使用时，应及时清洗干净，排尽发酵罐及各管道中的余水。

六、思考题

（1）熟悉搅拌型酸牛奶发酵工序。

（2）如何判断凝固型酸牛奶发酵终点。

（3）认真做好实训记录，写出实训报告。

 综合实训

凝固型酸奶制作

一、实训目的

让学生熟悉酸牛乳的生产工艺流程，学会加工制作的方法和掌握操作技术要点。

二、仪器与材料

1. 仪器

牛乳消毒锅，温度计，玻璃棒，培养箱，冰箱，塑料杯封口机。

2. 材料

鲜乳 10kg，蔗糖 1kg，发酵剂 500g（一般选用保加利亚乳杆菌和嗜热性链球菌），酸奶杯 100 个。

三、实训方法和步骤

1. 工艺流程

凝固型酸奶工艺流程如图 4.18 所示。

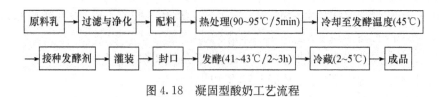

图 4.18　凝固型酸奶工艺流程

2. 操作要点

1）原料乳验收与处理

生产酸奶所需要的原料乳要求酸度在 18°T 以下，脂肪>3.1%，非脂乳固体>8.5%，且乳中不得含有抗菌素和防腐剂残留。

2）加蔗糖

蔗糖添加剂量一般为 6%～8%，最多不能超过 10%。加热少量原料乳，加入糖搅拌溶解，过滤后加入原料乳中混匀。

3）杀菌冷却

将加糖后的乳滤入铝锅中，然后进行水浴加热杀菌，当温度上升到 95℃时，保持 5min，冷却到 40～45℃。

4）添加发酵剂

将制备好的生产发酵剂（保加利亚乳杆菌：嗜热链球菌＝1：1），用灭菌玻棒搅成糊状。再用洁净灭菌量筒取乳量 2%～3%的生产发酵剂，加入杀菌冷却乳中，充分混匀。

5）装瓶（杯）

将酸奶瓶用水浴煮沸消毒 10min，将添加发酵剂的乳分装于酸奶瓶中，每次不能超过容器的 4/5，用蜡纸封口，再用橡皮筋扎紧即可进行发酵。如用塑料杯时，酸奶注入容器的 4/5，用封口机热封。

6）发酵

将装瓶的乳置于恒温箱中，在 41～43℃条件下保持 2.5～3h，至乳基本凝固为止。

7）冷藏

发酵完毕后，置于 0～5℃冷库或冰箱中冷藏 12h 以上，进一步产香且有利于乳清吸收。

四、实训结果分析

将实训结果填入表 4.3 中。

表 4.3 凝固型酸牛乳质量评定表

评定项目	标准状态	实际状态	缺陷分析	结果定性
感官要求	凝乳稳固细腻，色泽均匀一致，自然的乳白色；表面光滑、无乳清分离；香味和滋味纯正浓郁，无异味			
微生物指标	大肠杆菌（MPN/100g）≤90，乳酸菌数（cfu/g）≥1×10^6			
理化指标	固体物不低于 11.5%，脂肪不低于 3.1%，酸度不高于 120°T			

五、注意事项

（1）加发酵剂后应尽快分装完毕。

（2）做到无菌操作、防止二次污染。

（3）轻手轻放，防止震动，以免影响酸奶凝结的组织状态。

（4）发酵温度要恒稳，避免忽高忽低。

（5）观察酸奶凝结情况，掌握好发酵时间，防止酸度不够、过高以及乳清析出。

六、思考题

（1）熟悉凝固型酸奶生产工艺流程。

（2）掌握凝固型酸奶生产工序各关键技术。

（3）认真做好实训记录，写出实训报告。

项目五　奶粉加工

☞　**岗位描述**

奶粉浓缩工、奶粉干燥工、奶粉包装工。

☞　**工作任务**

（1）操作真空蒸发器，对杀菌乳及其混合料进行浓缩。

（2）操作干燥设备，对浓缩乳进行干燥。

（3）操作计量、包装和封口设备，将固态粉状物进行灌装密封。

（4）分别填写生产记录。

☞　**知识目标**

（1）了解奶粉的概念及种类。

（2）掌握全脂奶粉、脱脂奶粉、速溶奶粉、配方奶粉的加工工艺。

☞　**能力目标**

（1）能使用真空浓缩设备进行浓缩操作。

（2）会使用喷雾干燥设备进行喷雾干燥操作。

☞　**案例导入**

石家庄三鹿集团股份有限公司9月11日晚发布产品召回声明，称经公司自检发现2008年8月6日前出厂的部分批次三鹿婴幼儿奶粉受到三聚氰胺的污染，市场上大约有700t。为对消费者负责，三鹿集团公司决定立即对2008年8月6日以前生产的三鹿婴幼儿奶粉全部召回。卫生部专家指出，三聚氰胺是一种化工原料，可导致人体泌尿系统产生结石。

☞　**课前思考题**

（1）什么是奶粉？

（2）奶粉有哪些种类？

（3）奶粉是怎样生产的？

任务一 认识奶粉

一、奶粉的概念

奶粉是指以新鲜乳为原料或为主要原料，添加一定数量的植物或动物蛋白质、脂肪、维生素、矿物质等配料，通过冷冻或加热的方法除去乳中几乎全部的水分，干燥而成的粉末。

奶粉是一种营养价值高、储藏期长、方便运输的产品。乳中除去了几乎全部的水分，大大减轻了重量、减小了体积，为储藏运输带来了方便。而且奶粉冲调容易，便于饮用，可以调节产乳的淡旺季节对市场的供应。

二、奶粉的种类

根据所用原料、原料处理及加工方法不同，奶粉可以分为以下几种：

1) 全脂奶粉

全脂奶粉是以鲜乳直接加工而制成的奶粉。

2) 脱脂奶粉

脱脂奶粉是将鲜乳中的脂肪分离除去后，用脱脂乳干燥而制成的。此部分又可以根据脂肪脱除程度分为无脂、低脂及中脂奶粉等。

3) 加糖奶粉

加糖奶粉是在鲜乳中添加一定比例的蔗糖或乳糖后，干燥加工而制成的奶粉。

4) 调制奶粉

调制奶粉是在鲜乳中或奶粉中配以各种人体需要的营养素加工而制成的奶粉。

5) 速溶奶粉

速溶奶粉是在奶粉干燥工序上调整工艺参数或用特殊干燥法加工而制成的奶粉。

6) 奶油粉

奶油粉是在鲜乳中添加一定比例的稀奶油，或在稀奶油中添加部分鲜乳后加工而制成的奶粉。

7) 酪乳粉

酪乳粉是利用制造奶油时的副产品酪乳制造的奶粉。

8) 乳清粉

乳清粉是利用制造干酪或干酪素的副产品乳清制造而成的奶粉。

9) 麦精奶粉

麦精奶粉是在鲜乳中添加麦芽、可可、蛋类、饴糖、乳制品等经干燥而制成的。

10) 冰淇淋粉

冰淇淋粉是在鲜乳中配以适量香料、蔗糖、稳定剂及部分脂肪等经干燥加工而制成的。

随着乳品工业的发展，奶粉新品种不断出现，特殊调制奶粉成为新的主流。如嗜酸菌奶粉、高蛋白低脂奶粉、低苯丙氨酸奶粉、蛋白分解奶粉、低钠奶粉和乳糖分解奶粉等。近年来，由于人工育儿奶粉需要量的急剧增加，特殊调制的婴儿奶粉在某些国家已成为主要乳制品品种。

三、奶粉的化学组成

奶粉的化学组成随原料乳种类及添加物的不同而有所差异，现将几种主要奶粉的化学成分平均值列表 5.1。

表 5.1　几种奶粉的化学成分平均值　　　　　单位：%

品　种	水　分	脂　肪	蛋白质	乳　糖	无机盐	乳　酸
全脂奶粉	2.00	27.00	26.50	38.00	6.05	0.16
脱脂奶粉	3.23	0.88	36.89	47.84	7.80	1.55
乳油粉	0.66	65.15	13.42	17.86	2.91	—
甜性酪乳粉	3.90	4.68	35.88	47.84	7.80	1.55
酸性酪乳粉	5.00	5.55	38.85	39.10	8.40	8.62
干酪乳清粉	6.10	0.90	12.50	72.25	8.97	—
干酪素乳清粉	6.35	0.65	13.25	68.90	10.50	—
盐乳清粉	3.00	1.00	15.00	78.00	2.90	0.10
婴儿奶粉	2.60	20.00	19.00	54.00	4.40	0.17
麦精奶粉	3.29	7.55	13.19	72.40	3.66	

任务二　全脂奶粉加工技术

一、全脂奶粉的加工工艺流程

全脂奶粉生产工艺流程如图 5.1 所示。

图 5.1　全脂奶粉加工工艺流程

二、操作技术要点

（一）原料乳的验收

原料乳的验收见项目二任务二。鲜乳验收后如不能立即加工，需储存一段时间，必须净化后经冷却器冷却到 4～6℃，再打入储乳罐储存。牛乳在储存期间要定期搅拌和检查温度及酸度。

要注意生产奶粉的牛乳，在送到奶粉加工厂之前，不允许进行强烈的、超长时间的热处理。这样的热处理会导致乳清蛋白凝聚，影响奶粉的溶解性和滋气味。

（二）原料乳的标准化

乳脂肪的标准化一般在离心净乳时同时进行。如果净乳机没有分离乳油的功能，则要单独设置离心分离机。当原料乳中含脂率高时，可调整净乳机或离心分离机分离出一部分稀奶油；如果原料乳中含脂率低，则要加入稀奶油，使成品中含有 25%～30% 的脂肪。一般工厂将成品的脂肪控制在 26% 左右。原料乳的标准化见项目二任务三。

（三）均质

生产全脂奶粉时，一般不经过均质，但如果进行了标准化，添加了稀奶油或脱脂乳，则应该进行均质。均质的目的在于破碎脂肪球，使其分散在乳中，形成均匀的乳浊液。即使未经过标准化，经过均质的全脂奶粉质量也优于未经均质的奶粉。经过均质的原料乳制成的奶粉，冲调后复原性更好。均质前，将原料乳预热到 60～65℃，均质效果更佳。

（四）杀菌

乳中的细菌是引起乳败坏的主要原因，也是影响奶粉质量与保质期的重要因素。通过杀菌可消除或抑制细菌的繁殖及解脂酶和过氧化物酶的活性。

大规模生产奶粉的加工厂，为了便于加工，经均质后的原料乳用片式热交换器进行杀菌后，冷却到 4～6℃，返回冷藏罐储藏，随时取用。小规模奶粉加工厂，将净化、冷却的原料乳直接预热、均质、杀菌后用于奶粉生产。

（五）加糖

在生产加糖或某些配方奶粉时，需要向乳中加糖，加糖的方法有以下几种：
（1）净乳之前加糖。
（2）将杀菌过滤的糖浆加入浓缩乳中。
（3）包装前加蔗糖细粉于奶粉中。
（4）预处理前加一部分糖，包装前再加一部分。

选择何种加糖方式，取决于产品配方和设备条件。当产品中含糖在 20% 以下时，最好是在 15% 左右，采用（1）或（2）方法为宜。当糖含量在 20% 以上时，应采用（3）或（4）法为宜。因为蔗糖具有热熔性，在喷雾干燥时流动性较差，容易粘壁和形成团块。带有二次干燥的设备，采用加干糖法为宜。溶解加糖法所制成的奶粉冲调性好于加干糖的奶粉，但是密度小，体积较大。无论何种加糖方法，均应做到不影响奶粉的微生物指标和杂质度指标。

（六）真空浓缩

1. 真空浓缩的原理和条件
1) 真空浓缩的原理

在 21～8kPa 减压状态下，采用间接蒸汽加热方式，对牛乳进行加热，使其在低温条件下沸腾，乳中一部分水分汽化并不断地排除，从而牛乳中干物质含量由 12% 提高到 50%，达到浓缩的目的。

2) 真空浓缩的条件
（1）不断地供给热量。在进入真空蒸发器前牛乳温度须保持在 65℃ 左右，但要维持牛乳的沸腾使水分汽化，还必须不断地供给热能，这部分热能一般是由锅炉产生的饱和蒸汽供给。

（2）迅速排出二次蒸汽。牛乳水分汽化形成的二次蒸汽如果不及时排出，又会凝结成水分回到牛乳中，蒸发就无法进行下去。一般是采用冷凝法使二次蒸汽冷却成水排掉，这种不再利用二次蒸汽的叫做单效蒸发；如将二次蒸汽引入另一效蒸发器作为热源利用，称为双效蒸发。

2. 真空浓缩的特点

（1）真空浓缩蒸发效率高，使牛乳水分蒸发过程加快，并节省能源。如果牛乳不经浓缩而直接进行喷雾干燥，每蒸发 1kg 水分需消耗蒸汽 3～4kg，不仅需要大量的热能，还需要庞大的喷雾干燥塔。反之，如果牛乳在真空蒸发器中蒸发除去大部分水分，则可降低能源消耗。

一般在单效真空蒸发器中蒸发 1kg 水分，要消耗蒸汽 1.1kg。如在带热压泵的降膜式双效真空蒸发器中，因二次蒸汽被充分利用，则耗汽仅为 0.4kg。使用三效真空蒸发器，消耗蒸汽为 0.32kg。四效真空蒸发器消耗蒸汽 0.22kg，五效真空蒸发器，消耗蒸汽 0.16kg。

（2）在真空蒸发器中，牛乳的沸点降低，仅有 60℃左右，牛乳中热敏性物质如蛋白质、维生素等，不致明显地破坏，牛乳的风味、色泽得以保持，从而保证了奶粉质量。

（3）牛乳经浓缩再喷雾干燥，所得奶粉颗粒大，含气泡少，密度大，有利于包装和保藏。奶粉的复原性、冲调性、分散性均有改善。

（4）真空浓缩时牛乳处于密闭状态，避免了外界污染，可保证奶粉的卫生质量。

3. 真空浓缩工艺条件

浓缩牛乳的质量要求达到浓度与温度稳定，黏稠度一致，具有良好的流动性，无蛋白质变性，细菌指标符合卫生标准。

1）牛乳浓缩的程度

奶粉生产常采用减压（真空）浓缩，浓缩的程度直接影响奶粉的质量，特别是溶解度。生产奶粉时，原料乳一般浓缩至原体积的 1/4，乳干物质达到 45% 左右。浓缩后的乳温一般均为 47～50℃，这时浓缩乳的浓度应为 14～16°Bé，相对密度为 1.089～1.100，若生产大颗粒甜奶粉，浓缩乳的浓度至少要提高到 18～19°Bé。通常因设备条件，原料乳性状，尤其是成品奶粉种类的不同，浓缩程度也有所不同。

2）浓缩的真空度与温度

为达到蒸发掉大量水分、提高乳固体含量的目的，又能保持牛乳的营养成分及理化性质，浓缩的温度、真空度、时间均应予以严格控制。

（1）使用单效蒸发器时，一般应保持在 17kPa 的压力，温度为 50～60℃，整个浓缩过程需 40min。

（2）使用带热压泵的降膜式双效蒸发器时，第一效压力保持在 31～40kPa，蒸发温度为 70～72℃；第二效压力保持在 16.5～15kPa，蒸发温度为 45～50℃，由于浓缩是连续化进行，受热时间很短。

（3）使用带热压泵降膜式三效蒸发器时，第一效压力为 31.9kPa，蒸发温度 70℃；

第二效压力为 17.9kPa，蒸发温度 57℃；第三效压力为 9.5kPa，蒸发温度 44℃。

3）浓缩设备及操作

（1）浓缩设备种类。浓缩设备分为常压蒸发器、减压（真空）蒸发器两种，由于真空蒸发器具有许多优点，各国普遍应用于奶粉生产上。近年为适应连续化生产需要，并考虑节省能源，已由原来的单效、双效向三效至七效发展。

单效蒸发器有：盘管式、列管式、离心式、板式、刮板式等。牛乳首先在低压下预热到等于或略高于蒸发温度的温度，然后从预热器流至蒸发器顶部的分配系统，由于蒸发器内形成真空，蒸发温度低于 100℃。当牛乳离开喷嘴就扩散开来，使部分水立刻蒸发掉，此时生成的蒸汽将牛乳压入管内，使牛乳呈薄膜状，沿着管的内壁向下流，流动中，薄膜状牛乳中的水分很快蒸发掉。蒸发器下端安装有蒸汽分离器，经蒸汽分离器将浓缩牛乳与蒸汽分开，见图 5.2。由于同时流过蒸发管进行蒸发的牛乳很少，降膜式蒸发器中的牛乳停留时间非常短（约 1min）。这对于浓缩热敏感的乳制品相当有益。

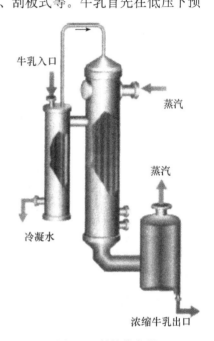

图 5.2　单效蒸发器

双效或多效蒸发器有升膜式、降膜式、板式等。双效或多效蒸发器是将两台或多台蒸发器串联起来，其中第一效蒸发器的真空度高于第二效（这样做可降低二次蒸汽的温度）。从第一效蒸发器出来的蒸汽以后可用作第二效的加热介质，第二效的真空度高，蒸发温度低。串联三台或者四台蒸发器可以节约蒸汽，但设备造价高，操作更为复杂。此外，要求提高第一效的温度，并且随着效数的增加，在整个系统中乳料的总量要增加，这对处理热敏感的物料是不利的。图 5.3 是带机械式蒸汽压缩机的三效蒸发器，机械或蒸汽压缩系统是将蒸发器里的所有蒸汽抽出，经压缩后再返回到蒸发器中。压力的增加是通过机械能驱动压缩机来完成的，无热能提供给蒸发器（除了一效巴氏杀菌蒸汽），无多余的蒸汽被冷凝。在机械式蒸汽压缩过程中，所有的蒸汽在蒸发器里循环，这就使得热能的高度回收成为可能。压缩蒸汽从压缩机 3 回到一效蒸发器加热产品，从一效出来的蒸汽用来加热二效的产品，从二效出来的蒸汽用来加热三效的产品，以此类推。压缩机把蒸汽压力从 20kPa 升高到 32kPa，把冷凝温度从 60℃升高到 71℃，71℃的冷凝温度在一效蒸发器里不足以消毒产品，因此，实际中需要在一效前面安装热压缩器以提高冷凝温度。在第三效蒸发器蒸汽分离之后，蒸汽进入一小型冷凝器，从蒸汽喷射器喷入的蒸汽被冷凝，同时冷凝器还控制蒸发器里的热平衡。机械式蒸汽压缩使得蒸发 100～125kg 水，只需 1kW 电力成为可能。带机械式压缩的三效蒸发器的操作费用是带热压缩器的七效蒸发器操作费用的一半。高速风扇是机械式压缩的另一种形式，它们的使用方法与热蒸汽压缩器相同，当温度只需提高几度的情况时使用。

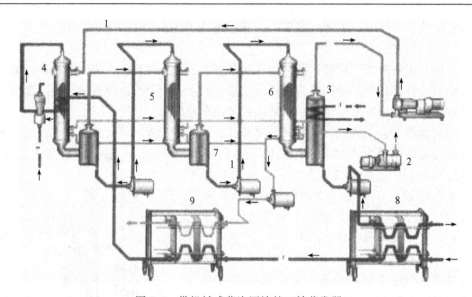

图 5.3　带机械式蒸汽压缩的三效蒸发器

1. 压缩机；2. 真空泵；3. 机械式蒸汽压缩泵；4. 第一效；5. 第二效；
6. 第三效；7. 蒸汽分离器；8. 产品加热器；9. 板式冷却器

　　奶粉的浓缩设备应选用蒸发速度快、连续出料、节约能耗的蒸发器，现在常用的蒸发器有双效降膜式（三效、四效、五效、七效等）蒸发器，国外还有列管式、板式、离心式、刮板式蒸发器。选择何种蒸发器，应视生产规模、产品品种、经济条件等决定。一般生产规模小的奶粉厂，可选用单效蒸发器；生产规模大的奶粉厂，可选用双效或多效蒸发器。

　　（2）浓缩设备操作。仅介绍双效和多效浓缩设备操作要点。

　　① 开车前的准备。

　　a. 检查原料乳的酸度，凡超过标准酸度的乳不得使用。

　　b. 检查设备是否已刷洗干净，特别是蒸发管和列管热交换器的列管，须绝对光洁无垢。

　　c. 检查各泵、接头、盖、密封垫圈各部件是否密封拧紧，检查各阀门的开关正确位置。

　　② 开车。

　　a. 关闭所有阀内，紧好接头，使空气无进入之处，迅速完成抽真空操作，使蒸发器内形成所需要的真空状态。

　　b. 打开诸泵的冷却密封水阀后，依次起动进料泵、出料泵，同时将平衡槽内预先放满的冷凝水送入蒸发器内。

　　c. 打开进料阀，并调节进料量，先进水后进牛乳，当最后一效分离室有水出现时，徐徐打开热压泵的进汽阀，当牛乳出现时，就完全打开再循环阀，并关闭回流阀，使浓乳积存于最后一效分离室处约 10cm 深，以此控制进料速度。

　　d. 当牛乳浓度达到要求时，打开出料阀泵出浓乳，然后调节一下运转状态，使其保持稳定正常，稍加照看即可。

③ 正常运转。

a. 须保持蒸汽压力及流量稳定。

b. 保持真空度的冷却水温度与流量的稳定。

c. 保持牛乳温度与流量的稳定。

④ 停车。

平衡槽内牛乳将尽时，打开冷凝水阀，通入清水，当最后一效分离室出现水时，即关闭再循环阀和放奶阀，并打开流向进料槽的回液阀，运转 10min 后，进行清洗，然后依次关闭蒸汽阀、进料阀、冷却水阀、停泵并关闭水封阀。

⑤ 清洗。

a. 打开进乳阀门吸入清水冲洗所有接触乳的部位，加热循环 10min，将水排掉。

b. 吸入碱液（2％的浓度），加热循环 20min 后，将碱液排回储罐。

c. 再吸入清水冲洗数 min，排掉后，将硝酸液（2％的浓度）吸入罐内，加热循环 10min 后排回储罐。

d. 最后再用清水冲洗 1～2 次。关闭全部阀门及泵类，停止运转。

e. 每隔一定时间，还需人工机械清洗一次，解决没洗下的乳垢。

（3）操作中常见故障及原因。

① 真空度过低。

a. 蒸发器有漏气部位，如阀门及管路接头不紧或胶垫损坏，乳泵漏气时不仅影响真空度，有时排不出浓乳。

b. 冷却水量不足或水温过高。

c. 真空系统故障，水力喷射器内部零件或水泵故障。

d. 加热蒸汽使用压力过高或喷嘴磨损。

② 沸腾过于剧烈或跑乳。

a. 进乳过多致液面过高，甚至跑乳。

b. 操作中真空度突然升高。

③ 沸腾突然停止。

a. 突然断水、断电造成。

b. 浓乳抽空进入空气。

④ 进水。

a. 停电而未断水造成倒水。

b. 排水系统故障，如止逆阀或排水泵出问题。

⑤ 结焦。

a. 液位过低或进乳量小，断乳。

b. 加热蒸汽压力过高。

c. 真空度突然下降，温度过高。

d. 牛乳酸度偏高，断乳等。

⑥ 产量过低。

a. 运转情况不合乎规定标准。

b. 加热面上积有乳垢。

c. 排除不凝缩气体不充分，或排除凝结水不充分。

（七）干燥

干燥的目的是为了除去液态乳中的水分，使产品以固态存在。奶粉中的水分含量为
2.5%～5.0%，在这样低的水含量下没有细菌能够繁殖，因此干燥延长了乳的货架寿
命，大大降低了质量和体积，减少了产品的储存和运输费用。干燥是奶粉制造工艺的重
要环节，它可以直接影响奶粉溶解度、水分、杂质度、色泽、滋味等质量标准。

1. 奶粉的干燥方法

奶粉的干燥方法一般分三种，主要是喷雾干燥法，其次是滚筒干燥法及冷冻干燥法。

1）喷雾干燥法

将净化的热空气送入干燥室内，同时使浓缩牛乳在离心力或压力、气流的作用下，
通过雾化器在干燥室内雾化成无数微细乳滴，与热空气接触的瞬间即干燥成奶粉。

喷雾干燥法生产奶粉，产品质量优良，操作方便，便于连续化和自动化，适宜大规
模生产，是生产奶粉的最佳方法，因此，已被广泛采用。

2）滚筒干燥法（滚筒薄膜干燥法）

将浓缩或不浓缩的牛乳喷洒在缓慢转动的卧式圆筒表面，圆筒内部通入蒸汽，乳膜
经加热后水分迅速蒸发，约转 3/4 周时即成干燥制品，由刮刀刮下，用粉碎机粉碎成粉
末状奶粉。

滚筒干燥法生产的奶粉粒子，呈不规则的微片状，空气含量少，风味稍差，色泽较
深，溶解度较低，因此，应用较少，但因滚筒干燥法生产成本低，又适宜干燥糊状或黏
性大的物料，仍有保留意义。在生产工业奶粉、酪蛋白酸盐粉、饲料奶粉时，采用滚筒
干燥法。

3）冷冻干燥法

将牛乳先行预冻，使水分呈冰屑状固相，然后在 0.65kPa 的减压状态下加微热，
使乳中水分不经液相直接从固相化为水气排除，乳中固体物质即成粉末状。

冷冻干燥已被用于生产优质奶粉。在干燥过程中，乳中的水分在真空中蒸发，这一
方法在保证乳质量上具有很大优势。因为温度低，牛乳中的营养成分能最大限度地保
留，避免了加热对产品色泽、风味的影响，奶粉的溶解度最高。但因设备造价高，动力
消耗大，生产成本高，仅对特殊处理使用，大规模生产不宜使用。

2. 喷雾干燥的原理与特点

1）喷雾干燥的原理

在高压或高速离心力的作用下，浓缩乳通过雾化器向干燥室内喷成雾状，形成无数
微细乳滴（直径为 10～200μm），以增大其表面积，加速水的蒸发速率，微细乳滴一经
与同时鼓入的热空气接触，水分便在瞬间蒸发除去，干燥成奶粉。

2）喷雾干燥的特点

喷雾干燥的优点有：

（1）干燥速度快，物料受热时间短。浓缩乳经雾化后，分散成无数直径在 10～

$150\mu m$ 的微细液滴，表面积大大增加，与干热空气接触后，水分蒸发速度很快，整个干燥过程仅需要 $10\sim30s$，乳的营养成分破坏程度较小，奶粉的溶解度较高，冲调性好。

（2）整个干燥过程中，奶粉颗粒表面积的温度较低，不会超过干燥介质的湿球温度（$50\sim60℃$），从而可以减少牛乳中一些热敏性物质的损失，且产品具有良好的理化性质。

（3）工艺参数可以方便地调节，产品质量容易控制，同时也可以生产有特殊要求的产品。

（4）整个干燥过程都是在密封的状态下进行的，产品不易受到外来的污染，从而最大程度地保证了产品的质量。

（5）操作简单，机械化、自动化程度高，劳动强度低，生产能力大。

喷雾干燥的缺点有：

（1）占地面积和空间大，一般需要多层建筑，一次性投资大。

（2）热效率低，只有 $35\%\sim50\%$。所以热量消耗大，一般蒸发 1kg 水分需要 $3\sim4kg$ 饱和蒸汽。

（3）喷雾干燥塔内壁或多或少都会粘有奶粉，时间长会严重影响其溶解性能，而且清除困难；另外粉尘回收装置比较复杂，设备清扫时劳动强度大。

3. 喷雾干燥的分类

1）压力喷雾干燥法

利用高压泵给予乳液很高的压力，使乳液以一定的速度进入喷嘴，强制乳液从喷嘴的喷孔喷出呈雾滴状，与同时进入热空气接触，水分被瞬间蒸发，乳滴被干燥成粉末。

2）离心喷雾干燥法

利用在水平方向做高速旋转的圆盘的离心力作用进行雾化，将浓乳喷成雾状，同时与热风接触而达到干燥的目的。

3）气流式喷雾干燥法

利用压缩空气在通过喷嘴时产生的高速气流，将乳液吸出、混合，并对之产生摩擦撕裂作用而使乳液雾化，雾化的微粒与进入干燥室的热空气接触后，被干燥成粉。

4. 喷雾干燥的基本装置及过程

1）一段式干燥

最简单的生产奶粉的设备是一个具有风力传送系统的喷雾干燥器，见图 5.4。这一系统建立在一级干燥原理上，从将浓缩液中的水分脱除至要求的最终湿度的过程全部在喷雾干燥塔室 1 内完成。相应风力传送系统收集奶粉和奶粉末，一起离开喷雾塔室进入到主旋风分离器 6 与废空气分离，通过最后一个分离输送系统 7 冷却奶粉，并送入袋装漏斗。

2）两段式干燥

如果最终产品奶粉的水分含量仍很高，在喷雾干燥中可结合使用再干燥段，形成两段加工，如图 5.5 所示。两段干燥方法生产奶粉包括喷雾干燥第一段和流化床干燥第二段。奶粉离开干燥室的湿度比最终要求高 $2\%\sim3\%$，流化床二段干燥器的作用就是除去这部分超量湿度并最后将奶粉冷却下来。

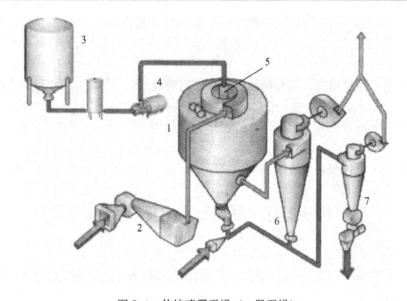

图 5.4　传统喷雾干燥（一段干燥）

1. 干燥塔室；2. 空气加热器；3. 牛乳浓缩缸；4. 高压泵；5. 雾化器；

6. 主旋风分离器；7. 旋风分离输送系统

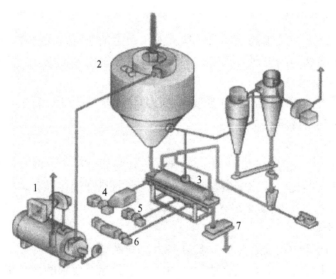

图 5.5　带有流化床的喷雾干燥（两段干燥）

1. 空气加热器；2. 干燥室；3. 振动流化床；4. 用于流化床的空气加热器；

5. 用于流化床的冷却空气；6. 用于流化床的脱湿冷却空气；7. 振动筛

3）三段式干燥

三式段干燥中第二段干燥在喷雾干燥室的底部进行，而第三段干燥位于干燥塔外进行最终干燥和冷却。主要有两种三段式干燥器：具有固定流化床的干燥器和具有固定传送带的干燥器。

具有固定传送带干燥器的原理如下：图 5.6 为带过滤器型干燥器，它包括一个主干燥室 3 和 3 个小干燥室 8、9、10，用于结晶（当需要时，如生产乳清奶粉）、最后干燥和冷却。产品经主干燥室顶部的喷嘴雾化，来料由高压泵泵送至喷雾嘴，雾化压力高达 20MPa(200bar)，绝大部分干燥空气环绕喷雾器供入干燥室，温度高达 280℃。液滴自喷嘴落向干燥室底部的过程被称为第一段干燥，奶粉在传送带上沉积或附聚成多孔层。第二段干燥的进行是由于干燥空气被抽吸过奶粉层。刚落在传送带 7 上时奶粉的水分含量为 12%～20%，在传送带上的第二段干燥减少水分含量至 8%～10%，水分含量对于奶粉的附聚程度和多孔率是非常重要的。第三段和最后一段对脱脂或全脂乳浓缩物的干燥在两个室内 8、9 进行，在两室中进口温度高达 130℃的热空气被吸过奶粉层和传送带，其方式与在主干燥室一样。奶粉在最后干燥室 10 中冷却，干燥室 8 用于要求乳糖结晶的情况（乳清奶粉），在此情况下不再向此室送入空气，以使其保持达 10%的较高的水分含量。第三段干燥在干燥室 9 进行，冷却在干燥室 10 中进行。有一小部分奶粉细末随干燥空气和冷却空气离开干燥设备，这些细粉在旋风分离器组 12 与空气分离，这些粉进入再循环，或进入主干燥室，或进入产品类型需要或附聚需要的加工工艺点。离开干燥器后，奶粉附聚物经筛或磨（取决于产品类型）分散达到要求的大小。

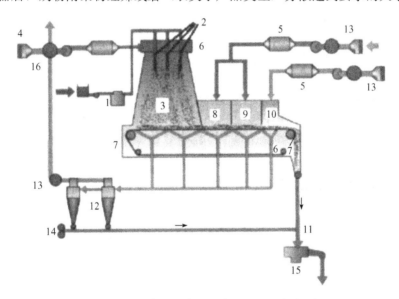

图 5.6　具有完整运输、过滤器的三段喷雾干燥

1.高压泵；2.喷头装置；3.主干燥室；4.空气过滤器；5.加热器/冷却器；6.空气分配器；7.传送带系统；8.保持干燥室；9.最终干燥室；10.冷却干燥室；11.奶粉排卸；12.旋风分离器；13.鼓风机；14.细粉回收系统；15.过滤系统；16.热回收系统

5. 雾喷干燥操作中易发生的故障及原因

喷雾干燥的操作方法，对产品质量影响很大，喷雾干燥操作中易发生的故障及原因有：

1) 压力喷雾

(1) 干燥室前壁有严重的粘粉现象。

① 进风口处气流调节不合适，或调节装置位置有变化，产生涡流造成。

② 喷枪与前壁距离太近。

（2）干燥室壁上有不均匀的潮粉黏附。

① 喷雾角度小，雾滴粗大，雾化不良造成。

② 喷嘴孔径不圆或有缺口，导乳沟槽表面不光滑，使雾膜厚薄不匀，雾矩偏斜或乳液拉丝，雾化不良造成。

（3）奶粉水分含量过高。

① 浓乳浓度低，高压泵压力低，雾滴粒度大，干燥不充分。

② 进风温度低。

③ 排风受阻或相对温度高。

④ 空气加热器泄漏，使进风湿度高，蒸发能力下降。

（4）蒸发量降低。

① 通过喷雾干燥系统中的空气流速低。

② 进风温度过低。

③ 由于设备泄漏，使引进的热风流失和冷空气吸入。

（5）奶粉中出现焦粉颗粒。

① 热风分布导板角度不对，涡流使奶粉局部受热过度产生焦粉。

② 喷嘴孔径堵塞，使进料量减少，雾膜变薄，进风温度升高。

③ 进风温度过高或进料量过低。

2）离心喷雾

（1）干燥室顶部积粉，热风分布器导板的角度不对。

（2）干燥室上部壁上出现潮粉。

① 离心盘转速太慢，产生的雾滴粒度过大。

② 浓乳粒度过大或不均匀。

（3）干燥室周围壁上出现潮粉。

① 进料过多、过快，蒸发不充分。

② 干燥室预热温度和时间不充分。

（4）干燥室壁上有不均匀的潮粉黏附。

① 热风分布不均匀。

② 喷雾器料液分配环的孔洞部分堵塞，致使喷雾不均匀。

（5）奶粉水分含量过高。

① 雾化程度不够充分。

② 进风温度低。

③ 排风中相对湿度过高。

（6）雾化器转速降低，而电流增高。

① 进料速率过高，导致传动电机超负荷。

② 雾化器和传动电机的机械故障。

（7）雾化器速度不稳，发出波动声响，传动电机的机械故障。

（8）蒸发量降低。

① 通过喷雾干燥系统中的空气流速低。

② 进风温度过低。

③ 由于设备泄漏引起的热风流失和冷空气吸入。

（八）出粉与冷却、筛粉与晾粉、包装

喷雾干燥结束后，应立即将奶粉送至干燥室外并及时冷却，避免奶粉受热时间过长。特别是对全脂奶粉，受热时间过长会引起奶粉中游离脂肪的增加，严重影响奶粉的质量，使之在保存中容易引起脂肪氧化变质，奶粉的色泽、滋气味、溶解度同样会受影响。所以，在喷雾干燥以后，出粉和冷却也是一重要的环节。

1. 出粉与冷却

干燥的奶粉，落入干燥室的底部，粉温为 60℃ 左右，应尽快出粉。出粉、冷却的方式一般有以下几种。

1）气流出粉、冷却

这种装置可以连续完成出粉、冷却、筛粉、储粉、计量包装。其优点是出粉速度快，在大约 5s 内就可以将喷雾室内的奶粉送出，并在输粉管内进行冷却。其缺点是易产生过多的微细粉尘，另外，这种方式冷却效率低，一般只能冷却到高于室温 9℃ 左右，特别是在夏天，冷却后的温度仍高于乳脂肪熔点以上。

2）流化床出粉、冷却

流化床出粉和冷却装置的优点为：

（1）奶粉不受高速气流的摩擦，故奶粉质量不受损害。

（2）可大大减少微细粉的数量。

（3）奶粉在输粉导管和旋风分离器内所占比例少，故可减轻旋风分离器的负担。同时可节省输粉中消耗的动力。

（4）冷却床冷风量较少，故可使用冷却的风来冷却奶粉，因而冷却效率高，一般奶粉可冷却到 18℃ 左右。

（5）奶粉经过振动的流化床筛网板，可获得颗粒较大的而均匀的奶粉。从流化床吹出的微细奶粉还可通过导管返回到喷雾室与浓乳汇合，重新喷雾成奶粉。

3）其他出粉方式

可以连续出粉的装置还有搅龙输粉器、电池振荡器、转鼓型阀、旋涡气封阀等。

2. 筛粉与晾粉

1）筛粉

一般采用机械振动筛，筛底网眼为 40～60 目，目的是为了使奶粉均匀、松散，便于冷却。

2）晾粉

晾粉过程中，不但使奶粉的温度降低，同时奶粉表观密度可提高 15%，有利于包装。无论使用大型粉仓还是小粉箱，在储存时严防受潮。包装前的奶粉存放场所必须保持干燥和清洁。

3. 包装

奶粉的包装形式和尺寸各有差异，包装材料有马口铁罐、塑料袋、塑料复合纸带、塑料铝箔复合袋等。规格多为 500g、454g，也有 250g、150g。大包装容器有马口铁盒或软桶，1.5kg 装；塑料袋套牛皮纸袋，25kg 装。依不同客户的特殊需要，可以改变包装物重量。

包装形式直接影响奶粉的保质期，如塑料袋包装的保质期规定为 3 个月，铝箔复合袋包装的保质期规定为 12 个月，真空包装技术和充氮包装技术可使奶粉质量保存 3～5 年。

包装过程中影响产品质量的因素有：

1）包装时奶粉的温度

奶粉出料后应进行冷却降温。如果生产出来的奶粉封闭于大的容器中，时间过长，会促使蛋白质变性，造成溶解度下降，引起走油，使脂肪成为连续相，使奶粉颗粒表面的脂肪暴露在周围的空气里，加速氧化味的出现。所以在大包装时应先将奶粉冷却至 28℃ 以下再包装，以防止过度受热。此外，如将热的奶粉装罐后，立即抽气，则保藏性比冷却包装更佳。

2）包装室内湿度对奶粉的影响

奶粉的吸湿性很强，如在空气相对湿度 62%、18～20℃ 的情况下，全脂奶粉的均衡水分在 2d 之内可以增加到 8%～9%，奶粉潮湿会引起产品质量急剧降低，溶解度下降，并且由于蛋白质的变性和脂肪的氧化，奶粉还会出现特殊滋味。此外，由于潮湿，乳糖结晶体能使脂肪发生游离，破坏脂肪球膜，更加剧了空气中的氧气与脂肪的作用。检验证明，储存奶粉的房间，湿度不能超过 75%，温度也不应急剧变化，盛装奶粉的桶不应透水和漏气。在湿度低于 3% 的情况下，奶粉不会发生任何变化，因为这时全部水分都与乳蛋白质呈化学结合的状态存在。

3）空气

为了消除由于奶粉罐中存在多余的氧气而使脂肪发生氧化的缺陷，最好在包装时，使容器中保持真空，然后填充氮气，可以使奶粉储藏 3～5 年之久。

任务三　脱脂奶粉加工技术

脱脂奶粉是以原料乳为原料，经过脱脂、杀菌、浓缩、喷雾干燥而制成的奶粉。因为脂肪含量很低（不超过 1.25%），所以耐保藏，不易引起氧化变质。脱脂奶粉一般多用于食品工业作为原料，如饼干、糕点、面包、冰淇淋及脱脂鲜干酪等都用脱脂奶粉。目前广泛要求速溶脱脂奶粉，因使用时非常方便。这种奶粉是食品工业中的一项非常重要的蛋白质来源。脱脂奶粉的生产工艺流程与全脂奶粉一样。一般生产奶油的工厂或生产奶油粉的工厂都可以生产脱脂奶粉。

一、脱脂奶粉的生产工艺流程

脱脂奶粉的生产工艺流程如图 5.7 所示。

脱脂奶粉的生产工艺流程及设备与全脂奶粉大体相同，但是，整个加工过程中如果温度的调节和控制不适当，将引起脱脂乳中的热敏性乳清蛋白质变性，从而影响奶粉的溶解度。因此，生产脱脂奶粉时某些工艺条件还需区别于全脂奶粉。

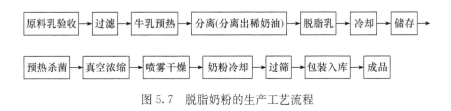

图 5.7　脱脂奶粉的生产工艺流程

二、脱脂奶粉加工中应注意的问题

（一）牛乳的预热与分离

牛乳预热温度达到 38℃上下即可分离，脱脂乳的含脂率要求控制在 0.1% 以下。

（二）预热杀菌

脱脂乳中所含乳清蛋白（白蛋白和球蛋白）热稳定性差，在杀菌和浓缩时易引起热变性，使奶粉制品溶解度降低。乳清蛋白中含有巯基，热处理时易使制品产生蒸煮味。

为使乳清蛋白质变性程度不超过 5%，并且减弱或避免蒸煮味，又能达到杀菌抑酶目的，根据研究确定，脱脂乳的预热杀菌温度以 80℃，保温 15s 为最佳条件。

（三）真空浓缩

为了不使过多的乳清蛋白质变性，脱脂乳的蒸发浓缩温度以不超过 65.5℃ 为宜，浓度为 15~17°Bé，乳固体含量可控制在 36% 以上。如果浓缩温度超过 65.5℃，则乳清蛋白质变性程度超过 5%。实际上采用真空浓缩，尤其是多效真空浓缩，乳温不会超过 65.5℃，受热时间也很短，对乳清蛋白质变性影响不大。

（四）喷雾干燥

将脱脂浓乳按普通的方法喷雾干燥，即可得到普通脱脂奶粉，但是，普通脱脂奶粉因其乳糖呈非结晶型的玻璃状态，即 α-乳糖和 β-乳糖的混合物，有很强的吸湿性，极易结块。为克服上述缺点，并提高脱脂奶粉的冲调性，采取特殊的干燥方法生产速溶脱脂奶粉，可获得改善。

任务四　速溶奶粉加工技术

速溶奶粉是一种较新的产品，首先投入大量生产的是脱脂速溶奶粉，最近又有一些全脂速溶奶粉投入生产，此外还有半脱脂速溶奶粉、速溶稀奶油粉和速溶可可奶粉等，种类日趋繁多。

一、全脂速溶奶粉的工艺特点

速溶奶粉是以某种特殊的工艺经喷雾干燥，或真空薄膜干燥，或真空泡沫干燥而制得的奶粉。由于采用了某种特殊处理，从而使这种奶粉的溶解性获得了改进。当用水冲调复原时，溶解的很快，而且不会在水面上结成小团。这种奶粉在温度较低的水中，也同样能很快溶解复原为鲜乳状态。此外速溶奶粉的外观特征是颗粒较大，一般为 100～800μm，所以干粉不会飞扬，因而在食品工业中大量使用较为方便。速溶奶粉的颗粒中乳糖是呈结晶的 α-含水乳糖状态、而不是非结晶无定形的玻璃状态，所以这种奶粉在保藏中不易吸湿结块。以上是其优点，但另一方面也有它的缺点，第一，它的表观密度低，即容重小，每 1mL 只有 0.35g 左右，所以同样质量时，速溶奶粉较普通奶粉所占的体积较大，对包装不利；其次，目前生产的奶粉水分含量较高，一般为 3.5%～5.0%，不利于保藏；第三，速溶脱脂奶粉对硝酸盐的还原性较大，羟甲基糠醛含量高，这说明速溶奶粉在特殊制造过程中促进了褐变反应，这种奶粉如果包装不良，而且在较高温度下保藏时，很快会引起显著的褐变；第四，速溶脱脂奶粉一般具有粮谷的气味，这种不快气味是由含羰基或含甲硫醚基的化合物所形成的。

速溶奶粉的生产方法有两种，一种是再润湿法（二段法），一种是直通法（一段法），以直通法较经济。

（一）再润湿法

再润湿法即再将干奶粉颗粒循环返回到主干燥室中，一旦干燥颗粒被送入干燥室，其表面即会被蒸发的水分所润湿，颗粒开始膨胀，毛细管孔关闭并且颗粒变黏，其他奶粉颗粒黏附在其表面上，于是附聚物形成。

（二）直通法

这是一种比较有效的速溶化方法，如图 5.8 所示，可经流化床获得。流化床连接在主干燥室底部，由一个多孔底板和外壳构成。外壳由弹簧固定，并有电机可使之振动，当一层奶粉分散在多孔底板上时，振动奶粉以匀速沿外壳方向运送。

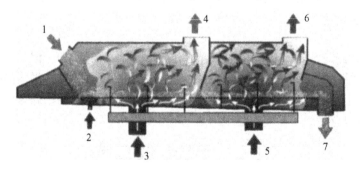

图 5.8 速溶奶粉的流化床

1. 物料；2. 热蒸汽；3. 热空气；4. 废气；5. 冷空气；6. 废气；7. 产品

自干燥室下来的奶粉首先进入第一段，在此奶粉被蒸汽润湿，振动将奶粉传送至干燥段，温度逐渐降低的空气穿透奶粉及流化床，干燥的第一段颗粒互相黏结发生附聚。奶粉中的水分经过干燥从附聚物中蒸发出去，使奶粉在经过流化床时达到要求的干燥度。

任何大一些的颗粒在流化床出口都会被滤下并被返回到入口。被滤过的和速溶的颗粒由冷风带至旋风分离器组，在其中与空气分离后包装。来自流化床的干燥空气与来自喷雾塔的废气一起送至旋风分离器，以回收奶粉颗粒。

用此法制造的奶粉颗粒，虽然大部分附聚团粒化，但乳糖并未结晶化。脱脂乳的浓缩程度及喷雾技术，对粒子大小及密度的影响很大。与二次制造法不同，由于不经二次处理，制造操作简单，故生产费用低廉。如能制得质量良好的制品，这在企业上也是最理想的方法。

二、全脂速溶奶粉的其他生产方法

全脂速溶奶粉在目前还没有大量工业化生产，考虑到脂肪的影响因素，为了能更加理想地制造全脂速溶奶粉，现在有的采用与吸潮再干燥的方式完全不同的干燥方法和工艺流程，大致有下列几种。

（一）薄膜干燥法

这种方法可分为间歇式和连续式两种。牛乳的浓缩采用低温真空蒸发器，浓缩到乳固体含量为 35%，然后在电热的低温真空干燥器中形成薄膜进行干燥。干燥器要减到 49Pa 以下，这时牛乳则在稍高于 0℃ 的低温度下进行干燥，所得的奶粉为不规则片状，溶解度、可湿性及分散性非常好，风味亦佳。但间歇式生产周期长，一次约需 80min，而且工艺繁杂，所以不适于大规模生产。

连续式生产可使整个干燥时间缩短为 3～4min。该设备为一个长 16m 左右、直径 3.2m 的卧式真空干燥器，内设有履带式不锈钢传送带，其一端经过一加热圆筒，另一端经过一冷却圆筒，浓乳在不锈钢传送带上形成一个薄层，随着履带的传动，经过一系列辐射热的加热（辐射强度可调节控制），然后再经过冷却圆筒，冷却好的奶粉由一振动刮板刮下送去包装。

（二）泡沫干燥法

新鲜的牛乳经均质（63℃、17.3MPa）及杀菌（73℃、16s）后送至平衡储槽，然后经泵送到薄膜真空蒸发器浓缩到乳固体含量约为 43%（浓缩温度 38℃）。浓乳经均质机进行（26.7MPa 及 3.4MPa）二段均质，然后向均质好的浓乳中通入氮气，再通过冷却器冷却到 1～2℃，同时使氮气在浓乳中均匀分布，形成大约 75μm 的气泡，再通过计量泵和管式冷却器送到真空干燥机进行真空干燥。按上述条件生产的奶粉水分含量为 3%～4%，这种奶粉的溶解度、分散性非常好，但设备造价较高，奶粉的生产成本也高。

为了降低设备造价和奶粉的生产成本，也可以采用常压履带式泡沫干燥，这种方法是在牛乳浓缩后，添加食用的泡沫稳定剂，然后吹以氮气，再按上述履带式干燥机的方式进行泡沫干燥，但不必抽真空，在常压下进行。履带通过一个 54～88℃ 的隧道式干燥器，牛乳形成泡沫状干燥，然后刮下，粉碎包装。这里采用的泡沫稳定剂为甘油-脂肪酸酯、蔗糖脂肪酸酯等。由于不抽真空，设备比较简单。

上述两种泡沫干燥法所得的奶粉均必须充氮包装，否则保藏性不佳。

（三）泡沫喷雾干燥法

这种方法可以利用一般的普通压力式喷雾干燥设备，稍加改装即可。主要是在高压泵与喷嘴之间的一段高压管中连接一段能压入氮气的管路,可以向浓乳中充入氮气,再一起进行喷雾。具体工艺条件为:牛乳经 74℃、15s 杀菌后,经 17.3MPa 压力的均质处理,于薄膜蒸发器中浓缩到含乳固体达 50%,浓乳保持 32℃,由高压泵送出喷雾。但在高压泵与喷嘴之间的一段高压管路中连接一段 T 形管,用以注射氮气。这时氮气的注入压力为 133.2MPa,氮气量约为每 1kg 浓乳注入 $0.0056\sim0.0255m^3$,此时氮气与浓乳会合,形成泡沫状喷出。高压泵的压力要调节到使喷嘴压力保持在 12.4MPa,喷嘴孔径为 $1.0\sim1.3$mm,喷雾室进风温度为 132℃,所得的奶粉较普通奶粉水分含量低。在显微镜下观察,这种奶粉呈中空颗粒,含有大气泡。平均颗粒直径为 $10^4\mu m$ 左右,而且颗粒之间互相黏附的现象较多。由于黏附而形成的不规则大颗粒平均直径为 $140\sim430\mu m$,所以奶粉的体积增大。

如果利用该设备来生产脱脂速溶奶粉,可以不注入氮气而注入压缩空气或二氧化碳。这种设备也非常适合于喷乳清粉。

喷雾法中采用高温者有"库特尔"(Coulter)圆塔式喷雾干燥,该法将喷雾室温度提高到 260℃,其特点为在喷雾塔顶部安装一个文丘里喷雾器,在文丘里喉管中没有喷嘴。热风温度为 280℃,或者更高,热风以每秒 275m 的风速通过文丘里喉管。当经过 28cm 长的扩散管的末端时,风速降到每秒 60m。浓乳则从一种特制的喷嘴,以 $19.6\sim34.3$kPa 的压力送入。这时喷雾作用主要是由高速的热风从文丘里喉管喷射,而对刚好离开喷雾的浓乳雾滴进一步形成雾化作用。浓乳离开喷嘴之前在扩散管中就已经与热风混合,然后一起以瞬间的速度从喷嘴喷出到喷雾室里。进风温度提高到 270℃ 时,所得奶粉的溶解度、分散性等仍然非常好。

喷雾法中采用低温的代表者为高塔法(简称 BIRSIFC 法)。它是一种低温喷雾干燥塔,为一个 70m 高的混凝土圆塔。喷雾塔里用塑料涂层衬里,全部设备凡是与成品接触的地方都用塑料或不锈钢。浓乳从塔顶离心喷雾,空气则从塔底部送入,与乳雾形成逆流。空气在进入塔内之前预先经过严密的过滤,并用吸湿剂脱湿干燥,使空气相对湿度降到 3% 以下,温度不超过 24℃,这种干燥的空气在与乳雾接触过程中,空气的相对湿度升高到 90% 以上,然后从塔顶排出,$300\sim1000\mu m$ 大小的乳雾滴从塔顶降落到塔底过程中变为奶粉,降落时间需 $50\sim200$s。从塔底上升的温暖干燥空气的风速是每秒 $0.05\sim1.00$m。干燥好的奶粉经旋风分离器收集,在这种情况下所得奶粉的溶解度、分散性和可湿性等都非常好,奶粉经冲调复原后的色泽、风味等都可以保持新鲜牛乳的状态。利用这种装置还可干燥其他对热非常敏感的食品。这种低温喷雾干燥的能力,目前为每小时蒸发水分 $1000\sim5000$kg,干燥能力与塔的大小有关,每蒸发 1kg 水分耗用蒸汽 $1.2\sim1.8$kg,平均 1.5kg。蒸汽耗用量大大少于一般喷雾法(一般喷雾法为 3.5kg 左右),这种低温喷雾干燥设备适合于气候干燥的热带地区。

任务五　调制奶粉加工技术

调制奶粉是 20 世纪 50 年代发展起来的一种乳制品,主要是针对婴儿的营养需要,在乳中添加某些必要的营养成分,经加工干燥而制成的一种奶粉。

初期的调制奶粉实为加糖奶粉,后来发展成各种维生素强化奶粉,现已进入到母乳化的特殊调制奶粉阶段，即以类似母乳组成的营养素为基本目标，通过添加或提取牛乳中的某些成分，使其组成在质量和数量上接近母乳。各国都在大力发展特殊的调制奶粉，且已成为一些国家奶粉工业的主要产品，其品种和数量呈日益增长的趋势。

一、母乳与牛乳主要成分的区别与调整

哺乳婴儿最好是母乳，当母乳不足时，不得不依靠人工喂养。当然牛乳是最好的代乳品，但牛乳和母乳有很大区别，故需要将牛乳中的各种成分进行调整，使之近似于母乳。婴儿奶粉的调整基于婴儿生长期对各种营养素的需要量，因此必须在了解牛乳与人乳的区别的基础上，进行合理调整。母乳色泽稍黄，味稍甜，由于蛋白质和盐类含量低，故酸度低于牛乳（如表5.2），新鲜的牛乳如不经稀释直接喂养婴儿，蛋白质在胃中的凝块比较坚硬和粗大，容易损伤婴儿胃肠，所以应该补充一些成分使其接近人乳，这样对婴儿的生长发育有利。

表5.2　母乳和牛乳的一般成分比较（每100g乳中的含量）

分　类	热量/kJ	水分/g	总干物质/g	蛋白质/g	脂肪/g	乳糖/g	灰分/g
母乳	251	88.0	11.8	1.4	3.1	7.1	0.2
牛乳	209	88.6	11.4	2.9	3.3	4.5	0.7

（一）蛋白质的调整

母乳中蛋白质含量在$1.0\%\sim1.5\%$，其中酪蛋白为40%，乳清蛋白为60%；牛乳中的蛋白质含量为$3.0\%\sim3.7\%$，其中酪蛋白为80%，乳清蛋白为20%。牛乳中酪蛋白含量高，在婴幼儿胃内形成较大的坚硬凝块，不易消化吸收。从蛋白质消化性来看，供给婴儿饮食的蛋白质必须是容易消化吸收的，乳清蛋白和大豆蛋白具有易消化吸收的特点，能够满足婴儿机体对蛋白质的需要。用乳清蛋白和植物蛋白取代部分酪蛋白，按照母乳中酪蛋白与乳清蛋白的比例为1:1.5来调整牛乳中蛋白质含量。

专家认为人乳中有IgG（Immune globlin G）、IgA、IgM、IgD及IgE等5种免疫球蛋白，还存在抵抗脊髓灰质炎、伤寒、副伤寒、流感等的各种抗体。免疫球蛋白可以与母乳中的其他活性物质如乳铁蛋白和溶菌酶协同作用。

由于免疫球蛋白的生物学功能，其对早产儿及初生体重低的婴儿的健康有重要的意义，可以通过向婴儿配方食品中添加乳免疫球蛋白浓缩物来完成牛乳婴儿食品的免疫生物学强化。

（二）脂肪的调整

牛乳中的乳脂肪含量平均在3.3%左右，与母乳含量大致相同，但质量上有很大差别。牛乳脂肪中的饱和脂肪酸含量比较多，而不饱和脂肪酸含量少。母乳中不饱和脂肪酸含量比较多，特别是不饱和脂肪酸的亚油酸、亚麻酸含量相当高，是人体必需脂肪酸。精炼植物油富含不饱和脂肪酸，易被婴儿机体吸收。

婴儿配方奶粉中的脂肪主要依靠植物油来提高不饱和脂肪酸的含量，常使用的是精

炼玉米油和棕榈油，其中后者除含有可利用的油酸外还含有大量婴儿不易消化的棕榈酸，会增加婴儿血小板血栓的形成，故添加量不宜过多。

不饱和脂肪酸按其双键位可分为 ω-3 系列不饱和脂肪酸和 ω-6 系列不饱和脂肪酸。ω-3 系列不饱和脂肪酸中最具代表性的是二十二碳六烯酸（DHA）、二十碳五烯酸（EPA）和 α-亚麻酸（$C_{18:3}$）。近年来这些脂肪酸逐渐被人们所重视，在婴儿配方奶粉中出现，但因其为多不饱和脂肪酸，易被氧化而变质，故生产中应注意有效抗氧化剂的添加。

（三）碳水化合物的调整

在牛乳和母乳中的碳水化合物主要是乳糖，牛乳中乳糖含量为 4.5%，母乳中为 7.0%，显然牛乳中的乳糖含量远不能满足婴儿机体需要。为了提高产品中的碳水化合物，通过添加蔗糖、麦芽糊精及乳清粉来调整。其中蔗糖的添加量不能过多，因蔗糖除造成婴儿龋齿外，还易养成婴儿对甜食喜爱的不良习惯。应适量添加功能性低聚糖取代蔗糖，前者不仅能够提供能量，主要在于它不被人体内的消化液消化，可被肠道有益菌如双歧杆菌等利用，因而产生特殊的生理作用。乳清粉含有 75% 的乳糖，添加乳清粉使产品中的乳糖含量占总糖的 69.9%，蔗糖 7.5%。较高含量的乳糖有利于 Ca、P 的吸收，促进骨骼、牙齿生长。麦芽糊精可用于保证有利的渗透压，并可改善配方食品的性能。

（四）灰分的调整

由于初生婴儿肾脏尚未发育成熟，维持体内环境恒定的功能不如较大婴儿，在婴儿配方奶粉的灰分设计上应引起充分注意。任何配方奶粉，即使在各方面能满足营养要求，但是如果其盐含量过高，仍将导致婴儿肾脏负担过大，而对婴儿生长发育不利。

由于婴儿配方奶粉中牛乳中盐的质量分数（0.7%）远高于人乳（0.2%），故所用脱盐乳清粉的脱盐率要 >90%，其盐的质量分数在 0.8% 以下。

（五）维生素的调整

维生素在体内代谢中起着极为重要的作用，虽然需要量很少，但又不能缺少。提高产品中维生素含量，有利于促进婴儿机体细胞新陈代谢，提高对疾病的抵抗能力，同时多数维生素又是某些酶的辅酶（或辅基）的组成部分。调制奶粉中一般强化的维生素有维生素 A、维生素 B_1、维生素 B_6、维生素 B_{12}、维生素 C、维生素 D 和叶酸等。

在添加时，一定要注意维生素（也包括灰分）的可耐受最高摄入量，防止因添加过量而对婴儿产生毒副作用。

二、婴儿配方奶粉的加工技术

各国不同品种的婴儿配制奶粉，生产工艺有所不同，现将基本生产工艺流程介绍如下。

（一）工艺流程

配制奶粉的生产工艺流程见图5.9。

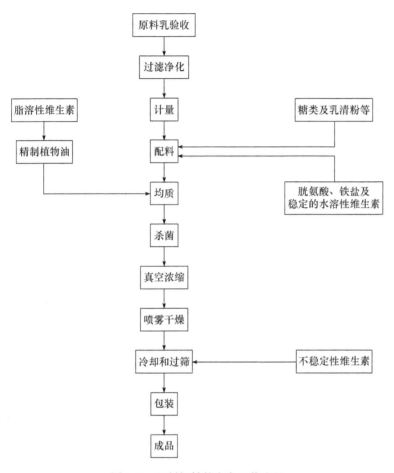

图5.9　配制奶粉的生产工艺流程

（二）工艺要点

（1）原料乳的验收和预处理应符合生产特级奶粉的要求。

（2）配料。按比例要求将各种物料溶解、混合于配料缸中，开动搅拌器，使物料混匀。

（3）均质、杀菌、浓缩。混合料均质压力一般控制在18MPa；杀菌和浓缩的工艺要求和奶粉生产相同。浓缩后的物料浓度控制在46％左右。

（4）喷雾干燥。进风温度为140～160℃，排风温度为80～88℃。

（三）配方

婴儿配制奶粉配方见表5.3。

表 5.3　婴儿配制奶粉配方

物料名称	每 1t 投料量/kg	物料名称	每 1t 投料量/g	物料名称	每 1t 投料量/g
牛乳	2500	维生素 A	6	维生素 C	600
乳清粉	475	维生素 D	0.12	叶酸	0.25
棕榈油	63	维生素 E	60	维生素 B₂	4.5
三脱油	63	维生素 K	0.25	烟酸	40
奶油	67	维生素 B₁	3.5	硫酸亚铁	350
蔗糖	65	维生素 B₆	3.5		

注: 干物质 11.1%, 脂肪 3.0%, 水分 2.5%, 脂肪 1.2%, 奶油脂肪含量 82%, 维生素 A6g 相当于 240000IU, 维生素 D0.12g 相当于 48000IU, 硫酸亚铁为 $FeSO_4 \cdot 7H_2O$。

任务六　奶粉、调制奶粉的质量要求及检验

一、质量要求

按照 GB 19644—2010《食品安全国家标准　奶粉、调制奶粉》质量要求见表 5.4。

表 5.4　奶粉、调制奶粉质量要求

项　目		要　求	
		奶粉	调制奶粉
色泽		呈均匀一致的乳黄色	具有应有的色泽
滋味、气味		具有纯正的乳香味	具有应有的滋味、气味
组织状态		干燥均匀的粉末	
蛋白质/%	≥	非脂乳固体ᵃ 的 34%	16.5
脂肪ᵇ/%	≥	26.0	—
复原乳酸度/°T	≤	18	—
杂质度/(mg/kg)	≤	16	—
水分/%	≤	5.0	
污染物限量		应符合 GB 2762—2005 的规定	
真菌毒素限量		应符合 GB 2761—2005 的规定	
菌落总数		50000~200000	
大肠菌群		10~1000	
金黄色葡萄球菌		10~1000	
沙门氏菌		0/25g	

a 非脂乳固体 (%)＝100%－脂肪 (%)－水分 (%)。
b 仅适应于全脂奶粉。

二、检验

(一) 感官要求检验

取适量试样置于 50mL 烧杯中, 在自然光下观察色泽与组织状态。闻其气味, 用温开水漱口, 品尝滋味。

（二）理化指标检验

1. 蛋白质
按 GB 5009.5—2010 进行。
2. 脂肪
按 GB 5413.3—2010 进行。
3. 复原乳酸度
按 GB 5413.34—2010 进行。
4. 杂质度
按 GB 5413.30—2010 进行。
5. 水分
按 GB 5009.3—2010 进行。

（三）污染物限量

按 GB 2762—2005 进行。

（四）真菌毒素限量

按 GB 2761—2005 进行。

（五）微生物限量

1. 菌落总数
按 GB 4789.2—2010 进行。
2. 大肠菌群
按 GB 4789.3—2010 进行。
3. 金黄色葡萄球菌
按 GB 4789.10—2010 进行。
4. 沙门氏菌
按 GB 4789.4—2010 进行。

 小结

本项目主要讲述了奶粉的概念、奶粉的种类及奶粉的组成；全脂奶粉的加工工艺流程及操作要点，重点讲述了真空浓缩和喷雾干燥的原理、设备及操作方法；脱脂奶粉的加工工艺流程及加工中应注意的问题；全脂速溶奶粉的工艺特点、工艺流程及影响速溶奶粉的因素；同时还介绍了母乳与牛乳主要成分的区别与调整方法及婴儿配方奶粉的加工技术；奶粉生产中存在的问题及其控制措施；以及奶粉、调制奶粉的质量要求和检验。

复习思考题

(1) 奶粉的概念及其优点是什么?

(2) 奶粉的种类有哪些?

(3) 简述全脂奶粉的生产工艺与操作要点。

(4) 脱脂奶粉的生产工艺及其要求是什么?

(5) 奶粉的质量控制措施是什么?

(6) 什么是速溶奶粉?

(7) 影响速溶奶粉的因素有哪些?

(8) 如何制备婴儿配方奶粉?

 知识链接

牛乳中三聚氰胺的检测方法与法规管理

2008 年 9 月,国内爆发了三鹿问题奶粉事件,导致数百万名食用含三聚氰胺奶粉的婴幼儿患肾结石等病症住院治疗。国家质检总局在全国紧急开展婴幼儿奶粉三聚氰胺含量专项检查,对 109 家乳品企业进行了排查,共检验了 491 批次产品。检查结果显示,有 22 家婴幼儿奶粉生产企业的 69 批次产品检出了含量不同的三聚氰胺。与此同时,国家标准化管理委员会很快紧急启动了牛奶制品三聚氰胺检验的标准制定程序。

由于三聚氰胺的含氮量高达 66.63%,而目前测定牛乳中蛋白质的含量是采用食品行业通行的"凯氏定氮法",即通过测定食品中氮原子的含量而间接推算的方法,因此,三聚氰胺经常被不法生产者和销售商作为"蛋白精"用来提升牛乳中所谓的蛋白质含量指标,结果对消费者造成了极大的危害。

10 月 7 日,国家质量监督检验总局,国家标准化管理委员会批准发布了《原料乳与乳制品中三聚氰胺的检验方法》(GB/T 22388—2008) 国家标准。标准规定了高效液相色谱法、气象色谱-质谱联用法、液相色谱-质谱/质谱法三种方法为三聚氰胺的规定检验方法,检验定量限分别为 2mg/kg、0.05mg/kg 和 0.01mg/kg,此标准适用于原料乳、乳制品中三聚氰胺的检测。

 单元操作训练

乳的干燥操作

一、实训目的

通过实训,了解喷雾干燥设备,掌握喷雾干燥设备使用方法。

二、仪器与材料

1. 仪器

喷雾干燥设备，喷雾干燥装置系统。

2. 材料

牛乳。

三、实训内容

1. 开车前的准备工作

彻底清除干燥室内及其他系统残留的粉尘，对浓乳储缸、高压泵或乳泵及其输乳管路进行彻底的清洗杀菌。装配好雾化器，搞好设备及环境卫生。

2. 开车

（1）将干燥室所有门洞全部关闭。启动进、排风机待运转进入正常，打开进、排风挡板，调节进、排风量，使干燥室负压维持在 98～196Pa 的负压。开动输粉器，旋风分离器的转动密封阀，自动送粉及冷却器等各部件。

（2）供汽加热。缓慢地开启蒸汽阀门向加热器供汽，待冷凝水排净后，关闭旁通以使蒸汽通过冷凝汽阀门排出冷凝水，使蒸汽压稳定在要求的数值上。热空气进入干燥室及其系统后，需在 95℃ 的条件下保持 10min，进行灭菌及预热。

（3）供乳喷雾：

① 压力喷雾。启动高压泵送乳至喷嘴（须按顺序开阀门）开始喷雾，观察有雾化状态不良的情况时，须立即进行调整。

② 离心喷雾。开动送料泵，先送水至离心转盘进行喷雾，调整泵的流量，待进、排风温度达到要求时，正式送浓乳，乳的泵入量须比水试时稍加大些。观察有雾化状态不良的情况时，须立即进行调整。

3. 运行中的操作

最佳工艺条件确定后，操作中必须严格执行，并且保持稳定，才能获得稳定的优质产品。

（1）运行过程中必须保持进、排风温度稳定，浓乳浓度与温度稳定，雾化状态稳定。一般是采取保持排风温度稳定，对其他因素进行调节的操作，来控制产品质量。

（2）严格执行卫生制度，避免细菌和外来杂质的污染，以保持成品的卫生指标。

（3）防止出现断乳或突然的故障，如断水，电、汽或其他故障，避免造成产品质量问题或机器损坏现象。

4. 停车

须按顺序停车：停高压泵或乳泵→关闭主蒸汽阀门，开旁通阀门排除余汽→拆卸喷枪或离心转盘→停进，排风机→开振荡器敲落干燥室壁上的奶粉使之连续送出→打开干燥室门人工扫粉或机械扫粉→停机。

四、思考题

（1）喷雾设备操作时应注意哪些问题？

（2）认真做好操作记录，写出实训报告。

 综合实训

参观奶粉厂

一、实训目的

通过到奶粉厂参观企业生产环节，了解和掌握奶粉生产的单元操作与设备，巩固和理解已学过的理论知识，提高学生运用知识、理论联系实际、独立思考的能力，培养学生分析和解决工厂实际问题的能力和严谨的科学态度。

二、实训要求

通过参观实训达到以下要求：

（1）建立奶粉厂质量卫生观念，了解奶粉厂的组成和奶粉生产流程，加深对工厂环境的认识。

（2）巩固和加深对奶粉生产单元操作基本知识应用领域的了解，提高对生产实际的认识。

（3）通过对奶粉生产厂家的感性认识，了解所学知识是如何应用到实际的生产工艺流程中的，以及实现的手段和方法。

三、实训内容

结合本校情况，可选择参观乳制品生产企业 1～2 家，每家企业参观时间为 1d。聘请奶粉生产企业有关工程技术人员进行工程技术和生产操作管理讲解。通过参观实训，使学生达到：

（1）了解奶粉生产企业的基本情况，包括发展历史、管理架构、产品品牌、生产组织管理、市场营销、经济效益等。

（2）了解企业的建设环境，奶粉生产过程的基本特点（包括原材料、物料处理加工特点、物流状况等）。

（3）了解奶粉生产过程的基本原理、方法、工艺流程、物料输送的特点，由原料生产为产品的基本步骤。

（4）了解企业为实现奶粉制造的目的所使用的机器、设备的特点，控制仪表。

（5）学习工厂（企业）管理人员、工程技术人员和工人对生产的高度责任感，工作尽职尽责、勇于进取、不断创新的奉献精神和协作精神。

（6）初步了解奶粉厂的生产车间布局、卫生设施等，对所参观实训工厂（车间）的生产状况进行讨论，对发现的问题提出见解和改进意见。

四、思考题

认真做好参观实训记录、写出实训报告。

项目六 奶油加工

☞ **岗位描述**

奶油搅拌、压炼。

☞ **工作任务**

可操作冷却、搅拌、压炼设备将杀菌的稀奶油进行物理、生化成熟。

☞ **知识目标**

(1) 了解稀奶油、奶油、无水奶油的概念。

(2) 掌握奶油加工工艺流程与质量控制要点。

☞ **能力目标**

(1) 会进行乳品搅拌、分离操作。

(2) 会操作压炼设备。

☞ **案例导入**

原料乳经分离后得到的含脂率高的部分称之为稀奶油（cream），稀奶油经成熟、搅拌、压炼而制成的乳制品称为奶油（butter）。很多人以为，蛋糕房里用来制作蛋糕的就是奶油，其实是错误的。这种"鲜奶油"根本与奶油无关，它是氢化植物油、淀粉水解物、一些蛋白质成分和其他食品添加剂的混合物。植物奶油热量比一般动物性奶油少一半以上，不含胆固醇，因此备受注重健康的人士钟爱。但是植物奶油由植物油脂氢化而成，其中的不饱和键已经成为饱和键，所以从饱和度来讲和动物奶油没有区别。其含有"反式脂肪酸"，大量食用对心脏具有一定的危害，这在国际上已经形成共识，所以平时应尽量少吃。

☞ **课前思考题**

(1) 什么是稀奶油、奶油、无水奶油？

(2) 奶油是怎样生产的？

任务一 认识奶油

一、奶油的概念及组成

奶油是将乳分离后制得的稀奶油，经杀菌、成熟、搅拌压炼等工艺制成的含乳脂肪高的乳制品。其风味好，营养丰富，可直接食用或作为其他食品的原料。

一般奶油的主要成分为脂肪（80%～82%）、水分（15.6%～17.6%）、盐（约1.2%）以及蛋白质、钙和磷，还有维生素 A、维生素 D 和维生素 E。奶油应具有均匀一致的颜色，味道纯正，水分分散成细滴，奶油外观干燥，硬度均匀易于涂抹，入口即化。

此外，奶油还含有微量的灰分、乳糖、酸、磷脂、气体、酶等。

二、奶油的种类

奶油根据其制造方法不同分为不同种类：

1. 甜性奶油

以杀菌的甜性奶油制成，具有特有的乳香味，含乳脂肪 80%～85%。

2. 酸性奶油

以杀菌的稀奶油为原料，经乳酸菌发酵后加工制成，具有微酸和较浓的乳香味，含乳脂肪 80%～85%。

3. 重制奶油

稀奶油、甜性奶油和酸性奶油经熔融，除去蛋白质和水制成。具有特有的脂香味，乳脂肪含量在 98%以上。

4. 无水奶油

将杀菌的稀奶油制成奶油粒后经熔化，用分离机脱除水和蛋白质，再经真空浓缩而制成。脂肪含量可达 99.9%。

5. 连续式机制奶油

用杀菌的甜性或酸性稀奶油，在连续式操作制造机内加工而成。其水分及蛋白质含量有的比甜性奶油高，乳香味浓。

根据加盐与否奶油又可分为无盐、加盐和重盐的奶油；还有各种花色奶油、发泡奶油等。我国少数民族还有传统产品"奶皮子"、"乳扇"等品种。

任务二　奶油的一般加工技术

一、奶油加工工艺流程

甜性奶油和酸性奶油是世界上产量最高、生产最普遍的奶油。生产酸性奶油比甜性奶油多一道添加发酵剂的工序（图 6.1）。

图 6.1　奶油加工工艺流程

二、操作技术要点

(一) 原料乳

供生产奶油的原料乳酸度应低于 18°T; 其他指标应符合 GB 19301—2010《食品安全国家标准 生乳》。生产酸性奶油的原料乳不得含有抗菌素或消毒剂。

(二) 原料乳的初步处理

生产奶油的原料乳要进行预处理, 然后冷藏并标准化。

工业化生产常采用离心分离的方法, 将稀奶油从牛乳中分离出来。即通过高速旋转的离心分离机将牛乳分离成含脂率为 35%~45% 的稀奶油和含脂率非常低的脱脂乳。牛乳预热到 35~40℃时黏度下降, 脂肪球与脱脂乳的密度差增大, 利于沉降速度增加, 提高分离效率。

稀奶油含脂率直接影响奶油的质量及产量, 含脂率低时, 较适合乳酸菌的生长, 奶油香气较浓; 含脂率过高时, 易堵塞分离机, 乳脂肪损失较多。为了在加工时减少乳脂肪的损失和保证产品质量, 在加工前须将稀奶油进行标准化。

(三) 稀奶油的中和

生产甜性奶油时, 稀奶油水分中的 pH 应保持在中性 (6.4~6.8), 或酸度在 16°T 左右为宜。生产酸性奶油酸度可达 20~22°T。如果稀奶油酸度过高, 杀菌时会导致稀奶油中的酪蛋白凝固, 部分脂肪被包围在凝块中, 造成损失; 酸度过高, 在储藏中易引起水解, 促进氧化, 影响质量。通过中和, 还可使奶油的风味得以改善, 品质统一。

中和可使用石灰、碳酸钠、碳酸氢钠、氢氧化钠等。石灰价格低廉且可增加奶油中的钙含量, 提高营养价值, 但石灰难溶于水, 添加时需调成 20% 的乳剂。使用碳酸钠等先配成 10% 的溶液, 边加边搅拌, 注意产生二氧化碳有使稀奶油溢出的危险。

(四) 稀奶油的杀菌

通过杀菌可杀灭病原菌及其他有害菌, 保证食用奶油的安全; 破坏各种酶, 提高奶油的保存性和增加其风味; 也可除去稀奶油中特异的挥发性物质, 改善奶油的香味。

小型工厂多采用间歇式的杀菌方法, 将盛有稀奶油的桶放到热水槽中, 用蒸汽等加热, 使稀奶油在 85~90℃下, 保持数十秒, 加热过程要进行搅拌。大型工厂多采用板式高温或超高温瞬时杀菌器, 连续进行杀菌。高压蒸汽直接接触稀奶油, 瞬间加热至 88~116℃后, 再进入减压冷却室冷却, 此法能使稀奶油脱臭, 有助于风味的改善。

如果生产甜性奶油, 杀菌后的稀奶油冷却到 10℃以下。如果生产酸性奶油, 需冷却至发酵温度。

(五) 稀奶油的发酵

生产酸性奶油须经发酵过程, 在发酵过程中产生乳酸, 抑制腐败菌的繁殖, 提高奶油的保藏性，发酵后的奶油具有独特的芳香味。

生产酸性奶油用的菌种是产乳酸的菌类和产芳香风味菌类的混合菌种。一般选用的菌种有：乳酸链球菌、乳脂链球菌、嗜柠檬明串珠菌、副嗜柠檬明串珠菌、丁二酮链球菌等。

稀奶油发酵和稀奶油的物理成熟都是在成熟罐中自动进行。成熟罐通常是三层的绝热的不锈钢罐，加热和冷却介质在罐壁之间循环，罐内装有可双向转动的刮板搅拌器，搅拌器在奶油已凝结时，也能进行有效地搅拌（类似酸奶发酵罐）。

经过杀菌冷却的稀奶油泵入发酵成熟槽内，在18～20℃下加入稀奶油5%的工作发酵剂，徐徐添加，混合均匀，温度保持在18～20℃，每隔1h搅拌5min。控制奶油酸度最后达到表6.1中规定的程度，停止发酵。

表6.1　稀奶油发酵的最终酸度

稀奶油中脂肪含量/%	最终酸度/°T	
	不加盐奶油	加盐奶油
32	34.0	27.0
34	33.0	26.0
36	32.0	25.0
38	31.0	25.5
40	30.0	24.0

（六）稀奶油的物理成熟

将稀奶油冷却至乳脂肪的凝固点，使部分脂肪变为固体结晶状态，这一过程为稀奶油的物理成熟。脂肪变硬的程度取决于成熟的时间与温度（表6.2），随着成熟温度的降低与保持时间的延长，大量的脂肪变成结晶状态（固化）。

表6.2　稀奶油成熟时间与冷却温度的关系

温度/℃	保持时间/h	温度/℃	保持时间/h
2	2～4	6	6～8
4	4～6	8	8～12

（七）添加色素

为使奶油颜色全年一致，当颜色太浅时，可添加色素。常用的色素叫胭脂树红（安那妥）。3%的安那妥溶液叫做奶油黄，用量一般为0.01%～0.05%。可对照"标准奶油色"的标本，调整色素的加入量，色素通常是在杀菌后搅拌前直接加到搅拌器中。

（八）稀奶油的搅拌

奶油粒的形成是在搅拌器（有时称捧油机）（图6.2）内完成的。先将稀奶油用过滤器或多层纱布过滤并注入搅拌器内，稀奶油一般以达到搅拌器容积的1/3～1/2为宜，关紧料门，起动旋转 3～5 圈后，停机。打开排气阀，排除气体，再关闭气阀继续旋转到奶油粒形成为止。搅拌时，一般转速为 20～40r/min，奶油粒可在 30～60min 内形成，当视孔中观察到奶油粒形成 2～4mm 大小或稀奶油由不透明状变为较透明时，即可停止搅拌操作。

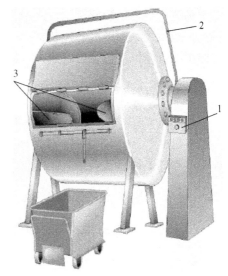

图 6.2　间歇式奶油搅拌器
1. 控制板；2. 紧急停止；3. 角开挡板

（九）奶油粒的洗涤

稀奶油经搅拌形成奶油粒后，可停止搅拌操作，排出酪乳，用经过杀菌冷却后的水注入搅拌器中进行洗涤，通过洗涤可以除去残留的酪乳，提高奶油的保藏性。洗涤用水应符合饮用水标准，水温一般随稀奶油的软硬程度而定，一般夏季水温宜低，通常为 4～5℃；冬季水温稍高，但不能超过 10℃。第一次洗涤，用水量为稀奶油量的 30%，加水后关闭料门，慢速旋转 3～5 转后，停机排水；第二次洗涤用水量为稀奶油的一半，慢速旋转 8～10 转后，再排去洗涤水。如果排出的洗涤水呈清洁透明，就达到洗涤要求，一般洗涤 2 次。

（十）奶油的加盐

加盐的目的是为了增强风味，抑制微生物繁殖，提高保藏性，但酸性奶油一般不加盐。成品中含盐量一般不超过稀奶油总量的 2%。由于压炼时有部分食盐流失，因此通常加盐量为 2.5%～3.0%，食盐必须符合国家一级或特级标准。待奶油搅拌机中洗涤水排出后，将烘烤（120～130℃、3～5min）并过筛（30 目）的盐均匀撒于奶油表面，静置 10～15min，旋转奶油搅拌机 3～5 圈，再静置 10～20min 后即可进行压炼。

（十一）奶油的压炼

压炼的目的是使奶油粒变为组织致密的奶油层，使水滴分布均匀，使食盐完全溶解，并均匀分布于奶油中，同时调节奶油中的水分含量。

小型加工厂可将奶油粒放置在平台上进行手工压炼。大批量生产可在带有压炼机构的奶油搅拌机中压炼。现代较大型工厂都采用连续压炼机压炼的方法。

压炼结束后，奶油含水量要在 16% 以下，水滴呈极微小的分散状态，奶油切面上不允许有水滴，普通压炼会使奶油中有大量空气，使奶油质量变差。通常奶油中含有 5%～7% 的空气，最近，采用真空压炼使空气含量下降到 1%，显著改善了奶油的组织状态。

（十二）奶油的包装

压炼后的奶油，送到包装车间进行包装。奶油通常有 5kg 以上大包装和 10～5kg

的小包装。根据包装的类型，使用不同种类的包装机器。外包装材料最好选用防油、不透光、不透气、不透水的包装材料，如复合铝箔、马口铁罐等。包装后，小块包装的奶油继续在打箱机上包装于纸盒中，最后放在排架上运去冷藏。

（十三）奶油的储藏

奶油包装后，为保持奶油的硬度和外观，应送入冷库中储藏。4～6℃的冷库中储藏期一般不超过 7d；0℃冷库中，储藏期 2～3 周；当储藏期超过 6 个月时，应放入－15℃的冷库中，当储藏期超过 1 年时，应放入－25～－20℃的冷库中。

三、奶油常见质量缺陷及解决办法

由于原料、加工过程和储藏不当，奶油会出现一些缺陷。

（一）风味缺陷

正常奶油应该具有乳脂肪的特有香味或乳酸菌发酵的芳香味，但有时会出现下列异味。

1. 鱼腥味

卵磷脂水解，生成三甲胺造成的。如果脂肪发生氧化，这种缺陷更易发生，这时应提前结束储存。生产中应加强杀菌和卫生措施。

2. 脂肪氧化与酸败味

脂肪氧化味是空气中氧气和不饱和脂肪酸反应造成的。而酸败味是脂肪在解脂酶的作用下生成低分子游离脂肪酸造成的。奶油在储藏中往往首先出现氧化味，接着便会产生脂肪水解味。这时应该提高杀菌温度，并在储藏中防止奶油长霉。

3. 干酪味

奶油呈干酪味是生产卫生条件差，霉菌污染或原料稀奶油的细菌污染导致蛋白质分解造成的。生产时应加强稀奶油杀菌和设备及生产环境的消毒工作。

4. 肥皂味

稀奶油中和过度或中和操作过快，局部皂化引起的。应减少碱的用量或改进操作。

5. 金属味

由于奶油接触铜、铁设备而产生的金属味。应该防止奶油接触生锈的铁器或铜制阀门等。

6. 苦味

产生的原因是使用末乳或奶油被酵母污染。

（二）组织状态缺陷

1. 软膏状或黏胶状

压炼过度，洗涤水温度过高或稀奶油酸度过低和成熟不足等造成。总之，液态油较多，脂肪结晶少则形成黏性奶油。

2. 奶油组织松散

压炼不足、搅拌温度低等造成液态油过少，出现松散状奶油。

3. 砂状奶油

此缺陷出现于加盐奶油中，盐粒粗大未能溶解所致，有时出现粉状，并无盐粒存在，是中和时蛋白凝固混合于奶油中。

（三）色泽缺陷

1. 条纹状

此缺陷容易出现在干法加盐的奶油中，盐加得不匀，压炼不足等。

2. 色暗而无光泽

压炼过度或稀奶油不新鲜。

3. 色淡

此缺陷经常出现在冬季生产的奶油中，由于奶油中胡萝卜素含量太少，致使奶油色淡，甚至白色。可以通过添加胡萝卜素加以调整。

4. 表面褪色

奶油曝露在阳光下，发生光氧化造成。

任务三　其他奶油加工技术

一、连续式机制奶油的生产

奶油的连续化生产是在 19 世纪末开始采用，20 世纪 40 年代得到发展，图 6.3 为一台奶油制造机的截面图。经过成熟处理的稀奶油注入搅拌筒 1 中，搅拌器快速转动，完成转化。奶油粒和酪乳流入分离口 2，即第一压炼区。在此奶油与酪乳分离。奶油制造机上的压炼设备带有夹套，冷却水系统在此循环，保证了压炼时的温度。在分离口，螺杆把奶油进行压炼，同时也把奶油送到下一道工序。

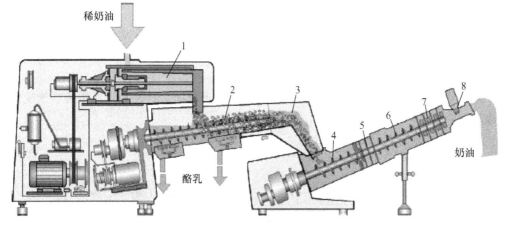

图 6.3　连续式奶油制造机

1. 搅拌筒；2. 第一压炼区；3. 榨干区；4. 第二压炼区；5. 喷射区；6. 真空压炼区；

7. 最后压炼阶段；8. 水分控制段

奶油通过一锥形槽道和一个打孔的盘，即榨干区 3，以除去剩余的酪乳。奶油颗粒继续进入第二压炼区 4，一般情况下第一段螺杆的转速是第二段的 2 倍，最后压炼段可以通过高压喷射器将盐加入到喷射区 5。

真空压炼区 6 与真空泵连接。在此可将奶油中的空气含量减少。在最后压炼阶段 7 由四个小区组成，每个区通过一个多孔的盘分隔，不同大小的孔盘和不同形状的压炼叶轮使奶油得到最佳处理。经调整后，奶油的水分含量变化控制在 0.1％范围以内，保证奶油均匀一致。传感器 8 配置在设备的出口处，用于感应奶油的水分含量、盐含量、密度和温度，以便对上述参数进行自动控制。

二、重制奶油和无水奶油的加工

（一）重制奶油的加工

重制奶油一般用质量较次的奶油或稀奶油进一步加工制成，水分含量低，不含蛋白质的。

重制奶油的加工方法有：煮沸法、熔融静置法和熔融分离法三种。煮沸法适用于小型生产，将稀奶油搅拌分离出的奶油粒，放入锅内或把稀奶油直接放入锅内，慢火长时间煮沸，使其中水分蒸，随着水分的减少和温度的升高，蛋白质逐渐析出，油逐渐分离，煮至油面上的泡沫减少，即可停止加热，注意不能煮过度，否则油色变深。静置降温后，待蛋白质沉淀后，将上部澄清的油装入罐或桶中，经密封冷却即成为成品。在少数民族地区，这种重制奶油被称为黄油或酥油。

其他两种方法用于较大规模的工业化生产，即把奶油在夹层锅内加热熔融至沸点，若使用稍变质或有异味的奶油，须保持一段沸腾时间，在蒸发水分的同时除去异味，停止加热，冷却静置，使水、蛋白质沉降在底部或用离心分离机将奶油与水、蛋白质分开，将奶油装入包装容器。

重制奶油含水量不超过 2％，比甜性奶油在常温下保存时间长，也可直接食用。

（二）无水奶油的加工

无水奶油是水分含量不超过 0.1％的深度脱水奶油，其保存期长，在 4℃下可储存 4～6 周，低于－25℃时可储存 10～12 个月以上，无水奶油适宜以液体形式使用，广泛用于牛乳的还原、冰淇淋和巧克力。

无水奶油的生产主要根据所用原料分为两种生产方法，一种是直接用稀奶油或原料乳来生产；另一种是以奶油为原料来生产。

1. 用稀奶油生产无水奶油

1）工艺流程（图 6.4）

稀奶油 → 巴氏杀菌 → 浓缩 → 离心分离 → 真空干燥 → 包装

图 6.4　用稀奶油生产无水奶油工艺流程

2）操作要点

（1）稀奶油的含脂率为 35％～40％。

（2）稀奶油通过板式换热器进行巴氏杀菌，再冷却至60℃左右。

（3）进入预离心浓缩机。使脂肪含量达到75%。

（4）稀奶油流入离心分离机，经过最终浓缩，脂肪含量可达99.8%。

（5）脂肪被加热到95～98℃，再进入真空干燥器进行进一步干燥，使产品水分含量不超过0.1%。

（6）奶油经过冷却器冷却至35～40℃，进行包装。

2. 用奶油生产无水奶油

1）工艺流程（图6.5）

图6.5　用奶油生产无水奶油工艺流程

2）操作要点

（1）去除盒装奶油或冻结奶油的包装，在加热设备中直接融化。

（2）继续加热到60℃，储存20～30min，使产品融化完全以及使蛋白质絮凝。

（3）进入分离浓缩器，使上层轻相脂肪含量达到99.5%。

（4）继续加热到90～95℃。

（5）再进入真空干燥器进行进一步干燥。

（6）奶油经过冷却器冷却至35～40℃，进行包装。

任务四　稀奶油、奶油和无水奶油的质量要求及检验

一、质量要求

按照GB 19646—2010《食品安全国家标准　稀奶油、奶油和无水奶油》，其质量要求见表6.3。

表6.3　稀奶油、奶油和无水奶油的质量要求

项　目		要　求	
	稀奶油	奶油	无水奶油
色泽	呈均匀一致的乳白色、乳黄色或相应辅料应有的色泽		
滋味、气味	具有稀奶油、奶油、无水奶油或相应辅料应有的滋味和气味，无异味		
组织状态	均匀一致，允许有相应辅料的沉淀物，无正常视力可见异物		
水分/%　　　≤	—	16.0	0.1
脂肪/%　　　≥	10.0	80.0	99.8
酸度/°T　　　≤	30.0	20.0	—
非脂乳固体/%　≤	—	2.0	—
菌落总数/(cfu/g)	10000～100000		
大肠菌群/(cfu/g)	10～100		
金黄色葡萄球菌/(cfu/g)	10～100		
沙门氏菌/(cfu/g)	0/25g(mL)		
霉菌/(cfu/g)　　≤	90		

二、检验

（一）感官检验

取适量试样置于 50mL 烧杯中，在自然光下观察色泽与组织状态。闻其气味，用温开水漱口，品尝滋味。

（二）理化指标检验

1. 水分

奶油按 GB 5009.3—2010 的方法测定；无水奶油按 GB 5009.3—2010 中的卡尔·费休法测定。

2. 脂肪

按 GB 5413.3—2010 进行；无水奶油的脂肪（%）＝100%－水分（%）。

3. 酸度

按 GB 5413.34—2010 进行。

4. 非脂乳固体

非脂乳固体（%）＝100（%）－脂肪（%）－水分（%）（含盐奶油还应减去食盐含量）。

（三）污染物限量

按 GB 2762—2005 进行。

（四）真菌毒素限量

按 GB 2761—2005 进行。

（五）微生物限量

1. 菌落总数

按 GB 4789.2—2010 进行。

2. 大肠菌群

按 GB 4789.3—2010 平板计数法进行。

3. 金黄色葡萄球菌

按 GB 4789.10—2010 平板计数法进行。

4. 沙门氏菌

按 GB 4789.4—2010 进行。

 小结

奶油是将乳分离后制得的稀奶油，经杀菌、成熟、搅拌、压炼等工艺制成的含乳脂肪高的乳制品。其风味好，营养丰富，可直接食用或作为其他食品的原料。奶油根据其制造方法的不同可分为甜性奶油、酸性奶油、重制奶油、无水奶油和连续式机制奶油。根据加盐与否奶又可分为无盐、加盐和重盐的奶油；还有各种花色奶油、发泡奶油等。

　　甜性奶油和酸性奶油是世界上产量最高、生产最普遍的奶油。这两种奶油均是以稀奶油为原料，经杀菌、成熟、搅拌、洗涤、压炼等工艺加工而成的产品。生产酸性奶油比甜性奶油多一道添加发酵剂的工序。

　　重制奶油是一般用质量较次的奶油或稀奶油进一步加工制成的水分含量低、不含蛋白质的奶油，重制奶油的生产方法有：煮沸法、熔融静置法和熔融分离法三种。重制奶油含水量不超过 2%，比甜性奶油在常温下保存时间长，也可直接食用。

　　无水奶油是水分含量不超过 0.1% 的深度脱水奶油，其保存期长，在 4℃ 下可储存 4~6 周，低于 -25℃ 时可储存 10~12 个月以上。无水奶油适宜以液体形式使用，广泛用于牛乳的还原、冰淇淋和巧克力。根据所用原料，无水奶油可以直接用稀奶油或原料乳来生产，也可以奶油为原料来生产。

复习思考题

　　(1) 什么是稀奶油、奶油和无水奶油？它们之间有何区别？
　　(2) 概述奶油的加工原理与工艺流程。
　　(3) 在奶油加工过程中，稀奶油为什么要进行中和？
　　(4) 在奶油加工过程中，稀奶油为什么要进行物理成熟？
　　(5) 奶油粒洗涤的目的是什么？
　　(6) 奶油加工储藏过程中会出现哪些风味缺陷？产生原因是什么？
　　(7) 奶油加工储藏过程中会出现哪些组织状态缺陷？产生原因是什么？

掼 打 奶 油

　　将稀奶油进行物理掼打，把空气打入稀奶油体系中，脂肪球聚集在空气-水的界面上，然后界面上的脂肪球破裂。如果界面上存在着足够的固体脂肪，则这些固体脂肪作为桥梁，把脂肪球连接起来，可形成固定的空间结构。稀奶油经过掼打混入足够的空气后形成的"雪山"样的固态产品，称之为"掼奶油"，以制作这种乳制品用的原料稀奶油称之为"掼打稀奶油"。

　　掼打稀奶油在稀奶油的消费中占有很大比重，是一广泛使用的乳制品，主要用于面包、糕点等烘烤食品行业，作为糕点表面装饰涂料、裱花料、夹心馅料等。

　　掼奶奶油的最重要性能是其搅打起泡能力，即它在搅打时形成一种硬挺、但有时不够稳定的泡沫，这种泡沫由空气泡、脂肪物质和液体的三相体系组成，为保证这种体系有满意的稳定性，在生产掼奶油时必须实现如下各种前提条件：

　　(1) 必须保证足以使脂肪结晶的低温成熟时间。

（2）必须存在赋予泡沫硬挺性和稳定性的最低脂肪含量。

（3）需要低的搅打温度（4~6℃），以便不改变对泡沫硬挺性所需的结晶脂肪部分的数量。

（4）必须存在由蛋白质、脂肪、磷脂相互作用形成的乳化剂复合体。

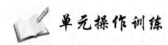 **单元操作训练**

稀奶油的分离操作

一、实训目的

通过实训，了解稀奶油、奶油分离的方法、意义；掌握稀奶油的分离操作技能，会使用小型稀奶油分离机进行分离操作。

二、仪器与材料

1. 仪器

冷热缸，燃气灶，锅，搅拌勺，稀奶油分离机。

2. 材料

牛乳。

三、实训内容

1. 预热原料乳

先将原料乳加热至40℃。

2. 启动分离机

（1）检查机器是否安装好，分离钵旁用于固定机器的两个螺栓须拧紧。

（2）检查稳压电源的电压是否为220V，若不是，旋转调整开关，调整至220V。

（3）分离机前放大小两个容器，大的盛放从机器底部通道出来的脱脂乳，小的盛放从较细通道出来的稀奶油。

（4）启动分离机，如果发生振动或很大噪声应立即停机，检查是否安装不合理或分离钵内残存水分。

3. 分离稀奶油

（1）分离机正常运转1min后，将牛乳过滤倒入分离机顶部容器中，以避免其他杂质进入到分离机中，打开容器阀门，牛乳流入分离机，牛乳和稀奶油将会从两个通道分别流出。

（2）在所有牛乳分离完以前，将2L脱脂乳倒入顶部容器，分离几秒钟，利于机器里剩余稀奶油流出，所有牛乳流出后，关闭容器阀门，然后停机。

（3）分离机彻底停止旋转后，拆卸机器，进行清洗。奶油通道中的奶油刮出后仍可利用。

4. 清洗分离机

（1）关掉电源，拧开分离机旁边的两个螺栓，取开上盖、两个通道和分离钵。

（2）用特制扳手拧开分离钵上部零件，打开盖子，小心取出分离碟片。

（3）所有零件，包括分离机均用洗涤剂清洗，并用热水冲洗干净，然后擦干。清洗时不要将电机弄湿。

（4）安装分离钵时将所有碟片按轨道摞在一起，不要用力太大，盖上盖，拧紧上部螺丝。

四、思考题

（1）原料乳为什么预热后才能进行分离？

（2）认真做好分离记录，写出实训报告。

 综合实训一

奶油的感官评定

一、实训目的

（1）了解奶油的感官评定标准。

（2）掌握奶油的评定方法。

二、仪器与材料

1. 仪器

盛样盘（每个样品一个），细金属丝1根，切刀1把。

2. 材料

奶油。

三、实训内容

1. 感官评定标准

感官指标，按百分制评定，其各项分数见表 6.4；各级产品的感官评分见表 6.5；奶油感官评分表见表 6.6。

表 6.4 奶油感官指标各项分数

项 目	分数/%		
	加盐奶油	无盐奶油	重制奶油
滋味、气味	65	65	65
组织状态	20	25	25
色泽	5	5	5
加盐	5	—	—
铸型与包装	5	5	5

表 6.5　各级产品的感官评分

级　别	总评分	滋味、气味最低得分
特级	≥88	60
一级	≥80	50
二级	≥75	45

表 6.6　奶油感官评分表

项　目	特　征	无盐奶油/分		加盐奶油/分		重制奶油/分	
		扣分	得分	扣分	得分	扣分	得分
滋味、气味 （65分）	具有奶油的纯香味、无其他异味	0	65	0	65	0	65
	味纯正，但香味较弱	2~4	63~61	2~4	63~61	2~4	63~61
	平淡无味，加盐奶油咸味不正常	10~15	55~50	10~15	55~50	10~15	55~50
	有微弱的饲料味	15~20	50~45	15~20	50~45	15~20	50~45
	有显著的不愉快的异味	20~25	45~40	20~25	45~40	20~25	45~40
组织状态 （20分或25分）	组织状态正常	0	25	0	20	0	25
	柔软发腻或脆弱疏松、粘刀	6~10	19~15	5~8	15~12	6~10	19~15
	有大小空隙或水珠	6~10	19~15	5~8	15~12	6~10	19~15
	外表面浸水	6~10	19~15	5~8	15~12	6~10	19~15
色泽（5分）	正常均匀一致	0	5	0	5	0	5
	过白或着色过度	2~3	3~2	2~3	3~2	2~3	3~2
	色泽不一致	3~4	2~1	3~4	2~1	3~4	2~1
加盐（5分）	正常、均匀一致	—	—	0	5	—	—
	分布不均匀	—	—	2~3	3~2	—	—
	发现食盐结晶	—	—	3~4	2~1	—	—
铸型与包装 （5分）	良好	0	5	0	5	0	5
	包装不紧密，切开断面有空隙，边缘不整齐或使用不合理的包装纸	2~3	3~2	2~3	3~2	2~3	2~3

注：奶油的感官评分应在室温 10~20℃的环境中进行。

2.评定方法

（1）先评定包装质量，然后按滋味、气味、组织状态、色泽顺序逐项进行检查评定。

（2）用刀切开奶油评定其组织状态（是否粘刀、疏松脆弱等）。

（3）用金属丝切开奶油，检查水分分布状态及铸型质量，即有无缝隙等。

（4）滋味、气味与色泽采用直接嗅、尝和观察进行。

（5）等级评定：每人按感官评分表统计出总得分，并评定出等级，再将每人评定结果综合平衡后，得出最终评定结果。

四、思考题

（1）奶油感官评定有哪几项指标？

（2）如何进行奶油感官评定？

综合实训二

奶油的加工

一、实训目的

学习在实验室条件下奶油加工，进一步了解和熟悉其加工方法、工艺流程和加工原理。

二、仪器与材料

1. 仪器

奶油分离机，奶油搅拌器，奶油压炼器，包装纸，温度计，纱布，水浴锅。

2. 材料

牛乳。

三、实训内容

1. 工艺流程

奶油加工工艺流程如图6.6所示。

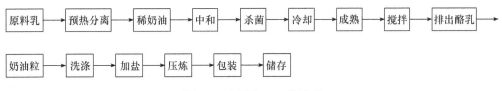

图6.6　奶油加工工艺流程

2. 操作过程

1）原料稀奶油验收

要求含脂率为35%～45%，酸度为16°T，pH为6.4～6.8，否则应先进行标准化中和。

2）稀奶油的杀菌

一般采用高温短时间杀菌，85～90℃，保持数十秒。实验室条件下可采用水浴加热杀菌。

3）冷却、成熟

稀奶油达到杀菌温度后，立即用冷水冷却至6～8℃，保持8～10h达到物理成熟。

4）搅拌

将成熟好的稀奶油，加入预先洗净并经蒸汽或开水消毒过的奶油搅拌器中（消毒过的搅拌器要降温，温度应低于稀奶油，以防奶油温度过高，影响达到平衡状态，影响搅拌）。其加入量不要多于容积的1/2，但也不宜少于容积的1/3。搅拌时随时观察或凭借搅拌器内的响声判断搅拌是否完成，搅拌温度应保持在8～10℃，一般在30～60min即可搅拌成奶油粒。

5）排出酪乳

过程略述。

6）奶油洗涤

排出酪乳后，再倒入稀奶油量30%的清洁冷开水，水温不能高于稀奶油的温度，轻摇手柄 4～5 转，放出洗涤水，再进行第二次洗涤，水温比第一次低 1～2℃，洗涤 2 次即可。

7）奶油压炼、加盐、调色

洗涤好的奶油粒放置在压炼器上压炼，至形成均匀的奶油层，断面无游离水珠为止。若加盐或色素可在压炼时同时加入。

8）包装

用消毒过的木模、食用蜡纸及硫酸纸包装，包装用具要预先消毒，始终用清水浸泡，防止沾油。

四、思考题

（1）奶油加工工艺应特别注意哪几个工序？
（2）认真做好实训记录，写出实训报告。

项目七　干酪加工

☞ **岗位描述**
乳品（干酪）发酵工。

☞ **工作任务**
可操作干酪设备将凝块切割、搅拌、加温、排出乳清、压榨成型，并进行成熟。

☞ **知识目标**
（1）了解干酪的种类及营养价值。
（2）了解干酪用发酵剂的种类及作用，掌握制备方法。
（3）掌握天然干酪的加工方法。

☞ **能力目标**
会使用凝块切割、搅拌与压榨成型设备。

☞ **案例导入**
干酪（cheese）也被直译成芝士，具有悠久的生产历史，是一种古老的乳制品，被称为"奶品之王"，是奶业中附加值最高的产品。其营养价值极其丰富。每 1kg 干酪由 10kg 左右牛乳浓缩而成，它包含了牛乳中所有的天然营养成分。

法国有句谚语，"一座村庄，一种干酪"，由此可见，法国干酪品种和口味相当丰富。法国的每个地区，因工艺、配方、气候及环境不同而拥有自己独特的干酪。在法式大餐中，干酪是不可缺少的一道菜。倘若在主菜和甜品之间没有用上干酪，这顿饭在人们心目中就会大打折扣。去法国人家做客时，好客的主人至少要拿出三四种不同口味或形状的干酪，供宾客挑选。

干酪是乳制品中的重要分支，几乎是西方餐桌上的必备品。随着我国的开放和对外交流的加强，西方饮食文化也逐渐渗入到我国人民生活当中，干酪正在被越来越多的人所接受。而目前我国干酪市场被进口产品所占领，且品种少、价格高。因此，国产干酪的研究在我国食品行业中将有广阔的开发应用前景。

 课前思考题

（1）干酪是如何加工的？

（2）干酪与酸乳的凝乳机理有何不同？

任务一　认 识 干 酪

一、干酪的概念

干酪是以牛乳、稀奶油、部分脱脂乳、酪乳或这些产品的混合物为原料，经凝乳并分离出乳清而制成的新鲜或发酵成熟的乳制品。制成后未经发酵成熟的产品称为新鲜干酪；经长时间发酵成熟而制成的产品称为成熟干酪。国际上将这两种干酪统称为天然干酪。

干酪生产历史悠久，主要有800多种。目前乳业发达国家六成以上的鲜乳用于干酪加工。

二、干酪的种类

干酪种类繁多，由于分类原则不同，目前尚未有统一的分类办法。传统上，依据干酪中的水分含量可将产品分为特硬质干酪、硬质干酪、半硬质（半软质）干酪和软质干酪，见表7.1。图7.1为典型的硬质、半硬质干酪。

表 7.1　干酪的分类

种　类	水分含量/%	与成熟有关的微生物		代　表
特硬质	30～35	细菌		帕尔梅散干酪、罗马诺干酪
硬质	30～40	细菌	大气孔	埃门塔尔干酪、格鲁耶尔干酪
			小气孔	荷兰干酪、荷兰圆形干酪
			无气孔	契达干酪
半硬质	38～45	细菌		砖状干酪、林堡干酪
		霉菌		罗奎福特干酪、青纹干酪
软质	40～60	霉菌		卡门培尔干酪
		不成熟的		农家干酪、酸奶油干酪

图 7.1　典型的硬质、半硬质干酪

此外，国际上常把干酪分为天然干酪、融化干酪和干酪食品，这 3 种干酪的主要规格、要求见表 7.2。

表 7.2　天然干酪、融化干酪和干酪食品的主要规格

名　称	规　格
天然干酪	以乳、稀奶油、部分脱脂乳、酪乳或混合乳为原料，经凝乳并分离出乳清而制成的新鲜或发酵成熟的产品。允许添加天然香辛料以增加香味和滋味
融化干酪	用一种或一种以上的天然干酪，添加食品卫生标准所允许的添加剂，经粉碎、混合、加热融化、乳化后而制成的产品。含乳固体 40% 以上，此外，还要有下列两条规定： （1）允许添加稀奶油、奶油或乳脂以调整脂肪含量 （2）为了增加香味和滋味，添加香料、调味料及其他食品时，必须控制在乳固体的 1/6 以内。但不得添加脱脂奶粉、全脂奶粉、乳糖、干酪素以及不是来自乳中的脂肪、蛋白质及碳水化合物
干酪食品	用一种或一种以上的天然干酪或融化干酪，添加食品卫生标准所允许的添加剂，经粉碎、混合、加热融化而制成的产品。产品中干酪数量需占 50% 以上，此外，还要规定： （1）添加香料、调味料或其他食品需控制在产品干物质的 1/6 以内 （2）添加不是来自乳中的脂肪、蛋白质、碳水化合物时，不得超过产品的 10%

三、干酪的组成和营养价值

（一）干酪的组成

1. 水分

干酪的水分含量与干酪的种类、形体及组织状态有着直接的关系，并影响着干酪的发酵速度。水分调节可以在制造过程中通过调节原料的成分及含量、加工工艺条件等来实现。

2. 脂肪

干酪中脂肪含量一般占总固形物含量的 45% 以上，脂肪分解产物是干酪风味的主要来源，同时干酪中的脂肪使干酪组织保持特有的柔性及湿润性。

3. 蛋白质

酪蛋白是干酪的重要成分，原料乳中的酪蛋白被酸或凝乳酶作用而凝固，成为凝块，形成干酪组织。乳清蛋白不被凝固，一小部分在形成凝块时机械地包含于凝块中，当干酪中乳清蛋白含量多时，容易形成软质凝块。

4. 乳糖

大部分乳糖转移到乳清中，残存的乳糖促进乳酸发酵，乳酸的生成能够抑制杂菌繁

殖，与发酵剂中的蛋白质分解酶共同作用使干酪成熟。

5. 无机物

牛乳无机物中含量最多的是钙和磷，钙可促进凝乳酶的凝乳作用，加快凝块的形成。此外，钙还是某种乳酸菌，特别是乳酸杆菌生长所必需的营养素。

（二）干酪的营养价值

干酪中含有丰富的营养成分，成品将原料中的主要成分蛋白质和脂肪浓缩了 10 倍，蛋白质在成熟过程中形成氨基酸、肽等，使干酪易消化吸收，其消化率可达 96% ~ 98%。此外，干酪还含有丰富的盐类，尤其含有大量的钙和磷，干酪也是维生素 A 的良好来源。

任务二　天然干酪的一般加工技术

一、天然干酪加工工艺流程

天然干酪加工工艺流程如图 7.2 所示。

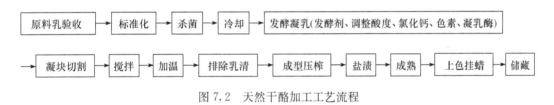

图 7.2　天然干酪加工工艺流程

二、操作技术要点

（一）原料乳验收

用于干酪生产的牛乳必须是健康牛的新鲜优质牛乳，具有纯正的滋味和气味，酸度不超过 18°T，用浓度 72% 酒精试验呈阴性，经刃天青试验新鲜度良好，还应进行抗菌素试验。

原料乳在杀菌前，必须通过离心净乳机处理，以除去牛乳中的白细胞及其他杂质。

（二）标准化

干酪原料乳的乳脂率决定于干酪中所需要的脂肪含量，脂肪含量必须与全脂牛乳的酪蛋白含量有一定的比例，牛乳中酪蛋白含量高，干酪中乳脂率可降低，反之，酪蛋白含量下降，干酪中乳脂率可升高。除了对原料乳的脂肪标准化外，还要对酪蛋白以及酪蛋白/脂肪比例（C/F）进行标准化，一般要求 C/F=0.7，保证干酪成品含有的脂肪不低于 25%。

生产干酪的原料乳通常不进行均质处理，均质可提高牛乳结合水的能力，使游离水减少导致乳清减少，难以生产硬质和半硬质干酪。

（三）杀菌

杀死原料乳中有害病菌，使制品符合卫生要求。可用 63℃、30min 或 72～75℃、15s 的杀菌工艺。杀菌后牛乳应冷却到 30℃，泵入干酪槽，或者直接泵入干酪槽，在干酪槽中冷却到 30℃时进行下步工序，干酪槽的结构见图 7.3。

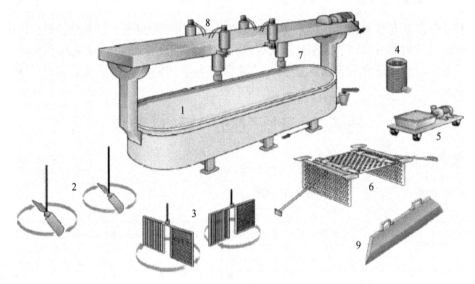

图 7.3　带有干酪生产用具的普通干酪槽

1. 带有横梁和驱动电机的夹层干酪槽；2. 搅拌工具；3. 切割工具；4. 置于出口处过滤器干酪槽内侧的过滤器；5. 带有一个浅容器小车上的乳清泵；6. 用于圆孔干酪生产的预压板；7. 工具支撑架；8. 用于预压设备的液压筒；9. 干酪切刀

（四）添加发酵剂和预酸化

纯培养发酵剂常采用乳油链球菌和乳酸链球菌的混合培养液，工作发酵剂添加量为乳量的 1%～2%，温度为 30℃，边加边搅拌，充分搅拌 3～5min，进行乳酸发酵，酸度达到 20～24°T 即可，此过程称为预酸化。

（五）调整酸度及加入添加剂

1. 调整酸度

为使产品品质一致，可用 1mol/L 的盐酸调整酸度至 20～24°T，调整程度随原料乳而定。

2. 添加氯化钙

如果干酪原料牛乳质量不好或凝乳性能差，为了改进干酪生产质量，通常每 100kg 干酪原料牛乳中添加 5～20g 氯化钙（预先配成 10%的溶液），但不得过量，否则，氯化钙可使凝块过硬，而难以切割。

3. 添加色素

为改善产品色泽，可加入胭脂树橙色素，用量为 1000kg 牛乳加入 30～60g 着色剂，着色剂先以 6 倍水溶解后再徐徐加入，搅拌均匀。

（六）添加凝乳酶及凝块的形成

牛乳凝结是干酪生产的基本工艺，它通常是通过添加凝乳酶来完成的，也可用其他蛋白酶或将酪蛋白酸化至其等电点（pH 4.6～4.7）来凝固，粗制凝乳酶中的主要活性成分是皱胃酶。

凝结分两个阶段：即酪蛋白被凝乳酶转化为副酪蛋白，以及副酪蛋白在钙盐存在的情况下凝固。钙离子是形成凝结物时不可缺少的因子，这就是添加氯化钙可以改善牛乳凝结能力的原因。

凝结全过程决定于温度、酸度、钙离子浓度以及其他多项参数。凝乳酶作用最佳温度为 40℃，但实际使用的温度较低，因为在低温下，凝乳酶的用量可适当增加，这有利于干酪成熟，并可防止凝块过于坚硬。

凝乳酶以皱胃酶为主，皱胃酶是从犊牛第四胃中提取的，有液态和粉状两种，一般的剂量在 1∶10000 和 1∶15000 之间，即一份皱胃酶能在 30℃ 下，40min 内凝结 10000～15000 份的牛乳。

凝乳酶在使用前需制成 1% 的溶液，一般以 1%～2% 的氯化钠或灭菌水溶液在 28～32℃ 下，浸泡 30min，然后加入标准化的原料牛乳中，搅拌均匀 2～3min。

添加凝乳酶后，在 32℃ 条件下静置 30min 左右，即可使乳凝固，达到凝乳的要求。

（七）凝块的切割

当乳凝固后，凝块达到适当硬度时开始切割，切割的目的在于使大凝块转化为小凝块，从而加快乳清从凝块排出；同时增大凝块的表面积，改善凝块的脱水收缩特性。

切割时间的确定可以用一把小刀刺入凝块后慢慢抬起，直至裂纹出现玻璃样分裂状态即可切割。凝块切割可以采用机械切割和手工切割两种方式。机械切割是以旋转刀片进行切割，但不易获得均匀一致的凝乳块；手工切割主要采用干酪刀进行切割，干酪刀分为水平式和垂直式两种，手工切割工具见图 7.4。刀刃的间距根据生产干酪的种类有所不同，一般为 0.79～1.27cm，干酪切割时应先沿着干酪槽长轴用水平式刀平行切割，然后沿短轴进行垂直切割。应注意动作要轻、稳，防止将凝块切得过碎和不均匀，影响干酪质量。

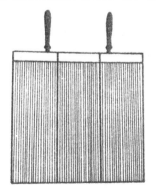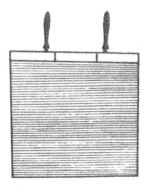

图 7.4　干酪手工切割工具

（八）搅拌及加温

在干酪槽内，切割后的小凝块易粘在一起，所以应不停的搅拌。开始时徐徐搅拌，防止将凝块碰碎，大约15min后搅拌速度可逐渐加快，同时在干酪槽的夹层中通入热水，使温度逐渐上升，温度升高的速度为：开始每隔3min升高1℃，以后每隔2min升高1℃，最后使槽内温度达到42℃，加温的时间按乳清的酸度而定，酸度越低加温时间越长，酸度高则可缩短加温时间。

以牛乳干酪为例：

酸度0.13%　　　　加温40min

酸度0.14%　　　　加温30min

通常加温越高，排出的水分越多，干酪越硬。特硬干酪，二次加温的温度有达50℃的，也称热烫，采用这样高温时，必须使用嗜热细菌发酵剂。

加温速度不宜过快，如过快，会使干酪粒表面结成硬膜，影响乳清的排出，最后成品水分过高。

（九）排除乳清

当干酪颗粒已缩小到具有适当的粒度，乳酸度达0.12%时可排除乳清。利用带孔的压板或不锈钢丝筛网，通过挤压过滤，尽量将乳清排除。若采用全机械化干酪罐，具有乳清排放系统，可自动完成乳清的排放。

（十）成型压榨

乳清排出后，将干酪粒堆积在干酪槽的一端或专用的堆积槽中，上面用带孔木板或不锈钢板压5～10min，使其成块，并继续排出乳清，见图7.5。

堆积后的干酪块切成方砖型或小立方体，装入成型器或模具中进行成型压榨。干酪成型器可由不锈钢、塑料或木材制成，依干酪的品种不同，其形状和大小也不同。使用干酪成型器的目的在于赋予干酪一定的形状，使其中的干酪在一定压力下排除乳清。

在成型器内装满干酪凝块后，放入压榨机进行压榨。压榨的压力与时间依干酪的品种而有所不同。首先进行预压榨，一般压力为0.2～0.3MPa，时间为20～30min，之后取出进行调整，视情况可再进行一次预压榨或直接进行正式压榨。将干酪反转后装入成型器内以0.4～0.5MPa的压力在15～20℃（有的在30℃左右）条件下进行再压榨12～24h。如果

图7.5　干酪的压榨过程

开始压榨时压力就很大，压紧的外表面会使水分封闭在干酪块内，影响乳清进一步排出。压榨结束后，从成型器中取出的干酪称为生干酪。

（十一）盐渍

盐渍使干酪具有防腐性能，同时促使凝块收缩硬化，干酪成品风味良好，干酪在盐水中盐渍过程见图 7.6。干酪加盐的方法有以下 4 种：

（1）将盐撒在干酪粒中，并在干酪槽中混合均匀。

（2）将食盐涂布在压榨成型后的干酪表面。

（3）将压榨成型的干酪，取下干酪包布，置于盐水池中腌渍。盐水的浓度第一天到第二天保持在 17%～18%，以后保持在 22%～23%。为防止干酪内部产生气体，盐水的温度应保持在 8℃左右，腌渍时间一般为 4h。

（4）以上几种方法的混合。

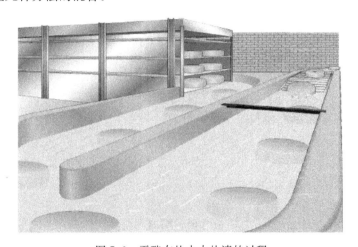

图 7.6　干酪在盐水中盐渍的过程

（十二）发酵成熟

经盐腌渍后的生干酪应在一定的温度和湿度下进一步发酵成熟，以获得干酪的独特风味。干酪的成熟是复杂的生化与微生物反应过程。干酪中乳糖含量很少（仅 1%～2%），大部分乳糖遗留在乳清中，剩余的乳糖在干酪成熟中最初 8～10d 内由于乳酸菌的作用分解为乳酸，乳酸以乳酸盐的形式存在于干酪中，为丙酸菌提供了适宜的营养。丙酸菌是某些干酪的微生物菌群重要的组成部分。蛋白质在酶的作用下分解为多肽以及氨基酸，还会生成酒精、葡萄糖以及丁二酮等产物，使干酪产生气孔和特殊的滋气味，但脂肪与矿物质变化很小。

发酵成熟在成熟室进行，其温度 5～15℃，相对湿度 65%～90%，时间 2～8 个月，期间应定期洗刷干酪表面，以防霉菌生长。

（十三）上色挂蜡

对成熟后的干酪上色挂蜡可延缓干酪中水分蒸发，防止霉菌污染。用手工操作或用干酪上蜡机将溶有着色剂的石蜡遍涂干酪表面，或用收缩塑料薄膜进行密封。

（十四）储藏

挂蜡后干酪应置于储藏库中以备出售，储藏库中保持温度5℃，相对湿度88%～90%。

三、干酪的质量缺陷及其防止方法

干酪的质量缺陷是由于原料乳异常、异常微生物发酵或操作不当等原因引起的，其缺陷可分为物理性、化学性和微生物性缺陷。

1. 物理性缺陷及其防止方法

1）质地干燥

凝块在较高温度下"热烫"引起干酪中水分排出过多导致制品干燥；凝块切割过小、加温搅拌时温度过高、酸度过高、处理时间较长及原料含脂率低等均能引起制品干燥。

2）组织疏松

凝乳中存在裂缝，当酸度不足时乳清残留于其中，压榨时间短或成熟温度过高均能引起此种缺陷。进行充分压榨并在低温下成熟可防止此种缺陷。

3）脂肪渗出

发生脂肪渗出主要是由于脂肪过量存在于凝块表面或其中，原因是操作温度过高，凝块处理不当或堆积过高而使脂肪压出。可通过调节生产工艺来防止。

4）斑纹

出现斑纹主要是由于操作不当而引起的，尤其是在切割和热烫工艺中操作过于剧烈或过于缓慢引起的。

5）发汗

发汗即成熟干酪渗出液体。主要是由于干酪内部游离液体量多且内部压力过大所致。

2. 化学性缺陷及其防止方法

1）金属性变黑

由于铁、铅等金属与干酪成分生成黑色硫化物，使干酪质地呈现绿、灰、褐等不同颜色。因此，操作时除考虑设备、模具本身的影响因素，还要注意外部污染。

2）桃红或赤变

使用色素时，色素与干酪中的硝酸盐结合会形成有色化合物。所以应认真选用色素及其添加量。

3. 微生物缺陷及其防止方法

1）酸度过高

出现酸度过高主要是由于发酵剂中微生物引起。应降低发酵温度并加入适量食盐抑制发酵；增加凝乳酶的量；在干酪加工中将凝块切成更小的颗粒，或高温处理，或迅速排除乳清以缩短制造时间。

2）干酪液化

干酪中含有液化酪蛋白的微生物可使干酪液化，此现象发生在干酪表面，此种微生物一般在中性或微酸性条件下繁殖。

3）发酵产气

干酪由于微生物发酵产气会产生大量的气孔，可添加硝酸钾或氯化钾来抑制。

4）苦味

干酪中酵母或非发酵剂细菌会产生苦味，此外，高温杀菌、凝乳酶添加量大、成熟温度高均可导致苦味，因此采取相应措施避免上述现象发生。

5）恶臭

干酪中若存在厌氧芽孢杆菌，会分解蛋白质生成硫化氢、硫醇、亚胺等物质产生恶臭。生产过程中要防止此类菌的污染。

6）酸败

干酪酸败主要是由于微生物分解乳糖或脂肪等产酸而引起的。污染菌主要来自于原料乳、牛粪及土壤。所以，干酪在加工过程中要对原料乳进行灭菌。

任务三　融化干酪的加工技术

将同一种类或不同种类的两种以上的天然干酪，经粉碎、添加乳化剂、加热搅拌、充分乳化、浇灌包装而制成的产品，叫做融化干酪，也称加工干酪。

一、融化干酪的特点

（1）可以将不同组织和不同成熟度的干酪适当配合，制成质量一致的产品。

（2）由于在加工过程中进行加热杀菌，故卫生方面安全可靠，且保存性好。

（3）产品用铝箔或合成树脂严密包装，储存中水分不易消失。

（4）产品块形和重量可以任意选择。可采用三角形铝箔包装，另外还有包成香肠状的片状、粉状等。

（5）风味可以随意调配，但失去了天然干酪的风味，较好地满足消费者的需求和嗜好。

二、融化干酪的加工

（一）工艺流程

融化干酪加工工艺流程如图 7.7 所示。

图 7.7　融化干酪加工工艺流程

（二）操作要点

1. 原料干酪的选择

一般选择细菌成熟的硬质干酪如荷兰干酪、契达干酪和荷兰圆形干酪等。为满足制品的风味及组织，成熟 7～8 个月风味浓的干酪应占 20%～30%。为了保持组织滑润，则成熟 2～3 个月的干酪占 20%～30%，搭配中间成熟度的干酪 50%，使平均成熟度在 4～5 个月之间，含水分 35%～38%，可溶性氮 0.6% 左右。过熟的干酪，由于有氨基酸或乳酸钙结晶析出，不宜作原料。有霉菌污染、气体膨胀、异味等缺陷者也不能使用，应将选好的干酪，先除去表面的蜡层和包装材料，并将霉斑等清理干净，才能进行配合。

2. 原料干酪的预处理

原料干酪的预处理室要与正式生产车间分开，预处理工作包括去掉干酪的包装材料，削去表皮，清拭表面等。

3. 切碎与粉碎

用切碎机将原料干酪切成块状，用混合机混合，然后用粉碎机粉碎（可以用搅肉机代替）成 4～5cm 的面条状，最后用磨碎机处理。近来，此项操作多在熔融釜中进行。

4. 加热融化

在融化锅中加入适量的水（通常是干酪重的 5%～10%）、调味料、防腐剂和色素等。然后倒入预经搅碎的干酪，并往融化锅的夹层中通入蒸汽进行加热。融化干酪蒸煮锅见图 7.8。当温度达到 50℃ 左右时加入 1%～3% 乳化剂，如用磷酸二氢钠结晶粉末时，应先混合融化后，再加入锅中，最后将温度升至 60～70℃，保温 20～30min，使其完全融化。

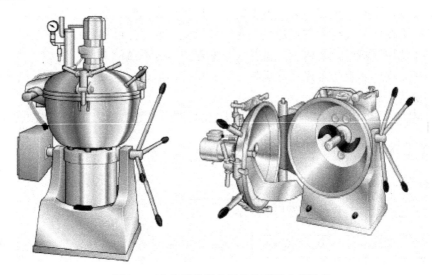

图 7.8　融化干酪蒸煮锅的外形及内部结构

5. 乳化

乳化剂通常有：磷酸钠、柠檬酸钠、偏磷酸钠和酒石酸钠等。可以单用，也可以复合用，乳化剂的用量一般为 1.5%～2.0%，乳化剂中磷酸盐能提高干酪的保水性，可以形成光滑的组织；柠檬酸钠有保持颜色和风味的作用。乳化剂需用水溶解后再加入，色素一般采用安那妥或胡萝卜素。

添加乳化剂后，如果需要调整酸度时，可以用乳酸、柠檬酸、醋酸等，可以混合使用，也可以单用，成品的 pH 为 5.6～5.8，不得低于 5.3。

在进行乳化操作时，应加快釜内搅拌器的搅拌速度，使乳化更完全，乳化终了时，应检测水分、pH、风味等，然后抽真空进行脱气。

6. 充填和静置冷却

乳化后趁热注入包装材料中，并在室温下放置24h，使气泡上浮。包装材料多使用玻璃纸或涂塑性蜡玻璃纸、铝箔、偏氯乙烯薄膜等。包装的量、形状和包装材料的选择，应考虑到食用、携带、运输方便。

7. 储藏

包装后的成品融化干酪，应静置10℃以下冷藏库中定型和储藏。

三、融化干酪的质量及控制

优质的融化干酪具有均匀一致的淡黄色，有光泽，风味芳香，组织致密，硬度适当，有弹性，舌感润滑，但加工过程中易出现缺陷。

1. 砂状结晶

砂状结晶中98%是以磷酸三钙为主的混合磷酸盐。这种缺陷产生主要原因是添加粉末乳化剂时分布不均匀，乳化时间短等。此外，当原料干酪的成熟度过高或蛋白质分解过度时，容易产生难溶的氨基酸结晶，因此，采取乳化剂全部溶解后再用，乳化时间要充分，乳化时搅拌要均匀，追加成熟度低的干酪等措施可以克服该缺陷。

2. 过硬或过软

融化干酪过硬的原因是原料干酪成熟度低，酪蛋白的分解量少，补加水分少和pH过低，以及脂肪含量不足，溶融乳化不完全，乳化剂的配比不当等。融化干酪过软是由于原料干酪的成熟度、加水量、pH及脂肪含量过度而产生的。控制办法：配料时以原料干酪的平均成熟度在4~5个月为好，成品含水量在40%~45%，正确选择和使用乳化剂，调整pH为5.6~6.0。

3. 膨胀和产生气孔

刚加工之后产生气孔，是因乳化不足引起的；在保藏中出现这一缺陷主要是由微生物的繁殖而产生的。加工过程中污染了酪酸菌、蛋白分解菌、大肠杆菌和酵母等，均能使产品产气膨胀。为防止这一缺陷，调配时应尽量选择高质量的原料，提高乳化温度，并采用100℃以上的温度进行灭菌。

4. 脂肪分离

脂肪分离表现为干酪表面有明显的油珠渗出，这与乳化时处理温度和时间有关。另外，当原料干酪成熟度过高、脂肪含量过多和pH太低时，也容易引起脂肪分离。控制措施可采取在原料干酪中增加成熟度低的干酪，提高pH及乳化温度和延长乳化时间等。

5. 异味

产生异味的主要原因是原料干酪质量差，加工工艺控制不严，保藏措施不当。因此在加工过程中，要保证不使用质量差的原料干酪，正确掌握工艺操作，成品在冷藏条件下保藏。

四、干酪制品的开发

无论是天然干酪还是融化干酪，由于富含营养物质、风味独特及其良好的加工特性，受到广大消费者和食品制造者的欢迎和重视，随着科学技术的发展和食品的开发，干酪制品得到了更进一步的开发和利用。

1. 干酪食品

天然干酪和融化干酪被广泛地应用到其他食品中，如干酪三明治、干酪香肠、干酪蛋糕、干酪汉堡包、干酪糖果等。目前干酪食品在各国市场上占有重要地位，而且有着良好的发展势头。

2. 功能性干酪食品

由于人们在对食品追求其营养和风味的同时，开始重视食品对人体的健康保健作用。因而不断开发研制出强化钙、微量元素、维生素等及降低脂肪和盐含量的干酪。以及添加功能性食品营养物质，如食物纤维、低聚糖、甲壳素、CPP 等。

3. 扩大干酪制品消费途径

目前干酪制品除了作为一种单独的食品外，还可作为料理和佐餐的原料，受到了人们的关注，各种干酪的名点佳肴逐步占据餐饮市场，进入消费者的家庭。

4. 其他

采用新型的包装设备和包装材料，注重制品的美观、方便和安全卫生，按不同的消费层次推出各种类型的干酪制品，满足消费者需求。

任务四　几种常见干酪的加工技术

一、农家干酪

农家干酪是一种不需要成熟即可供消费者食用的典型软质干酪，是一种拌有稀奶油的新鲜凝块。成品含水分 79%，蛋白质 17%，脂肪 0.3%，食盐 1%，具有爽口、温和的酸味，光滑、平整的质地，适合于做午餐、快餐及甜食用。

（一）工艺流程

农家干酪加工工艺流程如图 7.9 所示。

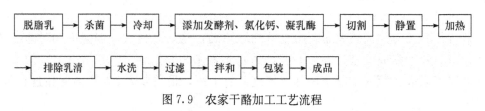

图 7.9　农家干酪加工工艺流程

（二）操作要点

1. 杀菌、冷却

农家干酪是以脱脂乳或浓缩脱脂乳为原料，按要求进行检验。一般用脱脂奶粉进行标准化调整，使无脂固形物达到 8.8% 以上，并进行 63℃、30min 或 75℃、15s 的杀菌处理。冷却温度应根据菌种和工艺方法来确定，一般为 25～30℃，将杀菌后的原料乳注入干酪槽中。

2. 发酵剂、氯化钙和凝乳酶的添加

1）添加发酵剂

添加制备好的生产发酵剂（多由乳酸链球菌和乳油链球菌组成）。添加量为：短时法（5～6h）5%～6%，长时法（16～17h）1.0%。加入前要检查发酵剂的质量，加入后应充分搅拌。

2）氯化钙及凝乳酶的添加

按原料乳量的 0.01% 加入 $CaCl_2$，搅拌均匀后保持 5～10min，按凝乳酶的效价添加适量的凝乳酶，一般为每 100kg 原料乳量加 0.05g，搅拌 5～10min。

3. 凝乳的形成

凝乳在 25～30℃ 条件下进行。一般短时法需静置 4.5～5h 以上，长时法则需 12～14h，当乳清酸度达到 0.52%（pH 为 4.6）时凝乳完成。

4. 切割、加温搅拌

1）切割

用水平和垂直式刀分别切割凝块，凝块的大小为 1.8～2.0cm（长时法为 1.2cm）。

2）加温搅拌

切割后静置 15～30min，加入 45℃ 温水（长时间法加 30℃ 温水）至凝块表面 10cm 以上位置。边缓慢搅拌，边在夹层加温，在 45～90min 内达到 52～55℃，搅拌使干酪粒收缩至 0.5～0.8cm 大小。

5. 排除乳清、水洗

将乳清全部排除后，分别用 29℃、16℃、4℃ 的杀菌纯水在干酪槽内漂洗干酪粒 3 次，以使干酪粒遇冷收缩，相互松散，并使其温度保持在 7℃ 以下。

6. 拌和

水洗后将干酪粒堆积于干酪槽的两侧，尽可能排除多余的水分，再与食盐和稀奶油一起拌均匀，使成品含乳脂率达 4%。

7. 包装与储藏

一般采用塑杯包装，应在 10℃ 以下储藏并尽快食用。

二、荷兰圆形干酪

荷兰圆形干酪原产于荷兰北部的伊顿市，属细菌成熟的硬质干酪，成熟期达 6 个月以上。成品含水 35%～38%，脂肪 26.5%～29.5%，蛋白质 27%～28%，食盐 1.6%～2.0%，风味温和。其制造工艺与一般干酪基本一致，特殊工艺如下所述。

1. 原料乳的验收与标准化

原料乳按乳脂率为 2.5%～3.0% 进行标准化。

2. 原料乳杀菌

将原料乳在干酪槽内进行 63～65℃、30min 杀菌处理后，冷却至 29～31℃。

3. 添加发酵剂

向原料乳中添加 2% 的发酵剂，搅拌后加入 0.02% 的 $CaCl_2$（事先配成 10% 溶液），调整酸度至 0.18%~0.20%。

4. 添加凝乳酶

添加凝乳酶（用 1% 的食盐水配成 2% 的溶液），搅拌均匀后，保温静置 25~40min 进行凝乳。凝乳酶的添加量应按其效价进行计算，当效价为 7 万单位时，一般加入原料乳量的 0.003%。

5. 切割及凝块处理

切割后的凝块大小为 1.0~1.5cm²。当凝块达到一定硬度后排出全部乳清量的 1/3，再加温搅拌，在 25min 内使温度由 31℃ 升至 38℃，并在此温度下继续搅拌 30min。当凝块收缩，达到规定硬度时排除全部乳清。

6. 堆积、成型压榨

将凝块在干酪槽内进行堆积，彻底排除乳清，此时乳清的酸度应为 0.13%~0.16%。切成大小适宜的块并装入成型器内，置于压榨机上预压榨约 30min，取下整形后反转压榨，最后进行 3~6h 的正式压榨，取下进行整理。

7. 盐渍

将干酪放在温度为 10~15℃、浓度为 20%~22% 的盐水中浸盐 2~3d，每天翻转 1 次。

8. 成熟

将浸盐后的干酪擦干放入成熟库中进行成熟，温度 10~15℃，相对湿度 80%~85%，每天进行擦拭和反转，10~15d 后上色挂蜡。最后放入成熟库中进行后期成熟（5~6 个月）。用亚麻油涂布，除去干酪皮后用石蜡涂布或用玻璃纸包装。

三、契达干酪

契达干酪原产于英国的契达村，属细菌成熟的硬质干酪，因现在美国大量生产，故又称"美国干酪"，是世界上最广泛生产的品种。成品含水 39% 以下，脂肪 32%，蛋白质 25%，食盐 1.4%~1.8%，香味浓郁，色泽呈白色或淡黄色，质地均匀，组织细腻，具有该干酪特有的纹理图案。

（一）工艺流程

契达干酪加工工艺流程如图 7.10 所示。

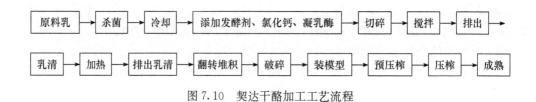

图 7.10　契达干酪加工工艺流程

（二）操作要点

1. 原料乳的预处理

原料乳进行标准化，含脂率达到 2.7%～3.5%。

2. 杀菌

采用 75℃、15s 的方法杀菌，冷却至 30～32℃，注入事先杀菌处理过的干酪槽内。

3. 发酵剂和凝乳酶的添加

发酵剂一般由乳酪链球菌和乳酸链球菌组成。当乳温在 30～32℃ 时添加原料乳量 1%～2% 的发酵剂（酸度为 0.75%～0.80%）。搅拌均匀后加入原料乳量 0.01%～0.02% 的 $CaCl_2$，要徐徐均匀添加。静置发酵 30～40min 后，酸度达到 0.18%～0.20% 时，再添加约 0.002%～0.004% 的凝乳酶，搅拌 4～5min 后，静置凝乳。

4. 切割、加温搅拌及排除乳清

凝乳酶添加后 20～40min，凝乳充分形成后，进行切割，一般大小为 0.5～0.8cm，切后乳清酸度一般应为 0.11%～0.13%。在 31℃ 下搅拌 25～30min，促进乳酸菌发酵产酸和凝块收缩渗出乳清。然后排除 1/3 量的乳清，开始以每 1min 升高 1℃ 的速度加温搅拌。当温度最后升至 38～40℃ 后停止加温，继续搅拌 60～80min。当乳清酸度达到 0.20% 左右时，排除全部乳清。

5. 凝块的反转堆积

排除乳清后，将干酪粒经 10～15min 堆积，以排除多余的乳清，凝结成块，厚度为 10～15cm，此时乳清酸度为 0.20%～0.22%。将呈饼状的凝块切成 15cm×25cm 大小的块，进行反转堆积，视酸度和凝块的状态在干酪槽的夹层加温，一般为 38～40℃。每 10～15min 将切块反转叠加一次，一般每次按 2 枚、4 枚的次序反转叠加堆积。在此期间应经常测定排出乳清的酸度。当酸度达到 0.5%～0.6%（高酸度法为 0.75%～0.85%）时即可。全过程需要 2h 左右，该过程比较复杂，现已多采用机械化操作。

6. 破碎与加盐

堆积结束后，将饼状干酪块用破碎机处理成 1.5～2.0cm 的碎块。目的在于加盐均匀，定型操作方便，除去堆积过程中产生的不快气味。然后采取干盐撒布法加盐。当乳清酸度为 0.8%～0.9%，凝块温度为 30～31℃ 时，按凝块量的 2%～3% 加入食用精盐粉，一般分 2～3 次加入，并不断搅拌，以促进乳清排出和凝块的收缩，调整酸的生成。生干酪含水 40%，食盐 1.5%～1.7%。

7. 成型压榨

将凝块装入专用的定型器中，在一定温度下（27～29℃）进行压榨。开始预压榨时压力要小，并逐渐加大。用规定压力 0.35～0.40MPa 压榨 20～30min，整形后再压榨 10～12h，最后正式压榨 1～2d。

8. 成熟

成型后的生干酪放在 10～15℃、相对湿度 85% 条件下发酵成熟。开始时，每天擦拭、反转一次，约经 1 周后，进行涂布挂蜡或塑袋真空热缩包装。整个成熟期为 6 个月以上。

任务五　干酪、再制干酪质量要求及检验

一、质量要求

按照 GB 5420—2010《食品安全国家标准　干酪》、GB 25192—2010《食品安全国家标准　再制干酪》，其质量要求见表 7.3。

表 7.3　干酪、再制干酪的质量要求

项　目	要　求					
	干酪	再制干酪				
色泽	具有该类产品正常的色泽	色泽均匀				
滋味、气味	具有该类产品特有的滋味和气味	易溶于口，有奶油滑润感，并有产品特有的滋味、气味				
组织状态	组织细腻，质地均匀，具有该类产品应有的硬度	外表光滑；结构细腻、均匀、润滑，应有与产品口味相关原料的可见颗粒。无正常视力可见的外来杂质				
脂肪（干物中）[a] X_1/%	—	$60{\leqslant}X_1{\leqslant}75$	$45{\leqslant}X_1{\leqslant}60$	$25{\leqslant}X_1{\leqslant}45$	$10{\leqslant}X_1{\leqslant}25$	$X_1{<}10$
最小干物质含量[b] X_2/%	—	44	41	31	29	25
污染物限量	应符合 GB 2762—2005 的规定					
真菌毒素限量	应符合 GB 2761—2005 的规定					
菌落总数	—	100~1000				
大肠菌群	100~1000					
金黄色葡萄球菌	100~1000					
沙门氏菌	0/25g					
单核细胞增生李斯特氏菌	0/25g					
酵母　≤	50					
霉菌　≤	50					

a 干物质中脂肪含量（%）：$X_1{=}$[再制干酪脂肪含量/（再制干酪总质量－再制干酪水分质量）]×100%。
b 干物质含量（%）：$X_2{=}$[（再制干酪总质量－再制干酪水分质量）/再制干酪总质量]×100%。

二、检验

（一）感官检验

取适量试样置于 50mL 烧杯中，在自然光下观察色泽与组织状态。闻其气味，用温开水漱口，品尝滋味。

（二）理化指标检验

1. 脂肪

按 GB 5413.3—2010 进行。

2. 干物质

按 GB 5009.3—2010 进行。

（三）污染物限量

按 GB 2762—2005 进行。

（四）真菌毒素限量

按 GB 2761—2005 进行。

（五）微生物限量

1. 菌落总数

按 GB 4789.2—2010 进行。

2. 大肠菌群

按 GB 4789.3—2010 平板计数法进行。

3. 金黄色葡萄球菌

按 GB 4789.10—2010 平板计数法进行。

4. 沙门氏菌

按 GB 4789.4—2010 进行。

5. 单核细胞增生李斯特氏菌

按 GB 4789.30—2010 进行。

6. 酵母、霉菌

按 GB 4789.15—2010 进行。

 小结

　　干酪是以牛乳、稀奶油、部分脱脂乳、酪乳或这些产品的混合物为原料，经凝乳并分离出乳清而制成的新鲜或发酵成熟的乳制品。干酪种类繁多，根据水分含量可将产品分为特硬质干酪、硬质干酪、半硬质（半软质）干酪和软质干酪。国际上常把干酪分为天然干酪、融化干酪和干酪食品。制成后未经发酵成熟的产品称为新鲜干酪；经长时间发酵成熟而制成的产品称为成熟干酪，这两种干酪统称为天然干酪。干酪中含有丰富的营养成分，成品将原料中的主要成分蛋白质和脂肪浓缩了 10 倍，蛋白质在成熟过程中形成氨基酸、肽等，使干酪易消化吸收。此外，还含有丰富的盐类，尤其含有大量的钙和磷，干酪也是维生素 A 的良好来源。

　　天然干酪的加工一般经过添加发酵剂、凝乳酶、调整酸度、凝乳块切割、搅拌、加温、排除乳清、成型压榨、盐渍、成熟等工艺。加入发酵剂进行发酵，使干酪产生特殊的风味及利于凝乳；凝乳是干酪生产的基本工艺，通常是通过添加凝乳酶来完成；凝块达到适当硬度时开始切割，使大凝块转化为小凝块；排出乳清后将凝块压成适当形状，包装后在一定的温度和湿度下进一步发酵成熟，干酪的成熟是复杂的生化与微生物学过程，以获得独特风味和质构。

　　融化干酪，也称加工干酪，是将同一种类或不同种类的两种以上的天然干酪，经粉碎、加乳化剂、加热搅拌、充分乳化、浇灌、包装而制成的产品。常见的干酪有农家干酪、荷兰圆形干酪、契达干酪、莫扎瑞拉干酪等，不同的干酪有不同的工艺特点。

 复习思考题

　　(1) 简述干酪的概念、分类。
　　(2) 为什么说干酪是一种营养价值丰富的食品？
　　(3) 简述干酪发酵剂的作用及种类。
　　(4) 什么是凝乳酶？干酪生产用凝乳酶有哪些来源？
　　(5) 试述天然干酪的一般加工工艺。
　　(6) 简述干酪生产中加盐的目的与方法。
　　(7) 干酪成熟过程中会发生哪些变化？有何意义？
　　(8) 简述干酪的缺陷及防止方法。

 **知识链接**

干酪的食用方法

　　干酪是美食中一种重要的配料，干酪可以当主食，也可以当各种佐料，还可以当作休闲食品。干酪的食用方法较多，其中以入菜、糕点材料、调味居多，如比萨饼。干酪可以和水果配搭，将比较坚硬的干酪切成小块，直接在拌沙拉时加入。很多干酪的味道是咸的，融化后还能让沙拉增加一种牛乳的味道，口感非常鲜美（比如美国干酪Grafton Cheddar 等）。除了制作西式菜肴外，干酪还可以切成小块配上红酒直接食用。干酪搭配面包和葡萄酒构成了法国人最传统、最简单，却也是最丰富的一餐。干酪富含钙质和维生素，面包中的碳水化合物供应身体能量，葡萄酒则带来矿物质。

 单元操作训练

干酪的发酵

一、单元训练目的

　　通过本次训练，熟悉干酪发酵所用的菌种、添加量，掌握其操作过程。

二、仪器与材料

　　1. 仪器
　　干酪槽。
　　2. 材料
　　牛乳，发酵剂（乳酸链球菌和乳油链球菌）。

三、方法和步骤

（1）牛乳巴氏杀菌：63℃、30min 或 71～75℃、15s。

（2）打入干酪槽，进行冷却至 30～32℃。

（3）取原料乳量的 1%～2% 发酵剂，边搅拌边加入乳中。

（4）在 30～32℃条件下充分搅拌 3～5min。

（5）在此温度下，经 15～30min 发酵，酸度达 20～24°T 即可。

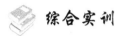 **综合实训**

天然干酪的制作

一、实训目的

了解干酪的加工原理；掌握干酪的加工方法及操作要点。

二、仪器与材料

1. 仪器

干酪槽（可将锅放入水浴锅内代替），干酪成型模具，干酪刀，温度计，筛子等。

2. 材料

鲜牛乳，凝乳酶，10%CaCl₂，发酵剂。

三、实训内容

1. 工艺流程

天然干酪加工工艺流程如图 7.11 所示。

图 7.11　天然干酪加工工艺流程

2. 操作要点

（1）热处理。将乳用纱布滤入干酪槽中杀菌，或在另一容器中杀菌后再注入干酪槽中保温。条件为 73～78℃、15s。之后迅速冷却至 30℃。

（2）添加 2% 的发酵剂和 0.02% 的 CaCl₂（10% 溶液）。

（3）加凝乳酶。用 1% 食盐水配成 2% 的溶液，每 100kg 乳加 2g 凝乳酶，迅速搅拌均匀，保温 25～40min 进行凝乳（凝乳酶量按其效价计算后加入）。

（4）调酸。加发酵剂 10min 后，用 1mol/L 的盐酸调整酸度至 22°T。

（5）切块及凝块处理。切块前先检查乳凝固是否正常。用手指插入凝乳中，指肚向上挑开凝块，如果裂口整齐，质地均匀，乳清透明，即可用纵槽切刀将凝块切成 1.0～1.5cm³ 的小方块。然后用耙轻轻搅拌切块 15min 左右，以排出乳清，增加切块硬度。

开始搅拌 10min 后排出乳量 1/3～1/2 的乳清，剩余部分进行二次加温处理（升至 40℃，每 1min 升温 1℃），同时搅拌 30～40min。

（6）堆积成型。二次加温搅拌结束后，将下沉的干酪粒堆至干酪槽的一端，放出乳清并用带孔的木板堆压 15min 左右，压成干酪层，在用刀切成与模型大小，放入模型中，手压成型。

（7）压榨。先用预先洗净的干酪布（33cm²，棉白布即可）以对角方向将成型好的干酪团包好（防止出皱褶）放入模型中，然后置于压榨器上预压 30min 左右取下，打开包布，洗布重新包好。以前次颠倒方向放入模型内再上架压榨，如此反复 5～6 次，转入最后压榨 3～6h，压榨结束后进行干酪团的整形。

（8）盐渍。将干酪团置于饱和盐水内，顶部撒些干盐，盐渍 5～7d，室温 10℃，相对湿度 93%～95%，盐渍期间每天翻转一次。

（9）成熟。盐渍后将干酪团用 90℃ 热水冲洗、干燥后，再置于成熟室架上进行成熟，成熟温度为 10～14℃，相对湿度为 90%～92%，后期为 85% 左右。成熟时间至少 2～2.5 个月以上。成熟期间每隔 7～8d 用温水清洗一次防霉。

（10）上色、挂蜡、包装。成熟后的干酪清洗、干燥后，用食用色素染成红色，等色素完全干燥后，再在 160℃ 的石蜡中挂蜡，或用收缩塑料薄膜进行密封。成品在低于 5℃，相对湿度为 80%～90% 的条件下保存。

四、思考题

（1）在干酪制作过程中为什么要调整酸度？

（2）认真做好实训记录，写出实训报告。

项目八　炼 乳 加 工

☞ **岗位描述**

　　炼乳结晶工、乳品浓缩工。

☞ **工作任务**

　　（1）掌握操作间歇式真空浓缩锅的操作方法，可以对淡炼乳和加糖炼乳进行真空浓缩。

　　（2）掌握甜炼乳添加蔗糖的三种方法。

　　（3）掌握炼乳冷却结晶方法。

☞ **知识目标**

　　了解炼乳的特点及其营养价值；掌握甜炼乳的加工技术；了解甜炼乳与淡炼乳的本质区别。

☞　能力目标

会使用真空蒸发设备进行浓缩操作。

☞　案例导入

超市里的乳制品可谓琳琅满目，在众多乳制品中，消费者对炼乳比较陌生。许多消费者不了解炼乳的一些基本知识。

炼乳是一种牛乳制品，属于"浓缩奶"。市场上出售的炼乳多是含糖量较高的全脂甜炼乳，其加工工艺是将鲜牛乳经真空浓缩或蒸发至原容量的 2/5，去除大部分的水分，再加入 40% 左右的蔗糖装罐制成的。所以，炼乳的营养成分比牛乳要高。

炼乳同样是乳制品，与鲜牛乳一样有营养。一些家长们还发现它具有易存放、易冲调等优点，就让孩子长期喝炼乳。但是炼乳太甜，必须加 5～8 倍左右的水来稀释，以使糖的浓度和甜味下降，但当甜味符合要求时，蛋白质和脂肪的浓度比鲜牛乳少了一半，因而不能满足婴儿生长发育的需要。如果长期以炼乳为主食喂养婴儿，势必造成婴儿体重不增，容易生病，还会产生多种脂溶性维生素缺乏症。如果少加水，使其蛋白质和脂肪的浓度接近鲜牛乳水平，则糖的含量偏高，用这样的甜炼乳喂养婴儿又常常会引起腹泻。

有关专家指出，炼乳虽然不适合婴儿食用，但独特的风味使它仍然拥有固定的消费人群。多数情况下，宜用炼乳作为食品配料。

☞　课前思考题

（1）什么是炼乳？

（2）甜炼乳与淡炼乳有什么不同？

炼乳是一种传统的浓缩乳制品，是鲜乳经真空浓缩除去大部分水分制成的半流体状态的产品。炼乳的种类很多，按成品是否加糖可分为加糖炼乳（甜炼乳）和无糖炼乳（淡炼乳）。按照成品是否脱脂可分为全脂炼乳和脱脂炼乳；成品加入可可、咖啡或其他辅料的称为花色炼乳；成品中加入维生素、微量元素、矿物质与营养物质的称为强化炼乳和母乳化调制炼乳。目前，我国生产的炼乳主要是甜炼乳和淡炼乳。

任务一　甜炼乳加工技术

一、甜炼乳加工概述

甜炼乳是在原料乳中加入约 16% 的蔗糖，并浓缩到原体积 40% 左右，再经冷却、结晶而制成的产品。成品中含有 40%～45% 的蔗糖。甜炼乳装罐后不再灭菌，依靠蔗糖造成的渗透压抑制乳中残留的微生物，赋予成品以保存性。

甜炼乳曾普遍地用于哺育婴儿，随着营养学的发展，已证明甜炼乳含糖量过多，不宜用于哺育婴儿，现在甜炼乳主要用于饮料及食品加工的原料。

二、甜炼乳加工技术

（一）工艺流程

甜炼乳加工工艺流程如图 8.1 所示。

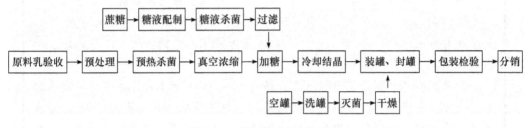

图 8.1　甜炼乳加工工艺流程

（二）操作要点

1. 原料乳验收及预处理

加工炼乳时原料乳应符合 GB 19301—2010《食品安全国家标准　生乳的要求》，还需控制芽孢和耐热细菌的数量，并且乳蛋白热稳定性好，能耐受强热处理。

验收合格的乳经过滤、净乳、冷却后泵入奶罐中暂时储存。并按脂肪含量与非脂乳固体含量之比为 8：20 进行标准化。

2. 预热杀菌

1）预热杀菌的目的

原料乳在标准化之后浓缩之前，须进行加热杀菌处理，加热杀菌有利于下一步浓缩，故称为预热。

杀灭原料乳中的致病菌并破坏影响成品品质的其他有害微生物，确保产品安全，提高储藏性。抑制酶的活性，防止产品脂肪水解、酶促褐变的不良缺陷。

满足真空浓缩过程的要求，为浓缩过程预热，可保证沸点进料，提高蒸发速度，也可避免低温进料与蒸发器温差过大，原料乳骤然受热在加热面上结垢。

通过控制预热温度，获得适宜的黏度，可防止产品出现变稠和脂肪上浮现象。

2）预热杀菌的条件

预热的温度、保持的时间等条件随原料乳质量、季节及预热设备等不同而异。预热条件可从 63℃、30min 低温长时间杀菌法，到 150℃ 超高温瞬时杀菌法广泛的范围内选择。一般为 75℃ 以上保持 10～20min 及 80℃ 左右保持 5～10min，也有采用 110～150℃ 瞬时杀菌法。

3. 加糖

1）加糖的目的

糖除了有调味作用外，在甜炼乳中主要是与水形成高渗透压的糖液，抑制细菌的繁殖，增加产品的保存性。糖的渗透压与其浓度成正比，即炼乳中糖的浓度越高，则渗透压越大，抑菌效果越好，甜炼乳中一般蔗糖添加量为原料乳的 15%～16%。

2）糖的质量

以结晶蔗糖和品质优良的甜菜糖为最佳，应干燥洁白而有光泽，无任何异味。纯糖不少于 99.6%，还原糖低于 0.1%。

3）加糖量

加糖量一般以蔗糖比表示，蔗糖比决定甜炼乳应含蔗糖的浓度，也是向原料乳中添加蔗糖的计算标准，最适宜的蔗糖比一般为 62.5%～64.5%。

（1）确定蔗糖比（即甜炼乳水分中蔗糖质量分数）。

$$蔗糖比 = \frac{成品蔗糖含量}{100 - 乳固体含量} \times 100\% = \frac{蔗糖含量}{水分 + 蔗糖含量} \times 100\%$$

（2）根据所要求的蔗糖比计算出炼乳中的蔗糖含量。

$$炼乳中蔗糖含量 = \frac{(100 - 乳固体含量) \times 蔗糖比}{100}$$

（3）计算浓缩比。

$$浓缩比 = \frac{成品总乳固体}{原料乳总乳固体} \left(或 \frac{成品非脂乳固体}{原料乳非脂乳固体} \right)$$

（4）根据成品中的含糖量和浓缩比计算出原料乳中的含糖量，进而计算出应添加的蔗糖量。

$$原料乳中加糖量 = \frac{成品中含糖量}{浓缩比}$$

4）加糖的方法

生产甜炼乳时蔗糖的添加方法有 3 种：

（1）直接加入法。将蔗糖直接加入原料乳中，经预热杀菌后进入浓缩罐。此法可减少浓缩的蒸发水量，缩短浓缩时间，节约能源。但会增加细菌及酶的耐热性，产品易变稠及褐变。在采用超高温瞬时预热及双效或多效降膜式连续浓缩时，可采用此种加糖法。

（2）浓缩前加入法。将原料乳与 65%～75% 蔗糖浓溶液分别进行 95℃、5min 预热杀菌，然后冷却至 57℃在浓缩罐中混合。此法适于连续浓缩的情况下，间歇浓缩不宜采用。

（3）浓缩结束前加入法。将原料乳单独杀菌和真空浓缩，在浓缩接近结束时（相对密度为 1.25），将浓度为 65% 的经 95℃杀菌蔗糖溶液加入真空浓缩罐中，再进行短时间浓缩。此法对防止变稠效果较好。

采用不同的加糖方法，乳的黏度变化和成品的增稠趋势均有较大的差别。牛乳的酶类及微生物由于加糖而增加了抗热性。同时，乳蛋白也会由于糖的存在而变稠及褐变，故牛乳与糖最好分别杀菌。因此，最佳的加糖方法是第三种，其次是第二种。但一般为减少蒸发量、节省浓缩时间和燃料及操作简单，有的厂家也采用第一种方法。这三种方法各有不同特点，生产实践中可根据工艺条件、设备状况等进行选择，但无论采用哪一种方法，糖液吸入真空浓缩锅之前，必须经过过滤或离心机净化处理。

4. 真空浓缩

1）浓缩目的

通过浓缩除去部分水分，提高乳固体含量，利于保存；减少质量和体积，便于存放和运输。为减少营养成分损失，炼乳生产中采用真空浓缩操作，真空浓缩具有节约能源、效率高的优点，同时蒸发加热温度低，利于物料中热敏性成分及色泽、风味的保留。

2）浓缩条件

浓缩温度一般为 45～55℃，最普通的浓缩设备是间歇式单效盘管真空浓缩锅，适用于中、小型炼乳厂。大型连续化生产的乳品厂广泛采用连续式的多效降膜式或板式蒸发器。

3）浓缩终点的确定

间歇式浓缩锅需要逐锅确定浓缩终点，在浓缩到接近要求的浓度时，浓缩乳黏度升高，沸腾状态滞缓，微细的气泡集中在中心，表面稍呈光泽，根据经验观察即可判定浓缩终点。为确切起见，可迅速取样，测定其相对密度、黏度或折射率来确定浓缩终点。

测定相对密度可用波美比重计或普通相对密度计。甜炼乳的波美计为 30～40°Bé 的范围，每一刻度为 0.1°Bé；普通相对密度计为 1.250～1.350 的范围，每一刻度为 0.001。

波美计应在 15.6℃时应用，浓缩乳实测温度不符时，须校正。温度每差 1℃，波美度相差 0.054°Bé；温度高于 15.6℃时要加，低时要减。

波美度与相对密度的关系：

$$d = \frac{145}{145 - B}$$

式中　B——15.6℃的波美度；

　　　d——15.6℃普通密度计的度数。

5. 均质

原料乳在预热前或预热后通过均质可使脂肪球变小，增加与乳蛋白的接触面积，提高制品的黏度，缓和变稠现象，增加光泽。甜炼乳均质压力一般为 10～14MPa，温度为 50～60℃。如果采用二级均质，一级均质条件与上述相同，二级均质压力较低，为3.0～3.5MPa。

6. 冷却与结晶

1）冷却结晶的目的

温度为 50℃左右的浓缩乳从浓缩锅中放出，若不及时冷却，会增加成品在储藏期变稠与褐变的倾向，严重时会逐渐形成块状凝胶，需迅速冷却至常温。通过冷却结晶可使处于过饱和状态的乳糖形成细微的结晶，使炼乳具有细腻的感官品质。

2）冷却结晶的原理

乳糖的溶解度较低，甜炼乳中乳糖处于过饱和状态，部分乳糖必然会析出。若乳糖缓慢地自然结晶，晶体颗粒少而晶粒大。结晶大小在 $10\mu m$ 以下舌感细腻，$15\mu m$ 以上舌感呈粉状，超过 $30\mu m$ 呈显著砂状，感觉粗糙。大的晶体在储藏过程中会形成沉淀而成为不良的成品。冷却结晶条件过程要求创造适当的条件，促使乳糖形成"多而细"的结晶。

　　以乳糖浓度为横坐标，溶液温度为纵坐标，可测出乳糖的溶解度曲线及强制结晶曲线。如图 8.2 所示的乳糖的溶解度及结晶曲线，在亚稳区，乳糖处于饱和状态，将要结晶而尚未结晶，在此状态下只要创造必要的条件，就能促使其迅速生成大小均匀的细微结晶，该过程称为乳糖的强制结晶。在亚稳区内，大约高于过饱和溶解度曲线 $10℃$ 左右位置，有一条强制结晶曲线，通过这条曲线可找到强制结晶的最适温度。采用强制结晶，保持结晶的最适温度，及时投入晶种，迅速搅拌并冷却，形成大量微细的结晶。

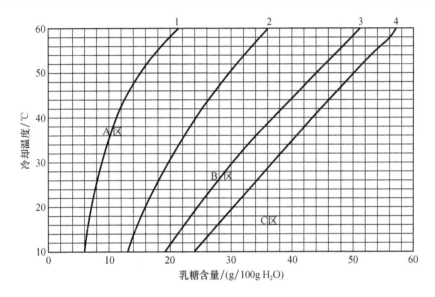

图 8.2　乳糖的溶解度及结晶曲线
1. 最初溶解度曲线；2. 最终溶解度曲线；3. 强制结晶曲线；4. 过饱和溶解度曲线；
A 区. 稳定区；B 区. 亚稳定区；C 区. 不稳定区

　　3）晶种制备
　　精制乳糖粉（α-无水乳糖）在 $100\sim105℃$ 的烘箱内烘 $2\sim3h$，超微粉碎机粉碎后再烘 $1h$，反复粉碎 $2\sim3$ 次即可达到 $5\mu m$ 以下的细度，装瓶封蜡储存。如需长时间储藏，需装瓶抽真空并充氮气，添加量为甜炼乳成品量的 $0.02\%\sim0.04\%$。
　　4）结晶方法
　　冷却结晶的方法一般可分为间歇式和连续式两类。
　　间歇式冷却结晶一般采用蛇管冷却结晶器，冷却过程可分为三个阶段。
　　第一阶段为冷却初期，即 $50℃$ 的浓缩乳迅速冷却到 $35℃$。
　　第二阶段为强制结晶期。继续冷却至 $26℃$，结晶的最适温度处于这一阶段，可投入 0.04% 左右的晶种，晶种要均匀地边加边搅拌，没有晶种也可添加 1% 的成品炼乳代替，保持 $0.5h$，以便充分形成晶核。

第三阶段为冷却后期。把炼乳迅速冷却至 15℃ 左右，完成冷却结晶操作。

利用连续冷却结晶器可进行炼乳的连续冷却，见图 8.3。该机器具有水平式的夹套圆筒，夹套有冷媒流通。内层套筒中的炼乳在搅拌浆的作用下，以 300～699r/min 的转速，在几十秒到几分钟内可冷却到 20℃ 以下，不添加晶种也可获得微细的结晶。

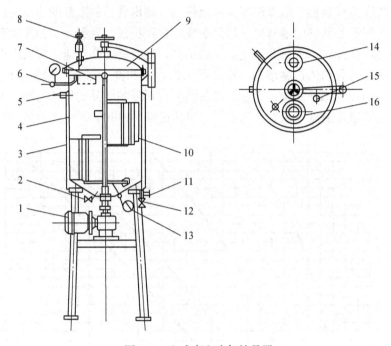

图 8.3　立式真空冷却结晶器

1. 电动机与涡轮减速器；2. 出料口；3. 外壳夹套；4. 缸体；5. 冷却水出口；6. 抽气口；
7. 乳糖晶种过滤筛；8. 进料口；9. 缸盖；10. 刮板搅拌器；11. 排污口；12. 冷却水进
口；13. 温度计；14. 灯孔；15. 放气口；16. 视孔

7. 装罐、包装与储存

1）装罐

冷却后的炼乳中含有大量气泡，此时装罐会由于气泡而影响产品质量。过去常用的方法是在包装前静置 12h 左右，待气泡逸出后再进行装罐。该方法费时，包装使用的由马口铁制成的罐及盖在装罐前要用蒸汽杀菌（90℃，时间不少于 10min），沥干水分或烘干后方可使用。装罐时务必除去气泡，装满装实，封罐后洗去罐上附着的炼乳和其他污物，再贴上商标。

大型工厂多用自动装罐机，能自动调节流量，罐内装入一定数量的炼乳后，移入旋转盘中，用离心力除去其中的气体，或用真空封罐机进行封罐，最好采用真空充氮包装。由于甜炼乳装罐后不再灭菌，所以在装罐过程中要严格控制卫生条件，灌装机和容器均应经过严格的消毒，不可造成二次污染。

2）储存

装罐后的成品炼乳储存于仓库，应离开墙壁及保暖设备 30cm 以上，仓库内温度应恒定，不得高于 15℃，空气相对湿度不应高于 85%。如果储藏温度经常变化，会引起乳糖形成大块结晶，储藏中每月应进行1～2次翻罐，以防乳糖沉淀，加糖炼乳的储存期为3个月。

三、甜炼乳常见的缺陷及质量控制

（一）甜炼乳的质量标准

1. 感官指标

1）滋味和气味

甜味纯正，具有明显的巴氏杀菌牛乳的滋味和气味，无杂味。

2）色泽

呈乳白（黄）色，颜色均匀，有光泽。

3）组织状态

组织细腻，质地均匀，黏度正常，无脂肪上浮，无乳糖沉淀，冲调后允许有微量钙盐沉淀。

2. 理化指标

甜炼乳的理化指标见表8.1。

表 8.1　甜炼乳的理化指标

项　目		指　标	项　目		指　标
水分/%	≤	26.50	铅含量（以 Pb 计）/(mg/kg)	≤	0.50
脂肪含量/%	≥	8.00	铜含量（以 Cu 计）/(mg/kg)	≤	4.00
蔗糖含量/%	≤	45.50	锡含量（以 Sn 计）/(mg/kg)	≤	10.00
酸度/°T	≤	48.00	杂质度/(mg/kg)	≤	8.00
总乳固体含量/%	≥	28.00	乳糖结晶颗粒/μm		15（特级）20（一级）25（二级）

3. 微生物指标

甜炼乳的微生物指标见表8.2。

表 8.2　甜炼乳的微生物指标

项　目	指　标		
	特级	一级	二级
菌落总数/(cfu/g)　≤	15000	30000	50000
大肠菌群/(MPN/100g)　≤	40	90	90
致病菌	不得检出	不得检出	不得检出

（二）甜炼乳常见的质量缺陷及控制

1. 胀罐（胖听）

胖听分为物理性和生化性两类。物理性也称为假胖听，主要是因装罐过满，加热时体积膨胀或产生气压差而引起的。生化性胖听主要是由于微生物引起的，主要包括：

（1）酵母菌的作用使高浓度的蔗糖溶液发酵产气。

（2）储藏温度较高，残存酪酸菌（嫌气性），产生酪酸、发酵产气（产生酸性刺激性气体，刺激眼睛）。

（3）残存的乳酸菌分解乳糖产生乳酸，与罐壁上的锡作用产生锡氢化合物，引起胖听。

这些微生物的存在，主要是由于制造过程中杀菌不完全，或者由于混入不清洁的蔗糖及空气所致，尤其在制成后停留一定时间再进行装罐时，易受酵母菌污染，当加入含有转化糖的蔗糖时更易引起发酵。

2. 变稠（浓厚化）

甜炼乳储存时，黏度逐渐增加，由半流体状态逐渐失去流动性，直至变为凝固状态，这一过程叫做变稠。变稠是炼乳保存中严重的缺陷之一，其原因有细菌性和理化性两个方面。

1）细菌性变稠

细菌性变稠主要是由于芽孢菌、链球菌、葡萄球菌及乳杆菌等的作用，分解乳糖产生乳酸、蚁酸、醋酸、酪酸等有机酸，以及细菌性蛋白酶、凝乳酶等引起蛋白质凝固。由细菌引起的变稠炼乳有时伴有异臭及酸度上升等现象。

防止细菌性变稠的措施有以下几种：

（1）注意卫生管理及预热杀菌效果，并将设备彻底清洗、消毒以防止细菌的混入。

（2）保持一定的蔗糖浓度，以防止炼乳中细菌的生长，蔗糖比必须在62.5%以上，但不能超过6.5%，否则有蔗糖结晶的危险。因此，最佳的蔗糖比在62.5%~64.5%范围内。

（3）宜储存于低温（10℃）下。

2）理化性变稠

理化性变稠是由于预热杀菌温度不合理、储存温度过高（>15℃）等原因造成牛乳蛋白质胶体状态的变化而引起的。此外，变稠还与牛乳的酸度、牛乳中盐类平衡、浓缩程度以及浓缩的温度有关系。

（1）蛋白质含量。理化性变稠与蛋白质的胶体膨润性或水合现象有关，酪蛋白或乳清蛋白含量越高，变稠现象越严重。

（2）盐类平衡。牛乳中钙、磷与磷酸盐和柠檬酸盐之间有一定的比例，过多或过少都会引起蛋白质的不稳定，当牛乳因含钙过多而引起凝固时，加入磷酸盐可增加产品的稳定性，对于易变稠的牛乳加入一定数量的柠檬酸钠或磷酸二钠可促进其稳定。

（3）脂肪含量。脂肪含量低的甜炼乳有增大变稠倾向，所以脱脂炼乳易出现变稠现象，这是因为含脂炼乳的脂肪介于蛋白质粒子之间可以防止蛋白质粒子的结合。

（4）原料乳酸度。原料乳酸度过高时，由于酪蛋白不稳定，炼乳容易产生凝固。

（5）预热温度。加热温度对变稠有显著影响。用63℃、30min预热时，变稠的倾向较少，但易引起脂肪分离；85~100℃能使产品很快变稠；而110~120℃时使产品趋于稳定。但是由于加热温度过高会影响制品的颜色。

（6）浓缩程度。浓缩程度高，干物质相应增加，黏度升高，随着黏度的升高，变稠的倾向也增加，但变稠的倾向并不与干物质直接成比例。

（7）浓缩温度。浓缩温度比标准温度高时，黏度增加，变稠的倾向也增加，尤其浓缩将近结束时，如温度超过 60℃，则黏度显著增高，储藏中变稠倾向也增大，所以，最后浓缩温度应尽量保持在 50℃ 以下。

（8）储藏温度。储藏温度对产品变稠有很大的影响，优质制品在 10℃ 以下保存 4 个月不产生变稠现象，20℃ 时变稠现象有所增加，30℃ 以上则明显增加。

3. 纽扣状物的形成

由于霉菌的作用，炼乳中产生白色、黄色以至红褐色形似纽扣的干酪状凝块，使炼乳产生金属味或干酪味。霉菌侵入后，在有氧条件下 5～10d 生成霉菌菌落，2～3 周空气耗尽，菌体死亡，一个月后纽扣状物初步形成，2 个月后完全形成。

控制的方法有：

（1）做好卫生管理及设备清洗、消毒。

（2）进行彻底预热、杀菌，防止霉菌污染。

（3）采取真空封罐，或将罐装满不留空隙。

（4）储存温度低于 15℃。

4. 砂状炼乳

甜炼乳的细腻与否，取决于乳糖结晶的大小，乳糖结晶颗粒过大，将造成炼乳出现砂状结构。优质炼乳的结晶在 $10\mu m$ 以下，产生砂状结构主要是由于冷却结晶的方法不当，晶种过大、添加时间和方法错误、冷却时结晶速度慢以及储藏温度过高等都会造成结晶的颗粒过大。此外，蔗糖浓度过高，蔗糖比>64.5% 时也会产生砂状炼乳。

5. 褐变（棕色化）

甜炼乳在储存过程中颜色变深，出现棕褐色，这是由于糖和蛋白质之间发生的美拉德反应引起的，温度与酸度越高，这一反应越显著。如果加入含有较多还原糖的不纯蔗糖，则这种现象会更加显著，为此应避免高温长时间的热处理，并使用优质的牛乳和蔗糖，成品尽能在低于 10℃ 的低温环境中储存。

6. 糖沉淀

甜炼乳容器的底部经常产生糖沉淀的缺陷，这种沉淀物主要是乳糖结晶。炼乳中乳糖呈 α-水合物结晶状态，黏度相同时，乳糖的结晶越大越容易形成沉淀；黏度不同时，黏度越低越容易形成糖沉淀。如果乳糖结晶在 $10\mu m$ 以下，炼乳保持正常的黏度，则一般不致产生沉淀。

7. 脂肪分离

炼乳黏度非常低时，有时会产生脂肪分离现象，静置时脂肪的一部分会逐渐上浮，形成明显的淡黄色膏状脂肪层。由于搬运装卸等过程的振荡摇动，一部分脂肪层又会重新混合。

开罐后呈现斑点状或斑纹状的外观，这种现象会严重影响甜炼乳的质量。防止的办法首先是要控制好黏度，要采用合适的预热条件，使炼乳的初黏度不致过低；其次是浓缩时间不应过长，特别是浓缩末期不应拉长，而且浓缩温度不可过高，以采用双效降膜式真空浓缩装置为佳；第三是采用均质处理，但原料乳必须先经过净化，通过加热将乳中的解脂酶完全破坏。

8. 酸败臭及其他异味

酸败臭是由于乳脂肪水解而生成的刺激味。在原料乳中混入含脂酶多的初乳或末乳；污染了能生成脂酶的微生物；杀菌中又混入了未经杀菌的生乳；预热温度低于70℃以下而使脂酶残留；原料乳未先经加热处理以破坏脂酶就进行均质等都会使成品炼乳逐渐发生脂肪分解酸败臭味。但是一般在短期保藏情况下，不会发生这种缺陷。此外像鱼臭、青草臭味等异味多为饲料或乳畜饲养管理不良等原因所造成。乳品厂车间的卫生管理也很重要，使用陈旧的镀锡设备、管件和阀门等，由于镀锡层剥离脱落，易使炼乳产生氧化现象而具有异臭，如果使用不锈钢设备应注意平时的清洗消毒。

9. 柠檬酸钙沉淀（小白点）

炼乳冲调后，有时在杯底发现白色细小盐类沉淀，俗称"小白点"，这种沉淀物即是柠檬酸钙，因为甜炼乳中柠檬酸钙含量约为0.5%，折算为甜炼乳每1000mL中含柠檬酸钙19g，而在30℃下1000mL水能溶解柠檬酸钙2.51g，所以柠檬酸钙在甜炼乳中处于过饱和状态，过饱和部分结晶析出是必然的。另外，柠檬酸钙的析出与乳中的盐类平衡、柠檬酸钙存在状态与晶体大小等因素均有关。

在原料乳预热前添加晶种，通常是柠檬酸钙粉，加入量为炼乳总量的0.05%，可以促使柠檬酸钙晶核形成，有利于形成细微的柠檬酸钙结晶，可减轻或防止柠檬酸钙沉淀。

任务二　淡炼乳加工技术

一、淡炼乳生产概述

淡炼乳是指标准化的原料乳中不加糖，直接预热杀菌后经浓缩，使体积达到原体积的40%~45%，再进行均质、灭菌等工艺而制成的产品。

淡炼乳分为全脂和脱脂两种，一般淡炼乳指前者，后者称为脱脂淡炼乳。还有添加维生素D强化淡炼乳，以及调整其化学组成使之近似于母乳，并添加各种维生素的专门喂养婴儿的特别调制淡炼乳。

淡炼乳是将浓缩乳装罐后经高温灭菌，使其中的微生物及酶等完全杀死或破坏，所以可以在室温下长期保藏。凡是不易获得新鲜乳的地方可以用淡炼乳代替，但经过了高温灭菌，降低了乳的芳香风味、维生素，特别是维生素B_1及维生素C的损失程度较大。而且开罐后不能久存，必须在1~2d内用完。

淡炼乳如果复原为普通消毒乳一样的浓度时，其维生素含量，特别是维生素B_1、维生素C及维生素D不足，长期饮用需补充。淡炼乳大量用做制造冰淇淋和糕点的原料，也可在喝咖啡或红茶时添加。

二、淡炼乳加工技术

（一）工艺流程

淡炼乳加工工艺流程如图8.4所示。

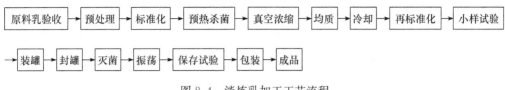

图 8.4　淡炼乳加工工艺流程

（二）加工特点

淡炼乳与甜炼乳相比有以下四方面的不同：

（1）不加糖，所以水分含量高（70％左右），黏度低于甜炼乳，乳糖不呈结晶状态。

（2）增加均质工艺。因为黏度低，易发生奶油上浮现象。

（3）采取灭菌处理。淡炼乳不加糖，不能利用蔗糖的高渗作用来抑菌，只能通过灭菌来达到长期保存的目的。

（4）需添加盐类稳定剂（柠檬酸盐、磷酸钠盐），浓缩和高温灭菌使盐类浓度增大（主要是活性钙离子），使蛋白质易变性发生凝聚，添加稳定剂后可增加淡炼乳体系的稳定性，其原理是减小钙离子浓度：

柠檬酸钠　　　　　　　柠檬酸钙
磷酸二氢钠＋钙离子——→磷酸钙
磷酸氢二钠　　　　　　磷酸钙

（三）操作要点

1. 原料乳验收

淡炼乳对原料乳的要求比甜炼乳更加严格，因为加工过程中要进行高温灭菌，对原料乳的热稳定性要求更高。酸度要求小于 18°T，还要进行热稳定性试验，原料乳中的蛋白质热稳定性，除采用 75％浓度酒精检验外，还需用磷酸盐试验测定蛋白质的稳定状态。热稳定试验合格的原料乳应立即进行冷却、标准化、储存。

磷酸盐试验方法：取 10mL 牛乳放入试管中，加磷酸二氢钾溶液 1mL（磷酸二氢钾 68.1g 溶于蒸馏水中，再用蒸馏水定容至 1000mL），充分混合，试管浸于水浴中 5min，取出冷却后观察，有凝固物出现者表示热稳定性差，不能作为淡炼乳的原料。

2. 标准化

淡炼乳规定的乳干物质含量一般为 8％的脂肪和 18％的非脂乳固体，脂肪：非脂乳为 1：2.25。淡炼乳的浓度较难控制，在生产中需要先浓缩到浓度稍高一些，然后在二次标准化时再加水进行调整。

3. 预热杀菌

预热杀菌不但可以杀菌和破坏酶类，适当的加热可使酪蛋白的稳定性提高，防止生产后期灭菌时凝固，并赋予制品适当的黏度。一般采用 95～100℃、10～15min 的杀菌。适当高温可使乳清蛋白凝固成微细的粒子，分散在乳中，灭菌时不再形成感官可见的凝块。

4. 浓缩

淡炼乳的浓缩与甜炼乳基本相同，但因预热温度高，浓缩时乳沸腾剧烈，易起泡和焦管，应注意对加热蒸气的控制。淡炼乳不加糖，乳干物质含量较低，可使用0.12MPa的蒸汽压力进行蒸发。浓缩时牛乳的温度一般保持在 54～60℃，浓缩比在2.3～2.5 倍。

5. 均质

一般均质压力为 15～20MPa，多采用二级均质，第一级为 15～25MPa，第二级为5～10MPa。温度以 50～60℃为宜，均质效果可通过显微镜检查确定，如果有 80% 以上的脂肪球直径在 2μm 以下，可认为均质充分。

6. 冷却

均质后的浓缩乳需迅速冷却至 10℃以下，如当日不能装罐，应冷却到 4℃恒温储藏。冷却温度对浓缩乳的稳定性有影响，冷却温度高，稳定性降低。淡炼乳生产中冷却目的单一，与甜炼乳冷却结晶不同，因此应迅速冷却。

7. 再标准化

浓缩后的标准化称为再标准化，其目的是调整乳中干物质的浓度使其合乎要求，也称浓度标准化。淡炼乳生产中浓度难以正确掌握，一般浓缩到比标准浓度略高，再加蒸馏水进行调整，加水量按下式计算：

$$加水量 = m\left(\frac{1}{F_1} - \frac{1}{F_2}\right)$$

式中　m——第一次标准化后乳中的脂肪量，kg；

　　　F_1——成品中的脂肪含量，%；

　　　F_2——浓缩乳的脂肪含量，%（可用脂肪测定仪或盖勃氏法测定）。

8. 添加稳定剂

添加稳定剂可增加原料乳的稳定性，防止灭菌处理时发生蛋白质凝固。一般牛乳中钙、镁离子过剩，加入柠檬酸钠、磷酸二氢钠、磷酸氢二钠可使可溶性钙、镁减少，增强酪蛋白的热稳定性。

在原料乳杀菌前或浓缩后添加稳定剂效果基本相同，以浓缩后添加为好。准确添加量应根据小试确定。一般原料乳 100kg 添加 10～15g 为宜，添加过量，产品的风味差且褐变显著。

9. 小样试验

1）试验目的

为了确定稳定剂的添加量、灭菌温度、时间，确保装罐后高温灭菌的安全性，先试封几罐，进行灭菌，开罐检验以决定稳定剂的添加量、灭菌温度、时间。

2）样品的准备

由储乳槽取浓缩乳样，通常以每 1kg 原料乳 0.25g 为宜，加入不同剂量的稳定剂。一般用 1mL 刻度吸管添加，调制成样品，分别装罐、封罐，供做试验。

3）灭菌试验

把样品罐放入小样用的灭菌机中，采用 116.5℃、16min 保温完毕后，迅速冷却，冷却后取出小样开罐检查。

4）开罐检查

先检查有无凝固物，然后检查黏度、色泽、风味。要求无凝固、稀薄的稀奶油色、略有甜味为佳。

10. 装罐、封罐

按照小试结果添加稳定剂后，立即进行装罐、封罐。装罐时不可装满，顶隙留有余量，以免灭菌时膨胀变形，装罐后进行真空封罐。

11. 灭菌

1）目的

彻底杀灭微生物及酶类，确保产品安全性，提高储藏性。适当高温处理可提高成品黏度，防止脂肪上浮，并赋予炼乳特有的芳香味。

2）方法

间歇式灭菌适于小规模生产，可用回转灭菌机。大规模生产多采用连续式灭菌机。灭菌机由预热区、灭菌区和冷却区三部分组成，封罐后罐内温度在 18℃下进入预热区被加热到 93～99℃，然后进入灭菌区，升温至 114～119℃，经一段时间后进入冷却区冷却至室温。

12. 振荡

若灭菌操作不当，或使用热稳定性较差的原料乳，产品中会出现软的凝块，振荡可使凝块分散复原成均匀的流体。使用振荡机进行振荡，在灭菌后 2～3d 内进行，时间为 1～2min。

13. 保温检查

淡炼乳出厂前，一般还要经过保藏试验，即将成品在 25～30℃下保温储藏 3～4 周，观察有无胀罐，并开罐检查有无缺陷，必要时抽取一定数量样品于 37℃下保存 6～10d 加以观察及检验，合格后方可出厂。

三、淡炼乳常见的质量缺陷及控制

（一）淡炼乳的质量标准

1. 感官指标

1）滋味与气味

淡炼乳应具有明显的高温灭菌乳的滋味和气味，无杂味。

2）色泽

淡炼乳呈乳白（黄）色，均匀一致，有光泽。

3）组织状态

淡炼乳组织细腻、质地均匀、黏度适中、无脂肪游离、无沉淀、无凝块、无机械杂质。

2. 理化指标

淡炼乳的理化指标见表8.3。

表 8.3　淡炼乳的理化指标

项　目		指　标	项　目		指　标
总乳固体含量/%	>	26	铜含量（以 Cu 计）/(mg/kg)	≤	4.00
脂肪含量/%	≥	8.00	锡含量（以 Sn 计）/(mg/kg)	≤	50.00
酸度/°T	≤	48.00	杂质度/(mg/kg)	≤	4.00
稳定剂/%	<	0.05	细菌指标		不含任何杂菌及致病菌
铅含量（以 Pb 计）/(mg/kg)	≤	0.50	—		—

（二）淡炼乳常见的质量缺陷及控制

1. 脂肪上浮

淡炼乳黏度下降，或者均质不完全而产生脂肪上浮。控制适当的热处理条件，使其保持适当的黏度，注意均质操作，使脂肪球直径基本在 $2\mu m$ 以下，可防止脂肪上浮。

2. 胀罐

淡炼乳的胀罐分为细菌性、化学性和物理性胀罐三种类型。

污染严重或灭菌不彻底，尤其是耐热性芽孢杆菌污染，导致细菌生长代谢产气造成细菌性胀罐，应防止污染和加强灭菌；如果淡炼乳酸度偏高并储存过久，乳中酸性物质与罐壁的锡、铁等发生化学反应产生氢气，可导致化学性胀罐；罐装得过满或运到高原、高空、海拔高、气压低的场所，可能会出现物理性胀罐，即所谓的"假胖听"。

3. 褐变

淡炼乳经高温灭菌颜色变深呈黄褐色，灭菌温度越高，保温时间及储藏时间越长，褐变现象越突出，其原因是美拉德反应。为防止褐变，要求在达到灭菌的前提下，避免过度长时间高温处理；最好在 5℃以下保存，稳定剂用量应按标准添加。

4. 黏度降低

淡炼乳在储藏期间会出现黏度降低的趋势，如果黏度降低显著，会出现脂肪上浮和部分成分沉淀。影响黏度的主要因素是热处理过程，降低储藏温度可减缓黏度下降的趋势，在 0～5℃下储藏可避免黏度降低。

5. 凝固

1）细菌性凝固

受耐热性芽孢杆菌严重污染或灭菌不彻底、封口不严的影响，淡炼乳会因微生物产生乳酸或凝乳酶，使产品产生凝固现象。一般有苦味、酸味、腐败味。为防止污染，要严格灭菌及严密封罐。

2）理化性凝固

使用热稳定性差的原料乳或生产过程中浓缩过度、灭菌过度、干物质含量过高、均质压力过高（超过 25MPa）等均可出现凝固。

6. 蒸煮味

淡炼乳要经过高温灭菌，乳中蛋白质经长时间高温处理分解产生硫化物而形成蒸煮味，蒸煮味的产生对产品口感有很大影响。防止方法主要是对热处理工艺的控制。避免长时间高温处理，可用超高温瞬时灭菌法处理。

小结

炼乳是一种浓缩乳制品，是鲜乳经真空浓缩除去大部分水分制成的半流体状态的产品。根据成品是否加糖可分为甜炼乳和淡炼乳。

甜炼乳是在原料乳中加入约 16％ 的蔗糖，并浓缩到原体积 40％ 左右，再经冷却、结晶而制成的产品。成品中含有 40％～45％ 的蔗糖。甜炼乳装罐后不再灭菌，依靠蔗糖造成的渗透压抑制乳中残留的微生物，赋予成品以保存性。

淡炼乳是指标准化的原料乳中不加糖，直接预热杀菌后经浓缩，使体积达到原体积的 40％～45％，再进行均质、灭菌等工艺而制成的产品。二者工艺的主要区别在于：淡炼乳的加工不加糖；增加均质工艺；采取灭菌处理；需添加盐类稳定剂。

 复习思考题

(1) 名词解释：甜炼乳、淡炼乳、再标准化、小样试验。

(2) 简述甜炼乳的生产工艺及要求。

(3) 甜炼乳中加糖的目的是什么？适宜的加糖量及蔗糖比是多少？

(4) 甜炼乳的加糖方法有哪几种？各有何特点？

(5) 如何确定甜炼乳的浓缩终点？

(6) 甜炼乳为什么要进行冷却结晶？一般选择的晶种是什么？晶种如何制备与添加？

(7) 甜炼乳常见的质量缺陷有哪些？

(8) 淡炼乳与甜炼乳的本质区别是什么？

(9) 用于淡炼乳生产的稳定剂有哪些？如何添加？

 知识链接

炼乳的诞生

早在 5000 多年前，古代的印度和埃及人就以牛乳和羊奶为重要的食物和饮料，牛乳很容易腐败，人们很早就开始探讨能够使牛乳长期保存不变质的方法。据说在 13 世纪，中国成吉思汗所率领的蒙古大军在征战欧亚大陆时，曾携带过一种糊状的浓缩牛乳。

1827 年，法国的 N. 阿佩尔首先发明了浓缩牛乳制成炼乳的技术。阿佩尔曾把无糖炼乳装入罐头瓶送给当时的法国海军。但炼乳的工业化生产是 30 年后的事情。美国人 G. 博登在一次海上旅行时，目睹了同船的几个婴儿因吃了变质牛乳而丧生的惨剧，于是萌发了研究牛乳保存技术的念头，他经过反复研制，并请教了许多人，终于研制出采用减压蒸馏方法将牛乳浓缩至原体积的 1/3 左右的生产炼乳的技术，他还在炼乳中加入大量的糖，达到成品重量的 40％ 以上，这实际起到了抑制细菌生长的作用。1856 年，博登获得了加糖炼乳的发明专利。1858 年，博登在美国建起了世界上第一座炼乳工厂，

博登生产的炼乳罐头在美国南北战争（1861～1865 年）中供军队食用，证明了它的实用性。

1866 年，美国人贝吉也建立了炼乳工厂，生产加糖炼乳。贝吉公司的技师迈恩伯格又进行了生产炼乳新方法的研究，于 1884 年发明了新的牛乳浓缩方法，并在炼乳装罐后再加高温进行灭菌处理，生产出了可长期保存的无糖炼乳。

 单元操作训练

炼乳的结晶

一、单元训练目的

通过训练，熟悉炼乳加工中冷却结晶的意义，掌握结晶的方法。

二、仪器与材料

1. 仪器
不锈钢锅。
2. 材料
牛乳、白糖、成品炼乳。

三、方法和步骤

（1）牛乳在 80℃，保持 10min 杀菌。

（2）加入 16％的糖，充分搅拌。

（3）加热浓缩到牛乳原体积的 40％左右时，进行冷却至 26℃，添加 1％的成品炼乳代替，保持 0.5h。

（4）继续冷却至 15℃左右，完成冷却结晶操作。

四、注意事项

操作中一定要不断搅拌，防止炼乳粘锅底。同时利于乳糖呈细微结晶。

 综合实训

炼乳的加工

一、实训目的

学习在实验室条件下奶油加工，进一步了解和熟悉其加工方法、工艺流程和加工原理。

二、仪器与材料

1. 仪器
薄铝锅（最好是特制的长方形的平底铝锅）。

2. 材料

新鲜牛乳2000mL，白糖320g。

三、实训内容

1. 工艺流程

炼乳加工工艺流程如图8.5所示。

图8.5　炼乳加工工艺流程

2. 操作过程

1）预热灭菌

在温度为80℃的条件下，预热10～15min灭菌。

2）加糖

加入占原料乳15%～16%的糖，要选择干燥、洁白、无异味的结晶蔗糖或优质的白糖。并充分搅拌。

3）浓缩

用铝锅浓缩，火力越大越好，并不断地搅和，避免料乳结成薄皮粘锅底。待浓缩到40%左右时即停火。

4）冷却

先将铝锅中已浓缩的炼乳倒出来，边搅拌边迅速冷却至28～30℃，并保持约1h，然后进一步冷却至12～15℃。

5）装罐

用手工装罐的炼乳需静置12h，待排出气泡后再装罐。要特别注意卫生，防止手接触产品，装炼乳的罐或瓶要在90℃以上进行10min的蒸汽灭菌，也可装罐后用此法灭菌。

四、思考题

（1）炼乳加工工艺应特别注意哪几个工序？

（2）认真做好实训记录，写出实训报告。

项目九　冰淇淋加工

☞ **岗位描述**

冰淇淋加工。

☞ **工作任务**

（1）能操作预热、混合设备溶解混合料。

（2）能操作板式热交换器对混合料进行杀菌和冷却。

（3）能操作高压均质机对物料进行均质处理。

（4）能操作冰淇淋机对混合料进行凝冻处理。

（5）能操作冰淇淋成型设备对冰淇淋进行成型和灌装。

☞ **知识目标**

（1）了解冰淇淋生产的原辅料及其作用。

（2）掌握冰淇淋、雪糕、棒冰等冷饮的生产工艺流程和操作要点。

（3）能够熟练使用加工冰淇淋、雪糕、棒冰等冷饮的相关仪器和设备。

（4）掌握冰淇淋常见的质量缺陷及其控制方法。

☞ **能力目标**

（1）能够设计冰淇淋、雪糕、棒冰等冷饮的配方。

（2）能够独立利用实验室设备加工冰淇淋、雪糕、棒冰等冷饮。

（3）能够独立完成冰淇淋、雪糕、棒冰等冷饮的品质检验工作。

☞ **案例导入**

冰淇淋有着浓郁的香味、细腻的组织、可口的滋味和诱人的色泽，还具有较高的营养价值，是夏季深受消费者欢迎的冷冻饮品。

☞ **课前思考题**

（1）简述冰淇淋的加工工艺。

（2）雪糕与冰淇淋有哪些不同？

任务一　认识冰淇淋

一、冰淇淋的定义

冰淇淋又称冰激凌，是以饮用水、牛乳、奶粉、奶油（或植物油脂）、食糖等为主要原料，加入适量食品添加剂，经混合、灭菌、均质、老化、凝冻、硬化等工艺而制成的体积膨胀的冷冻饮品。

冰淇淋的物理结构（图 9.1）很复杂，由液、气、固三相构成。气泡包围着冰的结晶连续向液相中分散，在液相中含有固态的脂肪、蛋白质、不溶性盐类、乳糖结晶、稳定剂、溶液状的蔗糖、乳糖、盐类等。

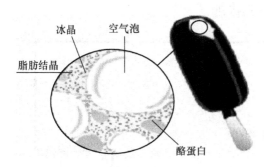

冰晶　　空气泡

脂肪结晶

酪蛋白

图 9.1　冰淇淋组织结构

二、冰淇淋的分类

冰淇淋的种类很多,其分类方法各异,现将几种常见的分类方法介绍如下。

1. 按含脂率高低分类

(1)高级奶油冰淇淋。一般其脂肪含量为14%～16%,总固形物含量为38%～42%。

(2)奶油冰淇淋。一般其脂肪含量为10%～12%,为中脂冰淇淋,总固形物含量为34%～38%。

(3)牛乳冰淇淋。一般其脂肪含量为6%～8%,为低脂冰淇淋,总固形物含量为32%～34%。

2. 按冰淇淋的加工工艺分类

(1)清型冰淇淋。不含颗粒或块状辅料的制品,如橘味冰淇淋。

(2)混合型冰淇淋。含有颗粒或块状辅料的制品,如葡萄干冰淇淋、菠萝冰淇淋等。

(3)组合型冰淇淋。与其他冷冻饮品或巧克力等组合而成的制品,如白巧克力冰淇淋等。

3. 按冰淇淋的形态分类

按形态冰淇淋可分为冰淇淋砖(冰砖)、杯状冰淇淋、锥形冰淇淋、异形冰淇淋、装饰冰淇淋等。

4. 按使用不同香料分类

按使用不同的香料冰淇淋可分为香草冰淇淋、巧克力冰淇淋、咖啡冰淇淋、薄荷冰淇淋等。其中以香草冰淇淋最为普遍,巧克力冰淇淋其次。

三、冰淇淋的原料及辅料

1. 乳与乳制品

乳与乳制品是冰淇淋中脂肪和非脂乳固体的主要来源。冰淇淋用脂肪最好是鲜乳脂,若乳脂缺乏,则可用奶油或人造奶油代替。在冰淇淋中,乳脂肪的用量一般为6%～12%,最高可达16%,其作用在于乳脂肪能增进风味,并使成品有柔润细腻的感觉。冰淇淋中的非脂乳固体主要来源于鲜牛乳、全脂奶粉、脱脂奶粉、乳清粉、炼乳等,以鲜牛乳及炼乳为最佳。非脂乳固体主要有蛋白质、乳糖和矿物质组成,其中蛋白质能促使冰淇淋组织状态圆润,增加稠度,提高膨胀率。乳糖的柔和甜味及矿物质的隐约盐味,赋予产品显著的风味特征。在一定范围内,非脂乳固体添加越多,冰淇淋的品质越好。但若过量,其中的乳糖呈过饱和而渐渐结晶析出砂状沉淀,一般推荐其最大用量不超过制品中水分的16.7%。

2. 食用油脂

(1)植物油脂及其氢化油。氢化油是用不饱和脂肪酸含量较高的液态植物油,通过氢化方法制成的固态脂。氢化油熔点高、硬度好、气味纯正、可塑性强,很适合用做提高冰淇淋含脂量的原料。最适合使用的植物油脂是椰子油、棕榈油、棕榈仁油或这三种油脂的混合物。这些油脂通过精制或部分氢化以达到27～35℃的熔点,并具有与乳脂相似的质构特性。

（2）人造奶油。人造奶油的外观和风味与奶油相似，它是由高级精炼食用植物油为主要原料（占总量的80%以上），加上脱脂奶粉、食盐、着色剂、香精等，经混合、杀菌、乳化等工艺，再经冷却、成熟而成的。

3. 蛋与蛋制品

蛋与蛋制品富含卵磷脂，能使冰淇淋或雪糕形成永久性的乳化能力，同时蛋黄亦可起稳定剂的作用。冰淇淋生产中常用的蛋与蛋制品包括鲜鸡蛋、冰蛋黄、蛋黄粉和全蛋粉。鲜鸡蛋常用量为1%~2%，蛋黄粉常用量为0.3%~0.5%，若用量过多，则有蛋腥味产生。

4. 甜味剂

冰淇淋使用的甜味剂有蔗糖、淀粉糖浆、葡萄糖、果糖、阿斯巴甜等。蔗糖为最常用的甜味剂，一般用量为12%~16%，过少会使制品甜味不足，过多则缺乏清凉爽口的感觉，并使料液冰点降低，凝冻时膨胀率不易提高。乳品冷饮生产厂家常以淀粉糖浆部分代替蔗糖，一般以代替蔗糖的1/4为好，蔗糖与淀粉糖浆两者并用时，制品的组织、储运性能将更佳。

5. 稳定剂与乳化剂

（1）稳定剂。稳定剂具有亲水性，能提高冰淇淋的黏度和膨胀率，防止大冰晶的形成，使产品质地润滑，具有一定的抗融性。稳定剂的种类很多，其添加量依原料成分组成而变化，尤其是依总固形物含量而异，一般为0.1%~0.5%，常用稳定剂的特性及添加量如表9.1所示。

表9.1　稳定剂的特性及添加量

名　称	类　别	来　源	特　征	参考用量/%
明胶	蛋白质	牛猪骨、皮	热可逆性凝胶、可在低温时融化	0.5
CMC	改性纤维素	植物纤维	增稠、稳定作用	0.2
海藻酸钠	有机聚合物	海带、海藻	热可逆性凝胶、增稠、稳定作用	0.25
卡拉胶	多糖	红色海藻	热可逆性凝胶、稳定作用	0.08
角豆胶	多糖	角豆树	增稠、和乳蛋白相互作用	0.25
瓜尔豆胶	多糖	瓜尔豆树	增稠作用	0.25
果胶	聚合有机酸	柑橘类果皮	胶凝、稳定作用、在pH较低时稳定	0.15
微晶纤维	纤维素	植物纤维	增稠、稳定作用	0.5
魔芋胶	多糖	魔芋块茎	增稠、稳定作用	0.3
黄原胶	多糖	淀粉发酵	增稠、稳定作用、pH变化适应性强	0.2
淀粉	多糖	玉米制粉	提高黏度	3

（2）乳化剂。乳化剂是一种既亲水又亲油的物质，介于水和油之间，使一方很好地分散于另一方的中间而形成稳定的乳化液。乳化剂在冰淇淋中的作用有：①使脂肪呈微细乳浊状态，并使之稳定化；②分散脂肪球以外的粒子并使之稳定化；③增加室温下产品的耐热性，也就是增强了其抗融性和抗收缩性；④防止或控制粗大冰晶形成，使产品组织细腻。乳化剂的添加量与混合料中脂肪含量有关，一般随脂肪量增加而增加，其范围在0.1%~0.5%之间，复合乳化剂的性能优于单一乳化剂。常用乳化剂的性能及添加量如表9.2所示。

表 9.2　乳化剂的性能及添加量

名　称	来　源	性　能	参考添加量/%
单甘酯	油脂	乳化性强，抑制冰晶的生成	0.2
蔗糖酯	蔗糖脂肪酸	可与单甘酯（1∶1）合用于冰淇淋	0.1～0.3
吐温（tween）	山梨糖醇脂肪酸	延缓融化时间	0.1～0.3
斯盘（span）	山梨糖醇脂肪酸	乳化作用，与单甘酯合用有复合效果	0.2～0.3
PG 酯	丙二醇、甘油	与单甘酯合用，提高膨胀，保形性	0.2～0.3
卵磷脂	蛋黄粉中含 10%	常与单甘酯合用	0.1～0.5
大豆磷脂	大豆	常与单甘酯合用	0.1～0.5

（3）复合乳化稳定剂。冰淇淋生产中常采用复合乳化稳定剂，它具有以下优点：

① 经过高温处理，确保了该产品微生物指标符合标准要求。

② 避免了单体稳定剂、乳化剂的缺陷，得到整体协同效应。

③ 充分发挥了每种亲水胶体的有效作用。

④ 可获得良好的膨胀率、抗融性能、组织结构及良好口感的冰淇淋。常见的复合稳定剂配合类型有：CMC＋明胶＋单甘酯；CMC＋卡拉胶＋单甘酯＋蔗糖酯；CMC＋明胶＋卡拉胶＋单甘酯；海藻酸钠＋明胶＋单甘酯等。目前，工业生产中使用复合乳化稳定剂已很普遍，添加量一般为 0.2%～0.5%。

6. 香精和色素

（1）香精。香精能赋予冷饮产品醇和的香味，增进其食用价值。按其风味种类分为果蔬类、干果类、奶香类；按其溶解性分为水溶性和脂溶性。香精可以单独或搭配使用。香气类型接近的较易搭配，反之较难，如水果与奶类、干果与奶类易搭配；而干果类与水果类之间则较难搭配。冰淇淋中香精的添加量因香精的种类各异，一般用量为 0.05%～0.1%。

（2）色素。协调的色泽，能改善冷饮的感官品质，大大增进人们的食欲。冰淇淋生产中常用的色素有 β-胡萝卜素、苋菜红、胭脂红、柠檬黄、日落黄、靛蓝等。

7. 果品与果浆

果品能赋予冰淇淋天然果品的香味，提高产品的档次。冰淇淋中的果品以草莓、柑橘、橙、柠檬、香蕉、菠萝、杨桃、葡萄、荔枝、椰子、山楂、西瓜、苹果、芒果、杏仁、核桃、花生等较为常见。一般冰淇淋工业应选用深度冻结果浆、巴氏杀菌果浆或冷冻干燥粉。

四、冰淇淋的质量标准

1. 冰淇淋的感官指标（表 9.3）

表 9.3　冰淇淋的感官指标

项　目	要　求		
	清型	混合型	组合型
色泽	色泽均匀，具有该品种应有的色泽	具有该品种应有的色泽	
形态	形态完整，大小一致，无变形，无软塌，无收缩		形态完整，大小一致，无变形
组织	细腻滑润，无凝粒，无明显粗糙的冰晶，无气孔	含水果、干果等不溶性颗粒（块），无明显粗糙的冰晶	冰淇淋部分符合混合型的要求

续表

项　目	要　求		
	清型	混合型	组合型
滋味气味	滋味协调，有奶脂或植脂香味，香气纯正。具有该品种应有的滋味、气味，无异味		
杂质	无肉眼可见杂质		
单件包装	包装完整、不破损，封口严密，内容物无裸露现象		

2. 冰淇淋的理化指标（表 9.4）

表9.4　冰淇淋的理化指标

项　目		指　标								
		清型			混合型			组合型		
		全乳脂	半乳脂	植脂	全乳脂	半乳脂	植脂	全乳脂	半乳脂	植脂
总固形物/%	≥	30			30			30		
脂肪/%	≥	8	6		8	5		8	6	
蛋白质/%	≥	2.5			2.2			2.5	2.2	
膨胀率/%		80～120	60～140	≤140	≥50			—		

注：组合型的全乳脂、半乳脂、植脂冰淇淋的总固形物、脂肪、蛋白质指标均指冰淇淋主体。

3. 冰淇淋的卫生指标

冰淇淋的卫生指标应符合 GB 2759—1996 的规定。菌落总数（cfu/mL）≤30000；大肠菌群（MPN/100mL）≤450；致病菌（指肠道致病菌、致病性球菌）不得检出。

任务二　冰淇淋的加工技术

一、冰淇淋的生产工艺流程

各种冰淇淋的加工工艺如图 9.2 所示。图 9.3 为每 1h 生产 500L 冰淇淋的生产线。

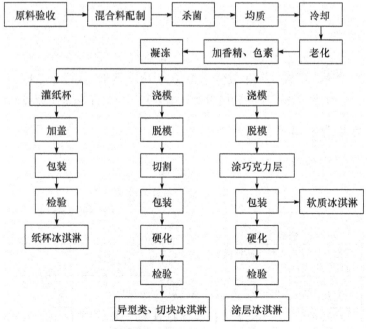

图 9.2　冰淇淋加工工艺流程

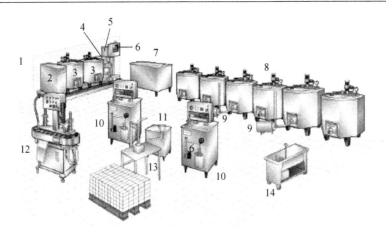

图 9.3　每 1h 生产 500L 冰淇淋的生产线

1. 混合料预处理；2. 水加热器；3. 混合罐和生产罐；4. 均质；5. 板式热交换器；
6. 控制盘；7. 冷却水；8. 老化罐；9. 排料泵；10. 连续凝冻机；11. 脉动泵；
12. 回转注料；13. 灌注；14. CIP 系统

二、操作要点

1. 混合料的配制

将冰淇淋的各种原料以适当的比例加以混合，即称为冰淇淋混合料，简称为混合料。

1）配方的设计与计算

冰淇淋的口味、硬度、质地和成本都取决于各种配料成分的选择及比例。冰淇淋的种类很多，原料的配合各种各样。设计配方时，原则上要考虑脂肪与非脂乳固体成分的比例、总固形物量、糖的种类和数量、乳化剂和稳定剂的选择等。常见冰淇淋的配料组成如表 9.5 所示。按照冰淇淋的组成和质量要求，选择适宜的冰淇淋原料，而后依据原料成分计算各种原料的需要量。

表 9.5　冰淇淋的配料组成　　　　　　　　　　单位：%

组成成分	最　低	最　高	平　均
乳脂肪	6.0	16.0	8.0～14.0
非脂乳固体	7.0	14.0	8.0～11.0
糖	13.0	18.0	14.0～16.0
稳定剂	0.3	0.7	0.3～0.5
乳化剂	0.1	0.4	0.2～0.3
总固形物	30.0	41.0	34.0～39.0

【例】　今有无盐奶油（脂肪 83%）、脱脂奶粉（无脂干物质 95%）、蔗糖、明胶及水为原料，拟配制含脂肪 8%、无脂干物质 11%、蔗糖 15%、明胶 0.5% 的冰淇淋混合料 100kg，试计算各原料的用量。

　　解：经计算得到组成混合料的原料为：

蔗糖：$100\times15\%=15$kg；明胶：$100\times0.5\%=0.5$kg；无盐奶油：$100\times8\%\div83\%=9.6$kg；

脱脂奶粉：$100\times11\%\div95\%=11.6$kg；水：$100-(15+0.5+9.6+11.6)=63.3$kg

故本配方需要糖 15kg，明胶 0.5kg，无盐奶油 9.6kg，脱脂奶粉 11.6kg，水 63.3kg。

2）配料混合

按照规定的产品配方，核对各种原材料的数量后，即可进行配料。配制时要求如下：

①原料混合的顺序宜从浓度低的液体原料如牛乳等开始，其次为炼乳、稀奶油等液体原料，再次为砂糖、奶粉、乳化剂、稳定剂等固体原料，最后以水做容量调整。

②混合溶解时的温度通常为 40～50℃。

③鲜乳要经 100 目筛进行过滤、除去杂质后，再泵入缸内。奶粉在配制前应先加温水溶解，并经过过滤和均质后再与其他原料混合。

④砂糖应先加入适量的水，加热溶解成糖浆，经 160 目筛过滤后泵入缸内。

⑤人造黄油、硬化油等使用前应加热融化或切成小块后加入。

⑥鲜鸡蛋应与水或牛乳以 1∶4 的比例混合后加入，以免蛋白质变性凝成块；蛋黄粉先与加热至 50℃的奶油混合，并搅拌，使其均匀分散在油脂中。

⑦冰淇淋复合乳化稳定剂或稳定剂可与其 5～10 倍的砂糖干混匀，在不断搅拌下加入到 80～90℃热水中溶解，再加入到混料缸中，使其充分溶解和分散。

⑧明胶、琼脂等先用水泡软，加热使其溶解后加入。

⑨淀粉原料使用前要加入 8～10 倍的水，并不断搅拌制成淀粉浆，通过 100 目筛过滤，在搅拌的前提下徐徐加入配料缸内，加热糊化后使用。

⑩香精、色素在凝冻前添加为宜。

2. 混合料的杀菌

通过杀菌可以杀灭料液中的一切病原菌和绝大部分的非病原菌，以保证产品的安全性，延长冰淇淋的保质期。杀菌温度和时间的确定，主要看杀菌的效果，过高的温度与过长的时间不但浪费能源，而且还会使料液中的蛋白质凝固、产生蒸煮味和焦味、维生素受到破坏而影响产品的风味及营养价值。通常间歇式杀菌的杀菌温度和时间为 75～77℃、20～30min，连续式杀菌的杀菌温度和时间为 83～85℃、15s。

3. 混合料的均质

1）均质的目的

均质的主要目的是将脂肪球的粒度减少到 2μm 以下，使脂肪处于均匀的悬浮状态。另外，均质还有助于搅打的进行、提高膨胀率、缩短老化期，从而使冰淇淋组织细腻，形体润滑松软，具有良好的稳定性和持久性。

2）均质的条件

均质压力的选择应适当。压力过低时，脂肪粒没有被充分粉碎，影响冰淇淋的形体；压力过高时，脂肪粒过于微小，使混合料黏度过高，凝冻时空气难以混入，给膨胀率带来影响。一般均质压力为 14.7～17.6MPa。均质温度对冰淇淋的质量也有较大的影响。当均质温度低于 52℃时，均质后混合料黏度高，对凝冻不利，形体不良；而均质温度高于 70℃时，凝冻时膨胀率过大，亦有损于形体。一般较合适的均质温度是 65～70℃。

4. 混合料的冷却与老化

1）冷却

均质后的混合料温度在 60℃以上，在这么高的温度下，混合料中的脂肪粒容易分离，需要将其迅速冷却至 0～5℃后输入到老化缸（冷热缸）进行老化。

2）老化

将混合料在 2～4℃的低温下冷藏一定的时间，称为老化。老化的目的在于：

（1）加强脂肪、蛋白质和稳定剂的水合作用，进一步提高混合料的稳定性和黏度，有利于凝冻时膨胀率的提高。

（2）促使脂肪进一步乳化，防止脂肪上浮、酸度增加和游离水的析出。

（3）游离水的减少可防止凝冻时形成较大的冰晶。

（4）缩短凝冻时间，改善冰淇淋的组织状态。

老化操作的参数主要为温度和时间，随着温度的降低，老化的时间也将缩短。混合料的组成成分与老化时间有一定关系，干物质越多，黏度越高，老化时间越短。一般说来，老化温度控制在 2～4℃，时间为 6～12h 为佳。为提高老化效率，可将老化分两步进行，首先，将混合料冷却至 15～18℃，保温 2～3h，此时混合料中的稳定剂充分与水化合，提高水化程度；然后，冷却到 2～4℃，保温 3～4h，可大大提高老化速度，缩短老化时间。

5. 冰淇淋的凝冻

凝冻是将流体状的混合料置于低温下，在强制搅拌下进行冻结，使空气以极微小的气泡状态均匀分布于混合料中，使物料形成细微气泡密布、体积膨胀、凝结体组织疏松的过程。

1）凝冻的目的

（1）使混合料更加均匀。由于经均质后的混合料，还需添加香精、色素等，在凝冻时由于搅拌器的不断搅拌，使混合料中各组分进一步混合均匀。

（2）使冰淇淋组织更加细腻。凝冻是在 -6～-2℃的低温下进行的，此时料液中的水分会结冰，但由于搅拌作用，水分只能形成 4～10mm 的均匀小结晶，而使冰淇淋的组织细腻。

（3）使冰淇淋得到合适的膨胀率。在凝冻时，由于不断搅拌及空气的逐渐混入，使冰淇淋体积膨胀而获得优良的组织和形体，使产品更加适口、柔润和松软。

（4）使冰淇淋稳定性提高。由于凝冻后，空气气泡均匀的分布于冰淇淋组织之中，能阻止热传导的作用，可使产品抗融化作用增强。

（5）可加速硬化成型进程。由于搅拌凝冻是在低温下操作，因而能使冰淇淋料液冻结成为具有一定硬度的凝结体，即凝冻状态，经包装后可较快硬化成型。

2）凝冻的过程

冰淇淋料液凝冻过程大体分为以下三个阶段：

（1）液态阶段。料液经过凝冻机凝冻搅拌 2～3min 后，料液的温度从进料温度（4℃）

降低到 2℃，此时料液温度尚高，未达到使空气混入的条件，称这个阶段为液态阶段。

（2）半固态阶段。继续将料液凝冻搅拌 2～3min，此时料液的温度降至－2～－1℃，料液的黏度显著提高，空气大量混入，料液开始变得浓厚而体积膨胀，这个阶段为半固态阶段。

（3）固态阶段。继续凝冻搅拌料液 3～4min，此时料液的温度降低到－6～－4℃，在温度降低的同时，空气继续混入，不断被料液层层包围，这时冰淇淋料液内的空气含量已接近饱和，整个料液体积不断膨胀，料液最终成为浓厚、体积膨大的固态物质，此阶段即是固态阶段。

3）凝冻设备与操作

凝冻机是混合料制成冰淇淋成品的关键设备，凝冻机按生产方式分为间歇式和连续式两种。连续式凝冻机的结构主要由搅拌器、料箱、空气混入系统、制冷系统、电器控制系统等部分组成。图 9.4 和图 9.5 分别表示连续式凝冻机的外观和凝冻腔内部构造。混合料被连续泵入由氨为冷冻剂的夹套冷冻桶，冷冻过程非常迅速，这一点对形成细小冰晶非常重要。冻结在冷冻桶表面的混合料被冷冻桶内的旋转刮刀不断刮下，混合料从老化缸不断被泵送至连续凝冻机。在凝冻时空气被搅入混合料中，冰淇淋的体积逐渐增大。

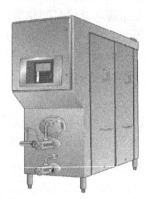

图 9.4　连续式凝冻机的外观图　　　　　　图 9.5　凝冻腔内部构造

4）冰淇淋的膨胀率

冰淇淋的膨胀率就是指冰淇淋体积增加的百分率，通常冰淇淋的膨胀率为 80%～100%。膨胀率的计算方法有两种：体积法和重量法，其中以体积法更为常用。

（1）体积法。

$$B = \frac{V_2 - V_1}{V_1} \times 100\%$$

式中　B——冰淇淋的膨胀率，%；

　　　V_1——1kg 冰淇淋的体积，L；

　　　V_2——1kg 混合料的体积，L。

（2）重量法。

$$B = \frac{m_2 - m_1}{m_1} \times 100\%$$

式中　B——冰淇淋的膨胀率，%；

m_1——1L 冰淇淋的质量，kg；

m_2——1L 混合料的质量，kg。

6. 成型灌装、硬化、储藏

1）成型灌装

凝冻后的冰淇淋必须立即成型灌装，以满足储藏和销售的需要。冰淇淋的成型有冰砖、纸杯、蛋筒、锥形、巧克力涂层冰淇淋、异形冰淇淋切割线等多种成型灌装机。

2）硬化

成型灌装后的冰淇淋为半流体状态，称为软质冰淇淋，一般现制现售。而多数冰淇淋需成为硬质冰淇淋才进入市场。硬化是将经成型灌装机灌装和包装后的冰淇淋迅速置于−25℃以下的温度，经过一定时间的速冻，保持在−18℃以下，使组织状态固定、硬度增加的过程。硬化的目的是固定冰淇淋的组织状态，完成在冰淇淋中形成极细小的冰结晶的过程，使冰淇淋保持预定的形状，保证产品的质量，便于储藏、销售和运输。

冰淇淋的硬化与产品品质有着密切的关系。硬化迅速，则冰淇淋融化少，组织中冰结晶细，成品细腻润滑；若硬化迟缓，则部分冰淇淋融化，冰的结晶粗而多，成品组织粗糙，品质低劣。冰淇淋硬化可用速冻库（−25～−23℃）、速冻硬化隧道（−40～−35℃）或盐水硬化设备（−27～−25℃）等。硬化时间一般为速冻库 10～20h，速冻硬化隧道 30～50min、盐水硬化设备 20～30min。在冰淇淋生产中常用速冻硬化隧道（图 9.6）进行硬化。

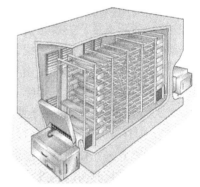

图 9.6　速冻硬化隧道

3）储藏

硬化后的冰淇淋产品，在销售前应保存在低温冷藏库中。冷藏库的温度为−20℃，相对湿度为 85%～90%，储藏库温度不可忽高忽低，储存中温度变化往往导致冰淇淋中冰的再结晶，使冰淇淋质地粗糙，影响冰淇淋品质。

三、冰淇淋膨胀率的控制

冰淇淋膨胀率过高，组织松软，缺乏持久性；膨胀率过低，则组织坚实，口感不良。各种冰淇淋都有相应的膨胀率要求，如奶油冰淇淋最适宜的膨胀率为 90%～100%，果味冰淇淋则为 60%～70%。控制冰淇淋的膨胀率，应从以下几个方面着手。

1. 原料方面

(1) 乳脂肪。乳脂肪含量越高，混合料的黏度越大，有利于膨胀，但乳脂肪含量过高时，则效果反之。一般乳脂肪含量以 6%～12% 为好，此时膨胀率最好。

(2) 非脂乳固体。增加混合料中非脂乳固体的含量，能提高膨胀率，但非脂乳固体含量过高时，乳糖结晶、部分蛋白质凝固会影响膨胀率。一般非脂乳固体含量为 10%。

(3) 含糖量。含糖量高，冰点降低，凝冻搅拌时间延长。若含糖量过多，则会降低膨胀率，一般以 13%～15% 为宜。

(4) 稳定剂。适量的稳定剂，能提高膨胀率；但用量过多则黏度过高，空气不易进入而降低膨胀率，一般不宜超过 0.5%。

（5）无机盐。无机盐对膨胀率有影响。如钠盐能增加膨胀率，而钙盐则会降低膨胀率。

2. 均质

均质适度，能提高混合料黏度，空气易于进入，使膨胀率提高；但均质过度则黏度高，空气难以进入，膨胀率反而下降。

3. 老化

在混合料不冻结的情况下，老化温度越低，膨胀率越高。

4. 凝冻

空气吸入量合适能得到较佳的膨胀率。若凝冻压力过高则空气难以混入，膨胀率则下降。

四、冰淇淋常见的质量缺陷及控制

1. 风味缺陷

冰淇淋的风味缺陷主要有以下几种：

（1）甜味不足。主要是由于配方设计不合理，配制时加水量超过标准，配料时发生差错或不等值地用其他糖来代替白砂糖等所造成。

（2）香味不正。主要是由于加入香料过多，或加入香精本身的品质较差、香味不正，使冰淇淋产生苦味或异味。

（3）酸败味。一般是由于使用酸度较高的奶油、鲜乳、炼乳；混合料采用不适当的杀菌方法；搅拌凝冻前混合料搁置过久或老化温度回升，细菌繁殖，混合料产生酸败味所致。

（4）蒸煮味。在冰淇淋中，加入经高温处理的含有较高非脂乳固体的乳制品，或者混合原料经过长时间的热处理，均会产生蒸煮味。

（5）咸味。在冰淇淋混合原料中采用含盐分较高的乳清粉或奶油，以及冻结硬化时漏入盐水，均会产生咸味或苦味。

（6）氧化味。在冰淇淋中，氧化味极易产生，这说明产品所采用的原料不够新鲜，这种气味亦可能在一部分或大部分乳制品或蛋制品中早已存在，其原因是脂肪的氧化。

2. 组织缺陷

（1）组织粗糙。混合料中总固体含量不足，稳定剂的品质较差或用量不足，混合料质量差；均质压力不当；凝冻时混合料进入凝冻机温度过高，机内刮刀的刀刃太钝，空气循环不良；硬化时间过长；冷藏温度不正常，均能导致冰淇淋组织粗糙及冰晶的产生。

（2）组织松软。混合料干物质含量不足，使用未经均质的混合料或膨胀率控制不良，均能引起这种缺陷。

（3）面团状的组织。稳定剂用量过多、硬化过程掌握不好，均能产生这种缺陷。

（4）组织坚实。混合料干物质含量过高或膨胀率较低时易导致冰淇淋组织坚实。

3. 形体缺陷

（1）形体太黏。形体太黏与稳定剂使用量过多、总干物质含量过高、均质时温度过低或膨胀率过低有关。

（2）有奶油粗粒。冰淇淋中有奶油粗粒，是由于混合料中脂肪含量过高、均质不良、凝冻时温度过低或混合料酸度较高所形成的。

（3）融化缓慢。这是由于稳定剂用量过多、混合料过于稳定、混合料中含脂量过高以及使用较低的均质压力等所造成的。

（4）融化后成泡沫状。由于混合料的黏度较低或有较大的空气泡分散在混合料中，当冰淇淋融化时，会产生泡沫现象。

4. 冰淇淋的收缩

冰淇淋的收缩现象是冰淇淋生产中重要的工艺问题之一。冰淇淋收缩主要是由于冰淇淋硬化或储藏温度变异，黏度降低和组织内部分子移动，从而引起空气泡的破坏，空气从冰淇淋组织内溢出，使冰淇淋发生收缩。另一方面，当冰淇淋组织内的空气压力较外界低时，冰淇淋组织陷落而形成收缩，影响冰淇淋收缩的因素主要有以下几个方面：

（1）膨胀率过高。冰淇淋膨胀率过高，则相对减少了固体的数量，因此，在适宜的条件下，容易发生收缩。

（2）蛋白质不稳定。蛋白质不稳定，容易形成冰淇淋的收缩。蛋白质不稳定，主要是乳固体采用了高温处理，或是由于牛乳及乳脂的酸度过高等。故原料应采用新鲜、质量好的牛乳和乳脂；混合料在低温时老化，能增加蛋白质的水解量，则冰淇淋的质量能有一定的提高。

（3）糖含量过高。冰淇淋中糖分含量过高，相对地降低了混合料的凝固点。砂糖含量每增加2%，则凝固点一般相对地降低约0.22℃。如果使用淀粉糖浆或蜂蜜等，则将延长混合料在冰淇淋凝冻机中搅拌凝冻的时间，其主要原因是相对分子质量低的糖类的凝固点较相对分子质量高者为低。

（4）细小的冰结晶体。在冰淇淋中，由于存在极细小的冰结晶体，因而产生细腻的组织，这对冰淇淋的形体和组织来讲，是很适宜的。然而，针状冰结晶体能使冰淇淋组织凝冻得较为坚硬，它可抑制空气气泡的溢出。

（5）空气气泡。冰淇淋混合原料在搅拌凝冻时，形成许多很细小的空气气泡，扩大了冰淇淋的体积。由于空气气泡的压力与气泡本身的直径成反比，气泡小则压力大，同时，空气气泡周围的阻力则较小，细小空气气泡更容易从冰淇淋组织中溢出。

任务三　其他冷饮加工

一、雪糕的加工

（一）雪糕概述

雪糕是以饮用水、乳品、蛋品、甜味料、食用油脂等为主要原料，添加适量增稠剂、香精、着色剂等食品添加剂，经混合、灭菌、均质、老化或轻度凝冻、注模、冻结等工艺制成的带棒或不带棒的冷冻产品。雪糕的总固形物、脂肪含量较冰淇淋低。

根据产品的加工工艺不同，雪糕可分为清型雪糕、混合型雪糕和组合型雪糕。清型雪糕是不含颗粒或块状辅料的制品，如橘味雪糕。混合型雪糕是含有颗粒或块状辅料的制品，如葡萄干雪糕、菠萝雪糕等。组合型雪糕是指与其他冷冻饮品或巧克力等组合而成的制品，如白巧克力雪糕、果汁冰雪糕等。

（二）雪糕的质量标准

1. 雪糕的感官要求（表 9.6）

表 9.6　雪糕的感官要求

项　目	要　求		
	清型	混合型	组合型
色泽	色泽均匀，具有品种应有的色泽	具有品种应有的色泽	
形态	形态完整，大小一致，表面起霜，插杆整齐，无断杆，无多杆，无空头		
组织	冻结坚实，细腻滑润，无明显大冰晶	粒状辅料分布均匀，无明显大冰晶	雪糕部分具有清型或混合型的组织特性
滋味气味	滋味协调，香气纯正，具有该品种应有的滋味、气味，无异味		
杂质	无外来可见杂质		
单件包装	包装完整、不破损，内容物不外露，包装图案端正		

2. 雪糕的理化指标（表 9.7）

表 9.7　雪糕的理化指标

项　目		指　标		
		清型	混合型	组合型
总固形物/%	≥	16	18	16
总糖含量（以蔗糖计）/%	≥	14	14	14
脂肪/%	≥	2		

注：组合型指标均指雪糕主体。

3. 雪糕的卫生指标

雪糕的卫生指标应符合 GB 2759.1—1996 的规定。菌落总数（cfu/mL）≤30000；大肠菌群（MPN/100mL）≤450；致病菌（指肠道致病菌、致病性球菌）不得检出。

（三）雪糕的加工工艺

1. 雪糕的加工工艺流程（图 9.7）

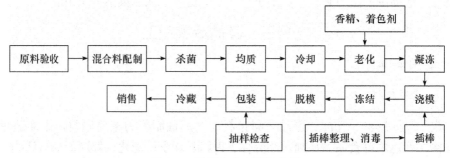

图 9.7　雪糕生产工艺流程图

2. 操作要点

雪糕生产时，原料配制、杀菌、冷却、均质、老化等操作技术与冰淇淋基本相同。普通雪糕无须经过凝冻工序，直接经浇模、冻结、脱模、包装而成，膨化雪糕需要进行凝冻工序。

（1）凝冻。首先对凝冻机进行清洗和消毒，而后加入料液，料液的加入量与冰淇淋生产有所不同，第一次的加入量约占机体容量的 1/3，第二次则为 1/2～2/3。膨化雪糕要进行轻度凝冻，膨胀率为 30％～50％，出料温度一般控制在 -3℃ 左右。

（2）浇模。从凝冻机内放出的料液可直接放进雪糕模盘内，浇模时模盘要前后左右晃动，以便混合料在模内分布均匀，然后盖好带有扦子的模盖，轻轻放入冻结槽内冻结。浇模前要将模具（模盘）、模盖、扦子进行消毒，一般用沸水煮或用蒸汽喷射消毒 10～15min。

（3）冻结。雪糕的冻结有直接冻结法和间接冻结法。直接冻结法就是直接将模盘浸入盐水内进行冻结，间接冻结法是速冻库（管道半接触式冻结装置）与隧道式（强冷风冻结装置）速冻。冻结速度越快，产生的冰结晶就越小，质地越细；相反则产生的冰结晶大、质地粗。

（4）插扦。要求插得整齐端正，不得有歪斜、漏插及未插牢现象。现在有机械插扦。

（5）脱模。脱模就是使冻结硬化的雪糕经瞬时加热由模盘脱下的过程。脱模时，在烫盘槽内注入加热用的盐水至规定高度后，开启蒸汽阀将蒸汽通入蛇形管控制烫盘槽温度在 48～54℃；将模盘置于烫盘槽中，轻轻晃动使其受热均匀、浸数秒钟后（以雪糕表面稍融为度），立即脱模。

（6）包装。包纸、装盒、装箱、放入冷库。

二、棒冰的加工

（一）棒冰概述

棒冰也称冰棍、冰棒和雪条，是以饮用水、甜味料为主要原料，加入适量增稠剂、着色剂、香料等食品添加剂，或再添加豆品、乳品等，经混合、杀菌、冷却、浇模、插扦、冻结、脱模、包装等工艺制成的带扦的冷冻饮品。棒冰按其加工工艺不同，可分为清型棒冰、混合型棒冰和组合型棒冰。

棒冰与雪糕的制造过程和生产设备基本上是相同的，只是其混合料成分不同，因此，所制成的产品在组织、风味上有所差别。雪糕总干物质含量较棒冰高 40％～60％，并含有 2％ 以上的脂肪，因此，其所制成的产品风味与组织较棒冰肥美可口。

（二）棒冰的质量标准

1. 棒冰的感官要求（表 9.8）

表 9.8 棒冰的感官要求

项 目	要 求		
	清型	混合型	组合型
色泽	色泽均匀，具有该品种应有的色泽	具有该品种应有的色泽	
形态	形态完整，大小一致，表面起霜，插杆端正，无断杆，无多杆，无空头		
组织	冻结坚实，无二次冻结形成的较大冰晶	冻结坚实，粒状辅料混合较匀	棒冰主体部分应具有混合型的组织特性

续表

项 目	要　求		
	清型	混合型	组合型
滋味气味	滋味协调，香气纯正，具有该品种应有的滋味、气味，无异味		
杂质	无外来可见杂质		
单件包装	包装完整、不破损，内容物不外露，包装图案端正		

2. 棒冰的理化指标（表9.9）

表9.9　棒冰的理化指标

项 目	指　标		
	清型	混合型	组合型
总固形物/% ≥	11.0	15.0	15.0
总糖含量（以蔗糖计）/% ≥	9.0	9.0	10.0

注：组合型指标均指棒冰主体。

3. 棒冰的卫生指标（同冰淇淋、雪糕）

（三）棒冰的加工工艺

1. 棒冰的加工工艺流程（图9.8）

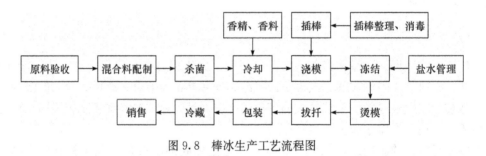

图9.8　棒冰生产工艺流程图

2. 棒冰的生产工艺操作要点
棒冰的生产工艺要点与雪糕相同。

三、冰霜的加工

（一）冰霜概述

冰霜又称雪泥，是用饮用水、甜味剂、果汁、果品、少量牛乳、淀粉等为原料，添加适量的稳定剂、香料、着色剂等食品添加剂，经混合、灭菌、凝冻等工艺而制成的一种泥状或细腻冰屑状的冷冻饮品。它与冰淇淋的不同之处在于含油脂量极少，甚至不含油脂，糖含量较高，组织较冰淇淋粗糙，和冰淇淋、雪糕一样是一种清凉爽口的冷冻饮品。冰霜按其加工工艺不同，分为为清型冰霜、混合型冰霜与组合型冰霜三种。

（二）冰霜的质量标准

1. 冰霜的感官要求（表9.10）

表9.10　冰霜的感官要求

项 目	要 求		
	清型	混合型	组合型
色泽	色泽均匀，具有该品种应有的色泽	具有该品种应有的色泽	
形态	冰雪状，不软塌		
组织	疏松、霜晶微细，入口即溶化	疏松、霜晶微细，入口即溶化，含有干果、水果等颗粒（块）	冰霜主体部分应符合清型或混合型的组织特性
滋味气味	有砂质感，香气纯正与品种相符，无异味		
杂质	无外来可见杂质		
单件包装	包装完整、严密、不破损，内容物无裸露现象		

2. 冰霜的理化指标（表9.11）

表9.11　冰霜的理化指标

项 目	指 标		
	清型	混合型	组合型
总固形物/% ≥	16	18	16
总糖含量（以蔗糖计）/% ≥	13	13	13

注：组合型指标均指冰霜主体。

3. 冰霜的卫生指标

冰霜的卫生指标同冰淇淋、雪糕。

（三）冰霜的加工工艺

1. 冰霜的加工工艺流程（图9.9）

图9.9　冰霜生产工艺流程图

2. 冰霜的生产工艺操作要点

冰霜的原料检验、预处理、配料方法与冰淇淋操作相同。

（1）杀菌与添加色素。冰霜杀菌温度为80～85℃，保温10～15min，此杀菌条件不但保证了混合料中的淀粉充分糊化与黏度增加，且达到杀菌目的。

（2）冷却与添加香精及果汁。杀菌保温后的料液，用冷却设备速冷却至2～5℃。冷却温度越低，则冰霜的凝冻时间越短，但料液的温度不能低于－2℃，否则温度过低会造成料液输送困难，冷却后及时在搅拌的前提下徐徐加入香精及经预杀菌的果汁。

（3）凝冻与加入果肉。冰霜的凝冻多采用间歇式凝冻机。凝冻操作时，第一次的料液加入时为机容量的 80%，第二次以后为机容量的 70%。凝冻时间为 12～18mim。如果生产果肉冰霜，要先对果肉进行杀菌处理，并将果肉冷却到 2～5℃时，再添加到凝冻机中。

（4）包装储藏。凝冻后的冰霜通过灌装机灌注，包装形式为冰砖或杯型。包装好的冰霜产品应及时送至－20～－18℃的冷库内储藏。

 ## 小结

本项目主要阐述了冰淇淋原辅料、质量标准、工艺要点及质量控制措施。另外简述了雪糕、棒冰、冰霜的质量标准和工艺要点。

冰淇淋是以饮用水、牛乳、奶粉、奶油（或植物油脂）、食糖等为主要原料，加入适量食品添加剂，经混合、灭菌、均质、老化、凝冻、硬化等工艺而制成的体积膨胀的冷冻饮品。其加工工艺为产品的配方设计与计算、配料混合、混合料的杀菌、均质、冷却与老化、凝冻、成型灌装、硬化、储藏。

雪糕是以饮用水、乳品、蛋品、甜味料、食用油脂等为主要原料，加入适量增稠剂、香精、着色剂等食品添加剂，或再添加可可、果汁等其他辅料，经混合、灭菌、均质、冷却、老化、凝冻、注模、冻结等工艺制成的带棒或不带棒的冷冻产品。其加工工艺为原料配制、杀菌、冷却、均质、老化等，操作技术与冰淇淋基本相同。普通雪糕不需经过凝冻工序，直接经浇模、冻结、脱模、包装而成，膨化雪糕则需要进行凝冻工序。

棒冰也称冰棍、冰棒和雪条，是以饮用水、甜味料为主要原料，加入适量增稠剂、着色剂、香料等食品添加剂，或再添加豆品、乳品等，经混合、杀菌、冷却、浇模、插扦、冻结、脱模等工艺制成的带扦的冷冻饮品。其加工工艺与雪糕相同。

冰霜（雪泥）是用饮用水、甜味剂、果汁、果品、少量牛乳、淀粉等为原料，添加适量的稳定剂、香料、着色剂等食品添加剂，经混合、灭菌、凝冻等工艺而制成的一种泥状或细腻冰屑状的冷冻饮品。其特殊加工工艺为杀菌与添加色素、冷却与添加香精及果汁、凝冻与加入果肉、包装储藏。

 ## 复习思考题

一、单项选择题

1. 成熟是冰淇淋生产的关键步骤，成熟的条件一般是（　　）。

A. 2～4℃，4～24h　　B. 0～4℃，6～12h　　C. 4℃，24h　　D. 2℃，12h

2. 冰淇淋和雪糕的关键区别在于（　　）。

A. 冰淇淋的凝冻温度低于雪糕　　　　　　B. 冰淇淋吃起来比雪糕柔滑细腻

C. 冰淇淋的外包装比雪糕精美　　　　　　D. 冰淇淋的总干物质含量高于雪糕

3. 近年冰淇淋产品向"三低一高"的方向发展，其中"一高"是指（　　　）。

A. 高脂肪　　　　　　B. 高糖　　　　　　C. 高蛋白　　　　D. 高盐

二、判断题

1. 冰淇淋从凝冻机中出料的温度一般是−4～−2℃。　　　　　　　　　（　　　）

2. 雪糕和冰淇淋的加工原料大同小异，加工工艺差距很大。　　　　　（　　　）

3. 对于冰淇淋生产来说，应该先杀菌后过滤，从而保证产品的品质。　（　　　）

4. 冰淇淋的膨胀率最适当的为80%～100%，过低在口中的风味过浓，溶解不良；若过高则呈海绵状，气泡大，在口中的溶解度快。　　　　　　　　　（　　　）

三、名词解释

1. 冰淇淋的老化

2. 冰淇淋的凝冻

3. 膨胀率

四、简答题

1. 简述冰淇淋加工工艺及工艺要点。

2. 用于生产冰淇淋的脂肪原料主要有哪些？对产品质量有什么影响？

3. 冰淇淋配料中非脂乳固体采用哪些原料？其含量对产品质量的影响？

4. 在冰淇淋原料中加入乳化稳定剂的作用是什么？

5. 冰淇淋的配料顺序如何掌握？

6. 冰淇淋生产中老化有何重要意义？

7. 冰淇淋生产中凝冻工序有何意义。

8. 冰淇淋的膨胀有何意义？如何计算冰淇淋的膨胀率？

9. 冰淇淋的品质控制和缺陷防治办法有哪些？

10. 雪糕生产工艺与冰淇淋有哪些不同？

五、综合技能题

按全脂奶粉8%、白糖15%、乳化稳定剂0.5%的配方生产冰淇淋，现有全脂奶粉400g，问配料需要白糖、乳品稳定剂和水各多少克？稳定剂怎么添加比较合理？试写出冰淇淋生产的工艺流程及其主要工艺参数。

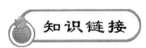 知识链接

追溯冰淇淋

冰淇淋又名冰激凌，是一种半固体的冷食，中文冰淇淋词来源于英语 ice cream，ice 意为冰，取其意；cream 意为奶油，组合成"冰淇淋"。

在商代，中国就已有在隆冬取冰至夏日使用的做法。周代，官府还设立了专管取冰用冰的官员，称之为"凌人"。到唐代时，长安街头已出售冰制冷饮和冰食的商贩。南宋时，中国已掌握用硝石放入冰水作为制冷剂，制作"冰酪"的方法。元世祖忽必烈曾禁止宫廷以外的人制作冰酪，一般认为冰酪是现代冰淇淋的最早起源。13世纪末，马可波罗来到中国，把冰酪制作技术带回意大利，后传到法兰西王朝，此后逐渐传入民间。

1660 年，在巴黎经商的意大利人普罗皮奥卡尔特里发明了制作冷食的搅拌器。1774 年，巴黎一家冷饮店的老板用牛奶冰点心制作成族徽，并起名为"冰淇淋"。1846 年，美国女士南希约翰孙制造了一种动曲柄式冰冻机。1851 年，美国人杰伊科布弗赛尔创办了世界上第一家冰淇淋工厂。

进入 20 世纪后，由于电气化和制冷技术的进步，冰淇淋的生产有了很大发展，品种也日益增多，成为一种深受欢迎的大众食品。

 单元操作训练

冰淇淋的凝冻

一、实验目的

(1) 掌握冰淇淋凝冻的原理。
(2) 熟练掌握冰淇淋凝冻机的使用方法。
(3) 了解凝冻对冰淇淋生产的重要意义。

二、实验原理

凝冻是将流体状的混合料置于低温下，在强制搅拌下进行冻结，使空气以极微小的气泡状态均匀分布于混合料中，使物料形成细微气泡密布、体积膨胀、凝结体组织疏松的过程。凝冻是冰淇淋制作过程中的一个重要工序，凝冻使混合料更加均匀、冰淇淋组织更加细腻，同时通过凝冻冰淇淋可以达到合适的膨胀率，提高产品的质量。

三、实验设备

配料缸，冷热交换器，YZ-5236 型冰淇淋机。

四、实训方法和步骤

(1) 安装。检查冰淇淋凝冻机的零部件，确保整洁、干燥，然后安装。
(2) 清洗。在 85℃温水中加入几滴洗洁精或化学消毒液，加入凝冻器，按"清洗"键搅拌 5min，放出污水。然后再用清水清洗两遍。清洗的同时检查机器是否有渗漏以及机器的运转状况是否良好。
(3) 加入混合料。称量好混合料、调味料和着色剂加入凝冻器。加料的量约为凝冻室容积的一半。加入的调味料和着色剂必须分散均匀，而加入的时间或者顺序是可以变化的。尤其是加入酸性果肉、坚果等物料时要特别谨慎，因为它们只能在若干冰晶体形成后加入。如果是在冰晶开始形成之前加入，则酸性果肉将使混合料中的牛乳凝结。如果迟些加入，则坚果、糖果、曲奇就不容易融化，且水果将保持大块不碎。因此，这些调味料既要尽可能迟地加入，又必须保证足够的时间，使其分散均匀。
(4) 搅拌。混合料输入凝冻器时，开始搅拌。
(5) 出料。当凝冻室内温度降到 −5～−3℃开始出料。

五、思考题

（1）冰淇淋的凝冻有何作用？如何操作冰淇淋凝冻机？

（2）操作冰淇淋凝冻机的注意事项。

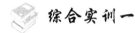 **综合实训一**

冰淇淋的加工

一、实训目的

（1）掌握冰淇淋的加工原理和操作工艺要点。

（2）了解凝冻机的工作原理，掌握凝冻机的操作技术。

（3）充分理解和体会冰淇淋老化和凝冻的作用。

二、实训原理

将混合原料在凝冻机中进行强烈搅拌而凝冻，使空气以极微小的气泡状态均匀分布其中，一部分水以微细结晶分布其中，形成口感细腻、润滑、冰凉爽口，体积膨胀的冷冻饮品。

三、仪器与材料

1. 仪器

配料缸，均质机，冷热交换器，80～100 目筛，冰箱，凝冻机，包装杯，温度计等。

2. 材料

（以 1000kg 配料计）纯净水 660kg，稳定剂 4～5kg，白砂糖 140kg，糊精 80kg，奶粉 100kg，香精 1.2kg，奶油 100kg，色素适量。

四、实训方法

1. 工艺流程

冰淇淋加工工艺流程如图 9.10 所示。

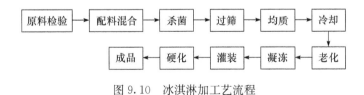

图 9.10　冰淇淋加工工艺流程

2. 操作方法

（1）配料。应先将部分水、牛乳、稀奶油等液体物料混合；使用奶粉、淀粉等干粉时，应先用少量水或牛乳充分溶解后再加入混合料中；稳定剂与 5～10 倍白砂糖干态混合后，用 80℃左右热水溶解，再加入到混合料中。

（2）杀菌。75~77℃、20~30min，或 83~85℃、15s。

（3）过筛。杀菌后的混合料用 80~100 目筛或 4 层纱布过滤，避免有颗粒混入。

（4）均质。均质温度为 65~70℃，均质压力为 14.7~17.6MPa。

（5）冷却。用冷热交换器迅速冷却到 4~5℃。

（6）老化。把冷却好的混合料液放入冷藏室中，2~4℃，老化 4~12h。

（7）凝冻。凝冻工序通过凝冻机来完成，出料温度为 -5~-3℃。

（8）灌装。灌装在纸杯或模具中，可作为软质冰淇淋直接食用。

（9）硬化。将冰淇淋送入 -25~-23℃ 速冻库中硬化 10~20h，也可将灌装冰淇淋的模具放入提前预冷到 -23℃ 左右的盐水池中速冻。

（10）储藏。硬化后的冰淇淋立即送入冷冻室储藏，温度为 -20~-18℃，相对湿度为 85%~90%。

五、实训结果与分析

实训结果依照表 9.12 进行评价。

表 9.12　实训结果评价方法

膨胀率测定		感 官 鉴 定		
第一次	色泽		组织粗糙程度	
第二次	主香气		组织松软程度	
第三次	辅香气		形体软塌程度	
平均值	综合评价		形体收缩程度	

六、注意事项

（1）混合料每次加入量一般为凝冻机容量的 52%~55%。

（2）凝冻结束出料时要注意冰淇淋的硬度和性状，其硬度以出料时不困难为原则，形体为磨砂玻璃状的半流体为佳。要能产生一定的堆积和竖立能力，装在盒内不产生低洼现象。

（3）硬化要及时，否则冰淇淋表层融化，再次冻结时会形成粗糙组织。

（4）储藏期间，冷库温度要恒定，不能忽高忽低，否则会造成冰淇淋组织状态明显粗糙化。

 综合实训二

雪糕的加工

一、实训目的

（1）掌握雪糕的加工原理和操作工艺要点。

（2）了解凝冻机的工作原理，掌握凝冻机的操作技术。

二、实训原理

雪糕是以饮用水、乳品、蛋品、甜味料、食用油脂等为主要原料，添加适量增稠剂、香精、着色剂等食品添加剂，经混合、灭菌、均质、老化或轻度凝冻、注模、冻结等工艺制成的带棒或不带棒的冷冻产品。

三、仪器与材料

1. 仪器

配料缸，均质机，冷热交换器，80～100 目筛，凝冻机，雪糕模具，扦子，盐水池，烫盘槽，冰箱等。

2. 材料

1）香蕉味雪糕（以 1000kg 配料计）

白砂糖 88.3kg，甜炼乳 145.8kg，淀粉 12.5kg，糯米粉 12.5kg，精油 33.3kg，鸡蛋 30.8kg，糖精 0.125kg，精盐 0.125kg，香蕉香精 0.5kg，水 680kg。

2）可可雪糕（以 1000kg 配料计）

白砂糖 87.5kg，甜炼乳 145.8kg，淀粉 12.5kg，糯米粉 12.5kg，可可粉 10kg，精油 30.8kg，糖精 0.14kg，精盐 0.125kg，香草香精 0.75kg，水 704kg。

四、实训方法和步骤

1. 工艺流程

雪糕加工工艺流程如图 9.11 所示。

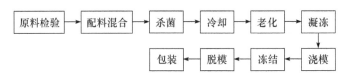

图 9.11　雪糕加工工艺流程

2. 操作要点

雪糕生产时，原料配制、杀菌、冷却、均质、老化等操作技术与冰淇淋基本相同。普通雪糕不需经过凝冻工序，直接经浇模、冻结、脱模、包装而成，膨化雪糕则需要进行凝冻工序。

（1）凝冻。料液第一次的加入量约占机体容量的 1/3，第二次则为 1/2～2/3。膨化雪糕要进行轻度凝冻，膨胀率为 30%～50%。

（2）浇模。从凝冻机内放出的料液可直接放进雪糕模盘内，浇模时模盘要前后左右晃动，以便混合料在模内分布均匀，然后盖好带有扦子的模盖，轻轻放入冻结槽内冻结。浇模前要将模具（模盘）、模盖、扦子进行消毒，一般用沸水煮或用蒸汽喷射消毒 10～15min。

（3）冻结。将雪糕膜盘放入－23℃左右的盐水池中速冻。

（4）插扦。要求插得整齐端正，不得有歪斜、漏插及未插牢现象。

（5）脱模。在烫盘槽内注入水至规定高度后，开启蒸汽阀将蒸汽通入蛇形管控制烫盘槽温度在 48～54℃；将模盘置于烫盘槽中，轻轻晃动使其受热均匀、浸数秒钟后（以雪糕表面稍融为度），立即脱模。

（6）包装。包纸、装盒、装箱，放入冷库。

五、实训结果与分析

实训结果依照表 9.13 进行评价。

表 9.13　实训结果评价方法

膨胀率测定		感　官　鉴　定			
第一次		色泽		组织粗糙程度	
第二次		主香气		组织松软程度	
第三次		辅香气		形体软塌程度	
平均值		综合评价		形体收缩程度	

七、思考题

（1）描述冰淇淋的加工原理。

（2）简述冰淇淋的生产工艺流程。

（3）认真做好实训记录，写出实训报告。

第二篇 肉制品加工技术

第三单元　肉的基本知识及畜禽的屠宰与分割

☞ **岗位描述**

从事畜禽屠宰、解剖、分割及副产品加工的人员。

☞ **工作任务**

（1）从事生猪屠宰、解剖、分割及副产品加工。

（2）从事牛、羊屠宰、解剖、加工、分割及副产品整理。

（3）从事禽类屠宰、浸烫、去毛、剖腹及整形。

☞ **包含工种**

猪屠宰加工工，牛羊屠宰加工工，禽类屠宰加工工，肉分割工。

☞ **本单元内容**

项目十　肉与肉制品加工基本知识

项目十一　肉制品加工卫生与安全控制

项目十二　畜禽的屠宰与分割技术

项目十　肉与肉制品加工基本知识

☞ **岗位描述**

从事畜禽肉制品的感官识别、新鲜鲜度的检验及肉制品香辛料的识别人员。

☞ **工作任务**

畜禽肉制品的感官识别、新鲜鲜度的检验及肉制品香辛料的识别等工作。

☞ **知识目标**

（1）了解肉的形态结构及其与肉制品加工的关系。

（2）了解肉的化学成分及加工特性。

（3）掌握肉的物理性质及品质评定。

（4）了解肉的宰后变化。

☞ **能力目标**

（1）能对畜禽肉进行新鲜度检验。

（2）能对肉制品香辛料进行识别。

☞ **案例导入**

　　2008年10月以来，广州武警医院急诊科先后接收了三起共5人因食用"猪肝汤"或吃猪内脏引起的中毒病例，经呕吐物送检化验显示，均为"瘦肉精"所致。专家提醒：谨慎购买皮太红、脂肪太薄的猪肉或来源不明的猪内脏。

☞ **课前思考题**

　　如何挑选肉？

任务一　肉的组织结构与化学成分

一、肉的组织结构

　　肉（胴体）主要由肌肉组织、脂肪组织、结缔组织和骨组织四大部分组成，还包括神经、血管、腺体、淋巴结等。其中四大组织的构造、性质及含量的多少直接影响到肉的食用品质、加工用途和商品价值，它因动物的种类、品种、年龄、性别、营养状况不同而异。其组成的比例大致为：肌肉组织50％～60％，脂肪组织15％～45％，骨组织5％～20％，结缔组织9％～13％。在四种主要组织中，肌肉组织对肉的品质影响最大。

　　（一）肌肉组织

　　肌肉组织可分为横纹肌、心肌、平滑肌三种。胴体上的肌肉组织是横纹肌，也称为骨骼肌，俗称"瘦肉"或"精肉"。骨骼肌占胴体50％～60％，具有较高的食用价值和商品价值，是构成肉的主要组成部分。

　　1. 肌肉的宏观结构

　　肌肉是由许多肌纤维和少量结缔组织、脂肪组织、腱、血管、神经、淋巴等组成。从组织学看，肌肉组织是由丝状的肌纤维集合而成，每50～150根肌纤维由一层薄膜所包围形成初级肌束。再由数十个初级肌束集结并被稍厚的膜所包围，形成次级肌束。由数个次级肌束集结，外表包着较厚膜，构成了肌肉（图10.1）。

　　2. 肌肉的微观结构

　　构成肌肉的基本单位是肌纤维，也叫肌纤维细胞，肌肉的收缩和伸长就是由肌原纤维的收缩和伸长所致。肌原纤维具有和肌纤维相同的横纹，肌节是肌肉收缩和舒张的最基本的功能单位。肌纤维的细胞质称为肌浆，填充于肌原纤维间和核的周围，是细胞内的胶体物质，呈红色，含有大量的肌溶蛋白质、肌红蛋白和参与糖代谢的多种酶类，其中肌红蛋白呈红色，是形成肉的颜色的主要因素。由于肌肉的功能不同，在肌浆中肌红蛋白的数量不同，从而使肉不同部位的肌肉颜色深浅不一（图10.2）。

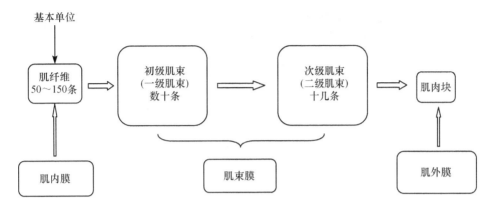

图 10.1 肌肉的宏观结构

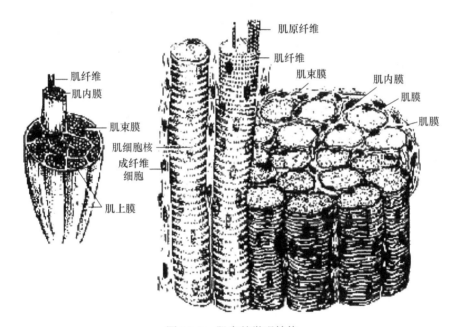

图 10.2 肌肉的微观结构

（二）结缔组织

结缔组织是构成肌腱、筋膜、韧带及肌肉内外膜、血管、淋巴结的主要成分，分布于体内各部，起到支持和连接器官组织的作用，使肉保持一定硬度且具有弹性。结缔组织是由细胞、纤维和无定形基质组成，一般占肌肉组织的 9.0%～13.0%，其含量和肉的嫩度有密切的关系。结缔组织含量的多少直接影响肉的质量和商品价格。

（三）脂肪组织

脂肪组织是畜禽胴体中仅次于肌肉组织的第二个重要组成部分，对改善肉质、提高风味有重要作用。脂肪的构造单位是脂肪细胞，脂肪细胞单个或成群地借助于疏松结缔组织连在一起。动物脂肪细胞直径 $30\sim120\mu m$，最大可达 $250\mu m$。脂肪主要分布在皮下、肠系膜、网膜、肾周围、坐骨结节等部位。

（四）骨组织

骨由骨膜、骨质及骨髓构成。骨组织是肉的次要成分，食用价值和商品价值较低。胴体因带骨又称为带骨肉，剔骨后的肉称其为净肉。将骨骼粉碎可以制成骨粉，作为饲料添加剂。此外，还可熬出骨油和骨胶。利用超微粒粉碎机制成骨泥，是肉制品的良好添加剂，也可用做其他食品钙和磷的强化。

二、肉的化学成分

肉与肉制品和其他食品一样，是由许多不同的化学物质组成，主要包括水分、蛋白质、脂肪、浸出物、维生素和矿物质等化学成分。这些化学物质大多是人体所必需的营养成分，这些营养成分的含量和性质决定着肉的食用品质，特别是肉中的蛋白质，是人们饮食中优质蛋白的主要来源。

畜禽肉类的化学成分受动物的种类、性别、年龄、营养状态及畜体的部位而有变动，且宰后由于肉内酶的作用，对其成分也有一定的影响（表10.1）。

表 10.1 畜禽肉的化学组成

名 称	含量/%					热量/(J/kg)
	水分	蛋白质	脂肪	碳水化合物	灰分	
牛肉	72.91	20.07	6.48	0.25	0.92	6186.4
羊肉	75.17	16.35	7.98	0.31	1.92	5893.8
肥猪	47.40	14.54	37.34	—	0.72	13731.3
瘦猪肉	72.55	20.08	6.63	—	1.10	4869.7
马肉	75.90	20.10	2.20	1.33	0.95	4305.4
鹿肉	78.00	19.50	2.50	—	1.20	5358.8
兔肉	73.47	24.25	1.91	0.16	1.52	4890.6
鸡肉	71.80	19.50	7.80	0.42	0.96	6353.6
鸭肉	71.24	23.73	2.65	2.33	1.19	5099.6
骆驼肉	76.14	20.75	2.21	—	0.90	3093.2

（一）水分

水是肉中含量最多的成分，不同组织水分含量差异很大，肌肉含水70%，皮肤为60%，骨骼为12%～15%，脂肪组织含水甚少。因此畜禽越肥，水分的含量越少，其胴体水分含量越低；老年动物比幼年动物含水量少。肉中水分含量多少及存在状态影响肉的品质、加工特性、储藏性甚至风味。

肉中的水分并非像纯水那样以游离的状态存在，其存在形式大致可分为结合水、不易流动水、自由水三种（图10.3）。

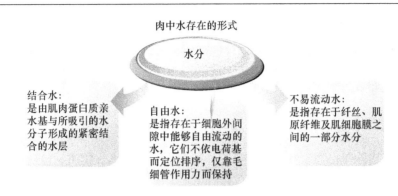

图 10.3　肉中水的存在形式

（二）蛋白质

肌肉中蛋白质约占 20%，分为三类：肌原纤维蛋白，占总蛋白的 40%～60%；肌浆蛋白，占 20%～30%；结缔组织蛋白，约占 10%。这些蛋白质的含量因动物种类、分解部位不同而有一定差异（图 10.4）。

1. 肌原纤维蛋白

肌原纤维是肌肉的收缩单位，由丝状的蛋白质凝胶所构成。肌原纤维蛋白质的含量随肌肉活动而增加，并因静止或萎缩而减少。

2. 肌浆蛋白质

肌浆是浸透于肌原纤维内外的液体，

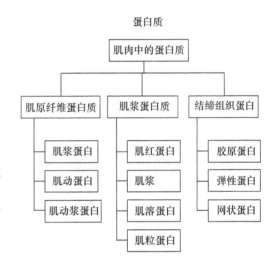

图 10.4　肌肉中蛋白质的分类

含有机物与无机物，通常将磨碎的肌肉压榨便可挤出。肌浆蛋白质主要包括肌溶蛋白、肌红蛋白、肌粒蛋白等，是肉中最易提取的蛋白质。故称之为肌肉的可溶性蛋白质。

3. 结缔组织蛋白

结缔组织蛋白亦称基质蛋白质或间质蛋白质，是指肌肉组织磨碎之后在高浓度的中性溶液中充分抽提之后的残渣部分。结缔组织蛋白是构成肌内膜、肌束膜和腱的主要成分，包括胶原蛋白、弹性蛋白、网状蛋白及黏蛋白等，存在于结缔组织的纤维及基质中，它们均属于硬蛋白类。

（三）脂肪

肉中脂肪分两种：一种是皮下脂肪、肾脂肪、网膜脂肪、肌肉间脂肪等，称为"蓄积脂肪"；另一种是肌肉组织内脂肪、神经组织脂肪、脏器脂肪等，称作"组织脂肪"。"蓄积脂肪"主要成分为中性脂肪，最常见的脂肪酸为棕榈酸、油酸、硬脂酸，其中棕榈酸占中性脂肪的 25%～30%，其他 70% 为油酸、硬脂酸和高度不饱和脂肪酸。"组织脂肪"主要成分为磷脂。肉中磷脂含量和肉的酸败程度有很大关系，因为磷脂含不饱和脂肪酸的百分率比脂肪高得多。

在动物的四大组织中，脂肪的含量变动范围最大，为 2%～40%，脂肪含量的多少直接影响肉的多汁性和嫩度，脂肪酸的组成在一定程度上决定了肉的风味，因此，脂肪对肉的食用品质具有重要作用。

（四）浸出物

浸出物是指除蛋白质、盐类、维生素外能溶于水的浸出性物质，包括含氮浸出物和无氮浸出物。

（五）维生素

肉类中含有维生素 A、维生素 B_1、维生素 B_2、烟酸、叶酸、维生素 C、维生素 D 等，是人们获取 B 族维生素的主要食物来源，特别是烟酸。除此外，动物器官中含有大量维生素，尤其是脂溶性维生素，如肝脏中含有大量的维生素 A，肉中主要维生素含量如表 10.2 所示。

表 10.2　肉中主要维生素含量　　　　　单位：mg/100g

畜 肉	维生素 A	维生素 B_1	维生素 B_2	烟 酸	泛 酸	生物素	叶 酸	维生素 B_6	维生素 B_{12}	维生素 D
牛肉	微量	0.07	0.20	5.0	0.4	3.0	10.0	0.3	2.0	微量
小牛肉	微量	0.10	0.25	7.0	0.6	5.0	5.0	0.3	—	微量
猪肉	微量	1.0	0.20	5.0	0.6	4.0	3.0	0.5	2.0	微量
羊肉	微量	0.15	0.25	5.0	0.5	3.0	3.0	0.4	2.0	微量

（六）矿物质

肉类中的矿物质含量一般为 0.8%～1.2%。肌肉中含有大量的矿物质如钾、磷、铁、钙、镁等，尤以钾、磷含量最多。这些无机盐在肉中有的以游离状态存在，如镁、钙离子；有的以螯合状态存在，如肌红蛋白中含铁，核蛋白中含磷。肉是磷的良好来源。肉的钙含量较低，而钾和钠几乎全部存在于软组织及体液之中。钾和钠与细胞膜的通透性有关，可提高肉的保水性。肉中尚含有微量的锰、铜、锌、镍等，其中锌与钙一样能降低肉的保水性。

任务二　屠宰后肉的变化

动物刚屠宰后，肉中的热还没有散失，柔软且具有较小的弹性，这种处于生鲜状态的肉称作热鲜肉。经过一定时间，肉的伸展性消失，肉体变为僵硬的状态，这种现象称为死后僵直，此时若将肉加热食用是很硬的，而且持水性也差，因此加热后质量损失很大，不适于加工。如果继续储藏，其僵直情况会缓解，肉变得柔软起来，同时持水力增加，风味提高，此过程称为肉的成熟，工业上也称为肉的排酸。最后肉会在微生物的作用下发生品质劣变，甚至失去食用价值，也就是肉的腐败。

一、肉的僵直

肌肉必须经过僵直、解僵的过程，才能成为食品原料的所谓"肉"。

畜禽屠宰后经过一段时间，肌肉组织由弛缓变为紧张，肌肉失去弹性、硬度变大、透明度消失、关节失去活性的状态称为死后僵直，也叫"尸僵"。牲畜宰杀后开始很柔软，但是在宰后8~10h开始僵直，并且可持续15~20h。鱼类的僵直期较短，在1~7h开始僵直，而家禽的僵直期则更短。

1. 僵直的机制

动物在宰杀后由于酵解作用，肉体内的糖原降解为乳酸，仅生成2个ATP（正常有氧条件下每个葡萄糖可氧化生成38个ATP），正常供给肌肉能量的ATP中断，从而导致肌质网崩裂，内部保存的Ca^{2+}被释放出来，Ca^{2+}含量增高，促使粗丝中肌球蛋白ATP酶活化，又加快了ATP的减少，促使Mg-ATP复合体解离。肌球蛋白和肌动蛋白结合成为肌动球蛋白，由于ATP的不断减少，因而反应不可逆，引起永久性收缩，即死后僵直。

2. 僵直的类型

由于动物宰杀前的状态不同，因此产生宰后不同的僵直类型，通常分为三类：酸性僵直、碱性僵直和中间型僵直。

3. 尸僵时的主要变化

1）ATP的变化

由于无氧酵解导致生成的ATP远远少于正常降解，且供给停止，因此肌肉中ATP含量急剧减少。

2）pH的变化

由于动物死后，糖原分解为乳酸，同时磷酸肌酸分解为磷酸，酸性产物的蓄积使肉的pH下降。尸僵时肉的pH降低至糖酵解酶活性消失不再继续下降时，达到最终pH或极限pH。极限pH越低，肉的硬度越大。

3）冷收缩和解冻僵直

宰后肌肉的收缩速度未必温度越高，收缩越快。牛、羊、鸡在低温条件下也可产生急剧收缩，尤其以牛肉最为明显，称为冷收缩。

二、肉的解僵与成熟

肌肉达到最大僵直以后，继续发生着一系列生物化学变化，逐渐使僵直的肌肉变得柔软多汁，并获得细致的结构和美好的滋味，这一过程称为自溶或僵直解除。尸僵1~3d后即开始缓解，肉的硬度降低并变得柔软，持水性回升。畜禽屠宰后，肉内部发生了一系列变化，结果使肉变得柔软、多汁，并产生特殊的滋味和气味。这一过程称为肉的成熟。

成熟和自溶没有严格的界限，在自溶过程中肉就开始变得成熟，也可以认为自溶是僵直和成熟的一个过渡，或者说成熟是自溶的延续。

（一）成熟过程肉的变化

1. 物理变化

在成熟过程中，肉的 pH 发生显著变化。从最低点（5.4～5.6）逐渐回升，持水性提高，结合水的能力增大，肉的柔软性提高，肉质变嫩，肉的风味提高。

2. 化学变化

肉在成熟过程中，水溶性非蛋白含氮化合物会增加。由于成熟过程中组织蛋白酶的作用，使一些蛋白质分解产生非蛋白类含氮物质，其表现为游离氨基酸含量增加，主要有酪氨酸、苏氨酸、甘氨酸。肌浆蛋白质溶解性随成熟时间的推移而变化，开始下降，随后逐渐增高。构成肌浆球蛋白中的 N—端数量增加，而相应的氨基酸如谷氨酸、甘氨酸、亮氨酸等都随之增加。

（二）影响肉成熟的因素

1. 物理因素

（1）温度。温度高，成熟则快。高温和低 pH 环境下不易形成硬直肌动球蛋白。中温成熟时，肌肉收缩小，因而成熟的时间短。

（2）电刺激。刚宰后的肉尸，经电刺激 1～2min，可以促进软化，同时可以防止"冷收缩"（羊肉）。电刺激不仅防止低温冷缩，而且还可促进嫩化。

（3）机械作用。肉成熟时，将臀部挂起，腰大肌、半腱肌、半膜肌、背最长肌短缩均被抑制，可以得到较好的嫩化效果。

2. 化学因素

极限 pH 越高，肉越柔软。但较高的 pH，肉成熟后易形成 DFD（dark firm dry）肉。刚屠宰后注入各种化学物质如磷酸盐、氯化镁等可减少尸僵的形成。

3. 生物学因素

肉内蛋白酶可以促进软化。在宰后，木瓜酶的肌肉注射（木瓜酶的作用最适温度≥50℃）可达到嫩化，如羊肉，在每千克肉中注入 30mg 木瓜酶，在 70℃加热后，可降低"冷收缩"引起的硬度增大，具有明显的嫩化效果。另外，在宰前注射肾上腺素，可使糖原下降，从而提高肌肉的 pH，也可达到嫩化效果。

（三）成熟肉的特征

肉的成熟包括从糖原的分解到肉的尸僵，然后解僵自溶的全过程。经过恰当成熟的肉有以下几个明显特征，这也是判断肉成熟与否的标准。

（1）肌体表面层有干燥薄膜，用手触摸，光滑，微有沙沙的声响。

（2）肉汁较多，切开时断面有肉汁流出。

（3）肉的组织柔软具有弹性。

（4）肉呈酸性反应。

（5）具有肉的特殊香味。

（四）肉成熟过程中的异常变化

家畜屠宰后处理不当，可能会使肉质改变，造成肉的食用价值降低。一般体现在以下几个方面。

1. DFD 肉

DFD 肉的特征：最终 pH 高、颜色深、持水性高、质地硬、风味差、货架期短。

2. PSE 肉 （pale，soft and exudative，PSE）

在正常成熟过程中，为避免微生物的繁殖，屠宰后胴体在 $0 \sim 4 ℃$ 下冷却，当 pH 在 $5.4 \sim 5.6$ 时温度也达不到 $37 \sim 40 ℃$，因此在成熟中蛋白质不会变性。但有些猪宰杀后的糖酵解速度却比正常猪进行得要快得多，在胴体温度未充分降低时就达到了极限 pH。所以就会产生明显的肌肉蛋白变性，这种肉叫 PSE 肉。

PSE 肉特征。最初 pH 低 （<5.8）、质地柔软、肉色苍白、持水性低、表面渗水。

三、肉的腐败

肉中营养物质丰富，是微生物繁殖的良好培养基，如果控制不当，很容易被微生物污染，导致腐败变质。在以微生物为主的各种因素作用下，由于所发生的包括肉的成分与感官性质的各种酶性或非酶性变化及夹杂物的污染，从而使肉降低或丧失食用价值的变化叫肉的腐败。

肉的腐败主要是在腐败微生物的作用下，引起蛋白质和其他含氮物质的分解，并形成有毒和不良气味等多种分解产物的化学变化过程。

（一）肉腐败的原因和条件

肉的腐败主要是以蛋白质分解为特征的。肉在成熟阶段的分解产物，为腐败微生物生长、繁殖提供了良好的营养物质，随着时间推移，微生物大量繁殖的结果，必然导致肉更复杂的分解。蛋白质首先分解为多肽，进而形成氨基酸，然后在相应酶的作用下，氨基酸经过脱氨基、脱羧基、氧化还原等作用，进一步分解为各种有机胺类、有机酸以及 CO_2、NH_3、H_2S 等无机物质，肉即表现出腐败特征。

（二）肉腐败时发生的变化

（1）胴体表面非常干燥或者腻滑发黏。

（2）表面呈灰绿色、污灰色、甚至黑色，新切面发黏发湿，呈暗红色、微绿色或灰色。

（3）肉质松软或软烂，指压后的凹陷完全不能恢复。

（4）肉的外表和深层都有显著的腐败气味。

（5）呈碱性反应。

（6）氨反应呈阳性。

任务三　肉的物理性质与品质评定

肉的物理性质主要是指肉的颜色、风味、嫩度、保水性、容重、比热容、导热系数等，这些性质与肉的形态结构、组成、变化过程、加工工艺以及畜禽的种类、年龄、性别、营养状况、宰前状态、冻结的程度等因素有关，影响着肉的质量与食用价值。

一、肉色

（一）肌红蛋白的三种存在形式及相互转化关系（图 10.5）

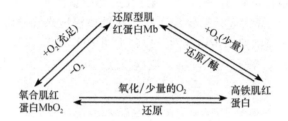

图 10.5　肌红蛋白的存在形式和相互之间的关系

（二）影响肉色稳定的因素

1. 氧分压

氧分压的高低决定了肌红蛋白是形成氧合肌红蛋白还是高铁肌红蛋白。

2. 湿度

环境中湿度高，可在肉表面形成水汽层，影响氧的扩散，肌红蛋白氧化速度慢。湿度低且空气流速快，则加速高铁肌红蛋白的形成，使肉色褐变加快。

3. 微生物

细菌是加速肉色变化，特别是高铁肌红蛋白形成的重要因素。细菌消耗了肉表面的氧气，使肉表面局部氧分压降低，有利于高铁肌红蛋白的形成。

4. 温度

环境温度高，一方面促进细菌的生长繁殖，从而加速高铁肌红蛋白的形成；另一方面，温度高加速肌红蛋白氧化反应进程。

5. pH

动物屠宰后，肌肉 pH 下降的速度和程度对肉的颜色、保水性及细菌繁殖速度都有影响。

6. 其他因素

除以上所述五种因素外，光线、冷冻处理、盐腌等也会对肉色造成影响。光线照射会使肉表面温度升高。

（三）保持肉色的方法

通过降低储藏温度可以延缓肉色变化。除此之外，还可以通过真空包装、气调包装和加抗氧化剂等方法来保持肉色。

二、保水性

（一）保水性的概念

肉的保水性即持水性、系水性，是指肉在受到压力、加热、切碎、搅拌、冷冻、解冻、储存等外力作用时，其保持原有水分与添加水分的能力。保水性是肌肉一项重要的品质特性，又叫系水力，它不仅影响肉的色香味、营养成分、多汁性、嫩度等食用品质，而且有着重要的经济价值。

（二）影响肌肉保水性的因素

影响保水性的因素有很多，宰前因素包括品种、年龄、宰前运输、囚禁和饥饿、能量水平、身体状况等。

三、嫩度

肉的嫩度表明了肉在被咀嚼时柔软、多汁和容易嚼烂的程度，是指肉在咀嚼或切割时所需的剪切力。它是肉的主要食用品质之一，是消费者评判肉质优劣的最常用指标。

（一）影响肉嫩度的因素

影响肉嫩度的因素很多，除与遗传因子有关外，还与肌肉纤维的结构和粗细、结缔组织的含量及构成、热加工和肉的 pH 等有关。但影响肌肉嫩度的实质主要是结缔组织的含量与性质及肌原纤维蛋白的化学结构状态（表 10.3）。

表 10.3　影响肉嫩度的因素

因　素	影　响
年龄	年龄越大，肉亦越老
运动	一般运动多的肉较老
性别	公畜肉一般较母畜和腌畜肉老
大理石纹	与肉的嫩度有一定程度的上坡正相关
成熟（aging）	改善嫩度
品种	不同品种的畜禽肉在嫩度上有一定差异
电刺激	加速嫩化过程
成熟（conditioning）	尽管和 aging 一样均指成熟，而此处特指将肉放在 10～15℃环境中解僵，这样可以防止冷收缩
肌肉组分	肌肉不同，嫩度差异很大，源于其中的结缔组织的量不同所致
僵直	动物宰后将发生死后僵直，此时肉的嫩度下降，僵直过后，成熟肉的嫩度得到恢复
解冻僵直	导致嫩度下降，损失大量水分

此外，加热对肉的嫩度也有影响。加热对嫩度会产生两方面的影响，一方面肉的嫩度会随着温度的升高而下降，这是因为随着温度升高，胶原纤维会变性收缩，肌纤维也会凝固缩短，使肉硬度增加，嫩度变差；另一方面，随着温度的继续升高，超过 60～

75℃时，胶原蛋白能降解为明胶，反而使肉的嫩度得到改善。

(二) 肉的人工嫩化

除了肉本身的因素外，还可以通过人为破坏肉的结构和结缔组织而达到嫩化肉的目的。很早以前人们就懂得用醋、酒等浸泡以嫩化肌肉，随着近现代科技的发展，肉的人工嫩化方法也越来越丰富。

(三) 嫩度的评定

嫩度评定分为主观评定和客观评定两种方法。具体测定方法参见本章后的实验实训二。

四、风味

肉的风味是指生鲜肉的气味和加热后肉制品的香气和滋味，其成分复杂多样，含量甚微，用一般方法很难测定。除少数成分外，多数无营养价值，不稳定，加热易破坏或挥发。无论来源于何种动物的肉均具有一些共性的呈味物质，但不同来源的肉有其独特的风味，如牛、羊、猪、禽肉有明显的不同，风味的差异主要来自于脂肪的氧化，这是因为不同种动物脂肪酸组成明显不同，从而造成氧化产物及风味的差异。另一些异味如羊膻味和公猪腥味分别来自于脂肪酸和激素代谢产物。肉的风味由肉的滋味和香味组合而成。

任务四　肉制品加工辅料

一、调味料

调味料是指为了改善食品的风味、赋予食品特殊味感、使食品鲜美可口、增进食欲而加入食品的天然或人工合成的物质，有甜、咸、鲜味料等。

(一) 咸味料

咸味是一种非常重要的基本味。它在调味中的作用是举足轻重的，人们常称咸味是"百味之王"，是调制各种复合味的基础。咸味能解腻、提鲜、除腥、去膻，能突出原料中的鲜香味道。咸味调料主要有普通食盐和一些富含食盐的其他调味品。主要有食盐、酱油等。

(二) 甜味料

甜味是除咸味外能在烹饪中独立存在的另一种味道。甜味指各类糖、蜂蜜以及各种含糖调味品的味道。呈甜味的物质有单糖、低聚糖、果糖、葡萄糖、乳糖以及糖精等。它使菜肴甘美可口，同时加入的食糖还可以提供人体一定的热能。

愉快的甜味感要求甜味纯正，强度适中，能很快达到甜味的最高强度，并且还要能迅速消失。

（三）酸味料

酸味料是食品中主要的调味料之一，不仅能够调味，还可增进食欲，并具有一定的防腐作用，也有助于纤维及钙、磷等溶解，因而可促进人体消化吸收。常用的酸味料有食醋、乳酸、酒石酸、苹果酸、乙酸等。

（四）鲜味料

鲜味是一种复杂的美味感觉，是体现菜肴滋味的一种十分重要的滋味。它是一种独立的味，与酸、甜、咸、苦、辣同属其本味。在肉、鱼、贝类等中都具有特殊的鲜美滋味，通常简称为鲜味。鲜味调料是指能提高菜肴鲜美味的各种调料。具有鲜味的食品调味料很多，常使用的有氨基酸类、肽、核苷酸类、琥珀酸等。几种鲜味料的呈味阈值见表 10.4。

表 10.4　几种鲜味料呈味阈值

名　称	阈值/%	名　称	阈值/%
L-谷氨酸	0.03	琥珀酸	0.055
L-天冬氨酸	0.16	5'-次黄嘌呤核苷酸	0.025
DL-α-氨基己二酸	0.25	5'-次嘌呤核苷酸	0.0125

二、香辛料

香辛料是指具有芳香味和辣味的辅助材料的总称。在肉制品中添加可起到增进风味、抑制异味、防腐杀菌、增进食欲等作用。主要有花椒、大茴香、小茴香、桂皮等。

（一）配制香辛料

随着食品工业的发展，调料工业也有了很大的发展，出现了越来越多的配制香辛料，如咖喱粉、五香粉、炒菜料、煮肉料等。

（二）抽提香辛料

抽提香辛料是由芳香植物不同部位的组织或分泌物采用蒸汽蒸馏、压榨、冷磨、萃取、浸提、吸附等物理方法而提取制得的一类天然香料。因制取方法不同，可制成不同的制品，如精油、酊剂、浸膏、油树脂等。

（三）香辛料使用原则

几乎所有的香辛料都具有强烈的呈味性。此外，辣味物质往往同增进食欲有密切联系，芳香味强烈的物质往往有脱臭、矫臭的效果。不同肉制品在使用香辛料时具有一定的选择性。如鸡肉、鱼贝类主要使用有脱臭性效果的香辛料，蔬菜类以芳香性香辛料为主，牛肉、猪肉、羊肉等肉类适合使用各种具有脱臭性、芳香性、增进食欲效果的香辛料。

三、添加剂

　　添加剂是指为了增强或改善食品的感官性状，延长保存时间，满足食品加工工艺过程的需要或某种特殊营养需要，常在食品中加入的天然或人工合成的有机或无机化合物。添加这些物质有助于提高食品的质量，增加食品的品种和方便性，改善其色、香、味、形，保持食品的新鲜度和质量，增强食品的营养价值，有利于满足不同人群的特殊营养需要，有利于开发新的食品资源和原料的综合利用，并能满足加工工艺过程的需要。

小结

　　本项目主要介绍了肉组织结构，其主要分为肌肉组织、脂肪组织、结缔组织和骨组织四大部分，其中肌肉组织是最重要的组成部分。肉的化学成分主要有水分、蛋白质、脂肪、浸出物、维生素和矿物质（图10.6）。

$$
肉\begin{cases}
肌肉组织\begin{cases}骨骼肌(肌纤维)\\平滑肌\\心肌\end{cases}\\
结缔组织\begin{cases}细胞\begin{cases}成纤维细胞\\间充质细胞\end{cases}\\基质\\纤维\begin{cases}胶原纤维\\弹性纤维\\网状纤维\end{cases}\end{cases}\\
脂肪组织：脂肪细胞\\
骨骼组织
\end{cases}
$$

图 10.6　肉的组织结构

　　肉的物理性质主要是指肉的颜色、风味、嫩度、保水性、容重、比热容、导热系数等，这些性质与肉的形态结构、组成、变化过程、加工工艺以及畜禽的种类、年龄、性别、营养状况、宰前状态、冻结的程度等因素有关，影响着肉的质量与食用价值。肉色是重要的食用品质之一，影响肉色稳定的因素主要包括氧分压、微生物、湿度、温度和 pH 等（图 10.7）。

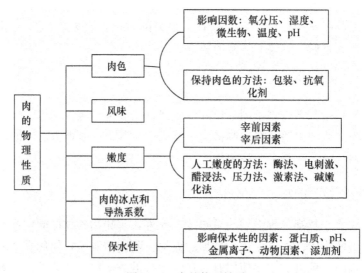

图 10.7　肉的物理性质

复习思考题

一、名词解释

 1. PSE 肉

 2. 僵直

 3. 肉的保水性

二、填空题

 1. 肌红蛋白十氧气（充足）→_____，颜色为_____。

 2. 肌红蛋白十氧气（不充足）→_____，颜色为_____。

 3. 影响肉的嫩度的本质因素有_____和_____两种。

 4. 肌肉蛋白质中与保水性关系最大的是_____。

 5. 肌肉的基本单位是_____。

 6. 肌肉中水分存在的形式主要有_____、_____和_____。

 7. 颜色异常的肉主要有_____和_____。

三、简答题

 1. 简述肉的组织结构。

 2. 肌肉中的蛋白质主要分为哪几类？它们起什么作用？

 3. 形成肉色的物质是什么？影响肉色变化的因素有哪些？

 4. 简述影响肉嫩度的因素及肉的嫩化技术。

 单元操作训练

肉新鲜度感官评定

一、仪器与材料

 1. 仪器

 剪肉刀 1 把，外科剪刀 1 把，温度计 1 支，100mL 量筒 1 个，200mL 烧杯 1 个，表面皿 1 个，石棉网 1 个，天平 1 台，电炉 1 个。

 2. 材料

 新鲜猪肉。

二、操作方法

 （1）在自然光线下，观察肉的表面及脂肪的色泽，有无污染附着物，用刀顺肌纤维方向切开，观察断面的颜色。

 （2）在常温下嗅其气味。

 （3）用食指按压肉表面，触感其指压凹陷恢复情况、表面干湿及是否发黏。

 （4）称取剪碎肉样 20g，放在烧杯中加水 100mL，盖上表面皿置于电炉上加热至

50～60℃时,取下表面皿,嗅其气味。然后将肉样煮沸,静置观察肉汤的透明度及表面的脂肪滴情况。

三、评定标准

按下列国家标准评定,见表10.5和表10.6。

表 10.5　鲜猪肉卫生标准 (GB 2722—1981)

项　目	一级鲜度	二级鲜度
色泽	肌肉有光泽,红色均匀,脂肪洁白	肌肉色稍暗,脂肪缺乏光泽
黏度	外表微干或微湿润,不粘手	外表干燥或粘手
弹性	指压后凹陷立即恢复	指压后凹陷恢复慢,且不完全
气味	正常	稍有氨味或酸味
煮沸肉汤	透明、澄清,脂肪团聚于表面,有香味	稍有混浊,脂肪呈小滴状,无鲜味

表 10.6　鲜牛肉卫生标准

项　目	一级鲜度	二级鲜度
色泽	肌肉有光泽,红色均匀,脂肪洁白或淡红色	肌肉色稍暗,切面尚有光泽
黏度	外表微干或有风干膜,不粘手	外表干燥或粘手,新切面湿润
弹性	指压凹陷,立即恢复	指压后凹陷恢复慢和不完全
气味	正常	稍有氨味和酸味
煮沸肉汤	透明澄清,脂肪团聚于表面,有特有的香味	稍有混浊,脂肪呈小滴浮于表面,香味差、无鲜味

四、思考题

(1) 简述肉新鲜度的感官评定方法。
(2) 写出实训报告。

 综合实训

肉的基础知识

一、实训目的

观察和分辨常见香辛料,如:花椒、大茴香、桂皮、白芷、丁香、甘草、陈皮等。

二、主要用具及原料

用具:白色的搪瓷盘,烧杯,电子秤,镊子,电磁炉,纱布,小粉碎机
材料:花椒,大茴香,小茴香,桂皮,白芷,山奈,丁香,胡椒粉,砂仁,肉豆蔻,甘草,陈皮,草果,月桂叶等常见香辛料。

三、方法和步骤

观察法与感官评定法:

（1）观察各种香辛料的颜色、形状、大小并闻气味。

（2）用纱布煮制的方法观察几种复配的方法和煮制的气味。

（3）粉碎的方法进行自制五香粉。

四、注意事项

（1）有些香辛料有不同的名称，应熟悉和了解这些不同的名称。

（2）要注意区分不同品种香辛料的风味和使用效果。

五、思考题

（1）取几种香辛料进行分辨，说出它们的名称和风味特点。

（2）写出实训报告。

项目十一　肉制品加工卫生与安全控制

☞ **岗位描述**

在肉制品加工企业从事品质管理的相关人员。

☞ **工作任务**

能在肉制品加工中控制肉制品的质量安全。

☞ **知识目标**

（1）了解肉制品微生物的种类。

（2）掌握肉制品检验的基本知识。

（3）掌握肉的储藏与保鲜方法。

☞ **能力目标**

（1）能运用肉品卫生知识，对肉制品进行检验。

（2）能运用肉品微生物知识，对肉进行储藏、保鲜。

☞ **案例导入**

根据安徽省质监局通报，合肥市腊味思食品有限公司 2009 年 1 月 19 日生产的腊肉、阜阳雨润肉类加工有限公司 2009 年 3 月 16 日生产的午餐肉经抽查发现含有"克伦特罗"（瘦肉精）。

☞ **课前思考题**

（1）肉制品加工过程中的主要危害来自哪里？

（2）应如何控制肉制品加工过程中的各种危害？

任务一　肉制品微生物

一、微生物的定义和种类

微生物是自然界中肉眼看不见，必须借助于显微镜才可以看见的微小生物。微生物是一群体形微小、构造简单的低等生物的总称。科学家给微生物界定了一个范围，凡是直径小于 0.1mm、肉眼看不见的，或直径在 1mm 以内、内部结构肉眼看不见的微小的生物，统称为微生物。它们是一大群种类不同、个体不同、形形色色的微小生物群体（大肠杆菌 1～3μm，大约 10 亿个细菌才有 1mg 重）。

微生物广泛存在于自然界中，如土壤、空气、水、人体及动植物中。任何有生命存在的地方，必然有微生物的出现，几乎是无孔不入，无处不在。并且每时每刻都在影响着人们。

从广义上讲，它包括细菌、放线菌、酵母菌、霉菌、担子菌、病毒、类病毒、蓝绿藻、螺旋体、支原体、立克次氏体、衣原体、戳菌、单细胞藻类和原生动物等。在食品工业中较为常见与常用的是前六大类。

微生物在自然界分布极广，而且，绝大多数微生物对人类和动植物是有益的，也是必需的。没有微生物，植物就不能新陈代谢，也将无法生存。微生物的特点如下。

1. 繁殖快

微生物的繁殖速度非常惊人，如细菌，一般每 20～30min 可分裂一次，数量增加 1 倍。假如一个细菌 20min 分裂一次，且每个子细胞都具有同样的繁殖能力，1h 后，就变成 2^3 个，2h 后变成 2^6 个，1d 可繁殖 72 代，也就是说原来的一个细菌变成了 2^{72} 个，即 4722366482869645213696 个。当然，由于种种原因，这种情况并不存在。但它的繁殖速度快是肯定的。

2. 食谱杂

凡是能被动、植物利用的物质，如蛋白质、糖类、脂肪及无机盐等，微生物都能利用，有些不能被动、植物利用的物质（石油、塑料、纤维素等），甚至于一些有毒物质（氰、酚、聚氯联苯等）微生物也可利用。

3. 分布广

微生物在自然界中的分布是极其广泛的，上至几万米的高空，下至数千米的深海，高达 90℃的温泉，冷至 -80℃的南极，盐湖、沙漠、人体内外，动植物组织，到处都有微生物的身影，可以说无孔不入。

4. 代谢强

微生物的代谢作用十分旺盛，故有"小型活的化工厂"之称。发酵产品（酒精）正是利用了这个特点。

5. 适应广

微生物对外界环境的适应能力很强，善于随"机"应变，保护自己（荚膜、芽孢、孢子等）。

6. 易培养

微生物的食谱很杂，对营养的要求一般不高，容易培养。

二、肉与肉制品中微生物的来源和种类

肉与肉制品中微生物的来源大体分为宰前和宰后污染两种。宰前微生物的污染主要是牲畜在宰前患有传染性疾病，其中有些病是人畜共患病，如炭疽病、结核病布氏杆菌病、沙门氏菌病等。这些病菌在宰后残留在肉或内脏中。经人、盛具及食品直接：间接传染给人，引起感染（表 11.1）。

表 11.1　通过肉类传染给人的人畜共患病

病　名	病　菌	禽畜宿主
炭疽	炭疽芽孢杆菌	食草动物和猪
布氏杆菌病	布氏杆菌	食草动物
猪丹毒	猪丹毒丝菌	猪、鸡
结核	结核分枝杆菌	牛、绵羊、猪、鸡
野兔病	土拉氏菌	兔、山羊
沙门氏菌病	沙门氏菌	禽类、猪、牛、羊等

1. 鲜肉中微生物的来源

鲜肉中微生物可分为内源性和外源性两方面。内源性来源是指微生物来自动物体内。动物宰杀之后，肠道、呼吸道或其他部位的微生物，即可进入肌肉和内脏，使之污染。一些老弱或过度疲劳、饥饿或患病垂死前的动物，由于防卫机能减弱，亦会在生活期间在其肌肉和内脏中侵入一些微生物。一般来说，这一方面的来源是次要的。外源性来源主要是动物在屠宰和加工过程中，由于环境卫生条件、用具、工人的个人卫生、用水、运输过程等不洁而造成肉及肉制品污染，这是主要的污染来源。

肉中微生物的来源大致有如下几个方面：

1）屠宰及加工过程中自身毛发、粪便的微生物污染

牲畜自身毛发、粪便都含有大量的微生物，在屠宰及加工过程中如不注意卫生，微生物就会轻而易举地进入肉品中。

2）屠宰及加工器具的微生物污染

在屠宰及加工过程中，由于工作台面、设备、刀具的不清洁，造成微生物的繁殖，进而污染肉品。

3）加工者手的微生物污染

由于人手触摸地方多，接触微生物的机会多，即使是健康的人，手上也带有微生物，如不清洗干净，容易将微生物带入肉品中。

4）空气中微生物的污染

空气中的微生物主要来自地面，几乎所有土壤表层的微生物，均可能在空气中出现。空气中缺乏微生物生长所需的营养物质，再加上水分少，比较干燥，又有阳光的照射。因此，微生物在空气中不能进行繁殖，只能以浮游的状态存在于空气中，或附着在尘埃上，或包裹在微小的水滴中。空气中尘埃越多，微生物越多；空气中有机物越多，微生物的数量越多。在屠宰车间，如空气流通不好，空气湿度大，微生物容易繁

殖，污染肉品的机会就增加了。

常见的细菌有微球菌属、葡萄球菌属、不动杆菌属、节杆菌属、棒杆菌属、假单胞菌属、莫拉氏菌属、黄色杆菌属、芽孢杆菌属等。

2. 肉制品中微生物的来源和种类

污染源包括原料肉、辅料、环境、工器具、人等。

通常在肉制品中发现的微生物有真菌类和细菌类。真菌类包括霉菌和酵母菌。霉菌是多细胞的菌体，以它生成的菌丝的形态学为其特征。它们呈现不同的色泽，一般为发霉的，或似雀斑的外观。霉菌产生许多微小的孢子，可以借助气流和工具广泛传播，在适当的条件下，将很快繁殖。酵母与霉菌相反，是单细胞的。一般酵母因具有大的细胞和形态，又因它们在分裂过程中可产生芽孢，因此可区别于细菌。酵母和霉菌的孢子，可借助空气和工具传播，落在被污染物的表面。细菌也是单细胞的，有多种不同的形态，从细长的短杆状至球形或卵圆形。有些细菌以聚集成串存在，有些则以杆状或球状连接在一起而形成链；还有些细菌聚集成串存在，有些则以杆状或以球状连接在一起而成链；有些细菌具有鞭毛，且可运动；有些细菌可产生颜色，其色泽有暗红色至褐色或黑色，还有的会产生红色、粉红色、蓝色、绿色和紫色。这些细菌皆能引起肉制品表面褪色或者使香肠制品变绿，在肉制品中生长的细菌皆有产生变色的特点。

因来源不同，污染肉制品的微生物很多。在肉制品中常见的细菌有假单胞菌属、无色杆菌属、小球菌属、链球菌属、乳杆菌属、变形杆菌属、黄色杆菌属、芽孢杆菌、肉毒杆菌、埃希氏杆菌属、沙门氏菌属。

三、灭菌消毒、防腐与无菌的概念

1. 灭菌

灭菌是应用物理或化学方法把物体中所有微生物，包括病原微生物、非病原微生物、芽孢和孢子等全部杀死，称为灭菌。在微生物检验中所用的培养基、培养器皿、试管、吸管和接种环等均须经灭菌后，才能使用。

2. 商业灭菌

商业灭菌是从商品角度对某些食品所提出的杀菌要求。即食品经过杀菌处理后，按照所规定的检验方法，在所检食品中无活的细菌检出，或者仅能检出少数非病原菌，但它们在食品保藏过程中不会繁殖。这种杀菌要求，称作商业灭菌。

3. 消毒

消毒是应用物理或化学方法把物体中的某些病原微生物杀死，对非病原微生物、芽孢和孢子并不要求全部杀死，称为消毒。用于消毒的物理方法，称为消毒法，而化学物质则称为消毒剂。一般消毒剂在常用的浓度下，只对细菌等微生物的繁殖体有效，对芽孢和孢子则需要提高消毒剂的浓度和延长消毒时间，才能把它们杀死。

在食品工业及一般生活中常用"杀菌"的名词，这不是专门术语，这包括上述所称的灭菌及消毒，如牛乳的杀菌则指消毒；罐藏食品的杀菌，是指商业灭菌。

4. 防腐

防止或抑制微生物生长繁殖的方法，称为防腐。用于防腐的化学药物，称为防腐剂。许多消毒剂在低浓度时具有抑菌作用，浓度增高时则具有杀菌作用。如 0.5% 石炭酸具有防腐作用，3%～5% 石炭酸则具有杀菌作用。

5. 无菌

无菌即没有活的细菌存在的意思。例如，微生物实验室中的无菌操作技术，肉制品厂的无菌包装，防止细菌污染的无菌室，经过灭菌或过滤后的灭菌空气等。

任务二　肉的储藏与保鲜

肉中含有丰富的营养物质，是微生物繁殖的优良场所，如控制不当，外界微生物会污染肉的表面并大量繁殖致使肉腐败变质，失去食用价值。甚至会产生对人体有害的毒素，引起食物中毒。另外肉自身的酶类也会使肉产生一系列的变化，在一定程度上可改善肉质。但若控制不当，亦会造成肉的变质。肉的储藏保鲜就是通过抑制或杀灭微生物，钝化酶的活性，延缓肉内部物理、化学变化，达到较长时期的储藏保鲜目的。肉及肉制品的储藏方法很多，如低温储藏、辐射处理、化学保藏、气调储藏等。所有这些方法都是通过抑菌来达到目的的。

一、肉的低温储藏保鲜

（一）低温对微生物的作用

微生物和其他动物一样，需要在一定的温度范围内才能生长、发育、繁殖。温度的改变会减弱其生命活动，甚至使其死亡。在食品冷加工中主要涉及的微生物有细菌、霉菌和酵母菌，肉是它们生长繁殖的最佳材料，一旦这些微生物得以在肉上生长繁殖，就会分泌出各种酶，使肉中的蛋白质、脂肪等发生分解并产生硫化氢、氨等难闻的气体和有毒物质，使肉失去原有的食用价值。

根据微生物对温度的耐受程度，可将它们分成大类（表 11.2），即嗜冷菌、适冷菌、嗜温菌和嗜热菌。

表 11.2　根据生长温度分类微生物

类　别	生长温度/℃		
	最低温	最适生长温度	最高温
嗜冷菌	<0～5	12～18	20
适冷菌	<0～5	20～30	35
嗜温菌	10	30～40	45
嗜热菌	40	55～65	<80

温度对微生物的生长繁殖影响很大。随温度的降低，它们的生长与繁殖率降低，当温度降至它们的最低生长温度时，其新陈代谢活动可降至极低程度，并出现部分休眠状态。

大多数致病菌和腐败菌属于嗜温菌，温度降低至 10℃ 以下可延缓其增殖速度，在 0℃ 左右条件下基本上停止生长发育。许多嗜冷菌和嗜温菌的最低生长温度低于 0℃，有时可达 −8℃。降到最低温度后，再进一步降温时，就会导致微生物死亡，不过在低温下它们的死亡速度比在高温下缓慢得多。有些微生物对低温有一定抗性，如嗜冷菌在 −12～−6℃ 仍可以增殖。实践中可以观察到肉在 −6℃ 以上储存时，细菌很快即能繁殖；低于 −6℃ 时 2～3 月内细菌数减少，随着时间延长细菌数又增多，这是耐低温细菌增殖的结果。在低温环境下，缓慢冷冻比快速冷冻易遭致细菌死亡。

（二）低温对酶的作用

食品中含有许多酶，一些是食品自身所含有的，而另一些则是微生物在生命活动中产生的，这些酶是食品腐败变质的主要因素之一。酶的活性受多种条件所制约，其中主要是温度，不同的酶有各自最适宜的温度范围。一般而言，在 0～40℃ 范围内、温度每升高 10℃ 反应速度将增加 1～2 倍，当温度高于 60℃ 时，绝大多数酶的活性急剧下降。温度降低时，酶的活性会逐渐减弱。当温度降到 0℃ 时。酶的活性大部分被抑制。但酶对低温的耐受力很强，如氧化酶、脂肪酶等能耐 −19℃ 的低温，在 −20℃ 左右，酶的活性就不明显了、可以达到较长期储藏保鲜的目的。所以商业上一般采用 −18℃ 作为储藏温度。实践证明，对于多数食品在几周至几月内是安全的。

（三）低温与寄生虫

鲜猪肉、牛肉中常有旋毛虫、绦虫等寄生虫，用冻结的方法可将其杀灭。在使用冻结方法致死寄生虫时，要严格按有关规程进行。杀死猪肉中旋毛虫的冷冻条件，见表 11.3。

表 11.3　杀死猪肉中旋毛虫的冷冻条件

冻结温度/℃	肉的厚度（15cm 以内）	肉的厚度（15～68cm）
−15	20d	30d
−23.4	10d	20d
−29	6d	16d

（四）肉的冷却

近年来，冷却猪肉在一些大中城市的市场上悄然出现，引起了有关部门的重视和消费者的欢迎。行家们指出，冷却肉将成为我国肉类消费的主流。

冷却肉是指对严格执行检疫制度屠宰后的胴体迅速进行冷却处理，使胴体温度（以后腿内部为测量点）在 24h 内降为 0～4℃，并在后续的加工、流通和零售过程中始终保持在 0～4℃ 范围内的鲜肉。在此温度下，酶的分解作用，微生物的繁殖、干燥、氧化作用等均未被充分抑制，因此冷却肉只能作短期储藏。如果想作比较长期的储藏，必须把肉类冻结起来，一般的温度为-18℃，才能有效地抑制酶和微生物的作用，达到长期储藏的目的。

肉类冷却的目的，在于迅速排除肉体内部的含热量，降低肉体深层的温度并在肉的表面形成一层干燥膜（亦称干壳）。肉体表面的干燥膜可以阻止微生物的生长和繁殖，延长肉的保藏时间，并且能够减缓肉体内部水分的蒸发。

肉类冷却过程的速度，取决于肉体的厚度和热传导性能。从图 11.1 上曲线可明显看出，胴体厚的部位的冷却速度较薄的部位为慢，因此，在冷却终点时，应以最厚的部位为准，即后腿最厚的部位。

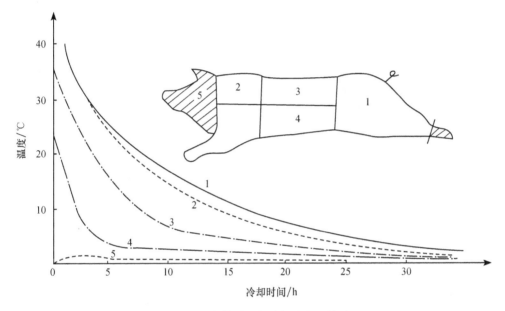

图 11.1 肉体厚度与冷却速度的关系
1. 后腿肉；2. 肩部里脊肉；3. 背部里脊肉；4. 肋条肉；5. 头肉

肉的冷却温度是将肉温降低到冻结点（-1.2℃左右）以上的温度。由于肉类工业的现代化程度的提高，卫生条件的改善和从节能角度出发，国际上已将冷却肉的上限温度从 4℃提高到 7℃。冷却温度的确定主要是以抑制微生物的生长繁殖为出发点。

二、辐射储藏保鲜

（一）辐射的概念及特点

电离辐射，也叫辐射，是辐射源放出射线，释放能量，使受辐射物质的原子发生电离作用的物理过程。辐射储藏是利用辐射能量对食品进行死角或抑菌，以延长储藏期的一种食品储藏技术。它与传统的物理、化学方法相比有如下特点：

（1）在破坏肉中微生物的同时，不会使肉品明显升温，从而可以最大程度地保持原有的感官特征。

（2）包装后的肉可在不需拆包情况下直接照射处理，节约了材料，避免了再次污染。

（3）辐射后食品不会留下任何残留物。

（4）应用范围广。照射剂量相同的不同尺寸、不向品种的食品，可放在同一射线处理场所内进行辐射处理。场内进行辐射处理。

（5）节能、高效、可连续操作、易实现自动化。

（二）辐射杀菌机理

辐射杀菌机理如下：

（1）使细胞分子产生诱发辐射，干扰微生物代谢，特别是脱氧核糖核酸（DNA）。生长正常状态上的微生物、昆虫等，其组织中水、蛋白质、核酸、脂肪、碳水化合物等分子，只要受到辐射，就可能导致生物酶的失活，生理生化反应延缓或停止、新陈代谢的中断、生长发育停顿、甚至死亡。其中 DNA 的损伤可能是造成细胞死亡的重要原因。

（2）破坏细胞内膜，引起酶系统紊乱致死。经辐射后，原生蛋白质变性，酶功能紊乱和破坏，使生物活性修复机构受损。

（3）水分经辐射后离子化，即产生辐射的间接效应，再作用于微生物，也将促进微生物的死亡。水分子是细胞中各种生物化学活性物质的溶剂，在放射线的作用下，水分子经辐射作用产生水合电子，经过电子俘获，水合分解形成 H^+ 和 OH^- 自由基。在水的间接作用下，生物活性物质钝化，细胞随之受损，当损伤扩大至一定程度时，就使细胞生活机能完全丧失。

（三）辐射在肉及肉制品中的应用

1. 控制旋毛虫

旋毛虫在猪肉的肌肉中，防治比较困难。其幼虫对射线比较敏感，用 0.1kGy 的 γ 射线辐照，就能使其丧失生殖能力。因而将猪肉在加工过程中通过射线源的辐照场，使其接受 0.1kGy γ 射线的辐照，就能达到消灭旋毛虫的目的。在肉制品加工过程中，也可以用辐照方法来杀灭调味品和香料中的害虫，以保证产品免受其害延长货架期。

2. 延长货架期

新鲜猪肉去骨分割，用隔水、隔氧性好的食品包装材料真空封装，用 ^{60}Co γ 射线 5kGy 辐照，细菌总数由 54200 个/g 下降到 53 个/g，可在室温下存放 5～10d 不腐败变质。

3. 灭菌保藏

新鲜猪肉经真空封装，用 ^{60}Co γ 射线 15kGy 进行灭菌处理，可以全部杀死大肠菌、沙门氏菌和志贺氏菌，仅个别芽孢杆菌残存下来，这样的猪肉在常温下可保存 2 个月用 26kGy 的剂量辐照，则灭菌较彻底，能够使鲜猪肉保存一年以上。香肠经 ^{60}Co γ 射线 8kGy 辐照，杀灭其中大量细菌，能够在室温下保存储藏 1 年。由于辐照香肠采用了真空封装，在储藏过程中也就防止了香肠的氧化褪色和脂肪的氧化腐败。

肉品经辐照会产生异味及肉色变淡，1kGy 照射鲜猪肉即产生异味，30kGy 异味增强。这主要是含硫氨基酸分解的结果。表 11.4 为 FAO 对不同食品的照射剂量。

表 11.4 FAO 对不同食品的照射剂量

食 品	主要目的	达到的手段	剂量/Gy
肉、禽、鱼及其他易腐食品	不用低温，长期安全储藏	杀死腐败菌，病原菌及肉毒梭菌	0.04~0.06
肉、禽、鱼及其他易腐食品	在 3℃ 以下延长储藏期	减少嗜冷菌数	0.005~0.01
冻肉、鸡肉、鸡蛋及其他易污染初原菌的食品	防止食品中毒	杀灭沙门氏细菌	0.003~0.01
肉及其他有病原寄生虫的食品	防止食品媒介的寄生虫	杀灭旋毛虫，牛肉绦虫等	0.0001~0.0003
香辛料、辅料	减少细菌污染	降低菌数	0.01~0.03

三、化学储藏保鲜

化学储藏是添加某些化学制剂（氯化钠、亚硝酸盐、山梨酸盐等）而达到肉的保鲜目的方法。

1. 盐腌法的储藏作用

盐腌法主要是通过食盐提高肉品的渗透压，脱去部分水分，并使肉品中的含氧量减少，造成不利于细菌生长繁殖的环境条件。但有些细菌的耐盐性较强，单用食盐腌制不能达到长期保存目的。因此，生产中用食盐腌制多在低温下进行，并采用干腌和湿腌两种不同的加工方法，制作出各种风味的肉制品。我国的名产金华火腿、咸肉、烟熏肋肉常采用干腌。

2. 硝酸盐的储藏作用

用硝酸盐进行储藏具有良好的呈色和发色作用，发色迅速，可抑制肉毒梭状芽孢菌及其他腐败菌的生长；具有增强肉制品风味的作用。国际上对食品中添加硝酸盐和亚硝酸盐的问题很重视，FAO/WHO、联合国食品添加剂法规委员会（CCFA）建议在目前还没有理想的替代品之前，把用量限制在最低水平。我国规定亚硝酸盐的加入量为 0.15g/kg，此量在国际规定的限量以下。

四、肉的气调保鲜

气调保鲜是指在密封性能好的材料中装进食品，然后注入特殊的气体或气体混合物，再把包装密封，使其与外界隔绝，从而抑制微生物生长，抑制酶促腐败，从而达到延长货架期的目的。

气调包装所用气体主要为 O_2、N_2、CO_2。正常大气中的空气是好几种气体的混合物，其中氮气占空气体积约 78%，氧气约 21%，CO_2 约 0.03%，氩气等稀有气体约 0.94%，其余则为蒸汽。氧气的性质活泼，容易与其他物质发生氧化作用，氮气则惰性很高，性质稳定，CO_2 对于嗜低温菌有抑制作用。

所谓包装内部气体成分的控制，是指调整鲜肉周围的气体成分，使与正常的空气组成成分不同，以达到延长产品保存期的目的。

1. 充气包装中使用的气体

1）氧气

肌肉中肌红蛋白与氧分子结合后，成为氧合肌红蛋白而呈鲜红色，因此，为保持肉的鲜红色，包装袋内必须有氧气。自然空气中含 O_2 约 20.9%，因此新切肉表面暴露于空气中则显浅红色。据报道，在 0℃，相对湿度 99.3% 时，氧分压 6mmHg±3mmHg（0.4%～1.2% O_2）时高铁肌红蛋白形成最多，O_2 必须在 5% 以上方能减少高铁肌红蛋白的形成，但据指出，氧必须在 10% 以上才能维持鲜红，40% 以上的 O_2 能维持 9d 良好色泽。

氧气虽然可以维持良好的色泽，但由于氧气的存在，易造成好气性假单胞菌生长，因而使保存期要低于真空包装。此外，氧气还易造成不饱和脂肪酸氧化酸败，致使肌肉褐变。

2）二氧化碳

CO_2 在充气包装中的使用，主要是由于它的抑菌作用。CO_2 是一种稳定的化合物，无色、无味，在空气中约占 0.03%，提高 CO_2 浓度，可使大气中原有的氧气浓度降低，使好气性细菌生长速率减缓，另外也可使某些酵母菌和厌气性菌的生长受到抑制。

CO_2 的抑菌作用机理：一是通过 CO_2 溶于水中，形成碳酸（H_2CO_3），使 pH 降低，这会对微生物有一定的抑制；第二是通过对细胞的渗透作用。在同温同压下 CO_2 在水中的溶解是 O_2 的 6 倍，渗入细胞的速率是 O_2 的 30 倍，由于 CO_2 的大量渗入，会影响细胞膜的结构，增加膜对离子的渗透力，改变膜内外代谢作用的平衡，而干扰细胞正常代谢，使细菌生长受到抑制。CO_2 渗入还会刺激线粒体 ATP 酶的活性，使氧化磷酸化作用加快，使 ATP 减少，即使机体代谢生长所需能量减少。

2. 充气包装中各种气体的最适比例

在充气包装中，CO_2 具有良好的抑菌作用，O_2 为保持肉品鲜红色所必需，而 N_2 则主要作为调节及缓冲用。如何能使各种气体比例适合，使肉品保藏期长，且各方面均能达到良好状态，则必须予以探讨。欧美大多以 80% O_2+20% CO_2 方式零售包装，其货架期为 4～6d，英国在 1970 年即有两种专利，其气体混合比例为 70%～90% O_2 与 10%～30% CO_2 或 50%～70% O_2 与 50%～30% CO_2，而一般多用 20% CO_2+80% O_2，具有 8～14d 的鲜红色效果。表 11.5 为气调包装肉及肉制品所用气体比例。

表 11.5　气调包装肉及肉制品所用气体比例

肉的品种	混合比例	国家或地区
新鲜肉（5～12d）	70% O_2+20% CO_2+10% N_2 或 75% O_2+25% CO_2	欧洲
鲜碎肉制品和香肠	33.3% O_2+33.3% CO_2+33.3% N_2	瑞士
新鲜斩拌肉馅	70% O_2+30% CO_2	英国
熏制香肠	75% CO_2+25% N_2	德国及北欧四国
香肠及熟肉（4～8周）	75% CO_2+25% N_2	德国及北欧四国
家禽（6～14d）	50% O_2+25% CO_2+25% N_2	德国及北欧四国

任务三　食品卫生及检验

一、食品卫生基础知识

（一）食品卫生

食品卫生学是预防医学的组成部分，它是一门研究食品中有害因素与人体健康的关系及其预防措施，以稳定食品卫生质量、保护食用者安全的学科。食品卫生学的主要内容包括以下几个方面：

（1）研究食品中可能存在有害的生物因素、化学因素的种类、来源、性质、作用、含量及其影响因素、监测的方法和预防措施。

（2）研究各类食品的卫生问题以及《食品卫生法》第九条禁止生产经营的食品。

（3）研究各类食品的生产条件及生产工艺，以及《食品卫生法》第八条规定的食品生产经营过程的卫生要求。

（4）研究如何对食物中毒等食源性疾患的调查、处理以及预防。

（5）研究食品生产加工中的危害性分析和关键控制系统的应用问题。

（6）研究食品卫生规范问题。随着国际贸易的发展和食品卫生监督管理的要求逐步完善，食品卫生标准、卫生管理办法和企业卫生规范等技术性法规应尽量采用国际标准。

（7）研究食品中的主要营养成分与人体健康的关系，以及如何合理膳食。

（二）影响食品卫生的主要问题

食品卫生是一项直接关系到每一个人的身体健康，以至影响子孙后代的工作。食品中出现各种各样的卫生问题并不是固定不变的，由于食品生产和经营过程中的具体条件不同而不同。如果食品中的有害因素达到对人体健康有影响的程度，那么就失去了食品的食用价值。就目前情况来看，影响食品卫生最大的问题主要有以下五个方面。

1. 病菌污染

从食品原料的储存、加工至菜肴的烹调的一系列过程中。由于被病菌污染或病菌的作用导致食品腐败变质等称为病菌污染。常见的病菌有沙门氏菌、葡萄球菌、芽孢杆菌、梭状芽孢杆菌等。

2. 霉菌污染

霉菌是真菌的一部分，在自然界分布很广。霉菌在粮食和饲料等食品中遇到适宜的温度和湿度繁殖很快，并在食物中产生有毒代谢物。它除了引起人的急、慢性中毒，还能使肌体致癌。霉菌种类繁多，最常见的有黄曲霉菌和谷物霉菌。

3. 原虫与虫卵污染

原虫，也称为寄生虫。常见的危害人类健康的寄生虫主要有阿米巴原虫、蛔虫、绦虫、肝吸虫和肺吸虫等。

4. 化学污染

化学污染影响范围很大，情况也很复杂，造成化学污染的原因主要来自四个方面。

其一，来自生产、生活环境中的各种有害金属、非金属、有机及无机化合物，如使用锡、铅容器造成铅中毒，用镀锌容器储存菜肴造成锌中毒和用铜容器储存酸性食物造成铜中毒。其二，在菜肴和点心的加工中使用不符合卫生标准的食物添加剂、色素、防腐剂和甜味剂等，都是造成食品污染的原因。其三，农业用化学物质所造成的污染。农作物在生长期或成熟后的储存期，常常沾有化肥与农药，如果清洗不彻底，会造成急性中毒和积蓄中毒并危及人的生命。其四，由不符合卫生要求的包装材料和运输工具造成的食品的化学污染。

5. 毒性动植物的污染

毒性动物主要指有毒的鱼类和贝类。某些鱼肉和贝类含有毒素，某些鱼类的血液和内脏含有大量毒素，人误食这些鱼和贝，轻者中毒致病，重者危及生命。毒性植物主要是指那些含有毒素的干果和蔬菜。这些植物对人类危害很大，不可以食用。

（三）食品卫生对人体健康的主要危害

食品卫生问题对人体健康造成的危害主要有下列几种情况。

1. 急性危害

食品被大量致病微生物及其产生的毒素或化学物质污染后，随食品进入人体，在较短的时间内可造成人体中毒。由于中毒原因不同，引起的临床表现也不同，一般都伴有急性胃肠道症状或神经系统症状，严重者会因心脏功能衰竭而死亡。

2. 慢性危害

食品被某些有害物质污染，其含量虽少。但由于长期连续通过食品进入人体，在人体内不能完全排出，并不断蓄积起来，经过几年甚至十几年，当达到一定的中毒剂量时就发生中毒症状，这种经过相当长时间才能显露出来的危害称为慢性危害。由于食品中引起慢性危害因素不易被发现，原因较难查清，因此通常比急性危害还大，更应引起重视。

3. 远期危害

1）致癌

近年来流行病学资料表明，癌症发病率逐年上升。据推测，人类癌症由病毒等生物因素引起的不超过5%，放射性等物理因素引起的仅在5%以下。而由化学物质引起的占90%，其中与饮食有关的因素占35%。目前，具有或怀疑有致癌作用的物质有数百种。与食品有关的为数也不少，如氯胺类、黄曲霉素等天然致癌物，以及砷、镉、镍、铅、铍等。

2）致突变

食物中某些污染物能引起生物体细胞的遗传信息和遗传物质发生突然改变。这种作用称为致突变作用。

3）致畸形

食品中某些有害污染物在胚胎的细胞分化和器官形成过程中，可使胚胎发育异常或者通过胎盘进入胎儿体内引起胎儿畸形，这种作用称为致畸作用。

（四）环境卫生与食品卫生

环境卫生的质量好坏对食品卫生质量有着直接的影响，如果食品生产、加工、储存等场所的环境好就能保证食品的清洁、安全卫生，否则就难以保证。环境卫生的好坏是保证食品卫生的首要条件，必须予以重视。

1. 食品企业的环境卫生

1）食品企业外环境卫生

食品生产经营单位在申领卫生许可证前，选址必须符合卫生要求，要认真调查周围30m内有无垃圾、粪便处理场所，有无饲养牲畜、禽类或者屠宰场有无排放有害物的工矿企业。若有上述情况，均不适合食品生产经营。

2）食品企业内环境卫生

食品企业内环境卫生包括与产品品种和数量相适应的原处理、封口、包装、储存等厂房或场所。按照工艺流程，根据生熟分开、成品与半成品分开和严防交叉污染的原则安排房间的使用和设备布局，同时应有从业人员更衣、存放个人物品的房间。食品企业内环境卫生设施应包括：消毒、冲洗、采光、照明、通风、防腐、防尘、防鼠、防蝇、洗涤、污水排放、存放垃圾废弃物等设备，以及便于防止食品污染、易于清洗消毒的卫生设施，不给各种昆虫等动物存活的条件，并实行定人、定物、定时间、定质量，划片分工、包干负责的"四定"管理责任制，这样在设施保证的同时，责任明确。

2. 环境中有害动物的防治

苍蝇、蟑螂、老鼠等一些有害动物，是造成食品污染、传播疾病、引发食物中毒和肠道传染病的主要媒介，食品生产经营单位对这些有害动物应采取严密的杀灭防范措施。

二、肉的卫生检验及要求

对畜禽肉进行感官鉴别时，一般是按照如下顺序进行的：首先是看其外观、色泽，特别应注意肉的表面和切口处的颜色与光泽，有无色泽灰暗，是否存在淤血、水肿、囊肿和污染等情况。其次是嗅肉品的气味，不仅要了解肉表面上的气味，还应感知其切开时和试煮后的气味，注意是否有腥臭味。最后用手指按压、触摸以感知其弹性和黏度，结合脂肪以及试煮后肉汤的情况，才能对肉进行综合性的感官评价和鉴别。

（一）鲜肉中微生物的检验

肉的腐败是由于微生物的大量繁殖，导致蛋白质分解的结果，故检查肉的微生物污染情况，不仅可判断肉的新鲜程度，而且反映肉在生产、运输、销售过程中的卫生状况，为及时采取有效措施提供依据。

1. 样品的采集及处理

1）一般检验法

（1）屠宰后的畜肉，可于开膛后，用无菌刀采取两腿内侧肌肉100g（或采取背最长肌）。

（2）冷藏或售卖的生肉，可用无菌刀采取腿肉或其他肌肉 100g，也可采取可疑的淋巴结或病变组织。检样采取后放入无菌容器，立即送检。最好不超过 4h。送样时应注意冷藏。

先将样品放入沸水中，烫 3～5min，进行表面灭菌，以无菌手续从各样品中间部取 25g，再用无菌剪刀剪碎后，加入灭菌砂少许，进行研磨，加入灭菌生理盐水，混匀后制成 1：10 稀释液。

2）表面检查法

取 50cm² 消毒滤纸以无菌刀将滤纸贴于被检肉的表面，持续 1min，取下后投入装有 100mL 无菌生理盐水和带有玻璃珠的 250mL 三角瓶内，或将取下的滤纸投入放有一定量生理盐水的试管内，送至实验室后，再按 1cm² 滤纸加盐水 5mL 的比例补足，强力振荡，直至滤纸成细纤维状备用。

2．微生物检验

细菌总数测定、大肠菌群 MPN 测定及病原微生物检查，均按国家规定方法进行。

3．鲜肉压印片镜检

1）采样方法

（1）如为半片或 1/4 胴体，可从胴体前后肢覆盖有筋膜的肌肉，割取大于 8cm×6cm×6cm 的瘦肉。

（2）肩胛前或股前淋巴结及其周围组织。

（3）病变淋巴结、浮肿（浆液浸润）组织、可疑脏器（肝、脾、肾）的一部分。

（4）大块肉则从瘦肉深部采样 100g，盛于灭菌平皿中。

2）检验方法

从样品中切取 3cm³ 左右的肉块，用点燃的酒精棉球在肉块表面消毒 2～3 次，再以火焰消毒手术刀、剪、镊子，待冷却后，将肉样切成 0.5cm³（约蚕豆大）的小块。用镊子夹取小肉块，在载玻片上做成 4～5 个压印，用火焰固定或用甲醇固定 1min，用瑞士染液（或革兰氏）染色后，水洗、干燥、镜检。

3）评定

（1）新鲜肉看不到细菌，或一个视野中只有几个细菌。

（2）次新鲜肉一个视野中的细菌数为 20～30 个。

（3）变质肉视野中的细菌数在 30 个以上，且以杆菌占多数。

（二）冷藏肉中微生物的检验

1．样品的采集

禽肉采样应按五点拭子法从光禽体表采集，家畜冻藏胴体肉在取样时应尽量使样品具有气表性，一般以无菌方法分别从颈、肩胛、腹及臀股部的不同深度上多点采样，每一点取一方形肉块约 50～100g（若同时做理化检验时应取 200g），各置于灭菌容器内立即送检。若不能在 3h 内进行检验时，必须将样品低温保存并尽快检验。

2. 样品的处理

冻肉应在无菌条件下将样品迅速解冻。由各检验肉块的表面和深层分别制得触片，进行细菌镜检；然后再对各样品进行表面消毒处理，以无菌手续从各样品中间部取出25g，剪碎、匀浆，并制备稀释液。

3. 微生物检验

1）细菌镜检

为判断冷藏肉的新鲜程度，单靠感官指标往往不能对腐败初期的肉品作出准确判定。必须通过实验室检查，其中细菌镜检简便、快速，通过对样品中的细菌数目，染色特性以及触片色度三个指标的镜检，即可判定肉的品质，同时也能为细菌、霉菌及致病菌等的检验提供必要的参考依据。

（1）触片制备。从样品中切取 3cm³ 左右的肉块，浸入酒精中并立即取出点燃烧灼，如此处理 2～3 次，从表层下 0.1cm 处及深层各剪取 0.5cm³ 大小的肉块，分别进行触片或抹片。

（2）染色镜检。将已干燥好的触片用甲醇固定 1min，进行革兰氏染色后，油镜观察 5 个视野。同时分别计算每个视野的球菌和杆菌数，然后求出一个视野中细菌的平均数。

（3）鲜度判定。新鲜肉触片印迹着色不良，表层触片中可见到少数的球菌和杆菌；深层触片无菌或偶见个别细菌；触片上看不到分解的肉组织。

次新鲜肉触片印迹着色较好，表层触片上平均每个视野可见到 20～30 个球菌和少数杆菌；深层触片也可见到 20 个左右的细菌；触片上明显可见到分解的肉组织。

变质肉触片印迹着色极浓，表层及深层触片上每个视野均可见到 30 个以上的细菌，且大都为杆菌；严重腐败的肉几乎找不到球菌，而杆菌可多至每个视野数百个或不可计数；触片上有大量分解的肉组织。

2）其他微生物检验

可根据实验目的而分别进行细菌总数测定、霉菌总数测定、大肠菌群 MPN 检验及有关致病菌的检验等。

（三）肉制品的微生物检验

1. 肉制品中的微生物类群

不同的肉类制品，其微生物类群也有差异。

1）在熟肉制品中

在熟肉制品中常见的有细菌和真菌，如葡萄菌，微球菌、革兰氏阴性厌氧芽孢杆菌中的大肠杆菌、变形杆菌，还可见到需氧芽孢杆菌如枯草杆菌、蜡样芽孢杆菌等；常见的真菌有酵母菌属、毛霉菌属、根霉属及青霉菌属等。致食物中毒菌是引起食肉中毒的病原菌。

2）灌肠类制品

耐热性链球菌、革兰氏阴性杆菌及芽孢杆菌属、梭菌属的某些菌类；某些酵母菌及霉菌，这些菌类都可引起灌肠制品变色、发霉或腐败变质；如大多数异型乳酸发酵菌和明串珠菌能使香肠变绿。

3）腌腊制品

腌腊制品多以耐盐或嗜盐的菌类为主，弧菌是极常见的细菌，也可见到微球菌、异型发酵乳杆菌、明串珠菌等。一些腌腊制品中可见到沙门氏菌、致病性大肠杆菌、副溶血性弧菌等致病性细菌；一些酵母菌和霉菌也是引起腌腊制品发生腐败、霉变的常见菌类。

2. 样品的采集与处理

1）样品的采集

烧烤制品及酱卤制品可分别采用如下方法采集：

（1）烧烤肉块制品。用无菌棉拭子进行 6 面 $50cm^2$ 取样，即正（表）面擦拭 $20cm^2$，周围四边（面）各 $5cm^2$，背面（里面）拭 $10cm^2$。

（2）烧烤禽类制品。用无菌棉拭子做 5 点共 $50cm^2$ 取样，即在胸腹部各 $10cm^2$，背部拭 $20cm^2$，头颈及肛门各 $20cm^2$。

（3）其他肉类制品。包括熟肉制品（酱卤肉、肴肉）、灌肠类、腌腊制品、肉松等，都采集 200g。有时可按随机抽样法进行一定数量的样品采集。

2）样品的处理

（1）用棉拭采的样品，可先用无菌盐水少许充分洗涤棉拭子，制成原液，再按要求进行 10 倍系列稀释。

（2）其他按重量法采集的样品均同鲜肉的处理方法进行稀释液制备。

3. 微生物检验

（1）菌相。根据不同肉制品中常见的不同类群微生物进行检测。

（2）肉制品中的细菌总数、大肠菌群 MPN 及致病菌的检验。

 小结

本项目介绍了肉中微生物的来源和种类，由于肉中有微生物我们应该采取低温、辐射、化学以及气调方法来延长肉的保质期。同时在生产中应该认清存在的一些危害，在生产工艺中采用 HACCP 等管理体制来控制食品安全，以保证食品的安全性。

 复习思考题

（1）微生物的定义及微生物的特点是什么？

（2）灭菌、商业灭菌、消毒及无菌的概念是什么？

（3）肉的储藏保鲜方法有哪些？其原理是什么？

（4）影响食品卫生的主要问题有哪些？

（5）简述肉制品的卫生检验步骤及操作要点。

（6）简述食品安全、HACCP、食品质量安全市场准入制度的概念。

食品生产许可证与工业产品生产许可证的关系

食品生产许可证是工业产品生产许可证的一部分，都是按照国家质检总局制定的工作程序、审查条件、工作部署开展工作。但两者也有一定的区别，首先是管理模式不同。如工业产品生产许可证由省级质量技术监督局负责受理申请，由省级质量技术监督局或者审查部负责审查；而食品生产许可证由市（地）级以上质量技术监督局负责受理企业申请并承担审查工作。

其次，工业产品生产许可证制度是一种相对独立的制度，而食品生产许可证则作为食品质量安全市场准入制度的一个环节，是通过对食品生产加工企业保证食品质量安全必备条件的审查来保证食品质量安全的。食品质量安全市场准入制度中的食品生产许可制度、强制检验制度、市场准入标识制度等，是密切联系、相互配套、不可分割的完整体系。

 单元操作训练

冷藏肉微生物检验中的样品采集、处理

一、实训目的

通过实训，掌握在微生物检验中冷藏肉样品的采集方法和样品的处理方法。

二、用具与材料

捣碎机 1 台，灭菌容器 1 个，脱脂棉 1 包，检肉刀 1 把，手术刀 1 把，外科剪刀 1 把，镊子 1 把，温度计 1 支，100mL 量筒 1 个，200mL 烧杯 3 个，表面皿 1 个，酒精灯 1 个，石棉网 1 个，天平 1 台，电炉 1 个。原料：猪胴体（鲜），冷冻胴体。

三、操作步骤

1. 样品的采集

禽肉采样应按五点拭子法从光禽体表采集，家畜冻藏胴体肉在取样时应尽量使样品具有气表性，一般以无菌方法分别从颈、肩胛、腹及臀股部的不同深度上多点采样，每一点取一方形肉块约 50～100g（若同时做理化检验时应取 200g），各置于灭菌容器内立即送检。若不能在 3h 内进行检验时，必须将样品低温保存并尽快检验。

2. 样品的处理

冻肉，应在无菌条件下将样品迅速解冻。由各检验肉块的表面和深层分别制得触片，进行细菌镜检；然后再对各样品进行表面消毒处理，以无菌手续从各样品中间部取出 25g，剪碎、匀浆，并制备稀释液。

四、思考题

(1) 简述样品的采集、处理方法及注意事项。

(2) 写出实训报告。

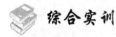 **综合实训**

冷却肉的保鲜

一、实训目的

通过实训，要求学生了解冷却肉的保鲜原理，掌握冷却肉保鲜的基本方法，尤其是采用化学保鲜常用的保鲜试剂。

二、仪器与材料

凯氏定氮仪，酸度仪，高压灭菌锅，培养皿。

三、实训步骤

1. 保鲜剂配制

选择合适的保鲜剂（如乙酸、乳酸、抗坏血酸、葡萄糖-氯化钠液、溶菌酶等）并配制成一定浓度的溶液待用。

2. 取样

活猪宰杀后取猪后腿瘦肉，置于－30～－28℃下急冻1.5h，再转入0～4℃下冷却6～8h，待肉中心温度＜4℃后于冷却间内剔骨、分割为100～150g的小块。

3. 保鲜处理

将冷却肉样品放入保鲜溶液中浸泡15～30s后沥干，采用合适的包装方式对样品进行包装（如真空、气调或托盘包装）。

4. 样品冷藏

将包装后的样品在0～4℃下冷却保藏。

5. 样品检测

在保鲜期间每隔3d进行一次感官评定、理化和微生物指标的测定，以检测冷却肉的保鲜效果。

四、注意事项

(1) 冷却肉是严格按照宰前检疫、宰后检验、采用科学的屠宰工艺，在低温环境下进行分割加工，使屠体或分割肉深层中心温度在24h迅速降至0～4℃，并在随后的冷藏、运输、销售环节中始终保持0～4℃环境下的一种预冷加工肉。

(2) 感官评定一般包括肉品的色泽、气味、弹性、持水力、肉汤品质等项目的检测，一般在有经验或专业人员指导下进行打分评定，避免主观因素对实验结果带来较大差异；理化指标的检测通常有挥发性盐基氮（TVB—N）、酸度、H_2S试验；微生物指标检测包括细菌总数和大肠杆菌的测定，检测方法参照相应国家标准。

五、思考题

(1) 冷却肉的保鲜包括哪些步骤？

(2) 写出实训报告。

项目十二 畜禽的屠宰与分割技术

☞ **岗位描述**

从事畜禽（生猪、牛、羊、鸡、鸭等）屠宰、解剖、分割及副产品加工或整理的人员。

☞ **工作任务**

畜禽的屠宰、解剖、分割、加工及副产品整理等工作。

☞ **知识目标**

(1) 了解畜禽宰前管理的措施及其重要性。

(2) 掌握畜禽屠宰、分割中进行卫生检验的重要性。

(3) 掌握畜禽屠宰、分割、检验的基本要求和操作要点。

☞ **能力目标**

(1) 能运用屠宰加工卫生管理知识，对畜禽进行宰前检疫、宰后检验。

(2) 能对畜禽进行致昏、刺杀放血、煺毛或剥皮、开膛解体、屠体整修、包装等。

(3) 能按分割标准把畜禽肉分割成不同规格的肉块，并能对分割肉进行冷却和包装。

☞ **案例导入**

目前，我国肉制品结构存在"四多四少"现象，即白条肉多、分割肉少，热鲜肉多、冷鲜肉少，裸装散肉多、包装肉少，高温制品多、低温制品少。尤其是冷鲜肉，目前只占到肉类消费的10%，要达到30%的目标还有一定难度。

从肉类行业来看，2009年全国生猪定点屠宰企业20658家，其中规模以上（年销售规模500万元以上）只占到10%；90%的屠宰企业还处于小规模手工或者半机械化屠宰加工的落后状态，约75%的定点屠宰企业实行代宰制度，在这种情况下，屠宰加工企业很难有效控制和保证肉制品的质量。

　　因此，在今后的发展过程中，国家和协会要积极支持企业由作坊式的手工加工向工厂化、机械化的加工模式转变；由肉类产品的落后流通模式向现代生产、冷链物流、连锁经营等先进方式转变，促进畜禽养殖、屠宰加工、储运销售等各个环节的有机结合。

 **课前思考题**

　　(1) 畜禽屠宰时为什么进行宰前检疫和宰后检验？
　　(2) 畜禽宰前怎样管理？
　　(3) 怎样对畜禽进行致昏、刺杀、煺毛、剥皮、开膛解体和整修？

任务一　屠宰加工卫生管理

一、宰前检疫

(一) 宰前检验的目的和意义

　　屠畜禽的宰前检验与管理是保证肉品卫生质量的重要环节之一。它在贯彻执行病、健隔离，病、健分宰，防止肉品交叉污染，提高肉品卫生质量，保障人民身体健康等方面，起着极为重要的把关作用。屠宰畜禽通过宰前临床检查，可以初步确定其健康状况，尤其是能够发现许多在宰后难以发现的传染病，如破伤风、狂犬病、脑炎、胃肠炎、脑包虫病、口蹄疫以及某些中毒性疾病，因宰后一般无特殊病理变化或因解剖部位的关系，在宰后检验时常有被忽略和漏检的可能。相反地，对这些疾病，依据其宰前临床症状是不难做出诊断的。从而做到及早发现，及时处理，减少损失，还可以防止牲畜疫病的传播。此外，合理地宰前管理，不仅能保障畜禽健康，降低病死率，而且也是获得优质肉品的重要措施。

(二) 宰前检验的步骤和程序

　　当屠畜由产地运到屠宰加工企业以后，在未卸下车船之前，兽医检验人员应向押运员索要当地兽医部门签发的检疫证明书，核对牲畜的种类和头数，了解产地有无疫情和途中病死情况。如发现产地有严重疫病流行或途中病死的头数很多时，即将该批牲畜转入隔离圈，并做详细的临床检查和实验室诊断，待确诊后根据疾病的性质，采取适当措施（急宰或治疗）。经过初步视检和调查了解，认为基本合格的畜群允许卸下，并令其赶入预检圈休息，然后再逐头观察其外貌、精神状况等。若发现有异常，立即剔出并进行隔离，待验收后再进行详细检查和处理。赶入预检圈的牲畜，必须按产地、批次，分圈饲养，不可混杂。对进入预检圈的牲畜，给予充分的饮水，待休息一段时间后，再进行较详细的临床检查。经检查凡属健康的牲畜，可允许进入饲养场（圈）饲养。病畜禽或疑似病畜禽赶入隔离圈，按《肉品卫生检验试行规程》中有关规定处理。

（三）宰前检验的方法

畜禽宰前检验的方法可依靠兽医临床诊断，再结合屠宰厂（场）的实际情况灵活应用。生产实践中多采用群体检查和个体检查相结合的办法。其具体做法可归纳为动、静、食的观察三大环节和看、听、摸、检四大要领。首先从大群中挑出有病或不正常的畜禽，然后再详细地逐头检查，必要时应用病原学诊断和免疫学诊断的方法。一般对猪、羊、禽等的宰前检验都应以群体检查为主，辅以个体检查；对牛、马等大家畜的宰前检验则以个体检查为主，辅以群体检查。

1. 群体检查

群体检查是将来自同一地区或同批的牲畜作为一组，或以圈作为一个单位进行检查。检查时可以下列方式进行：

1）静态观察

在不惊扰牲畜使其保持自然安静的情况下，观察其精神状态、睡卧姿势、呼吸和反刍，有无咳嗽、气喘、战栗、呻吟、流涎、痛苦不安、嗜睡和孤立一隅等反常现象。对有上述症状的畜禽应标上记号。

2）动态观察

可将畜禽轰起，观察其活动姿势，如有无跛行、后腿麻痹、打晃踉跄和离群掉队等现象，发现异常时应标上记号。

3）饮食状态的观察

观察其采食和饮水状态，注意有无停食、不饮、少食、不反刍和想食又不能咽等异常状态，发现异常亦应标上记号。

2. 个体检查

个体检查是对群体检查中被剔出的病畜和可疑病畜，集中进行较详细的个体临床检查。即使已经群体检查并判为健康无病的牲畜，必要时也可抽 10% 做个体检查，如果发现传染病时，可继续抽验 10%，有时甚至全部进行个体检查。

1）眼观

眼观就是观察病畜的表现。这是一种既简便易行又非常重要的检查方法，要求检查者要有敏锐的观察能力和系统检查的习惯。观察精神、被毛和皮肤；观察运步姿态；观察鼻镜和呼吸动作；观察可见黏膜；观察排泄物。

2）耳听

耳听就是用耳朵直接听取或用听诊器间接听取牲畜体内发出的各种声音。听叫声；听咳嗽；听呼吸音；听胃肠音；听心音。

3）手摸

用手触摸畜体各部，并结合眼观，耳听，进一步了解被检组织和器官的机能状态。摸耳根；摸体表皮肤；摸体表淋巴结；摸胸廓和腹部。

4）检温

重点是检测体温。体温的升高或降低，是牲畜患病的重要标志。在正常情况下，各种动物的体温、呼吸和脉搏变化等见表12.1。

表 12.1　畜禽正常体温、呼吸和脉搏变化

畜　别	体温/℃	呼吸次数/(次/min)	脉搏次数/(次/min)
猪	38.0～40.0	12～20	60～80
牛	37.5～39.5	10～30	40～80
绵羊、山羊	38.0～40.0	12～20	70～80
马	37.5～38.5	8～16	26～44
骆驼	36.5～38.5	5～12	32～52
兔	38.5～39.5	50～60	120～140
鸡	40.0～42.0	15～30	140
鸭	41.0～42.0	16～28	120～200
鹅	40.0～41.0	20～25	120～200
鹿	38.0～38.5	16～24	24～48
犬	37.5～39.0	10～30	60～80

（四）宰前检验后的处理

经宰前检验健康合格、符合卫生质量和商品规格的畜禽按正常工艺屠宰；对宰前检验发现病畜禽时，根据疾病的性质、病势的轻重以及有无隔离条件等应做如下处理。

1. 禁宰

经检查确诊为炭疽、鼻疽、牛瘟、恶性水肿、气肿疽、狂犬病、羊快疫、羊肠毒血症、马流行性淋巴管炎、马传染性贫血等恶性传染病的牲畜，采取不放血法扑杀。肉尸不得食用，只能工业用或销毁。其同群其他牲畜，立即进行测温。体温正常者在指定地点急宰，并认真检验；不正常者予以隔离观察，确诊为非恶性传染病的方可屠宰。

2. 急宰

确认为无碍肉食卫生的一般病畜及患一般传染病而有死亡危险的病畜，应立即急宰。凡疑似或确诊为口蹄疫的牲畜应立即急宰，其同群牲畜也应全部宰完。患布氏杆菌病、结核病、肠道传染病、乳房炎和其他传染病及普通病的病畜，须在指定的地点或急宰间屠宰。

3. 缓宰

经检查确认为一般性传染病，且有治愈希望者，或患有疑似传染病而未确诊的牲畜应予以缓宰。但应考虑有无隔离条件和消毒设备，以及病畜短期内有无治愈的希望，经济费用是否有利成本核算等问题。否则，只能送去急宰。此外，宰前检查发现牛瘟、口蹄疫、马传染性贫血及其他当地已基本扑灭或原来没有流行过的某些传染病，应立即报告当地和产地兽医防疫机构。

二、宰前管理

1. 待屠宰畜禽的饲养

畜禽运到屠宰场经兽医检验后，按产地、批次及强弱等情况进行分圈分群饲养。对肥度良好的畜禽所喂饲量，应以能恢复由于途中蒙受的损失为原则。对瘦弱畜禽的饲养应当采取肥育饲养的方法进行饲养，以在短期内达到迅速增重、长膘、改善肉质为目的。

2. 宰前休息

屠畜宰前休息有利于放血和消除应激反应。长途运输使家畜处于应激状态，可导致体重减轻和抵抗力下降。目前国内外所采用的当日运输当日屠宰的方法显然是不科学的。在驱赶时禁止鞭棍打、惊恐及冷热刺激。现在常用电动驱赶棒来赶牲畜，另外也可采用摇铃方式驱赶。

3. 宰前禁食、供水

屠宰畜禽在宰前 12～24h 断食，断食时间必须适当。一般牛、羊宰前断食 24h，猪 12h，家禽 18～24h。断食时，应供给足量的 1% 的食盐水，使畜体进行正常的生理机能活动，调节体温，促进粪便排泄，以便放血完全，获得高质量的屠宰产品。为了防止屠宰畜禽倒挂放血时胃内容物从食道流出污染胴体，宰前 2～4h 应停止给水。

4. 猪屠宰前的淋浴

猪在屠宰前要进行淋浴，通常将猪赶到侯宰间的淋浴室内，室内上下左右均按有喷头，水温 20℃，喷淋猪体 2～3min，以洗净体表污物，保证屠宰时清洁卫生。淋浴使猪有凉爽舒适的感觉，促使外周毛细血管收缩，便于放血充分。

三、宰后检验

宰后检验的目的是发现各种妨碍人类健康或已丧失营养价值的胴体、脏器及组织，并做出正确的判断和处理。宰后检验是肉品卫生检验最重要的环节，是宰前检验的继续和补充。因为宰前检疫只能剔除症状明显的病畜和可疑病畜，处于潜伏期或症状不明显的病畜则难以发现，只有留待宰后对胴体、脏器做直接的病理学观察和必要的实验室化验，进行综合分析判断才能检出。

（一）检验方法

宰后检验的方法以感官检查和剖检为主，对胴体和脏器进行病理学诊断与处理。即主要通过"视检"、"剖检"、"触检"和"嗅检"等方法来实现。

1. 视检

视检即观察肉尸的皮肤、肌肉、胸腹膜、脂肪、骨骼、关节、天然孔及各种脏器的色泽、形态、大小、组织状态等是否正常。这种观察可为进一步剖检提供线索。如结膜、皮肤、脂肪发黄，表明有黄疸可疑，应仔细检查肝脏和造血器官，甚至剖检关节的滑液囊及韧带等组织，注意其色泽的变化；如喉颈部肿胀，应考虑检出炭疽和巴氏杆菌病；特别是皮肤的变化，在某些疾病（如猪瘟、猪丹毒、猪肺疫、痘症等）的诊断上具有特征性。

2. 剖检

剖检即借助检验器械，剖开肉尸、组织及器官观察其隐蔽部分或深层组织的变化。这对淋巴结、肌肉、脂肪、脏器和所有病变组织的检查以及疾病的发现和诊断是非常重要的。

3. 触检

触检即借助于检验器械触压或用手触摸，以判定组织、器官的弹性和软硬度，这对于发现软组织深部的结节病灶具有重要意义。

4. 嗅检

对于不显特征变化的各种特殊气味和病理性气味，均可用嗅觉判断出来。如屠畜生前患尿毒症，肉组织必带有尿味；芳香类药物中毒或芳香类药物治疗后不久屠宰的畜肉，则带有特殊的药味。

在宰后检验中，检验人员在剖检组织脏器的病损部位时，还应采取措施防止病料污染产品、地面、设备、器具以及卫检人员的手和检验刀具。卫检人员应备两套检验刀具，以便遇到病料污染时，可用另一套消过毒的刀具替换，被污染的刀具在清除病变组织后，应立即置于消毒药液中进行消毒。

（二）检验程序与要点

在屠宰加工的流水作业中，宰后检验的各项内容作为若干环节安插在加工过程中。一般分为头部、内脏及肉尸三个基本环节。屠宰猪时，须增设皮肤和旋毛虫检验二个环节。

1. 头部检验

牛头的检查首先观察唇、齿龈及舌面。注意有无水泡、溃疡或烂斑（检查牛瘟、口蹄疫等）。触摸舌体，观察上下颌的状态（检查放线菌）。剖开咽喉内侧淋巴结核扁桃体（检查结核、炭疽）及舌肌和内外咬肌（检查囊尾蚴）。

对于羊头，一般不剖检淋巴结，主要检查皮肤、唇及口腔黏膜，注意有无痘疮或溃疡等病变。

猪头的检查分两步进行：第一步在放血之后浸烫之前进行，剖检两侧颌下淋巴结，其主要目的是检查猪的局限性咽炭疽；第二步与肉尸检验一起进行。先剖检两侧外咬肌（检查囊尾蚴），然后检查咽喉黏膜、会咽软骨和扁桃体，必要时剖检副淋巴结（检查炭疽）。同时观察鼻盘、唇和齿龈的状态（检查口蹄疫、水泡病）。

2. 皮肤检验

皮肤检验对于检出猪瘟、猪丹毒等病有重要意义。家禽主要检验皮肤病变。

3. 内脏检验

非离体检验目前主要用于猪。按照脏器在畜体内的自然位置，由后向前分别进行。离体检验可根据脏器摘出的顺序，一般由胃肠开始，依次检查脾、肺、心、肝、肾、乳房、子宫或睾丸。

（1）肺部检查：观察外表色泽、大小及触检其弹性，必要时切开检查，并剖检支气管淋巴结及纵膈淋巴结。

（2）心脏检查：检查心包及心肌，并沿动脉管剖检心室及心内膜。同时注意血液的凝固状态。对猪应特别注意二尖瓣。

（3）肝脏检查：触检弹性，剖检肝门淋巴结，必要时切开检查并剖检胆囊。

（4）脾脏检查：有无肿胀，弹性如何，必要时切开检查。

（5）胃肠检查：切开检查胃淋巴结及肠系膜淋巴结，并观察胃、肠浆膜，必要时剖检胃及肠黏膜。

（6）肾脏检查、观察色泽、大小，并触检弹性是否正常，必要时纵剖检查（须连在肉尸上一同检查）。

（7）乳房检查：（牛、羊）触检并切开观察乳房淋巴结有无病变。

（8）必要时检查子宫、睾丸、膀胱等。

4. 肉尸检验

首先判定其放血程度，这是评价肉品卫生质量的重要标志之一。放血不良的特征是：肌肉颜色发暗，皮下静脉液滞留。

在判定肉尸放血程度的同时，尚须仔细检查皮肤、皮下组织、肌肉、脂肪、胸腹膜、骨骼，注意有无出血、皮下和肌肉水肿、肿瘤、外伤、肌肉色泽异常、四肢病变等症状。并剖开两侧咬肌，检查有无囊尾蚴。猪要剖检浅腹股沟淋巴结，必要时剖检深颈淋巴结。牛、羊要剖检股前淋巴结、肩胛前淋巴结，必要时还要剖检腰下淋巴结。

5. 旋毛虫检验

检验内脏时，割取左右横膈膜脚肌 2 块，每块约 10g，按胴体编号，进行旋毛虫检验。

胴体经上述初步检验后，还需经过一道复检（即终点检验）。这项工作通常与胴体的打等级、盖检印结合起来进行。当出现单凭感官检查不能做出确诊时，还应进行细菌学、病理学等检验。

（三）检后处理

胴体和内脏经过卫生检验后，可按四种情况，分别做出如下处理：

1. 正常肉品的处理

胴体和内脏经检验确认来自健康牲畜，且肉质良好，内脏正常的，准许食用。在肉联厂或屠宰场加盖"兽医验讫"印后即可出厂销售。

2. 患有一般传染病、轻症寄生虫病和病理损伤的胴体及内脏的处理

根据病损性质和程度，经过各种无害处理后，使传染病、毒性消失或使寄生虫全部消失者，可以有条件的食用。

3. 患有严重传染病、寄生虫病、中毒和严重病理损伤的胴体及内脏的处理

不能食用，可以炼制工业油或骨肉粉。

4. 患有炭疽病、鼻疽、牛瘟等《肉品卫生检验规程》所列的烈性传染病的胴体和内脏的处理

必须用焚烧、深埋、湿化（通过湿化机）等方法予以销毁。

任务二　畜禽的屠宰工艺

畜禽经致昏、放血、去除毛皮、内脏和头、蹄最后形成胴体的过程叫做屠宰加工。它是进一步深加工的前处理，因此也叫初步加工。屠宰加工的方法和程序叫做屠宰工艺。

一、家畜的屠宰工艺

(一) 屠宰工艺流程 (图 12.1)

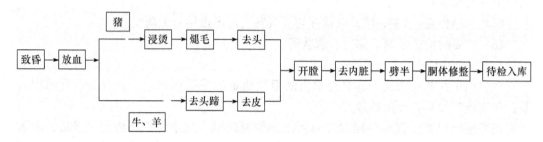

图 12.1　屠宰工艺流程

(二) 工艺要点

1. 致昏

应用物理的 (如机械的、电击的、枪击的)、化学的 (吸入 CO_2) 方法，使家畜在宰杀前短时间内处于昏迷状态，谓之致昏，也叫击晕。击晕能避免宰杀时因嚎叫、挣扎而消耗过多的糖原，使宰后肉尸保持较低的 pH，同时可减少屠畜应激的产生，防止异质肉的产生，增强肉的储藏性。

1) 电击晕

电击晕生产上称作"麻电"。它是使电流通过屠畜，以麻痹中枢神经而晕倒。此法可导致肌肉强烈收缩，还能刺激心脏活动，便于放血。电击晕是目前最常见的致昏法。常用的电击晕的电流强度、电压、频率以及作用时间见表 12.2。

表 12.2　畜禽屠宰时的电击晕条件

畜　种	电压/V	电流强度/A	麻电时间/s
猪	70～100	0.5～1.0	1～4
牛	75～120	1.0～1.5	5～8
羊	90	0.2	3～4
兔	75	0.75	2～4
家禽	65～85	0.1～0.2	3～4

注意：

(1) 致昏的强度以使待宰畜处于昏迷状态，失去攻击性，消除挣扎，保证放血良好为准，不能致死。

(2) 操作人员应穿戴合格的绝缘鞋、绝缘手套。

2) CO_2 麻醉法

丹麦、美国、加拿大等国应用该法。室内气体组成：CO_2 65%～75%，空气 25%～

35%。以屠宰猪为例将猪赶入麻醉室 15～45s 后，意识即完全消失并能维持 2～3min。CO_2 麻醉猪可使猪在安静状态下进入昏迷。此种方法效果好且无副作用，但成本较高，在我国应用较少。

3）机械击晕

机械击晕就是用机械的方法将牲畜击晕。主要有锤击、棒击及枪击等方法。此法易使家畜产生应激，现在多不使用。

2. 刺杀放血

家畜致昏后将后腿栓在滑轮的套脚或铁链上。经滑车轨道运到放血处进行刺杀、放血。家畜致昏后应快速放血，以 9～12s 为最佳，最好不超过 30s，以免引起肌肉出血。放血有刺颈放血、切颈放血、心脏放血三种常用方法。

1）刺颈放血

此法比较合理，普遍应用于猪的屠宰。刺杀部位，猪在第一对肋骨水平线下方 3.5～4.5cm 处，放血口≤5cm，切断前腔静脉和双颈动脉，不要刺破心脏和气管。这种方法放血彻底。每刺杀一头猪，刀要在 82℃ 的热水中消毒一次。牛的刺杀部位在距离胸骨 16～20cm 的颈下中线处斜向上方刺入胸腔 30～35cm，刀尖再向左偏，切断颈总动脉。羊的刺杀部位在右侧颈动脉下颌骨附近，将刀刺入，避免刺破气管。

2）切颈放血

应用于牛、羊，为清真屠宰普遍采用的方法。用大脖刀在靠近颈前部横刀切断三管（血管、气管和食管），俗称大抹脖。此法操作简单，但血液易被胃容物污染。

3）心脏放血

在一些小型屠宰场和广大农村屠宰猪时多用，是从颈下直接刺入心脏放血。优点是放血快、死亡快，但是放血不全，且胸腔易积血。倒悬放血时间：牛 6～8min，猪 5～7min，羊 5～6min，平卧式放血需延长 2～3min。如从牛取得其活重 5% 的血液，猪为 3.5%，羊为 3.2%，则可计为放血效果良好。

注意：

刺杀由经过训练的熟练工人操作，采用垂直放血方式，除清真屠宰场外，一律采用切断颈动脉、颈静脉或真空刀放血法，沥血时间不得少于 5min，废止心脏穿刺放血法，放血刀消毒后轮换使用。

3. 浸烫、煺毛或剥皮

家畜放血后解体前，猪需烫毛、煺毛，牛、羊需进行剥皮，猪也可以剥皮。

1）猪的烫毛和煺毛

放血后的猪经 6min 沥血，由悬空轨道上卸入烫毛池进行浸烫，使毛根及周围毛囊的蛋白质受热变性收缩，毛根和毛囊易于分离。同时表皮也出现分离达到脱毛的目的。猪体在烫毛池内大约 5min 左右。池内最初水温 70℃ 为宜，随后保持在 60～66℃。如想获得猪鬃，可在烫毛前将猪鬃拔掉。生拔的鬃弹性强，质量好。

煺毛又称刮毛，分机械刮毛和手工刮毛。刮毛机国内有三滚筒式刮毛机、拉式刮毛机和螺旋式刮毛机三种。我国大中型肉联厂多用滚筒式刮毛机。刮毛过程中刮毛机中的软硬刮片与猪体相互摩擦，将毛刮去。同时向猪体喷淋 35℃ 的温水。刮毛 30～60s 即可。然后再由人工将未刮净的部位如耳根、大腿内侧的毛刮去。

刮毛后进行体表检验，合格的屠体进行燎毛。国外用烤炉或用火喷射，温度达1000℃以上，时间10~15s，可起到高温灭菌的作用。我国多用喷灯燎毛，要求全身燎烤，而后用刮刀刮去焦毛，故称之为刮黑。最后进行清洗，脱毛检验，从而完成非清洁区的操作。

2）剥皮

牛、羊屠宰后需剥皮。剥皮分手工剥皮和机械剥皮。

手工剥皮：采用手工方法先剥四肢皮、头皮、腹皮，最后剥背皮。

机械剥皮：先手工剥头皮并割去头，剥四肢皮并割去蹄，再剥腹皮，然后机械剥去背皮。

注意：

（1）需剥皮时，手工或机械剥皮均可，剥皮力求仔细，避免损伤皮张和胴体，防止污物、皮毛、脏手玷污胴体，禁止皮下充气作为剥皮的辅助措施。

（2）需煺毛时，严格控制水温和浸烫时间，猪的浸烫水温以60~68℃为宜，浸烫时间为5~7min，防止烫生、烫老。刮毛力求干净，不应将毛根留在皮内，使用打毛机时，机内淋浴水温保持在30℃左右。禁止吹气、打气刮毛和用松香拔毛。烫池水每班更换一次，取缔清水池，采用冷水喷淋降温净体。

4．开膛解体

1）剖腹取内脏

煺毛或剥皮后开膛最迟不超过30min，否则对脏器和肌肉质量均有影响。

2）劈半

开膛后，将胴体劈成两半（猪羊）或四分体（牛）称为劈半。劈半前，先将背部皮肤用刀从上到下割开称为"描脊"或"划背"。然后用电锯沿脊柱正中将胴体劈为两半。

剥皮或煺毛后立即开膛，开膛沿腹白线剖开腹腔和胸腔，切忌划破胃肠、膀胱和胆囊。摘除的脏器不准落地，心、肝、肺和胃、肠、胰、脾应分别保持自然联系，并与胴体同步编号，由检验人员按宰后检验要求进行卫生检验。

将检验合格的胴体去头、尾，沿脊柱中线将胴体劈成对称的两半，劈面要平整、正直，不应左右弯曲或劈断、劈碎脊柱。

5．胴体修整

先从枕寰关节处将头割去，前肢从腕关节、后肢从肘关节将蹄割去，然后除去生殖器、腺体、分离体脂肪及肾脏等，最后修刮绒毛，除去血污、淤斑等。

修割掉所有有碍卫生的组织，如暗伤、脓疱、伤斑、甲状腺、病变淋巴结和肾上腺。

6．检验、盖印、称重、出厂

屠宰后要进行宰后兽医检验。合格者，盖以"兽医验讫"的印章。然后经过自动吊秤称重、入库冷藏或出厂。

二、家禽的屠宰工艺

（一）家禽屠宰工艺流程（图 12.2）

图 12.2　家禽屠宰工艺流程

（二）工艺要点

1. 电昏

电昏条件：电压 35～50V，电流 0.5A 以下，时间（禽只通过电昏槽时间）：鸡为8s 以下，鸭为 10s 左右。电昏时间要适当，电昏后马上将禽只从挂钩上取下，以 60s 内能自动苏醒为宜。过大的电压、电流会引起锁骨断裂，心脏停止跳动，放血不良，翅膀血管充血。

2. 宰杀放血

美国农业部建议电昏与宰杀作业之间距，夏天为 12～15s，冬天则需增加到 18s。宰杀可以采用人工作业或机械作业，通常有三种方式：口腔放血、切颈放血（用刀切断气管、食管、血管）及动脉放血。禽只在放血完毕进入烫毛槽之前，其呼吸作用应完全停止，以避免烫毛槽内之污水吸进禽体肺脏而污染屠体。

放血时间鸡一般约 90～120s，鸭 120～150s。但冬天的放血时间比夏天长 5～10s。血液一般占活禽体重的 8%，放血时约有 6% 的血液流出体外。

注意：

进入屠宰线的活禽应在电击后立即屠宰，屠宰操作应合理，放血应完全，防止血液污染刀口以外的地方。

3. 烫毛

水温和时间依禽体大小、性别、重量、生长期以及不同加工用途而改变。根据水温，主要包括下面三种方法。

1）高温烫毛

71～82℃、30～60s。高温热水处理便于拔毛，降低禽体表面微生物数量，屠体呈黄色，色泽较诱人便于零售。但由于表层所受到的热伤害，反而使储藏期比低温处理短。同时，温度高易引起胸部肌肉纤维收缩使肉质变老，而且易导致皮下脂肪与水分的流失，故尽可能不采用高温处理。

2）中温烫毛

58～65℃、30～75s。国内烫鸡通常采用 65℃、35s，鸭 60～62℃、120～150s。中温处理羽毛较易去除，外表稍黏、潮湿，颜色均匀、光亮，适合冷冻处理，适合裹浆、裹面之炸禽。但由于角质脱落，失去保护层，在储藏期间微生物易生长。

3）低温烫毛

50～54℃、90～120s。这种处理方法羽毛不易去除，必须增加人工去毛，而且部分部位如脖子、翅膀需再予较高温的热水（62～65℃）处理。此种处理禽体外表完整，适合各种包装，而且适合冷冻处理。

4. 脱毛

机械拔毛主要利用橡胶指束的拍打与摩擦作用脱除羽毛。因此必须调整好橡胶指束与屠体之间的距离。另外应掌握好处理时间。禽只禁食超过 8h，脱毛就会较困难，公禽尤为严重。若禽只宰前经过激烈的挣扎或奔跑，则羽毛根的皮层会将羽毛固定得更紧。此外，禽只宰后 30min 再浸烫或浸烫后 4h 再脱毛，都将影响到脱毛的速度。

5. 去绒毛

禽体烫拔毛后，尚残留有绒毛，其去除方法有钳毛、火焰喷射机烧毛。

钳毛：用手钳将绒毛仔细拔去，速度较慢。

火焰喷射机烧毛：此法速度较快，但不能将毛根去除。

6. 清洗、去头、切脚

1）清洗

屠体脱毛后，在去内脏之前须充分清洗。经清洗后屠体应有 95% 的完全清洗率。一般采用加压冷水（或加氯水）冲洗。

2）去头

应视消费者是否喜好带头的全禽而予增减。

3）切脚

目前大型工厂均采用自动机械从胫部关节切下。如高过胫部关节，称之为"短胫"。这不但外观不佳和易受微生物污染，而且影响取内脏时屠体挂钩的正确位置；若是切割位置低于胫部关节，称之为"长胫"，必须再以人工切除残留的胫爪，使关节露出。

7. 取内脏

取内脏前须再挂钩。活禽从挂钩到切除爪为止称为屠宰去毛作业，必须与取内脏区完全隔开。此处原挂钩链转回活禽作业区，而将禽只重新悬挂在另一条清洁的挂钩系统上。

注意：

（1）屠宰后应立即进行内脏全摘除，检验体腔和相关的内脏，并记录检验结果。

（2）检验后，内脏应立即与胴体分离，并立即去除不适于人类食用的部分。

（3）屠宰场内，禁止用布擦拭清洁禽肉。

8. 检验、修整、包装

掏出内脏后，经检验、修整、包装后入库储藏。库温−24℃情况下，经 12～24h 使肉温达到−12℃，即可储藏。

任务三　畜禽肉分割技术

肉的分割是按不同国家、不同地区的分割标准将胴体进行分割，以便进一步加工或直接供给消费者。分割肉是指宰后经兽医卫生检验合格的胴体，按分割标准及不同部位肉的组织结构分割成不同规格的肉块，经冷却、包装后的加工肉。分割肉的冷加工是指按销售规格的要求，将肉尸按部位或肥瘦分割成小的肉块，然后冷冻，称其为分割冷冻肉。有带骨分割肉、剔骨分割肉和去脂分割肉三种。

冷冻分割肉是肉经分割、剔骨、冷冻加工而成。因此，肉的干耗小，一般在 0.3% 以下，比白条肉减少干耗 50% 以上。目前分割肉的加工方法有两种：一种是将屠宰后的 35～38℃ 的热鲜肉立即进行分割加工，称为热剔骨（hot bonning）。这种方式的好处是操作方便、出肉率高、易于修整。但在炎热季节，加工过程中容易受微生物的污染，表面发黏，肉的色泽恶化；另一种方式是将鲜肉冷却到 0～7℃ 再进行剔肉分割，又称冷剔骨（cold bonning）。这种方式的优点是减少污染，产品质量好，但肥肉的剥离、剔骨、修整都比较困难，肌膜易破裂，色泽不艳丽。国内热剔骨采用较多，但近来趋向于冷剔骨。

一、我国猪肉分割方法及分割肉加工

（一）我国猪肉分割方法

我国供内、外销的猪胴体通常分为肩颈肌肉、臀腿部、背腰部、肋腹部、前臂和小腿部、前颈部等六大部分（图 12.3）。

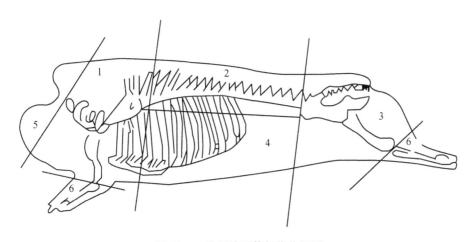

图 12.3 我国猪胴体部位分割图
1. 肩颈肉；2. 背腰肉；3. 臀腿肉；4. 肋腹肉；5. 前颈肉；6. 肘子肉

1. 肩颈肉（俗称前槽、夹心、前臂肩）

肩颈肉是指前端从第 1 颈椎，后端从第 4～5 胸椎或第 5～6 根肋骨间，与背线呈直角切断。下端如做火腿则从腕关节截断，如做其他制品则从肘关节切断，并剔除椎骨、肩胛骨、臂骨、胸骨和肋骨的部分。

2. 背腰肉（俗称外脊、大排、硬肋、横排）

前面去掉肩颈肉，后面去掉臀腿肉，余下的中段肉体从脊椎骨下 4～6cm 处平行切开，上部即为背腰肉。

3. 臀腿肉（俗称后腿、后丘、后臀肩）

臀腿肉是指从最后腰椎与荐椎结合部和背线成直角垂直切断，下端则根据不同用途进行分割：如做分割肉、鲜肉出售，从膝关节切断，剔除腰椎、荐椎骨、股骨、去尾；如做火腿则保留小腿后蹄的部分。

4. 肋腹肉（俗称软肋、五花）

肋腹肉即与背腰部分离，切去奶脯的部分。

5. 前颈肉

前颈肉是指从第 1～2 颈椎处，或 3～4 颈椎处切断的部分。

6. 前臂和小腿肉（俗称肘子、蹄髈）

前臂和小腿肉是指前臂上从肘关节，下从腕关节切断，小腿上从膝关节下从跗关节切断的部分。

（二）我国猪肉分割肉的加工

在分割肉的基础上进一步进行加工。

1. 剔骨

剔骨时应根据工艺要求进行剔骨。

2. 修整

修整时必须注意修割伤斑、出血点、碎骨、软骨、血污、淋巴结、脓疱等；如果在一块肌肉上发现囊虫，立即通知兽医检验人员，将其同号猪上的肉挑出，按规定处理，不得出厂。

3. 预冷

预冷是将修整好的分割肉放在平盘中，送入冷却间内进行冷却。冷却间内的温度为 $-3 \sim -2 ℃$。在 24h 内，肉温降至 $0 \sim 4 ℃$。

现在欧洲一些国家实行二段冷却法：第一段室温 $-10 \sim -5 ℃$，时间 $2 \sim 4h$，肉中心温度降到 20℃ 左右；第二段室温 $2 \sim 4 ℃$，时间 $14 \sim 18h$，肉中心温度冷却到 $4 \sim 6 ℃$。这种方法的优点是外观良好，肉表面干燥，肉味好，干耗比一次冷却少 $40\% \sim 50\%$。

4. 包装

包装间的温度要求在 $0 \sim 4 ℃$ 之间，以保证冷却肉温度不回升。

5. 冻结与冷藏

纸箱包装后进行冻结。冻结室的温度 $-25 \sim -18 ℃$，时间不超过 72h，肉中心温度不高于 $-15 ℃$。冷藏库温 $-18 ℃$ 以下，肉温在 $-12 ℃$ 或 $-15 ℃$ 以下；相对湿度控制在 $95\% \sim 98\%$，空气为自然循环。

二、牛、羊肉的分割方法及分割肉的冷加工

（一）牛肉的分割方法

我国牛胴体的分割方法是将标准的牛胴体二分体先分割成臀腿肉、腹部肉、后腰肉、胸部肉、肋部肉、肩颈肉、前腿肉、后腿肉共 8 个部分（图 12.4）。在此基础上再

进一步分割成牛柳、西冷、眼肉、上脑、嫩肩肉、胸
肉、腱子肉、腰肉、臀肉、膝圆、大米龙、小米龙、
腹肉等13块不同的肉块（图12.5）。

1. 牛柳

牛柳又称里脊，即腰大肌。分割时先剥去肾脂
肪，沿耻骨前下方将里脊剔出，然后由里脊头向里脊
尾逐个剥离腰横突，取下完整的里脊。

2. 西冷

西冷又称外脊，主要是背最长肌。分割时首先沿
最后的腰椎切下，然后沿眼肌腹壁侧（离眼肌5～
8cm）切下。再在第12～13胸肋处切断胸椎，逐个剥
离胸、腰椎。

3. 眼肉

眼肉主要包括背阔肌、肋最长肌、肋间肌等。其
一端与外脊相连，另一端在第5～6胸椎处，分割时
先剥离胸椎，抽出筋腱，在眼肌腹侧距离为8～10cm
处切下。

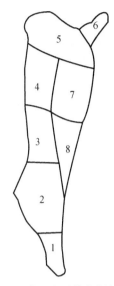

图12.4　我国牛胴体分割部位图
1. 后腿肉；2. 臀腿肉；3. 后腰肉；
4. 肋部肉；5. 颈肩肉；6. 前腿肉；
7. 胸部肉；8. 腹部肉

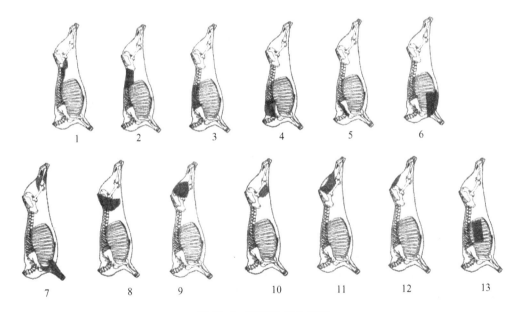

图12.5　我国牛肉分割图
1. 牛柳；2. 西冷；3. 眼肉；4. 上脑；5. 嫩肩肉；6. 胸肉；7. 腱子肉；8. 腰肉；9. 臀肉；
10. 膝圆；11. 大米龙；12. 小米龙；13. 腹肉

4. 上脑

上脑主要包括背最长肌、斜方肌等。其一端与眼肉相连，另一端在最后颈椎处。分
割时剥离胸椎，去除筋腱，在眼肌腹侧距离为6～8cm处切下。

5. 嫩肩肉

嫩肩肉主要是三角肌。分割时沿着眼肉横切面的前端继续向前分割，可得一圆锥形的肉块，便是嫩肩肉。

6. 胸肉

胸肉主要包括胸升肌和胸横肌等。在剑状软骨处，随胸肉的自然走向剥离，修去部分脂肪即成一块完整的胸肉。

7. 腱子肉

腱子肉分为前、后两部分，主要是前肢肉和后肢肉。前牛腱从尺骨端下刀，剥离骨头，后牛腱从胫骨上端下切，剥离骨头取下。

8. 腰肉

腰肉主要包括臀中肌、臀深肌、股阔筋膜张肌。在臀肉、大米龙、小米龙、膝圆取出后，剩下的一块肉便是腰肉。

9. 臀肉

臀肉主要包括半膜肌、内收肌、股薄肌等。分割时把大米龙、小米龙剥离后便可见到一块肉，沿其边缘分割即可得到臀肉。也可沿着被切的盆骨外缘，再沿本肉块边缘分割。

10. 膝圆

膝圆主要是臀股四头肌。当大米龙、小米龙、臀肉取下后，能见到一块长圆形肉块，沿此肉块周边（自然走向）分割，很容易得到一块完整的膝圆肉。

11. 大米龙

大米龙主要是臀股二头肌。与小米龙紧接相连，故剥离小米龙后大米龙就完全暴露，顺该肉块自然走向剥离，便可得到一块完整的四方形肉块即为大米龙。

12. 小米龙

小米龙主要是半腱肌，位于臀部。当牛后腱子取下后，小米龙肉块处于最明显的位置。分割时可按小米龙肉块的自然走向剥离。

13. 腹肉

腹肉主要包括肋间内肌、肋间外肌等，也即肋排，分无骨肋排和带骨肋排。一般包括 4～7 根肋骨。

（二）我国分割牛肉的冷加工

在分割肉的基础上进一步进行冷加工。

1. 预冷

预冷间温度为 0～4℃，相对湿度为 75%～84%，肉中心温度达 7℃以下，方可包装入急冻库。

2. 急冻

库温在 −25℃以下，温度达 −15℃以下，方准转入冷藏库。国外现在采用 −38℃，38h 急冻，效果更好。

3. 冷藏

库温稳定在－18℃以下，肉中心温度保持在－15℃以下。

（三）羊肉的分割方法

羊胴体不同部位的肌肉、脂肪、结缔组织及骨骼的组成是不同的，它不仅反映了可食部分的数量，而且使肉的品质和风味也有所差异。目前，羊胴体的切块分割法有 2 段切块、5 段切块、6 段切块和 8 段切块等四种，其中以 5 段切块和 8 段切块最为实用。具体分割法见图 12.6 a、b 所示。

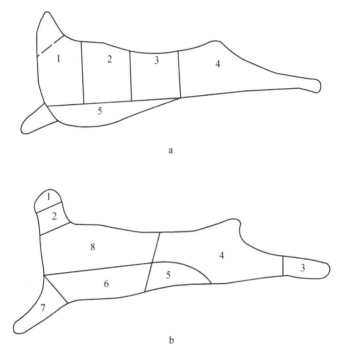

图 12.6　羊胴体的分割方法

a. 羊胴体的 5 块部分

1. 肩颈肉；2. 肋肉；3. 腰肉；4. 后腿肉；5. 胸下肉

b. 羊胴体的 8 块部分

1. 血脖；2. 颈；3. 后小腿；4. 腰腿部；5. 下腹；6. 胸；7. 前小腿；8. 肩背部

三、禽肉分割

我国禽肉分割刚发展不久，目前尚无统一标准。目前分割方法，有三种：平台分割法、悬挂分割法和按片分割法。前两种方法适合于鸡，后一种方法适合于鹅、鸭。禽类的分割，亦是按照不同禽类提出不同要求进行的。如鹅的个体较大，可以分割成 8 件；鸭的个体较小，可以分成 6 件；至于鸡，则可以再适当的分成更少的分割件数。

（一）鹅、鸭的分割

鹅分割为头、颈、爪、胸、腿等 8 件，躯干部分分成 4 块（1 号胸肉、2 号胸肉、3

号腿肉、4 号腿肉）；鸭肉分割为 6 件，躯干部分分为 2 块（1 号鸭肉、2 号鸭肉）。

（二）肉鸡的分割

将鸡可分为翅、腿、爪、头、颈、胸腔架。

翅：从肩关节割下，翅尖伤允许修割，但不得超过腕关节。

腿：在背部到尾部居个和两腿与腹部之间各划一刀，从坐骨开始切断髋关节，取下鸡腿。肉与骨和肉与皮不得脱离，剔除骨折、畸形腿。

爪：从跗关节截下。

头：从第一颈椎处将头割去。

颈：齐肩肿骨处剪颈，颈根不得高于肩骨，截下的鸡脖不得有皮肉脱离现象。

胸腔架：除去上述各部位后剩下的部分为胸腔架，包括胸肉。

四、分割肉的包装

肉在常温下的货架期只有 0.5d，冷藏鲜肉约 2～3d，充气包装生鲜肉 14d，真空包装生鲜肉约 30d，真空包装加工肉约 40d，冷冻肉则在 4 个月以上。目前，分割肉越来越受到消费者的喜爱，因此分割肉的包装也日益引起加工者的重视。

（一）分割鲜肉的包装

分割鲜肉的包装材料透明度要高，便于消费者看清生肉的本色。其透氧率较高，以保持氧合肌红蛋白的鲜红颜色；透水率（水蒸气透过率）要低，防止生肉表面的水分散失，造成色素浓缩，肉色发暗，肌肉发干收缩；薄膜的抗湿强度高，柔韧性好，无毒性，并具有足够的耐寒性。但为控制微生物的繁殖也可用阻隔性高（透氧率低）的包装材料。

为了维护肉色鲜红，薄膜的透氧率至少要 >5000mL/（m² · 24h · atm · 23℃）。如此高的透氧率，使得鲜肉货架期只有 2～3d。真空包装材料的透氧率应小于 40mL/（m² · 24h · atm · 23℃），这虽然可使货架期延长到 30d，但肉的颜色则呈还原状态的暗紫色。一般真空包装复合材料为 EVA/PVDC（聚偏二氯乙烯）/EVA，PP（聚丙烯）/PVDC/PP，尼龙/LDPE（低密度聚乙烯），尼龙/Surlgn（离子型树脂）。

充气包装是以混合气体充入透气率低的包装材料中，以达到维持肉颜色鲜红，控制微生物生长的目的。另一种充气包装是将鲜肉用透气性好但透水率低的 HDPE（高密度聚乙烯）/EVA 包装后，放在密闭的箱子里，再充入混合气体，以达到延长鲜肉货架期、保持鲜肉良好颜色的目的。

（二）冷冻分割肉的包装

冷冻分割肉的包装采用可封性复合材料（至少含有一层以上的铝箔基材）。代表性的复合材料有：PET（聚酯薄膜）/PE（聚乙烯）/Al（铝箔）/PE，MT（玻璃纸）/PE/Al/PE。冷冻的肉类坚硬，包装材料中间夹层使用聚乙烯能够改善复合材料的耐破强度。目前，国内大多数厂家考虑经济问题更多的采用塑料薄膜。

小结

肉的屠宰分割是肉制品加工中最基本的环节，其分割加工的好坏对后续加工有着直接的影响。

屠宰分割过程
- 宰前检验
  - 宰前检验步骤及程序
  - 宰前检验的方法
    - 群体检查
      - 三大观察环节：动、静、食
      - 一般对象：猪、羊、禽等
    - 个体检查
      - 四大要领：看、听、摸、检等
      - 适用对象：牛、马等大家畜
  - 宰前检验后的处理：禁宰、急宰、缓宰
- 宰前管理
  - 待宰畜禽的饲养：分圈、分群饲养
  - 宰前休息：有利于放血和消除应激反应
  - 宰前禁食、供水：牛羊宰前禁食24h，猪12h，家禽18～24h，供足量1%的食盐水
  - 猪屠宰前淋浴：水温20℃，喷淋2～3min
- 屠宰工艺
  - 牛羊：致昏→刺杀放血→煺毛或剥皮→开膛解体→屠体整修→检验盖章等
  - 家禽：电昏→宰杀放血→烫毛→脱毛→去绒毛→清洗、去头、切脚→取内脏→检验、修整、包装
- 宰后检验
  - 检验方法：视检、剖检、触检、嗅检4种方法
  - 检验程序：头部检验、皮肤检验、内脏检验、肉尸检验、旋毛虫检验
  - 检后处理：正常肉品的处理、异常肉品的处理
- 胴体分割
  - 猪胴体分割：肩颈肉、臀腿肉、背腰肉、肋腹肉、前颈肉、肘子肉等
  - 肉胴体分割：牛柳、西冷、眼肉、上脑、嫩肩肉、胸肉、腱子肉、腰肉、臀肉、膝圆、大米龙、小米龙、腹肉等13块不同的肉块
  - 羊胴体分割：肩颈肉、肋肉、腰肉、后腿肉、胸下肉等5块肉
  - 禽肉分割：平台分割法和悬挂分割法（均适合鸡）、按片分割法（适合鹅、鸭）
- 分割肉冷加工
  - 猪分割肉冷加工：剔骨→修整→预冷→包装→冷藏或冻结
  - 牛分割肉冷加工：预冷→急冷→冷藏

 复习思考题

一、名词解释

1. 屠宰加工；

2. 致昏；

3. 分割肉的冷加工；

4. 分割肉。

二、填空题

1. 家畜的屠宰工艺包括_____、_____、_____、_____、_____和_____等工序。

2. 畜禽宰前检验的方法在生产实践中多采用群体检查和个体检查相结合的办法，其具体做法可归纳为_____、_____、_____的观察三大环节和_____、_____、_____、_____四大要领。

3. 经宰前检验发现病畜禽时，根据疾病的性质、病势的轻重以及有无隔离条件等可作_____、_____和_____等处理。

4. 家畜的致昏有_____、_____、_____等方法。

5. 宰后检验的方法以感官检查和剖检为主，对胴体和脏器进行病理学诊断与处理。即主要通过_____、_____、_____和_____等方法来实现。

三、简述题

1. 简述宰前检验的程序和要点。

2. 宰前管理方法有哪几种？

3. 畜禽宰后检验的方法有哪些？

4. 检验后的肉主要有几种处理方法？

5. 简述宰后检验的程序和要点。

 知识链接

冷 鲜 肉

　　冷鲜肉，又叫冷却肉，保鲜肉，是指严格执行兽医检疫制度，对屠宰后的畜胴体迅速进行冷却处理，使胴体温度（以后腿肉中心为测量点）在 24h 内降为 0~4℃，并在后续加工、流通和销售过程中始终保持 0~4℃ 范围内的生鲜肉。发达国家早在 20 世纪二三十年代就开始推广冷鲜肉，在其目前消费的生鲜肉中，冷鲜肉已占到 90% 左右。

　　它克服了热鲜肉、冷冻肉在品质上存在的不足和缺陷，始终处于低温控制下，大多数微生物的生长繁殖被抑制，肉毒梭菌和金黄色葡萄球菌等病原菌分泌毒素的速度大大降低。另外，冷鲜肉经历了较为充分的成熟过程，质地柔软有弹性，汁液流失少，口感好，滋味鲜美。

 单元操作训练

猪肉的剔骨

一、实训目的

　　通过本次训练，熟悉猪体上各骨骼的结构，掌握猪肉剔骨分割的操作要领，能够熟练、独立的完成猪肉的剔骨分割工作。

二、仪器与材料

1. 仪器

分割用刀具。

2. 材料

宰杀后放过血的猪体。

三、操作方法

1. 剔骨技术要求

（1）剔骨既要快，又要求剔好的骨头不带肉或少带肉，所谓在骨体上"白不带红"。

（2）关节部位允许带少量零星碎肉。

（3）剔骨用的刀具一般是小尖刀，也有使用方刀的。

2. 剔骨操作方法

1）剔前腿

剔前腿骨应剔除颈排、肩胛骨、肱骨与前臂骨（桡骨与尺骨）上的肉。

2）剔颈排

露骨面朝上，先将刀平插入颈椎棘，剥离肌肉，此时一手抓住背脊部分，另一手刀刃平插刺入，形成一定角度，逐步将刀沿颈椎紧贴骨骼，向前推移，当推至第一寰椎时，该关节略粗大，易带肉，故须将椎骨与前肋所形成的角度拉大，使刀口易插入关节窝处，沿着其突出部分割开肌肉。在剔前肋时，刀口沿颈部肌肉（即Ⅰ号肉）肌膜下刀，力求减少肌肉带入前肋排。如果肉已带入前肋排后，就容易破损肌膜，影响肉品品质。当前肢开脊呈软边而无脊棘时，则先将刀口插入胸骨硬肋部分，剥离肌肉。操作者一手抓住胸硬肋部，一手持刀逐步沿颈椎与前肋推进。刀口保持15°角，沿肌膜推进，到寰椎关节时，其割开肌肉的方法同上述方法。然后，用电锯将颈椎骨、硬胸骨切开，形成A字型肋骨，即称"A排"。

3）剔肩胛骨

首先将肩胛软骨与肩胛骨平面上的薄肌用刀剥离，然后以刀刃将肩胛骨四周边缘切开切口，将肩胛关节切开。操作时，一手压住前腿，一手抓住肩胛颈用力向人的怀内部位拉动。当肩胛骨与脊肌剥离时，再用力拉，即可撕开肩胛骨。请注意切不可用刀硬性切开，否则肩胛骨会带肉。

4）剔肱骨与前臂骨

此两块骨俗称筒子骨。肱骨左右偏离，近端有肱骨头，内外侧有粗隆起和二头肌肉，远端掌侧有肘窝。窝的两侧有两个上髁，背侧有滑车状的内外髁，中间为肱骨体。前臂骨包括桡骨与尺骨，两骨紧靠桡骨在前，尺骨在后。桡骨近端与肱骨成关节，远端有腕关节面。尺骨近端有肘突，肘突前下方为半月状切迹。剔骨时，一手握住前臂骨远端，另一手持刀，沿着骨膜向前切开，遇到肘突时，刀口顺突起、半月状关节面，用"V"型方法切开骨面肌肉。然后，将前肢转向，操作者持刀沿骨体骨膜处切开肌肉。最后，操作者一手抓住前臂骨远端，用刀背将背侧肌肉做钝性剥开。剥开时，使骨体上不带红（即不带肌肉）。取下前臂骨后，顺势将肱骨体，用刀刃顺骨膜向前推或向后切开背侧肌肉。操作者一手抓住下端关节，将其提起，用刀背或手用力拉开肌肉，即可取下肱骨。

5）剔后腿

猪的后腿骨较多，一般分为腰椎、荐椎与尾椎为一体；髋骨（包括骨盆联合截面）、髂骨、坐骨、耻骨为一体；股骨与髌骨为一体。开始剔尾骨（腰、荐椎）时，使后腿皮面朝下，骨露面朝上，尾椎置于外侧。操作者站立于腰椎顶侧，一手捺于后腿部分，一手持刀（尖刀）向尾椎内侧刺入，剥离精（肌）肉，然后，一手抓住腰椎一端，使刀与腰椎刚拉开一定角度，一手操刀向尾端割离取下肌肉。如用方刀时，操作者可用方刀用力向尾骨内侧倾斜地斩下尾骨。

6）剔乌叉骨（髋骨）

此骨包括髂骨、耻骨与坐骨。剔骨时，将骨面朝上，后腿呈斜横卧，首先将髂骨翼和髂骨体外侧臀薄肌，前后各砍一刀，切下贴于骨面上的臀薄肌，然后，操作者一手抓住坐骨棘，一手持刀将髋骨内侧肌肉切开。向前方用推刀，向后方用拉刀的方法操作，力求刀刃沿骨膜推进，切不可离骨体太远。当内侧肌肉拉开后，操作者一手拇指卡住闭锁孔，一手用力将髋关节切开，此时再用力将探层肌肉切开，抓住髋骨脊一端，向后用刀背作钝性剥离，直至坐骨结节，即可取出乌叉骨。剥离乌叉骨时，一定要求所使用的刀具刀刃锋利，下刀要沿着骨体，遇骨嵴、关节、结节处要注意刀刃顺势而下，不可远离，以避免上述骨面带肉太多。

图 12.7 为左右腿骨剔骨示意图。

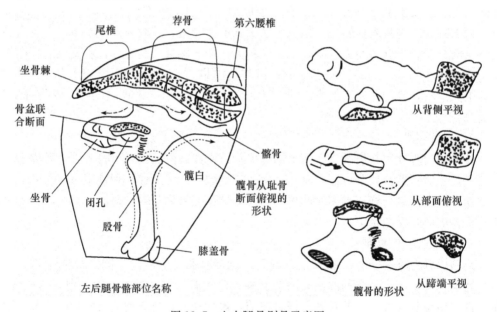

图 12.7　左右腿骨剔骨示意图

7）剔股骨、髌骨

此骨俗称筒子骨，骨粗大而圆滑。操作者下刀时，运用锋利刀刃沿着骨体前推后拉，剥离肌肉。遇关节时，用一手拎住股骨的下关节头，将其抬高，使与上关节呈45°

倾斜,刀从关节下伸入,用刀口在骨胫处割开骨膜,并将刀的外侧面压牢骨膜与肌肉。刀口与骨平行,稍用力向下刮,骨膜连同肌肉剥离骨面。刮至股骨的上关节时,用刀尖刮离上关节的骨膜和肌肉,取出股骨,同时,剔出髋骨及其韧带。

8）剔小腿骨

包括股骨膝盖骨和胫骨腓骨。剔骨时,首先将后腿跗关节上端切开,左手抓住胫骨与腓骨末端,右手持刀沿腓骨膜下刀然后转向、将刀沿胫骨粗隆骨体割离肌肉,再将膝关节提起,露出关节腔,割开关节,再用左手抓住胫骨下端,提起后腿,用刀背剥离肌肉,即可取下小腿骨。

取下小腿骨后,将后腿干放于操作台,左手握住肉块,右手持刀沿股骨下关节头端划入,刀口偏向右方紧贴骨面,一路向右划离骨面肌肉,再继续向股骨上关节划一、二刀,将股骨内侧肌肉也划离骨面,腿倒转斜放,左手抓住股骨下关节外的膝盖骨,刀沿关节背面伸入,割开骨胫上的骨膜与肌肉,左手再拎住下关节头,抬起约45°角左右,并移动腿肉,使蹄端在右上角,右手刀头仍在原处,刀面压住骨膜,左手用刀将下关节头向左扳去,即可使下关节头扳离骨膜,并使股骨大部分脱离腿肉,最后尚余上关节还在腿上,再用刀背将其四周骨膜划开,即可将骨取下。

四、注意事项

（1）首先注意安全,分割用刀具一般是非常锋利,不小心则可能会伤到自己或他人。

（2）剔骨时不可使用蛮力,要讲求技巧,否则易使刀具受损,还有可能将肌肉碰破,达不到实训的目的和要求。

（3）修整时要注意保持各分割肉块的完整性,既要修掉多余的脂肪团块、肌肉表面的筋腱、神经、血管和淋巴,又要保持肌膜完整。

五、项目评价与考核

按表12.3所列内容进行实训评价与考核。

表12.3 项目评价与考核单

情景	猪肉剔骨训练		×××实训室		班级			
姓名		组员				学号		
序号	考核内容	考核标准			分数	权数		
						自评	互评	教师评
						3	3	4
1	任务领会情况	能理解生产任务的目标要求;根据任务查阅相关资料;形成思路完成理论知识的学习;有工作笔记			5			
2	分工协作	科学分工,团结协作,服从安排			5			
3	信息收集整理	资料搜集准确,信息涵盖全面,总结归纳合理			5			
4	生产方案制定	生产方案设计科学、合理,内容完善完整			5			

续表

情　景	猪肉剔骨训练		×××实训室	班　级		
姓名		组员			学号	

序号	考核内容	考核标准	分数	权数		
				自评	互评	教师评
				3	3	4
5	原料预处理	操作准确、步骤完整、记录全面	5			
6	关键步骤	操作准确、步骤完整、记录全面	15			
7	设备操作	按照操作规范准确操作、记录全面，并知其原理	15			
8	用具操作	按照操作规范准确操作、记录全面	10			
9	清场	工器具洗涤干净、消毒、归位；卫生打扫彻底	5			
10	工作态度	积极主动、实事求是、律己守纪	4			
11	出勤情况	不迟到、不早退、不无故请假、不旷工	4			
12	卫生保持	在工作过程中始终保持台面、地面的清洁、垃圾放到指定地点；个人不留长指甲、不戴首饰，工作衣帽穿戴整齐，有良好的卫生习惯	4			
13	质量控制	注重提高产品质量，产品风味好、组织状态好，出品率高	4			
14	生产安全	所有工序严格按照设备操作规程要求操作，没有出现过生产安全问题。能及时预防和消除生产隐患	4			
15	工作评价与反馈	针对本次任务的结果有合理的分析，对存在的问题有讨论，提出修改意见	10			
合计						

简短的评语

该同学在实施过程中，_____

_____

最终成绩：

考核小组签名：
日期：

 综合实训

机械化屠宰厂参观

一、参观目的

（1）了解企业生产概况（包括发展史、生产品种、规模、人员结构、经济效益等）。

（2）实地查看屠宰场周边环境及设施结构。

（3）了解家畜屠宰工艺流程。

（4）了解病畜的处理方法。

（5）了解企业相应的质量管理体系。

二、参观要求

（1）认真记录参观实际情况，及时询问有关技术问题。

（2）对照所学理论知识，认真思考不同之处。

（3）发现问题，及时提出合理化建议。

三、参观内容

（1）屠宰场的基本情况。包括该场的发展史、生产品种、规模、人员结构、经济效益等。

（2）屠宰场设施及卫生状况。包括厂区布局是否合理，面积及功能是否满足要求，生产设备工艺先进状况，是否符合卫生要求等。

（3）屠宰场卫生管理制度。从业人员是否进行健康检查和卫生培训，是否佩戴健康证，病畜割离情况，病畜肉处理情况，卫生制度执行情况。

（4）屠宰工艺流程。包括屠宰工艺、屠宰设备、屠宰技术参数等。

四、思考题

每位学生写出参观报告。

第四单元　肉制品加工技术

☞ **岗位描述**

运用专用设备和工艺进行肉制品生产加工的人员。

☞ **工作任务**

(1) 采用不同配方、工艺，经过选料、腌制、斩拌、充填、熏烤、蒸煮等，生产中西式灌肠。

(2) 采用不同配方和酱、卤、炸、烤等工艺方法，生产熟肉制品。

(3) 采用专用设备和工艺，经过选料、注射、滚揉和嫩化，生产西式火腿。

(4) 采用相应的设备和器具，以不同配方和工艺，经过选料、盐渍、熏烤、蒸煮等，生产加工腌腊制品。

(5) 常用设备的使用与维护。

☞ **包含工种**

火腿加工工、中式熟肉制品加工工、腌腊肠类制品加工工、灌肠加工工。

☞ **本单元内容**

项目十三　腌腊肉制品加工技术

项目十四　干肉制品加工技术

项目十五　酱卤制品加工

项目十六　熏烤制品加工

项目十七　灌肠制品加工

项目十八　西式火腿制品加工

项目十九　中式火腿加工

项目二十　油炸制品加工

项目二十一　肉制品加工常用设备的使用及保养

项目十三　腌腊肉制品加工技术

☞ **岗位描述**

运用专用设备和工艺进行腌腊肉制品加工的工作人员。

☞　工作任务
☞　工作任务

能进行中式和西式腌腊肉制品加工工艺腌制操作、车间腌制及腌腊肉制品的加工操作等工作。

☞　知识目标

(1) 了解腌腊肉制品的发展历史和趋势。

(2) 了解腌腊肉制品的种类和特点。

(3) 掌握擦盐、装缸、翻缸、整形、晾晒、熏制、烘烤等方法及要求。

☞　能力目标

(1) 能对产品进行擦盐、装缸、翻缸。

(2) 能对腌制后的肉料整形、洗坯、晾晒、烘烤、熏制。

(3) 能判断腌制成熟的程度。

(4) 能正确选择熏料。

(5) 能对熟制后的产品进行整形。

☞　案例导入

东莞工商部门在对流通领域的酒类、糖果、腌腊肉制品、食用油、小食品等节前食品进行质量监测抽查中发现东莞市 20 个镇街 35 家商场、超市和批发部、192 批次中，检验合格的有 178 批次，总合格率为 92.7%，但有近四成的腌腊肉制品因过氧化值、酸价超标而不合格。此外，还发现苍蝇粘在腌腊肉制品上乱飞，以及无 QS 标签等问题存在。

☞　课前思考题

(1) 造成腌腊肉制品不合格的原因是什么？

(2) 在购买时如何正确选择腌腊肉制品？

任务一　认识腌腊肉制品

腌腊肉制品是我国人民喜爱的传统制品，原是为调节常年食肉需要而采用的一种简单的储藏方法，在古代多为民间家庭制作。所谓"腌腊"原本是指畜禽肉类通过加盐（或盐卤）和香料进行腌制，又经过了一个寒冬腊月，使其在较低的气温下，自然风干成熟，形成独特风味，由于多在腊月开工，因此通称为腌腊制品。目前腌腊制品已失去其"腊月"的时间含义，且也不都采用干腌法。

一、腌腊制品的特点及种类

（一）腌腊制品的特点

腌腊制品是以鲜、冻肉为主要原料，经过选料修整，配以各种调味品，经腌制、酱制、晾晒或烘焙、保藏、成熟加工而成的一类肉制品，不能直接入口，需经烹饪熟制之后才能食用。腌腊肉制品具有肉质细致紧密，色泽红白分明，滋味咸鲜可口，风味独特，便于携带和储藏等特点，至今犹为广大群众所喜爱。今天，腌腊早已不单是保藏防腐的一种方法，而成了肉制品加工的一种独特工艺。

（二）腌腊制品的分类

腌腊肉制品的品种繁多，可将其分为中式腌腊制品和西式腌腊制品两个大类。

1. 中式腌腊肉制品

1）咸肉类

咸肉又称腌肉，是指原料肉经腌制加工而成的生肉制品，食用前需加热熟化。此类制品具有独特的腌制风味，味稍咸，瘦肉呈红色或玫瑰红色。市场上常见的有咸猪肉、咸牛肉、咸羊肉、咸鸡、咸水鸭等。

2）腊肉类

腊肉类是原料肉经预处理（修整或切丁），用食盐、硝酸盐类、糖和一些调味料腌制后，再经过晾晒、烘烤（烟熏）等工艺处理而成的生肉制品，食用前需加热熟化。此类制品具有腊香，味美可口，成品呈金黄色或棕红色。市场上常见的主要有以下几类。

（1）中国腊肉。包括腊肉、板鸭、腊猪头等。

（2）腊肠类。是指以肉类为主要原料，经切块、成丁，配以辅料，灌入动物肠衣再晾晒或烘焙而成的肉制品。腊肠在我国俗称香肠，包括广式腊肠、川式腊肠、哈尔滨香肠等。

（3）中式火腿。是用猪的前、后腿肉经腌制、洗晒、整形、发酵等加工而成的腌腊制品，因产地、加工方法和调料的不同分三种：南腿（以金华火腿为代表）、北腿（以如皋火腿为代表）、云腿（以云南宣威火腿为代表），南腿、北腿的划分以长江为界。中式火腿皮薄肉嫩、爪细、肉质红白鲜艳，具有独特的腌制风味，虽肥瘦兼具，但食而不腻，易于保藏。

2. 西式腌腊肉制品

1）培根

培根是英文 bacon 的音译，即烟熏咸猪肉，因为大多是猪的肋条肉制成，所以也叫烟熏肋肉。是将猪的肋条肉整形、盐渍、再经熏干而成的西式肉制品。培根为半成品，相当于我国的咸肉，但有烟熏味，咸味较咸肉轻，有皮无骨，培根外皮油润呈金黄色。皮质坚硬，瘦肉呈深棕色，切开后肉色鲜艳，是西餐菜肴的原料，食用时需再加工。可分为大培根（也称丹麦式培根）、奶培根、排培根、肩肉培根、胴肉培根、肘肉培根和牛肉培根等。

2）西式火腿

西式火腿一般由猪肉加工而成，与我国传统火腿的形状、加工工艺、风味等方面有很大不同，习惯上称其为西式火腿。其产品色泽鲜艳、肉质细嫩、口味鲜美、出品率高，适于大规模机械化生产，产品标准化程度高。

二、腌制的作用与原理

（一）腌制过程中的防腐作用

1. 食盐的防腐作用

腌制的主要用料是食盐，食盐虽然不能灭菌，但一定浓度的盐溶液能抑制多种微生物的繁殖，对腌腊制品有防腐作用。

食盐的防腐作用主要表现在以下几点。

1）脱水作用

食盐溶液有较高的渗透压，能引起微生物细胞质膜分离，导致微生物细胞的脱水、变形。

2）影响菌的酶活性

食盐与膜蛋白质的肽键结合，导致细菌酶活力下降或丧失。

3）毒性作用

Cl^- 和 Na^+ 均对微生物有毒害作用。钠离子的迁移率小，能破坏微生物通过细胞壁的正常代谢。

4）离子水化作用

食盐溶解于水后即发生解离，减少了游离水分，破坏水的代谢，导致微生物难以生长。

5）缺氧的影响

食盐的防腐作用还在于氧气不容易溶于食盐溶液中，溶液中缺氧，可以防止好氧菌的繁殖。

以上这些因素都影响到微生物在盐水中的活动，但是，食盐溶液仅仅能抑制微生物的活动，而不能杀死微生物，不能消除微生物污染对肉的危害，不能制止引起肉腐败的某些微生物的繁殖。

2. 硝酸盐和亚硝酸盐的防腐作用

硝酸盐和亚硝酸盐可以抑制肉毒梭状芽孢杆菌的生长，也可以抑制许多其他类型腐败菌的生长。这种作用在硝酸盐浓度为 0.1％ 和亚硝酸盐浓度为 0.01％ 左右时最为明显。肉毒梭状芽孢杆菌能产生肉毒梭菌毒素，这种毒素具有很强的致死性，对热稳定，大部分肉制品进行热加工的温度仍不能杀灭它，而硝酸盐能抑制这种毒素的生长，防止食物中毒事故的发生。

硝酸盐和亚硝酸盐的防腐作用受 pH 的影响很大，腌肉的 pH 越低，食盐含量越高，硝酸盐和亚硝酸盐对肉毒梭菌的抑制作用就越大。在 pH 为 6 时，对细菌有明显的抑制作用；当 pH 为 6.5 时，抑菌能力有所降低；在 pH 为 7 时，则不起作用。

3. 微生物发酵的防腐作用

在肉品腌制过程中，由于微生物代谢活动降低了 pH 和水分活度，部分抑制了腐败菌和病原菌的生长。在腌制过程中，能发挥防腐功能的微生物发酵主要是乳酸发酵、轻度的酒精发酵和微弱的醋酸发酵。

4. 调味香辛料的防腐作用

许多调味香辛料具有抑菌或杀菌作用，如生姜、花椒、胡椒等都具有一定的抑菌效力。

(二) 腌制的呈色作用

1. 硝酸盐和亚硝酸盐的发色作用

硝酸盐在肉中脱氮菌（或还原物质）的作用下，被还原成亚硝酸盐 [式 (13.1)]，亚硝酸盐在一定的酸性条件下被分解成亚硝酸 [式 (13.2)]，亚硝酸很不稳定，容易分解产生亚硝基 [式 (13.3)]，亚硝基很快与肌红蛋白反应生成鲜艳红色的亚硝基肌红蛋白 [式 (13.4)]。亚硝基肌红蛋白遇热后颜色稳定不褪色。换言之，硝酸盐或亚硝酸盐的作用，就是在肌红蛋 A 被氧化成高铁肌红蛋白之前先行稳色。

$$NaNO_3 \xrightarrow{\text{脱氮菌还原}(+2H)} NaNO_2 + H_2O \tag{13.1}$$

$$NaNO_2 + CH_3CH(OH)COOH \longrightarrow HNO_2 + CH_3C(OH)COONa \tag{13.2}$$

$$3HNO_2 \xrightarrow{\text{不稳定分解}} H^+ + NO_3^- + 2NO + H_2O \tag{13.3}$$

$$NO + 肌红蛋白（血红蛋白）\longrightarrow NO\,肌红蛋白（血红蛋白） \tag{13.4}$$

亚硝酸盐能使肉发色迅速，但呈色作用不稳定，适用于生产过程短而不需要长期储藏的肉制品，对那些生产周期长和需长期保藏的制品，最好使用硝酸盐。现生产中广泛采用混合盐料。

2. 抗坏血酸及其钠盐的助色作用

肉制品中常用抗坏血酸、异抗坏血酸及其钠盐、烟酰胺等作发色助剂，其助色机理与硝酸盐及亚硝酸盐的发色过程紧密相连。由式 (13.4) 可知，NO 的量越多，则呈红色的物质越多，肉色则越红。从式 (13.3) 中可知，亚硝酸经自身氧化反应，只有一部分转化成 NO，而另一部分则转化成了硝酸，硝酸具有很强氧化性，使红色素中的还原型铁离子（Fe^{2+}）被氧化成氧化型铁离子（Fe^{3-}），而使肉的色泽变褐。并且生成的 NO 可以被空气中的氧氧化成 NO_2，进而与水生成硝酸和亚硝酸，反应结果不仅减少了 NO，而且又生成了氧化性很强的硝酸。

$$2NO + O_2 \longrightarrow 2NO_2$$

$$2NO_2 + H_2O \longrightarrow HNO_3 + HNO_2$$

发色助剂具有较强的还原性，其助色作用是促进 NO 的生成，防止 NO 及亚铁离子的氧化。立能促使亚硝酸盐还原成一氧化氮，并创造厌氧条件，加速亚硝基肌红蛋白的形成，完成助色作用。烟酰胺也能形成烟酰胺肌红蛋白，使肉呈红色，同时使用抗坏血酸和烟酰胺助色效果更好。

(三) 腌制的呈味作用

肉经腌制后形成了特殊的腌制风味。在通常条件下，出现特有的腌制香味大约需腌制 10～14d，腌制 21d 香味明显，40～50d 达到最大程度。香味和滋味是评定腌制品质量的重要指标，对腌制风味形成的过程和风味物质的性质且现尚没有一致结论。一般认为这种风味是在组织酶、微生物产生的酶的作用下，由蛋白质、浸出物和脂肪变化成的络合物形成的。在腌制过程中发现有羰基化合物的积累。随着这些物质含量的增加，风味也有所改善。因此，腌肉中少量羰基化合物使其气味部分地有别于非腌肉。

任务二　肉品腌制技术

一、腌制的方法

腌制方法随着肉制品种类及消费者口味的不同，而大致归纳为干腌法、湿腌法、注射腌制法及混合腌制法四种方法。

（一）干腌法

干腌法是利用食盐或盐硝混合盐，均匀地涂擦在肉块的表面上，而后逐层堆放在腌制容器里，各层之间再均匀地撒上盐，压实，通过肉中的水分将其溶解、渗透而进行腌制的方法，整个腌制期间没有加水，故称干腌法。

干腌法的优点是操作简单，制品较干爽，蛋白质损失少，易于储藏，风味较好。缺点是感应不均匀，腌制时间较长，肥泽较差，制品的质量和养分减少，盐不能重复利用。

（二）湿腌法

湿腌法即盐水腌制法。就是将盐及其他配料配成一定浓度的盐水卤，然后将肉浸泡在盐水中，通过散和水分转移，让腌制剂渗入肉品内部，以获得比较均匀的分布，直至它的浓度最后和盐液浓度相同的腌制方法。

湿腌的优点是渗透速度快，腌肉时肉质柔软，腌制后的肉盐分均匀，腌渍液再制后可重复利用，缺点是其制品色泽和风味不及干腌制品，腌制时间比较长，蛋白质流失较大，含水量高，不易保藏。

（三）注射腌制法

注射腌制法是为了加速腌制液渗入肉的内部，先将盐水注射到肉品内部，再放入盐水中腌制。注射法分动脉注射腌制法和肌肉注射腌制法两种。

1. 动脉注射腌制法

此法是用泵将盐水或腌制液经动脉系统压送入分割肉或腿肉内的腌制方法。但一般分割胴体并不考虑原来的动脉系统的完整性，故此法只能腌制前后腿。

此法的优点是腌制液能迅速渗透肉的深处，腌制速度快，并且不破坏组织的完整性，得率较高。缺点是只能用于腌制血管系统没有损伤、放血良好的前后腿，胴体分割时还要注意保证动脉的完整性，产品容易腐败变质，必须进行冷藏。

2. 肌肉注射腌制法

此法有单针头和多针头注射法两种。肌肉注射用的针头大多为多孔的。

肌肉注射法可以降低操作时间，提高生产效率，降低生产成本，但其成品质量不及于腌制品，风味较差，煮熟后肌肉收缩程度大。

（四）混合腌制法

混合腌制是采用干腌法和湿腌法相结合的方法，或注射盐水后，再将盐涂擦在肉品表面，而后放在容器内腌制的方法。

混合腌法可以增加制品储藏时的稳定性，防止产品过多脱水，营养成分流失少，成品色泽好，咸度适中，但操作较复杂。

二、腌制过程的质量控制

（一）食盐的纯度

食盐中除氯化钠外，还有镁盐和钙盐等杂质，在腌制过程中，它们会影响食盐向肉块内渗的速度。因此，为了保证食盐能够迅速渗入肉内，应尽可能选用纯度较高的食盐，以有效防止肉制品腐败。食盐中不应有微量铜、铬存在，它们的存在有利于腌腊制品中脂肪的氧化腐败。食盐中硫酸镁和硫酸钠过多还会使腌制品具有苦味。

（二）食盐的使用量

盐水中盐水分浓度根据相对密度表即波美表确定。但是腌肉时用的是混合盐，其中含有糖分、硝酸钠、亚硝酸钠、抗坏血酸等，对波美度读数有影响。盐水中加糖后所提高的波美度值相当于同样加盐量的一半。硝酸盐、亚硝酸盐、抗坏血酸等虽然对波美度读数也有影响，由于含量还不足以对计算盐水浓度产生明显的影响，因此可以不计。

（三）硝酸盐和亚硝酸盐的使用量

肉制品的色泽与发色剂的使用量相关，用量不足时发色效果不理想，为了保证肉色理想，亚硝酸钠最低用量为 $0.05g/kg$。为了确保使用安全，我国国家标准规定：亚硝酸钠最大使用量为 $0.15g/kg$，在安全范围内使用发色剂的量和原料肉的种类、加工工艺条件及气温情况等因素有关。一般气温越高，呈色作用越快，发色剂添加量可适当减少。

（四）腌制添加剂

加烟酸和烟酰胺可形成比较稳定的红色，但这些物质无防腐作用。还不能代替亚硝酸钠。蔗糖和葡萄糖也可影响肉色强度和稳定性。另外香辛料中的丁香对亚硝酸盐有消色作用。

（五）温度

虽然高温下腌制速度较快，但就肉类来说，它们在高温条件下极易腐败变质。为防止在食盐渗入肉内之前就出现腐败变质现象，腌制应在低温环境条件下（10℃以下）进行。有冷藏库时肉类宜在2～4℃条件下进行腌制。

（六）其他因素

肉的pH会影响发色效果，因亚硝酸钠只有在酸性介质中才能还原成NO，所以当pH呈中性时肉色就淡。在肉品加工中为了提高肉制品的保水性，常加入碱性磷酸盐，加入后会引起pH升高，影响呈色效果。

综上所述，在腌制时，必须根据腌制时间长短，选择合适的发色剂，掌握适当的用量，在适宜的pH条件下严格操作。并且要注意采用避光、低温、添加抗氧化剂，真空包装或充氮包装，添加去氧剂脱氧等方法，以保持腌肉的质量。

任务三　腌腊制品加工

一、咸肉的加工

咸肉（图13.1）是以鲜猪肉或冻猪肉为原料，用食盐和其他调料腌制不加烘烤脱水工序而成的生肉制品。食用时需加热。咸肉的特点是用盐量多，它既是一种简单的储藏保鲜方法。

（一）咸肉的一般加工工艺

1. 工艺流程（图13.2）

图13.1　咸肉

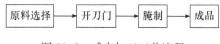

图13.2　咸肉加工工艺流程

2. 操作要点

1）原料选择

若为新鲜猪肉，必须摊开凉透；若是冻猪肉，必须经解冻微软后再行分割处理。然后对猪胴体进行修整，先削去血脖部位的碎肉、污血，再割除血管、淋巴、横膈膜等。

2）开刀门

为了加速腌制，可在肉上割出刀口，俗称开刀门。刀口的大小、深浅和多少取决于腌制时的气温和肌肉的厚薄。一般气温在10～15℃时应开刀门，刀口可大而深，以加速食盐的渗透，缩短腌制时间；气温在10℃以下时，少开或不开刀门。

3）腌制

在3～4℃条件下腌制。温度高，腌制过程快，但易发生腐败。用盐量为每100kg原料肉加食盐14～20kg，硝酸钠用量为50g左右。腌制时先用少量盐擦匀，待排除血水后再擦上大量食盐，堆垛腌制。腌制过程中每隔4～5d，上下互相调换一次，同时补撒食盐，经过25～30d即可腌成。成品率为90%。

（二）浙江咸肉的加工

1. 原料选择

选择新鲜整片猪肉或截去后腿的前、中躯作原料。

2. 修正

斩下后腿用作加工咸腿或火腿的原料。剩余部分剔去第一对肋骨，挖去脊髓，割去碎油脂，去净污血肉、碎肉和剥离的膜。

3. 开刀门

从肉面用刀划开一定深度的若干刀口。肉体厚，气温在20℃以上时，刀口深而密；15℃以下刀口浅而小；10℃以下少开或不开刀口。

4. 腌制

100kg鲜肉用细粒盐15～18kg，分三次上盐。

1）第一次上盐（出水盐）

将盐均匀地擦抹于肉表面。

2）第二次上盐

于第一次上盐的次日进行。沥去盐液，再均匀地上新盐。刀口处塞进适量盐，肉厚部位适当多撒盐。

3）第三次上盐

于第二次上盐后4～5d进行。肉厚的前躯要多撒盐，颈椎、刀门、排骨上必须有盐，肉片四周也要抹上盐。每次上盐后，将肉面向上，层层压紧整齐地堆叠。

第二次上盐后7d左右为半成品，特称嫩咸肉。以后根据气温，经常检查翻堆和再补充盐。从第一次上盐到腌至25d即为成品。出品率约为90%。

浙江咸肉皮薄、肉嫩，颜色嫣红，肥肉光洁，色美味鲜，气味醇香，能久藏。如皋、上海咸肉亦是选用大片猪肉，加工方法大同小异。

（三）成品的规格、储藏和检验指标

咸肉的规格首先是外观、色泽和气味应符合质量要求。外观要求完整清洁，刀工整齐，肌肉紧实，表面无杂物、无霉菌、无黏液。

色泽要求肉红、膘白，如肉色发暗、脂肪发红，即为腐败变质现象。

咸肉的检验指标见表13.1和表13.2。

表13.1　咸肉感官指标

项　目	一级鲜度	二级鲜度
外观	外表干燥清洁	外表稍湿润，发黏，有时有霉点
色泽	有光泽，肌肉呈红色或暗红色，脂肪切面白色或微红色	光泽较差，肌肉呈咖啡色或暗红色，脂肪微带黄色
组织形态	肉质紧密而坚实，切面平整	肉质稍软，切面尚平整
气味	具有鲜肉固有的风味	脂肪有轻度酸败味，骨周围组织稍具酸味

表 13.2　咸肉理化指标

项　目		一级鲜度	二级鲜度
挥发性盐基氮/(mg/100g)	≤	20	45
亚硝酸盐（以 NaNO₂ 计）/(mg/kg)	≤	70	70

二、腊肉

腊肉是我国古老的腌腊肉制品之一，是以鲜肉为原料，经腌制、烘烤而成的肉制品。我国生产腊肉有着悠久的历史，品种繁多，风味各异。选用鲜肉的不同部位都可以制成各种不同品种的腊肉，即使同一品种也因产地不同，其风味、形状等各具特点。以产地可分为广式腊肉（广东）、川腊肉（四川）和三湘腊肉（湖南）等。广式腊肉的特点是选料严格、色泽美观、香味浓郁、甘甜爽口；四川腊肉其特点是皮肉红黄，肥膘透明或乳白，腊香浓郁、咸度适中；湖南腊肉皮呈酱紫色，肉质透明，肥肉淡黄，瘦肉棕红，味香浓郁，食而不腻。腊肉的品种不同，但生产过程大同小异，原理基本相同。

广东腊肉亦称广式腊肉。广东腊肉刀工整齐，不带碎骨，无烟熏味及霉斑，每条重150g 左右，长 33～35cm，宽 3～4cm，无骨带皮。色泽金黄、香味浓郁、味鲜甜美、肉质细嫩、肥瘦适中、干爽性脆。

1. 工艺流程（图 13.3）

图 13.3　广东腊肉工艺流程

2. 操作要点

1）原料选择

选择新鲜优质符合卫生标准，无伤疤、肥膘在 1.5cm 以上、肥瘦层次分明的去骨五花肉。一般肥瘦比为 5：5 或 4：6。修刮净皮上的残毛及污垢，将腰部肉剔去肋骨、椎骨和软骨，修整边缘。

2）配料

每 1.0kg 去骨肋条肉，所加腌料如表 13.3 所示。

表 13.3　腊肉腌料配方

配　料	重量/kg	配　料	重量/kg
白糖	4	白酒	2.5
盐	3	生抽酱油	3
硝酸钠	50	猪油	1.5

3）腌制

将辅料倒入拌料器内，使固体腌料和液体调料充分混合拌匀，用 10% 清水溶解配料，待完全溶化后，再把切成条状的肋条肉放在 65～75℃ 的热水中清洗，以去掉脏污和提高肉温，加快配料向肉中渗入的速度。将清洗沥干后的腊肉坯与配料一起放入拌料器中，使已经完全溶化的腌液与腊肉坯均匀混合，使每根肉条均与腌液接触。腌制室温度保持在 0～10℃，腌制时每隔 1～2h 要上下翻动一次，使腊肉能均匀地腌透。腌制时间视腌制方法、肉条大小、腌制温度不同而有所差别，一般在 4～7h，夏天可适当缩短，冬天可适当延长，以腌透为准。

4）烘烤或熏制

腊肉因肥膘肉较多，烘烤温度不宜过高，烘烤室温度一般控制在 45～55℃，烘烤时间根据肉条的大小而定，通常为 48～72h，根据皮、肉颜色可判断终点，此时皮干，瘦肉呈玫瑰红色，肥肉透明或呈乳白色。

5）包装

冷却后的肉条即为腊肉的成品，成品率为 70％左右。优质成品应是肉质光洁、肥肉金黄、瘦肉红亮、皮坚硬呈棕红色，咸度适中，气味芳香。传统腊肉用防潮蜡纸包装，现多用抽真空包装。

3. 质量标准

广式腊肉的质量标准见表 13.4 和表 13.5。

表 13.4 广式腊肉感官指标

项 目	一级鲜度	二级鲜度
色泽	色泽鲜明，肌肉呈现红色，脂肪透明或呈乳白色	色泽稍暗，肌肉呈暗红色或咖啡色，脂肪呈乳白色，表面可以有霉点，但抹擦后无痕迹
组织形态	肉身干爽、结实	肉身稍软
气味	具有广东腊肉固有的风味	风味略减，脂肪有轻度酸败味

表 13.5 广式腊肉理化指标

项 目		指标	项 目		指标
水分/%	≤	25	酸价（脂肪以 KOH 计）/(mg/g)	≤	4
食盐（以 NaCl 计）/%	≤	10	亚硝酸盐（以 $NaNO_2$ 计）/(mg/kg)	≤	70

三、板鸭加工

板鸭又称"贡鸭"，是咸鸭的一种。板鸭制作始于明末清初，距今已有三百多年的历史，因其风味鲜美而久负盛名，成为我国著名特产，历来为人们所喜爱。板鸭是健康鸭，经屠宰、去毛、去内脏和腌制加工而成的一种禽肉的腌腊制品。我国板鸭驰名中外，其中南京板鸭、南安板鸭和重庆白市驿板鸭三大板鸭最负盛名。下面以南京板鸭为例，说明其特点及加工工艺。

（一）板鸭的种类和特点

南京板鸭也称白油板鸭。分为腊板鸭和春板鸭两种。腊板鸭指从小雪到立春，即农历 10 月底到 12 月底加工的板鸭，这种板鸭腌得透，肉质细嫩，可以保存 3 个月的时间。

（二）南京板鸭加工工艺

1. 工艺流程（图 13.4）

图 13.4　南京板鸭加工工艺流程

2. 操作要点

1）原料选择

腌制南京板鸭要选健康、体长、身宽、胸腿肉发达、两腋下有核桃肉、体重在 1.5kg 以上的当年生活鸭为原料。宰杀前要用稻谷饲养 15～20d 催肥，使膘肥、肉嫩、皮肤洁白。这种鸭脂肪熔点高，在温度高的情况下也不容易滴油、产生哈喇味。经过稻谷催肥的鸭，叫"白油"板鸭，是板鸭的上品。

2）宰杀、清洗、浸烫煺毛

对育肥好的鸭子宰前 12～24h 停止喂食，只给饮水。活鸭宰杀可采取颈部宰杀或口腔宰杀两种。用电击昏（60～70V）后宰杀利于放血。浸烫煺毛必须在宰杀后 5min 内进行。浸烫水温 65～68℃为宜。烫好立即煺毛。煺毛后在冰水缸内泡洗 3 次，第一次约浸泡 10min，第二次约 20min，第三次约 1h。

3）内脏整理

（1）摘取内脏。取内脏前须去翅去脚。在翅和腿的中间关节处把两翅和两腿切除。然后再在右翅下开一长约 4cm 的直形口子，取出全部内脏并进行检验，合格者方能加工板鸭。

（2）整理。清膛后将鸭体浸入冷水中浸泡 3h 左右，以浸除体内余血，使鸭体肌肉洁白。而后把浸过的鸭取出悬挂沥去水分，当沥下来的水点少且透明无色时即可。然后将鸭子背向上，腹朝下，头向里，尾朝外放在案板上，用两只手掌放在鸭的胸骨部使劲向下压，将胸部前面的三叉骨压扁，使鸭体呈扁长方形。经过这样处理后的光鸭，体内外全部漂亮干净，既不影响肉的鲜美品质，又不易腐败变质，与板鸭能长期保存有很大关系。

4）腌制

（1）擦盐干腌。将颗粒较大的粗盐放入锅内，按每 100kg 盐，配 300g 八角的比例，在热锅上炒至没有水蒸气为止，碾细。擦盐要遍及体内外，一般 2kg 的光鸭用食盐 125g 左右。先将 90g 盐（3/4 左右）从右翅下开口处装入腔内，将鸭放在桌上，反复翻动，使盐均匀布满腔体，其余的盐用于体外。其中两条大腿，胸部两旁肌肉，颈部刀口、肛门和口腔内都要用盐擦透。在大腿上擦盐时，要将腿肌由上向下推，使肌肉受压，与盐容易接触，然后叠放在缸中。

（2）抠卤。经过 12h 的腌制，肌肉内部渗出的血水存留在体内，为使鸭体内的血卤迅速排出，右手提起鸭子的右翅，用左手食指或中指插入肛门内，把腹内血卤放出来，称为抠卤。

（3）复卤。经过抠卤除去血卤的鸭子要进行复卤，也就是用卤水再腌制一次。复卤的方法是将卤水从翼下开口处倒入，将腔内灌满。然后将鸭依次浸入卤缸中，浸入数量不宜太多。以防腌不透。可装 200kg 卤的缸，复卤 70 只鸭左右。复卤时间的长短应当根据复卤季节、鸭子大小以及消费者的口味来确定。

（4）新卤的配制。用去内脏时浸泡鸭体的血水加盐配制。用量为每 100kg 水加炒盐 35kg，放入锅内煮沸，使其溶解而成饱和盐溶液。撇去血污与泥污，用纱布滤去杂质，再加配料，每 200kg 卤水放生姜片 150～200g，茴香 50g，八角 50g，葱 150～200g，冷却后即成新卤。

（5）老卤。新卤腌制的板鸭，其质量不及老卤的质量好，因为腌制后，部分营养物质渗进卤水中，每煮沸一次，卤中营养成分就浓厚一次，故卤越老，营养成分越浓厚。每批鸭子在卤中互相渗透，吸收，促使板鸭味道鲜美。卤水每腌一批（4～5 次），就必须烧煮一次，卤中盐的浓度以保持 22～25℃为宜，不足的应即补充。腌板鸭的盐卤以保持澄清为原则，撇去浮面血污，否则卤水会变质发臭。

5）滴卤叠坯

鸭体在卤缸中经过规定时间腌制后即要出缸。将鸭体从缸中取出，用前面抠卤的方法，将鸭体腔内的卤水倒入卤缸中。用手将鸭体压扁，然后依次叠入缸中，称为叠坯。一般叠坯时间为 2～4d，接着进行排坯。

6）排坯晾挂

叠坯后，将鸭体由缸中提出，挂在木架上，用清水洗净，用手把颈部排开，胸部排平，双腿理开，肛门处排成球形，再用清水冲去表面杂质，然后挂在太阳晒不到的通风处晾干称其为排坯。鸭子晾干后要再复排一次。排坯的目的在于使鸭体外形美观，同时使鸭子内部通气。排坯后进行整形，并加盖印章，挂在仓库里保管。

晾挂指将经排坯、盖印的鸭子晾在仓库内。仓库四周要通风，不受日晒雨淋。架子中间安装木挡，木挡之间距离保持 50cm，木挡两边钉钉，两钉距离 15cm。将盖印后的鸭子挂在钉上，每只钉可挂鸭坯 2 只，在鸭坯中间加上木棍 1 根（约有中指粗细），从腰部隔开，吊挂时必须选择长短一致的鸭子挂在一起。这样经过 2～3 周后即为成品。

3. 产品储藏

板鸭在库房中的放置方法有两种：晾挂和盘叠。

4. 成品质量

南京板鸭的化学成分：水分 30.2%；蛋白质 12%；脂肪 45.2%；灰分 6.4%；盐（以 NaCl 计）5.8%。成品要求表皮光白，肉红，有香味，全身无毛，无皱纹，人字骨扁平，两腿直立，腿肌发硬，胸骨凸起，禽体呈扁圆形。

四、西式培根加工

培根是西式肉制品三大主要品种（火腿、灌肠、培根）之一，其风味除带有适口的咸味之外，还具有浓郁的烟熏香味。培根外皮油润呈金黄色，皮质坚硬，瘦肉呈深棕色，质地干硬，切开后肉色鲜艳。

培根主要有大培根（也称丹麦式培根）、排培根和奶培根三种，制作工艺相似。

（一）工艺流程（图 13.5）

图 13.5　西式培根加工工艺流程

（二）操作要点

1. 选料

选择经兽医卫生检验合格的中等肥度猪，经屠宰后吊挂预冷。前端从第三肋骨，后端到腰荐椎之间斩断，割除奶脯为大培根坯料。前端从第五肋骨，后端到最后荐椎处斩断，去掉奶脯，再沿距背脊 13～14cm 处分斩为两部分，上为排培根坯料，下为奶培根坯料。

膘厚标准：最厚处大培根以 3.3～4.0cm 为宜，排培根以 2.5～3.0cm 为宜，奶培根以 2.5cm 为宜。

2. 初步整形

修整坯料，使四边基本呈直线，整齐划一，并修去腰肌和横膈膜。原料肉重量：大培根为 8～11kg，排培根 2.5～4.5kg，奶培根 2.5～5kg。

3. 腌制

腌制室温保持在 0～4℃。

1）干腌

将食盐（加 1% NaNO$_3$）撒在肉坯表面，用手揉搓，使均匀周到。每块肉坯用盐约 100g，大培根加倍，然后摊在不透水浅盘内，腌制 24h。

2）湿腌

用密度 1.125～1.135g/cm^3（波美 16～17°Bé）（其中每 100kg 液中含 NaNO$_3$ 70g）的食盐液浸泡干腌后的肉坯，盐液用量约为肉重量的 1/3。浸泡时间与肉块厚薄和温度有关，一般为 2 周左右。在湿淹期需翻缸 3～4 次。其目的是改变肉块受压部位，并松动肉组织，以加快盐类的渗透、扩散和发色，使腌液咸度均匀。

4. 浸泡、清洗

将腌制好的肉坯用 25℃ 左右清水浸泡 30～60min。其目的是使肉坯温度升高，肉质变软，表面油污溶解，便于清洗和修刮；熏干后表面无 "盐花"，提高产品的美观性；软化后便于剔骨和整形。

5. 剔骨、修刮、再整形

培根的剔骨要求很高，只允许用刀尖划破骨表的骨膜，然后用手轻轻板出。刀尖不得刺破肌肉，否则生水侵入而不耐保藏。修刮是刮尽残毛和皮上的油腻。因腌制、堆压使肉坯形状改变，故需再次整形，使四边成直线。至此，便可穿绳、吊挂、沥水，6～8h 后即可进行烟熏。

6. 烟熏

烟熏室温一般保持在 60～70℃，约经 8h 左右。出品率约 83％。如果储存，宜用白蜡纸或薄尼龙袋包装。不包装，吊挂或平摊，一般要保存 1～2 个月，夏天 1 周。

 **小结**

腌腊制品是以鲜、冻肉为主要原料，经过选料修整，配以各种调味品，经腌制、酱制晾晒或烘焙、保藏成熟加工而成的一类肉制品，不能直接入口，需经烹饪熟制后才能食用。腌腊肉制品具有肉质细致紧密，色泽红白分明，滋味咸鲜可口，风味独特，便于携带和储藏等特点，至今犹为广大群众所喜爱。中式腌制肉制品主要有咸肉类和腊肉类，咸肉又称腌肉，是指原料肉经腌制加工而成的生肉制品，食用前需加热。腊肉类是原料肉经预处理（修整或切丁），用食盐、硝酸盐类、糖和一些调味料腌制后，再经晾晒、烘烤（烟熏）等工艺处理而成的生肉制品，食用前需加热熟化。此类制品具有腊香，味美可口，成品呈金黄色或棕红色。此类制品具有独特的腌制风味，味稍咸，瘦肉呈红色或玫瑰色，包括腊肉、板鸭、腊肠、中式火腿等。西式腊肠肉制品主要有西式火腿和培根。

尽管腊肠肉制品种类很多，但其加工原理基本相同。其加工的主要工艺为腌制、脱水和成熟。肉的腌制通常用食盐或以食盐为主并添加糖、硝酸钠、亚硝酸钠及磷酸盐、抗坏血酸、异抗坏血酸、柠檬酸等，在提高肉的保水性及成品率的同时，还可抑制微生物繁殖，改善肉类色泽和风味，使腌肉更加具有特色。

 复习思考题

一、名词解释

1. 腌腊制品；

2. 咸肉；

3. 腊肉；

4. 翻缸。

二、填空题

1. 中式火腿因产地、加工方法和调料的不同分三种：_____，以_____火腿为代表；_____，以_____火腿为代表；_____，以云南_____火腿为代表。

2. 食盐的防腐作用主要表现在 _____、_____、_____、_____、_____。

三、问答题

1. 肉类腌制的方法有哪些？

2. 简述影响腌腊肉制品质量的因素及其控制途径。

3. 腌腊制品加工中的关键技术是什么？

4. 简述板鸭的加工工艺及操作要点。

知识链接

南 京 板 鸭

　　南京板鸭驰名中外。南京板鸭是用盐卤腌制风干而成，分腊板鸭和春板鸭两种。因其肉质细嫩紧密，像一块板似的，故名板鸭。南京板鸭的制作技术已有600多年的历史，为金陵人爱吃的菜肴，因而有"六朝风味"，"百门佳品"的美誉。板鸭色香味俱全。外行饱满，体肥皮白，肉质细嫩紧密，食之酥、香回味无穷。明清时南京就流传"古书院，琉璃塔，玄色缎子，咸板鸭"的民谣，可见南京板鸭早就声誉斐然了。

　　现在的南京板鸭，由于食用不太方便，已经衍生出了一些其他品种。如桂花盐水鸭则是其中之一，南京桂花盐水鸭同样久富盛名。南京桂花盐水鸭一年四季皆可制作，腌制复卤期短，现做现卖，现买现吃，不宜久藏。此鸭皮白肉嫩、肥而不腻、香鲜味美，具有香、酥、嫩的特点。每年中秋前后的盐水鸭色味最佳，是因为鸭在桂花盛开季节制作的，故美名曰：桂花鸭。《白门食谱》记载："金陵八月时期，盐水鸭最著名，人人以为肉内有桂花香也。"桂花鸭"清而旨，久食不厌"，是下酒佳品。逢年过节或平日家中来客，上街去买一碗盐水鸭，似乎已成了南京世俗的礼节。

单元操作训练一

腌腊肉品的擦盐、装缸、翻缸操作

一、实训目的

　　通过实训，掌握腌腊肉制品的擦盐腌制、装缸、翻缸的方法及操作要领。

二、仪器与材料

　　1. 仪器

　　台秤，缸。

　　2. 材料

　　原料肉，食盐，砂糖，硝石，调味料等。

三、操作方法

　　1. 擦盐腌制

　　擦盐腌制也称盐腌，即在肉的周围涂擦食盐、硝石、砂糖及调味料后进行堆积，或者将肉投入20％的食盐溶液（其中加入硝石、砂糖、调味料）中浸泡，并在2～3℃的气温下放置数天至数十天的过程。

　　2. 装缸

　　经擦盐后的肉料一般按皮面向下、肉面向上的顺序，一层一层堆叠在腌制缸或料斗车内，最上一层肉面向下、皮面向上。装缸时可将擦盐剩余的配料撒在肉块的上层。

3. 翻缸

传统腌制过程不翻缸，上下层盐度不均匀，从而使腌制出的产品质量难以保证。通过在肉品腌制中期进行上下翻缸（即把缸内的肉条从上到下依次转到另一缸内，再继续进行腌制），既可观察到腌制过程中卤水的变化情况，又可使腌腊制品的盐浓度尽量均匀一致。

四、思考题

（1）擦盐腌制、装缸、翻缸时应注意哪些问题？

（2）认真做好实验记录，写出实训报告。

 单元操作训练二

腌腊制品的整形操作

一、实训目的

通过实训，掌握各种腌腊肉制品的整形方法及操作要领。

二、仪器与材料

1. 仪器

绳，竹片，刀具等。

2. 材料

风肉，腊关刀肉，腊猪舌，腊猪头，南京板鸭等。

三、操作方法

1. 风肉整形

风肉经晒干后，盖上工厂印戳和兽医检验印讫后，再边晒边捏弯前爪，修平槽头肉。日晒 7～9d，边整形边进仓，使风肉达到表面整洁、无毛、无脓肿，呈金黄色。

2. 腊关刀肉整形

腊关刀肉经烘焙后即为成品，然后再用手整理成不规则的弯月状，似关刀，使其款式美观，色泽鲜明。

3. 腊猪舌

腊猪舌经烘焙后的成品要整理成为桃心形，且平整，色暗红。

4. 腊猪头

腊猪头在入库房烘焙前，要将竹片横插在猪头脸部，其支撑作用，使猪头成为蝴蝶形，猪头成熟后，再用手将其变形部位整理规则，点缀好，要求瘦肉呈酱红色。

5. 南京板鸭

整形风干时，将腌好的整鸭捞出，控干卤水，再次压平胸骨，把翅和腿伸直摊开。

在鸭嘴下割一小口，穿上细绳，用手把鸭子全身皮肤都抚摸平展，挂在通风处，晾 10d 左右至风干，即为成品。制成的板鸭成品手拿时腿部肉发硬感，竖直时全身干燥无水分，皮面光滑无皱纹，肌肉发板，人字骨压扁，胸骨与膛骨凸起，颈骨外露，全身呈扁圆形，肌肉切面呈玫瑰红色，且颜色一致。

四、思考题

（1）腌腊肉制品成形时应注意哪些问题？
（2）认真做好实验记录，写出实训报告。

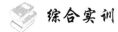 **综合实训**

广式腊肉的加工

一、目的与要求

了解广式腊肉的加工方法，初步掌握腌制、烘烤、熏制等技术。

二、仪器与材料

1. 仪器

冷藏柜，烟熏炉，燃气灶，台秤，天平，砧板，量筒，波美度计，刀具，不锈钢盆，塑料盆，不锈钢托盘。

2. 材料

精盐，蔗糖，白酒（50％），白酱油，硝酸钠。

三、操作方法

配方：以 100kg 原料肉汁，加入各种辅料：精盐 3kg，蔗糖 4kg，白酒（50％）2.5kg，白酱油 3kg，硝酸钠 50g。

操作步骤：

（1）原料选择。选择肥瘦层次分明的去骨五花肉，一般肥瘦比为 5∶5 或 4∶6。

（2）原料预处理。修刮净皮上的残毛及污垢，修整边缘，按规格切成长 38～42cm，宽 2～5cm，厚 1.3～1.8cm，每条重约 200～250g 的薄肉条，并在肉的上端用尖刀穿一小孔，系 15cm 长的麻绳，以便于悬挂。

（3）腌制。将辅料倒入拌料器内，使固体腌料和液体调料充分混合拌匀，用 10％清水溶解配料，待完全溶化后，再把切成条状的肋条肉放在 65～75℃ 的热水中清洗，以去掉脏污和提高肉温，加快配料向肉中渗入的速度。将清洗沥干后的腊肉坯与配料一起放入拌料器中，使已经完全溶化的腌液与腊肉坯均匀混合，每根肉条均与腌液接触。每隔 30min，搅拌翻动一次，于 20℃ 下腌制 4～6h，取出肉条，沥干水分。

（4）烘烤或熏制。烘烤室温度一般控制在 45～55℃，烘烤时间根据肉条的大小而定，通常为 48～72h，根据皮、肉颜色可判断，此时皮干，瘦肉呈玫瑰红色，肥肉透明或呈乳白色。

（5）包装。将烘烤后的腊肉送入干燥通风的晾挂室中晾挂冷却，等肉温降到室温即可，如果遇雨天应关闭门窗，以免受潮。冷却后的肉条即为腊肉的成品，成品率为70%左右。传统腊肉用防潮蜡纸包装，现多用抽真空包装。

四、结果与分析

广东腊肉刀工整齐，不带碎骨，无烟熏味及霉斑，每条重 150g 左右，长 33～35cm，宽 3～4cm，无骨带皮。优质成品应是肉质光洁、肥肉金黄、瘦肉红亮、皮坚硬呈棕红色、成度适中、气味芳香、味鲜甜美、肉质细嫩、肥瘦适中、咸甜爽口。

五、注意事项

（1）腌制时间视腌制方法、肉条大小、腌制温度不同而有所差别，腌制温度高可适当缩短，冬天可适当延长，以腌透为准。

（2）腊肉因肥膘肉较多，烘烤温度不宜过高，以免烤焦或肥肉出油，瘦肉色泽发黑；也不能太低，以免水分蒸发不足，使腊肉变酸。

（3）熏烤常用木炭、锯木粉、糠壳和板栗壳等作为烟熏燃料，在不完全燃烧条件下进行熏制，使肉制品具有独特的腊香。

六、思考题

（1）简述广式腊肉的加工方法。
（2）广式腊肉加工过程中应注意哪些问题？

项目十四　干肉制品加工技术

☞ **岗位描述**

　　从事肉干、肉脯、肉松的加工工艺员和车间品控人员。

☞ **工作任务**

　　肉干、肉脯、肉松的加工及质量控制。

☞ **知识目标**

　　（1）了解干肉制品的质量控制方法。
　　（2）掌握干肉制品的储藏原理和方法。
　　（3）掌握肉干、肉脯及肉松的工艺要点。

☞ **能力目标**

　　（1）能将修整好的肉进行预煮。
　　（2）会收汁和干燥。

☞ **案例导入**

　　每100g猪肉松的营养成分：能量 373kcal，蛋白质 41.8g，脂肪 10.2g，碳水化合物 28.6g，叶酸 5.3μg，胆固醇 70mg，硫胺素 0.09mg，核黄素 0.24mg，烟酸 4.7mg，维生素 E 2mg，钙 3mg，磷 255mg，钾 460mg，钠 1929.2mg，镁 24mg，铁 3.3mg，锌 4.43mg，硒 9.16μg，铜 0.19mg，锰 0.19mg。猪肉松的主要营养成分是碳水化合物、脂肪、蛋白质和多种矿物质，胆固醇含量低，蛋白质含量高。猪肉松香味浓郁，味道鲜美，生津开胃，干软酥松，易于消化。一般人均可食用；肥胖者、糖尿病患者忌食。猪肉松可直接佐餐、下酒，还可作为冷盘的垫底料、围边料及组拼料等。

☞ **课前思考题**

　　（1）什么叫干肉制品？
　　（2）干肉制品包括哪些？

　　肉类食品的脱水干制是人类对肉最早的加工和储藏方法。特别是肉脯、肉干、肉松具有加工方法简单、易于储藏和运输、食用方便、风味独特等特点，在我国是一种深受消费者喜爱的肉制品。

　　干肉制品是指将肉先经熟加工，再成型干燥或先成型再经熟加工制成的干熟类肉制品。这类肉制品可直接食用，成品呈小的片状、条状、粒状、团粒状、絮状。干肉制品主要包括肉干、肉脯和肉松三大类。

任务一　肉的干制技术与质量控制

一、肉的干制方法

　　肉类脱水干制方法很多，一般可分为自然干燥和人工干燥。随着科学技术的不断发展，干制方法也不断地改进和提高。

　　（一）自然干燥

　　自然干燥就是在自然条件下，利用太阳能和空气等排除肉食品中水分的一种方法，如晒干、风干等。这是一种古老的干燥方法，设备简单，成本低，但受自然条件的限制，温度条件较难控制。因此大规模生产很少采用，只是在某些地区或某些产品的辅助工序上采用，如香肠的风干、板鸭的晾晒。

　　（二）人工干燥

　　人工干燥就是在常压或减压环境中以传导、对流和辐射传热方式或在高频电场内加热的人工控制工艺条件下脱水干燥食品的方法，如热空气对流干燥、烘炒、冷冻干燥、真空干燥等都属于人工干燥。人工干燥根据干燥时采用压力的不同，又可分为常压干燥和减压干燥。它们需要专门的干燥设备，并可人工或自动控制温度、湿度、空气流速等条件，产品质量好，但成本高，常用于大规模生产肉类干制品。下面介绍几种常用的干燥方法。

1. 常压干燥

肉制品的常压干燥过程包括恒速干燥和降速干燥两个阶段，而降速干燥阶段又包括第一降速干燥阶段和第二降速干燥阶段。

1) 恒速干燥

在恒速干燥阶段，肉块内部水分扩散的速率要大于或等于表面蒸发速度，此时水分的蒸发是在肉块表面进行，蒸发速度是由蒸汽穿过周围空气膜的扩散速率所控制，其干燥速度取决于周围热空气与肉块之间的温度差，而肉块温度可近似认为与热空气湿球温度相同。在恒速干燥阶段将除去肉中绝大部分的游离水。

2) 降速干燥

当肉块中水分的扩散速率不能再使表面水分保持饱和状态时，水分扩散速率便成为干燥速度的控制因素。此时，肉块温度上升，表面开始硬化，进入降速干燥阶段。

3) 常压干燥的影响因素

肉品进行常压干燥时，内部水分扩散的速率影响很大。干燥温度过高，恒速干燥阶段缩短，很快进入降速干燥阶段，但干燥速度反而下降。因为在恒速干燥阶段，水分蒸发速度快，肉块的温度较低，不会超过其湿球温度，加热对肉的品质影响较小。但进入降速干燥阶段，表面蒸发速度大于内部水分扩散速率，致使肉块温度升高，极大地影响肉的品质，且表面形成硬膜，使内部水分扩散困难，降低了干燥速率，导致肉块中内部水分含量过高，使肉制品在储藏期间腐败变质。故确定干燥工艺参数时要加以注意。

常压干燥时温度较高，且内部水分移动，易与组织酶作用，常导致成品品质变劣，挥发性芳香成分逸失等缺陷，但干燥肉制品特有的风味也在此过程中形成。

除了干燥温度外，湿度、通风量、肉块的大小、摊铺厚度等都影响干燥速度。

4) 空气对流干燥

空气对流干燥是最常用的常压食品干燥方法。此法直接利用高温的热空气为热源，通过空气对流将热量传给食品，使食品受热而脱水干燥，故又称直接加热干燥或热风干燥。热空气既是载热体，又是载湿体。空气可利用自然或强制循环。这类干燥多在常压下进行。干燥过程中，食品中心温度不高，但热空气离开干燥室时常带有相当大的热量，因此热能利用率较低。

2. 减压干燥

减压干燥就是将食品置于真空中，随真空度的不同，在适当温度下，其所含水分则蒸发或升华。肉品的减压干燥有真空干燥和冷冻干燥两种。

1) 真空干燥

真空干燥是指肉块在未达结冰温度的真空状态（减压）下加速水分的蒸发而进行干燥。真空干燥时，在干燥初期，与常压干燥时相同，存在着水分的内部扩散和表面蒸发。

2) 冷冻干燥

冷冻干燥是指将肉块冻结后，在真空状态下，使肉块中的水升华而进行干燥。这种干燥方法对色、味、香、形几乎无任何不良影响，是现代最理想的干燥方法。

冷冻干燥是将肉块急速冷冻至 $-40 \sim -30℃$，将其置于可保持真空度 $13 \sim 133Pa$ 的干燥室中，因冰的升华而进行的干燥。冰的升华速度因干燥室的真空度及升华所需要而给予的热量所决定。另外肉块的大小、薄厚均有影响。冻结干燥法虽需加热，但并不需要高温，只供给升华潜热并缩短其干燥时间即可。冻结干燥后的肉块组织为多孔质，未形成水不浸透性层，且其含水量少，故能迅速吸水复原，是方便面等速食食品的理想辅料。但是在保藏过程中也非常容易吸水，且其多孔质与空气接触面积增大，在储藏期间易被氧化变质，特别是脂肪含量高时更是如此。

3）辐射干燥

辐射干燥是利用红外线、远红外线、微波等能源，将热量传给食品，辐射干燥也是食品工业上的一种重要干燥方法，现已被广泛采用。辐射干燥设备有带式或灯泡式红外线干燥器和远红外干燥器、高频干燥器、微波干燥器等。

常用的接触干燥设备有滚筒干燥机、真空干燥橱、带式真空干燥机和烘炒锅（炉）等。

二、干肉制品的储藏原理

肉制品的干制过程是除去水分的过程。肉类等易腐败食品通过干制，使肉食品中的水分大部分向外转移后被排除，从而降低了肉食品的水分活度，抑制了微生物的生长繁殖，降低了酶的活性，起到了肉类食品在常温下能较长时期保藏的作用。

干制品并非无菌，因为各种不同状态的微生物对脱水作用的抗受能力是不同的，如形成孢子的微生物抗脱水干燥能力强，因此干制后肉制品仍会残留部分微生物，只是处于休眠状态，环境条件一旦适宜，就又会重新吸湿恢复活动并再次生长，因此要特别注意干制品的储藏及包装环境，通常干制品最好采用真空、充氮密封包装，同时进行低温保藏。

干肉制品的保藏除与微生物有关外，还与肉中所固有酶的活性、脂肪的氧化等有关，随着水分的减少，酶的活性逐渐下降，然而酶和基质（酶作用的对象）却同时增浓。它们之间的反应率随二者增浓而加速，因此在低水分干制品中，特别在它吸湿后，酶仍会缓慢地活动，从而有引起肉制品品质恶化的可能。当干制品水分含量降低到一定程度时，酶的活性被完全抑制，酶对肉品质的影响则完全消失。因此干肉制品含水量应低于 20%，最好为 $8\% \sim 16\%$。

三、干肉制品的质量控制

干肉制品储藏期间质量变劣主要表现在两个方面：其一是霉味和霉斑的产生和形成；其二是保存期间脂肪的氧化。

（一）霉味和霉斑的形成及其控制

（1）霉味和霉斑的形成。研究结果表明，干肉制品产生霉味和霉斑的主要原因是水分活度过高，脂肪含量过高或储藏时间过久。含水量和含盐量决定水分活性。干肉制品中含水量一般为 20%，含盐量为 $5\% \sim 7\%$。

（2）霉味和霉斑的防止。据报道用 PET/PE 复合膜一般包装，只要牛肉干水分含量控制在 17％，含盐量控制在 7％，则 10 个月不会发生霉变；若采用 PET/铝箔/PE 复合膜包装，即使含水量达 20％，牛肉干储藏 10 个月也无霉变。若进行充氮包装，则 14 个月无变质。因此，含水量、含盐量、包装材料及方式等都会影响干肉制品的保质期。

（二）脂肪的氧化与控制

1. 脂肪的氧化

尽管干肉制品是用纯瘦肉加工而成，但其中仍含有一定量的脂肪小囊；另外，为了使干肉制品保持一定的柔软性和油润的外观，在加工过程中需加适量的精炼油脂。

脂肪氧化产生的氢过氧化物称为初级氧化产物。氢过氧化物继续分解产生的二级氧化产物醛、酮、醇、烃、酯等羰基化合物具有刺激性气味，通常称其为"酸败气味"。

2. 脂肪氧化的控制

国外酸肉制品的酸价要求在 0.8 以下。要控制酸价，必须采用综合措施。

1）控制成品 A_w（水分活度）

研究表明，脂肪对氧的吸收率与水分活度显著相关。随着水分活度的降低，脂肪氧化的速率降低。当 A_w 在 0.2～0.4 时，脂肪氧化的速度最低，接近无水状态时，反应速度又增加，且干制品得率降低，柔软性丧失。干制品的水分含量一般控制在 8％～16％为宜。

2）选用新鲜原料肉，缩短生产周期

脂肪吸氧量与原料肉停留时间成正比，因此原料进厂后，应进入预冷库并尽快投入生产，降低水分含量以减缓氧化反应。在生产过程中，要避免堆积以防肉块温度升高，否则会加速脂肪的氧化反应。

3）选择合理的干燥工艺及设备

干肉制品的干燥过程中，若温度过高或时间过长会加速脂肪的氧化速度。干肉制品的干燥工艺要根据肉块的大小、厚薄、形状及糖等辅料的添加量制定出合理的干燥工艺参数，尽可能减少高温烘烤时间。

4）添加油脂的类型

干肉制品添加油脂可使成品柔软油润。但添加的油脂必须是经过精炼的、酸价很低的、饱和脂肪酸较多的油脂。

5）添加脂类氧化抑制剂

用于肉制品的抗氧化剂种类很多，有合成抗氧化剂和天然抗氧化剂两类。由于合成抗氧化剂在营养和卫生方面的问题，近年来越来越重视天然抗氧化剂的研究和应用。

6）其他抑制抗氧化的方法

控制好环境因素、物理条件和包装材料也能有效抑制脂类氧化。防止氧化的最有效方法是除去氧气或阻止氧气的渗入。使用不透氧的包装膜、真空或气调包装、控制储藏温度等措施，都有利防止脂肪的氧化。在配方中添加乳或乳清制品，也能改善干肉制品的色泽和抗氧化性能，这与其所含的还原糖所具有的还原性和美拉德反应有关，在美拉德反应中类黑精也具有抗氧化作用。

任务二 肉干制品加工

干肉制品是指将原料肉先经熟加工，再成型、干燥或先成型再经熟加工制成的易于常温下保藏的干熟类肉制品。这类肉制品可直接食用，成品呈小的片状、条状、粒状、团粒状、絮状。

干肉制品主要包括肉松、肉脯和肉干三大种类。

一、肉松加工

肉松是指瘦肉经煮制、撇油、调味、收汤、炒松干燥或加入食用植物油或谷物粉炒制而成的肌肉纤维蓬松成絮状或团粒状的干、熟肉制品。具有营养丰富、味美可口、易消化、食用方便、易于储藏等特点。

（一）工艺流程（图 14.1）

图 14.1 肉松加工工艺流程

（二）操作要点

1. 原料肉选择

肉松加工选用健康家畜的新鲜精瘦肉为原料。

2. 原料肉预处理

符合要求的原料肉，先剔除骨、皮、脂肪、筋腱、淋巴、血管等不宜加工的部分，然后顺着肌肉的纤维纹路方向切成 3cm 左右宽的肉条，清洗干净，沥水备用。先把肉放入锅内，加入与肉等量的水，煮沸，按配方加入香料，继续煮制，直到将肉煮烂。在煮制的过程中，不断翻动并撇去浮油。

3. 肉松加工配方

煮制时的配料无固定的标准，肉松加工配方见表 14.1。

表 14.1 肉松加工配方

名 称	太仓肉松	福建肉松	江南肉松
瘦肉	100	100	100
白糖	3	8	3
食盐	2.5	3.1	2.2
酱油	10	8	11
调料酒	1.5	0.5	4
生姜	0.5	0.1	1
茴香	0.12	—	0.12
红糟	—	5	—
猪油	—	5	—

4. 擦松

擦松的主要目的是将肌纤维分散，它是一个机械作用过程，比较容易控制。

5. 炒干

在炒干阶段，主要目的是为了炒干水分并炒出颜色和香气。炒制时，要注意控制水分蒸发程度，颜色由灰棕色转变为金黄色，成为具有特殊香味的肉松为止。

(三) 质量控制

1. 烘烤

新工艺中精煮后肉松坯的脱水是烘烤脱水，烘烤温度和时间对肉松坯的黏性都有影响。

2. 炒松

炒制的温度和时间，并在炒制过程中勤翻肉松。

二、肉干加工

肉干的种类很多，按加工工艺可分为两种：传统工艺和改进工艺。

(一) 肉干的传统加工工艺

1. 工艺流程 (图 14.2)

原料 → 初煮 → 切坯 → 煮制汤料 → 复煮 → 收汁 → 脱水 → 冷却、包装

图 14.2　传流肉干加工工艺流程

2. 操作方法

1) 原料预处理

肉干多选用健康、育肥的牛肉为原料，选择新鲜的后腿及前腿瘦肉最佳。将选好的原料肉剔骨、去脂肪、筋腱、淋巴、血管等不宜加工的部分，然后切成 500g 左右大小的肉块，并用清水漂洗以除去血水、污物，沥干后备用。

2) 初煮与切坯

将切好的肉块投入到沸水中预煮 1h 左右，汤中亦可加入 1.5% 的精盐、1%～2% 的生姜及少许桂皮、大料等。水温保持在 90℃ 以上，除去液面的浮沫，待肉块切开呈粉红色后即可捞出冷晾（汤汁过滤待用），然后按产品的规格要求切成一定的形状。

3) 复煮、收汁

取一部分预煮汤汁（约为肉重的 40%～50%），加入配料（不溶解的辅料装袋），煮沸，将半成品倒入锅内，用小火煮制，并不时轻轻翻动，待汤汁基本收干，即可起锅沥干。

4) 脱水干燥

肉干常规的脱水方法有两种。

（1）烘烤法。将收汁后的肉坯铺在竹筛或铁丝网上，放置于三用炉或远红外烘箱烘烤。烘烤温度前期可控制在 80～90℃，后期可控制在 50℃左右，一般需要 5～6h 则可使含水量下降到 20％以下。

（2）油炸法。用 2/3 的辅料（其中白酒、白糖、味精后放）与肉条拌匀，腌渍 10～20min 后，投入 135～150℃的菜油锅中油炸。

5）冷却、包装

用 PET/A1/PE 等膜，但其费用较高；PET/PE，NY/PE 效果次之，但较便宜。

（二）肉干生产新加工工艺

1. 工艺流程（图 14.3）

图 14.3　肉干加工新工艺流程

2. 配方

原料肉 100kg，食盐 3.00kg，蔗糖 2.0kg，酱油 2.00kg，黄酒 1.50kg，味精 0.20kg，抗坏血酸钠 0.05kg，姜汁 1.00kg，亚硝酸钠 0.01kg，香浸出液 9.00kg。

三、肉脯加工

肉脯是指瘦肉经切片（或绞碎）、调味、腌制、摊筛、烘干、烤制等工艺制成的干、熟薄片型的肉制品。与肉干加工方法不同的是肉脯不经水煮，直接烘干而制成。同肉干一样，根据原料、辅料、产地等不同，肉脯的名称及品种也不一样。我国比较著名的肉脯如靖江猪肉脯、汕头猪肉脯、湖南猪肉脯及厦门黄金香猪肉脯等。

（一）肉脯加工传统技术

1. 工艺流程（图 14.4）

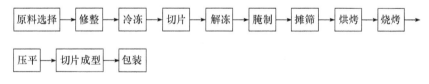

图 14.4　传统肉脯加工工艺流程

2. 配方

上海猪肉脯：原料肉 100kg，食盐 2.5kg，硝酸钠 0.05kg，白糖 1kg，高粱酒 2.5kg，味精 0.30kg，白酱油 1.0kg，小苏打 0.01kg。

3. 存在问题

切片、摊筛困难；难以利用小块肉和小畜禽；无法进行机械化生产。

（二）肉脯加工新技术

1. 工艺流程（图 14.5）

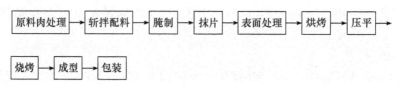

图 14.5　肉脯加工新工艺流程

以鸡肉脯为例，鸡肉 100kg，$NaNO_3$ 0.05kg，浅色酱油 5.0kg，味精 0.2kg，糖 10kg，姜粉 0.30kg，白胡椒粉 0.3kg，食盐 2.0kg，白酒 1kg，维生素 C 0.05kg，混合磷酸盐 0.3kg。

2. 操作方法

1）原料选择

选择新鲜的畜禽肉，先剔去碎骨、油脂、筋膜肌腱、淋巴、血污等，清洗干净，然后切成 3～5cm 的小块备用。

2）腌制

将切好的小肉块和腌制液一同放入真空滚揉机中，抽真空后，开动滚揉机 30min，在 0～4℃下腌制入味 36～48h，直至发色完全。

3）斩拌配料

腌制后的肉块放入斩拌机中斩拌成肉糜状，在斩拌过程中，按照配方中的调味料比例加入各种配料。

4）抹片

斩拌后的肉糜需先静置 20min 左右，成型需用成型模具。

5）烘烤

将定型的半成品整齐地铺在烘筛上送入烘烤炉内，55℃低温烧烤 120～150min，再经过 200℃高温烤 2min，此时肉脯的水分含量为 20%～21%。

3. 质量控制

1）斩拌

肉糜要使用高速斩拌，越细腌制效果越好。

2）抹片

厚度在 21～22mm 为好，烧烤后的肉脯厚度在 15～21mm 为最佳。

 **小结**

干肉制品是指将肉先经熟加工，再成型干燥或先成型再经熟加工制成的干熟类肉制品。干肉制品主要包括肉干、肉松和肉脯三大类。干肉制品的含水量低于 20%，既抑制了微生物的生长繁殖，又降低了酶的活性，起到了肉类食品在常温下能较长时期保藏的作用。因此肉类干制品具有储藏简单，便于携带、食用方便的特点。

干肉制品除了传统加工方法外，又发展了新的加工方法，使传统干肉制品的生产适于工厂化生产，使成品更能满足现代消费者的需求。

复习思考题

一、名词解释

1. 干肉制品；
2. 肉干；
3. 肉松。

二、填空题

1. 自然干燥是一种古老的干燥方法，要求_____、_____，但受自然条件的限值，_____条件较难控制，因此大规模生产很少采用。
2. 干肉制品储藏期间质量变劣，主要表现在两方面：_____和_____。

三、思考题

1. 简述肉品干制的基本原理。
2. 简述肉品干制的方法有哪些？
3. 干制肉品储藏过程中的质量控制措施有哪些？
4. 简述肉脯的加工工艺。

知识链接

太仓肉松的历史发展

太仓肉松历史久矣，清光绪十二年（1886年）太仓昭忠祠旁即开设了倪德顺肉松店。因慈禧太后、光绪皇帝对肉松美味称赞有加，故太仓肉松遂成为官礼物品，驰誉四方。清代同治十三年（1874年），太仓城有门望族，一日大宴宾客，胖厨师倪水忙中出错，竟将红烧肉煮酥了，情急中去油剔骨，将肉放在锅里拼命炒碎，端上桌称是"太仓肉松"，不料举桌轰动，誉为太仓一绝。后来，厨师就去太仓南门开了家肉店，逢书场、庙会，总有听书人、香客购着解馋，也有逢时过节买了送礼的。抗战时，主人已换作倪德顺，在南门桥堍下开了家倪德顺肉松店，小本经营，时断时续。解放后公私合营，渐渐发展，成了如今的太仓肉松厂。现代化的设备助昔日的倪德顺肉松店大发展，但烹制的绝招却得以流传、发扬。

早在1915年，太仓肉松荣获巴拿马国际博览会甲级奖，1991年又荣获首届中国食品博览会金奖。1984年、1988年连续被我国商业部评为优质食品。

单元操作训练一

肉松预煮、收汤操作

一、实训目的

通过实训，掌握肉松加工中预煮、收汤的方法及操作要领。

二、仪器与材料

1. 仪器

台秤，煮锅，大汤勺，笊篱，铲刀。

2. 材料

肉松半成品等。

三、实训内容

1. 预煮操作

预煮是肉松加工工艺中比较重要的一道工序，它直接影响到肉松的纤维及成品率。预煮一般分为 6 个环节：

（1）原料过秤。原料投料前必须过秤，老肉块和嫩肉块要分开过秤、分开投料，腿肉与夹心肉按 1：1 搭配下锅。

（2）下锅。把肉块和汤倒进夹层锅，放足清水。

（3）撇血沫。夹层锅里水煮沸后，以水不外溢为原则，用铲刀把肉块从上至下，前后左右翻身，防止粘锅。同时把血沫撇出，保持肉汤不浑浊。

（4）焖酥。计算一锅肉焖煮时间是从撇血沫开始至起锅时为止。季节、肉质老嫩不同，焖煮时间也不同，一般肉质老的焖煮时间在 3.5h 以上，肉质嫩的焖煮时间约 2.5h 左右。

（5）起锅。把焖酥后的肉块撇去汤油，捞清油筋后，用大笊篱起出放在容器里。

（6）分锅。把堆成宝塔形的熟肉块摊开，称为分锅。

2. 收汤

油脂撇清后，锅里留有一定的红汤（包括倒回去的红汤），必须与肉一起烧煮，称为收汤。在收汤时蒸汽压力不要太大，必须不断地用铲刀翻动肉块，主要使红汤均匀的被肉块吸收，同时也不粘锅底，防止产生锅巴，影响成品质量。收汤时间一般为 15～30min。

四、思考题

（1）在预煮时应注意哪些问题？

（2）认真作好实验记录，写出实训报告。

 单元操作训练二

起锅、分锅、焖酥、炒松操作

一、实训目的

通过实训，掌握肉松加工的起锅、分锅、焖酥、炒松的方法及操作要领。

二、仪器与材料

1. 仪器

炒松机，煮锅，大汤勺，笊篱，铲刀。

2. 材料

肉松半成品等。

三、实训内容

在肉松加工过程中，焖煮工序特别重要，它直接影响到肉松的纤维及成品率。

1. 起锅操作

未起锅前，先要把浮在焖酥后肉块上面的一层较厚的汤油用大汤勺撇去，再用笊篱捞清汤里的油筋，之后将肉块上下翻到，让汤油、油筋继续浮出汤面。按此方法反复几次后，待锅内的汤油及油筋较少时即可起锅。翻到时如遇到夹心肉必须敲碎，后腿肉不必敲碎。

起锅时用大笊篱捞出全部的煮熟的肉块，应呈宝塔形一层一层地叠放在容器里，目的是将肉块中的水分挤压出来。

2. 分锅

把堆成宝塔形的熟肉块摊开，按每锅的投料量分别装入容器中，称为分锅。每锅的投料量根据锅体的容积大小或产量确定。

3. 焖酥操作

计算一锅肉焖煮时间是从撇血沫开始至起锅时为止。季节、肉质老嫩不同，焖煮时间也不同，一般肉质老的焖煮时间在 3.5h 以上，肉质嫩的焖煮时间约 2.5h 左右。

每隔一段时间必须检查锅里肉块的情况，肉块是否焖酥一般按下面操作方法进行。

（1）把肉块放在铲刀上，用小汤勺敲几下，肉块肌肉纤维能分开，用手轻拉肌肉纤维有弹性且不断，说明此锅肉已焖酥。

（2）如果一敲，肉块丝头已断和糊，说明此锅肉已煮烂，焖酥过头了。

（3）如果敲几下肉块仍然是老样子，说明必须再焖煮一段时间。

4. 炒松的技巧

（1）将半制品肉松倒入热风（顶吹）烘送机内烘 45min 左右，使水分先蒸发一部分，然后再将其倒入铲锅或炒松机进行烘炒。

（2）半成品肉松纤维较嫩，为了不使其受到破坏，所以要用文火烘炒。炒松机内的肉松中心温度以 55℃ 为宜，炒 40min 左右，将肉松倒出。

（3）清除机内锅巴后，再将肉松倒回去进行第二次烘炒，这次烘炒 15min 即可。分两次烘炒的目的是减少成品中的锅巴和焦味，提高成品率，经过两次烘炒，原来较湿的的半成品肉松就变得比较干燥、疏松和轻柔了。

四、思考题

（1）在炒松、起锅时应注意哪些问题？

（2）认真做好实验记录，写出实训报告。

 综合实训一

上海咖喱猪肉干的加工

一、实训目的

通过本次实训，使学生了解肉干的一般加工方法，初步掌握初煮、炒制及烘烤的操作要点。

二、仪器与材料

1. 仪器

蒸煮锅 1 个，烘箱 1 个，锅 1 个，砧板 1 块，天平 1 架，刀 1 把。

2. 材料

猪瘦肉 50kg，味精 0.25kg，高粱酒 1kg，咖喱粉 0.25kg，精盐 1.5kg，酱油 1.5kg，白糖 6kg。

三、操作方法

1. 原料肉的选择与整理

选择符合卫生检验要求的新鲜猪后腿或大排骨瘦肉作为加工原料，并把选好的猪肉，剔骨去皮、去脂肪、筋腱，洗净沥干水分，切成 250～500g 左右的肉块。

2. 初煮、切坯

把肉块放入锅中，用清水煮开，撇去浮沫，煮至肉横切面呈粉红色时捞出，晾凉后，切成长 1.5cm、宽 1.3cm 的肉丁。

3. 炒制

将肉丁和辅料同时下锅，用中火翻炒，开始翻炒得慢些，至卤汁快干时翻炒要快些，不至于烧焦糊锅底，一直炒到卤汁干时出锅。

4. 烘烤

炒好的肉丁放入烘房的铁架子上，保持烘房温度为 60～70℃，烘制 6～7h，烘至产品不黏手，表里干燥一致，咖喱粉明显可见，含水量不超过 10％时，即为成品。

四、结果分析

上海咖喱肉干粒状均匀，黄色带黑，咸甜适中，略带辣味，咖喱味浓，味鲜可口，久食不腻。

五、注意事项

初煮是将清洗、沥干的肉块放入沸水中煮制，水要盖过肉面，水温保持在 90℃以上。肉丁在烘烤过程中要注意定时翻动，以便受热均匀。

六、思考题

(1) 总结肉干加工的工艺流程。

(2) 总结上海咖喱肉干的产品特点。

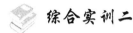 **综合实训二**

太仓肉松的制作

一、实训目的

通过本实训了解肉松制作的一般原理，掌握太仓肉松制作的方法，并能分析解决加工过程中产生的问题。

二、仪器与材料

1. 仪器

夹层锅 1 个，砧板 1 把，铲刀 1 把，搓松机 1 台。

2. 材料

瘦猪肉 100kg，50% 白酒 1.0kg，盐 1.67kg，大茴香 0.38kg，酱油 7.0kg，生姜 0.28kg，白糖 1.0kg，味精 0.17kg。

三、操作方法

1. 原料肉的选择整理

选择瘦肉多的后腿肉为原料，剔骨去皮，去脂肪、筋腱及结缔组织，把瘦肉切成 3～4cm 的方块。

2. 肉烂期（大火期）

把切好的瘦肉块和生姜、香料包放入锅中，加入与肉等量的水，用大火把肉煮烂，用筷子夹住肉块，稍用力肉纤维自行分离即可。约需 4h 左右。肉烂后将其他铺料全部加入，继续煮肉，直到汤煮干为止。

3. 炒压期（中火期）

取出生姜和调料包以中火力，用锅铲进行翻炒，同时要将肉块压散。炒压要适时。过早炒很费工，但过迟，使肉太烂，易粘锅炒煳，造成损失，炒至水基本干时即可。

4. 炒松期（小火期）

用小火勤炒勤翻，操作轻而均匀。当肉块全部炒散和炒干，颜色由灰棕色变为金黄色即可。炒好的肉丝用搓松机（无机器可用手搓）搓成膨松絮状物，即为成品。

四、结果分析

太仓肉松成品色泽金黄，纤维细长，柔软疏松，味道鲜美，老幼皆宜，营养丰富，尤其对病弱、产妇及婴儿更好，食用方便，是旅游携带的佳品。

五、注意事项

在大火期煮肉时要边煮边撇去油沫,并不断加开水,防止煮干。肉松吸水性很强,刚加工成的肉松趁热装入预先消毒和干燥的复合阻气包装袋中,并储藏于干燥处,可以半年不变质。

六、思考题

(1) 总结肉松加工的操作要点。

(2) 在肉松煮制过程中应注意哪些事项?

项目十五　酱卤制品加工

☞ **岗位描述**

中式熟肉制品加工工

☞ **工作任务**

采用不同配方和酱、卤等工艺方法,生产熟肉制品。

☞ **知识目标**

(1) 熟悉酱卤制品的种类及特点。

(2) 了解酱卤制品的加工工艺。

☞ **能力目标**

使学生了解酱卤制品的加工工艺,能够进行具体的酱卤制品加工。

☞ **案例导入**

酱卤肉制品是消费者的日常食品之一。质监部门提示:在选购酱卤肉类食品时,除了要在正规的超市、商店购买知名大型企业的产品外,还应注意以下五点:

(1) 产品包装上应标明品名、厂名、厂址、生产日期、保质期、执行的产品标准、配料表、净含量等。

(2) 购买酱卤肉类食品时要选择色泽纯正的产品。色泽过于鲜艳的酱卤肉类食品,除添加了辅料外,有可能添加了食用色素。

(3) 最好选购近期生产的酱卤肉类食品,酱卤肉类食品虽有一定的保质期,但酱卤肉类食品是很容易氧化变质的产品,产品越新鲜口味越好。

(4) 应注意选购带包装的肉类食品,因为包装完好的产品可避免流通过程中的二次污染。

(5) 要选购大型企业、老字号企业生产的产品。

☞ **课前思考题**

酱制品和卤制品有什么区别?

任务一 认识酱卤制品

一、酱卤制品的定义、特点和分类

(一) 酱卤制品的定义和特点

酱卤制品是将原料肉加入调味料和香辛料,以水为加热介质煮制而成的熟肉类制品。酱卤制品是我国传统的一类肉制品,其主要特点:一是成品都是熟的,可以直接食用,基本属于方便食品,二是产品以酥润著称,卤汁多,难以包装和储藏,适宜前店后厂就地生产,就地供应,三是生产普遍,品种多,特色多。

(二) 酱卤制品的分类

由于各地消费习惯和加工过程中所用的配料、操作技术不同,形成了许多具有地方特色的肉制品。酱卤制品包括白煮肉类、酱卤肉类、糟肉类。白煮肉类可视为酱卤制品肉类未酱制或卤制的一个特例;糟肉类则是用酒糟或陈年香糟代替酱制或卤制的一类产品。

1. 白煮肉类

白煮肉类是将原料肉经(或未经)腌制后,在水(盐水)中煮制而成的熟肉类制品。基主要特点是最大限度地保持了原料固有的色泽和风味,一般在食用时才调味。其代表品种有白斩鸡、盐水鸭、白切肉、白切猪肚等。

2. 酱卤肉类

酱卤肉类即在水中加入食盐或酱油等调味料和香辛料一起煮制而成的熟肉制品。有的酱卤肉类的原料在加工时,先用清水预煮,一般预煮 $15\sim25$ min,然后用酱汁或卤汁煮制成熟,某些产品在酱制或卤制后,需再经烟熏等工序。酱卤肉类的主要特点是色泽鲜艳、味美、肉嫩,具有独特的风味。产品的色泽和风味主要取决于调味料和香辛料。其代表品种有道口烧鸡、德州扒鸡、苏州酱汁肉、糖醋排骨、蜜汁蹄髈等。

3. 糟肉类

糟肉类是将原料经白煮后,再用"香糟"糟制的冷食熟肉类制品。其主要特点是保持了原料肉固有的色泽和曲酒香气。糟肉类有糟肉、糟鸡及糟鹅等。

二、酱卤制品的加工方法

酱卤制品主要突出调味料和香辛料及肉本身的香气,产品食之肥而不腻,瘦不塞牙。酱卤制品的调味和煮制(酱制)是加工该制品的关键。

(一) 调味及其种类

1. 调味概念

调味就是根据不同品种、不同口味加入不同种类或数量的调料,加工成具有特定风味的产品。如南方人喜爱甜则在制品中多加些糖,北方人吃得咸则多加点盐,广州人注重醇香味则多放点酒。调味是加工酱卤制品的一个重要过程。调味时要注意控制水量、盐浓度和调料用量,要有利于酱卤制品颜色和风味的形成。通过调味还可以去除和矫正原料肉中的某些不良气味,起调香、助味和增色作用,以改善制品的色香味形。同时通过调味能生产出不同品种花色的制品。

2. 调味种类

根据加入调料的作用和时间大致分为基本调味、定性调味和辅助调味等三种。

1) 基本调味

在原料整理后未加热前,用盐、酱油或其他辅料进行腌制,奠定产品的咸味叫基本调味。

2) 定性调味

原料下锅加热时,随同加入的辅料如酱油、酒、香辛料等,决定产品的风味叫定性调味。

3) 辅助调味

加热煮熟后或制作酱卤制品的关键。必须严格掌握调料的种类、数量以及投放的时间。

酱卤制品在加工中因所用的调味料的种类和数量的不同,可生产出不同品种和风味的酱卤制品。在加工中使用较多量的酱油,色泽深红,所生产的酱卤制品称为红烧制品。在产品中加入八角、桂皮、丁香、花椒、小茴香等五种香料,所生产的酱卤制品称为五香制品。在红烧的基础上使用红曲米做着色剂,产品为樱桃红色,鲜艳夺目,稍带甜味,产品酥润,又称为酱汁制品。在辅料中加入少量的糖分,产品色浓味甜,又称为蜜汁制品。当辅料中加入糖、醋,使产品具有甜酸的滋味,又称为糖醋制品。采用卤制辅料,以卤煮为主,产品保持原汁原味,又称为卤制品。

(二) 煮制

煮制是酱卤制品加工中主要的工艺环节,其对原料肉实行热加工的过程中,使肌肉收缩变形,降低肉的硬度,改变肉的色泽,提高肉的风味,达到熟制的作用。加热的方式有水、蒸汽、油等,通常多采用水加热煮制。

1. 煮制方法

在酱卤制品加工中煮制方法包括清煮和红烧。

1) 清煮

清煮又称预煮、白煮、白锅等。其方法是将整理后的原料肉投入沸水中,不加任何调料,用较多的清水进行煮制。清煮的目的主要是去掉肉中的血水和肉本身的腥味或气味,在红烧前进行,清煮的时间因原料肉的形态和性质不同有异,一般为 15～40min。清煮后的肉汤称白汤,清煮猪肉的白汤可作为红烧时的汤汁基础再使用,但清煮牛肉及内脏的白汤除外。

2) 红烧

红烧又称红锅。其方法是将清煮后的肉放入加有各种调味料、香辛料的汤汁中进行烧煮，是酱卤制品加工的关键性工序。红烧的目的不仅可使制品加热至熟，更重要的是使产品的色、香、味及产品的化学成分有较大的改变。红烧的时间，随产品和肉质不同而异，一般为1～4h。红烧后剩余之汤汁叫老汤或红汤，要妥善保存，待以后继续使用。制品加入老汤进行红烧风味更佳。

另外，油炸也是某些酱卤制品的制作工序，如烧鸡等。油炸的目的是使制品色泽金黄，肉质酥软油润，还可使原料肉蛋白质凝固，排除多余的水分，肉质紧密，使制品造型定型，在酱制时不易变形。油炸的时间，一般为5～15min。多数在红烧之前进行。但有的制品则经过清煮、红烧后再进行油炸，如北京盛月斋烧羊肉等。

2. 煮制火力

在煮制过程中，根据火焰的大小强弱和锅内汤汁情况，可分为大火、中火、小火三种。

1）大火

大火又称旺火、急火等。大火的火焰高强而稳定，锅内汤汁剧烈沸腾。

2）中火

中火又称温火、文火等。火焰较低弱而摇晃，锅内汤汁沸腾，但不强烈。

3）小火

小火又称微火。火焰很弱而摇晃不定，锅内汤汁微沸或缓缓冒气。

火力的运用，对酱卤制品的风味及质量有一定的影响，除个别品种外，一般煮制初期用大火，中后期用中火和小火。大火烧煮的时间通常较短，其主要作用是尽快将汤汁烧沸，使原料初步煮熟。中火和小火烧煮的时间一般比较长，其作用可使肉品变得酥润可口，同时使配料渗入肉的深部。加热时火候和时间的掌握对肉制品质量有很大影响，需特别注意。

任务二 酱卤制品加工

一、卤制品加工

卤制品属于一般熟肉制品。其特点是突出原料原有的口味及色泽。调味品主要用盐及少量酱油，以其原有的色、香、味为主。

（一）卤猪下货

猪下货是指除了猪身体以外的所有可食部分。包括头、蹄、尾、心、肝、肺、肠、肚、脾、肾等。

1. 产品配方

1）每100kg猪肝用（以猪肝100kg计）

精盐1.25kg，酱油5～7kg，砂糖6～8kg，黄酒7.5kg，茴香0.6kg，桂皮0.6kg，姜1.25kg，葱2.5kg。

2）每100kg卤猪心、卤猪肚、卤猪肠

精盐1.5kg，酱油6kg，砂糖3kg，黄酒3.5kg，茴香0.25kg，桂皮0.13kg，姜

0.25kg，葱 0.5kg。

2. 工艺流程（图 15.1）

图 15.1　卤猪下货工艺流程

3. 操作要点

1）原料处理

猪肝：将猪肝置于清水中，漂去血水，修去油筋，如有水泡，必须剪开，并把白色水泡皮剪去，如发现有苦胆，要仔细去除，如有黄色苦胆汁沾染肝叶上，须全部剪除。猪肝经过整理用清水洗净后，用刀在肝叶上划些不规则斜形的十字方块，以使卤汁透入内部。

猪心：用刀剖开猪心，成为 2 片，但仍须相连。挖出心内肉块，剪去油筋，用清水洗净。

猪肚：放肚于竹笋内，加些精盐明矾屑，用木棒搅拌，或用手搓擦，如数量过多，可使用洗肚机。肚的胃黏液受到摩擦后，不断从竹笋隙缝中流出，然后取出猪肝，放在清水中漂洗，剪去肚上附油及污物，再用棕刷刷洗后，放入沸水中浸烫 5min 左右，刮清肚膜（俗称白肚衣），用清水洗净。

猪肠：将肠子翻转，撕去肠上附油及污物，剪去细毛，用清水洗净后，再翻转、放入竹笋内，采用猪肚整理方法，去除黏液，再用清水洗净，盘成圆形，用绳扎牢，以便于烧煮。

猪肚、猪肠腥臭味最重，整理时须特别注意去除腥臭味。

2）白煮

猪内脏加工卤制品，由于原料不同，白煮方法也略有区别。猪肝一般不经过白煮，其他品种则须白煮，其中猪肚、猪肠由于腥味重，白煮更为重要。猪肠白煮时，先将水烧沸，倒入原料，再烧沸后，用铲刀翻动原料，撇去锅面浮油及杂物，然后用文火烧，猪肠经过 1h 猪肚经过 1.5h 后，方可出锅，放在有孔隙的容器中，沥去水分，以待卤制。猪心白煮时，在水温烧到 85℃时即下锅，不要烧沸。

3）卤制

按比例将葱、姜（拍碎）、桂皮、茴香分装在 2 个麻布小袋内，扎紧袋口，连同黄酒、酱油、精盐、砂糖（80%）放入锅内，再加上原料重量 50% 的清水，如和老卤，应视老卤咸淡程度，酌量减少配料。用文火烧煮，至烧沸锅内发出香味时，即倒入原料卤制。继续文火烧煮 20～30min，先取出一块，用刀划开，察看是否烧熟，待烧熟后，捞出放入有卤的容器中，或者出锅后数 10min 再浸入卤锅中。注意室内不易过于风大，因卤猪肝经风吹后，表皮发硬变黑，不香不嫩。取出锅中卤一部分，撇去上面浮油，置于另一小锅，加上砂糖（20%）用文火煎浓，作为产品食用或销售时，涂于产品，以增进色泽和口味。大锅内剩余卤汁，妥为保存，留待继续使用。

（二）道口烧鸡

1. 产品配方

每 100 只鸡（重量 100～125kg）用：食盐 2～3kg，硝酸钠 18g，桂皮 90g，砂仁 15g，草果 30g，良姜 90g，肉豆蔻 15g，白芷 90g，丁香 5g，陈皮 30g，蜂蜜或麦芽糖适量。

2. 工艺流程（图 15.2）

图 15.2 道口烧鸡加工工艺流程

3. 操作要点

1）原料选择

选择重量 1～1.25kg 的当年健康土鸡。一般不用肉用仔鸡或老母鸡作原料，因为鸡龄太短或太长，其肉风味均欠佳。

2）宰杀开剖

采用切断三管法放净血，刀口要小，放入 65℃ 左右的热水中浸烫 2～3min，取出后迅速将毛煺净，切去鸡爪，从后腹部横开 7～8cm 的切口，掏出内脏，割去肛门，洗净体腔和口腔。

3）撑鸡造型

用尖刀从开膛切口伸入体腔，切断肋骨，切勿用力过大，以免破坏皮肤，用竹竿撑起腹腔，将两翅交叉插入口腔，使鸡体成为两头尖的半圆型。造型后，清洗鸡体，晾干。

4）油炸

在鸡体表面均匀涂上蜂蜜水或麦芽糖水（水和糖的比例是 2：1），稍沥干后放入 160℃ 左右的植物油中炸制 3～5min，待鸡体呈金黄透红后捞出，沥干油。

5）煮制

把炸好的鸡平整放入锅内，加入老汤。用纱布包好香料放入鸡的中层，加水浸没鸡体，先用大火烧开，加入硝酸钠及其他辅料。然后改用小火焖煮 2～3h 即可出锅。

6）出锅

待汤锅稍冷后，利用专用工具小心捞出鸡只，保持鸡身不破不散，即为成品。

成品色泽鲜艳，黄里带红，造型美观，鸡体完整，味香独特，肉质酥润，有浓郁的鸡香味。

二、酱制品加工

酱制品皮嫩肉烂，肥而不腻，香气浓郁，味美可口。

（一）苏州酱汁肉

1. 产品配方

每 100kg 猪肉用：绍兴酒 4～5kg，白糖 5kg，盐 3～3.5kg，红曲米 1.2kg，八角 0.2kg，桂皮 0.2kg，葱（捆成束）2kg，生姜 0.2kg。

2. 工艺流程（图 15.3）

图 15.3　酱制品加工工艺流程

3. 操作要点

1）原料选择与整理

选用太湖猪为原料，每头猪的重量以出净肉 35～40kg 为宜，取其整块肋条（中段）为酱汁肉的原料，然后开条（俗称抽条子），肉条宽 4cm，长度不限。条子开好后，斩成 4cm 见方的方块，尽量做到每千克肉约 20 块，排骨部分每千克 14 块左右。肉块切好后，把五花肉、排骨分开，装入竹筐中。肥瘦分开放。

2）煮制

锅内放满水，用旺火烧沸。先将肥肉的一小半倒入沸水内汆 1h 左右，约六七成熟时捞出；另外一大半倒入锅中汆 0.5h 左右捞出。将五花肉一半倒入沸水内汆 20min 左右捞出；另外一半汆 10min 左右捞出。把汆原料的白汤加盐 3kg（略有咸味即可），待汤快烧沸时，撇去浮沫，舀入另锅，留下 10kg 左右在原来锅内。

3）酱制

制备红曲米水：红曲米磨成粉，盛入纱布袋内，放入钵内，倒入沸水，加盖，待沸水冷却不烫手时，用手轻搓轻捏，使色素加速溶解，直至袋内红米粉成渣，水发稠为止，即成红米水待用。

取竹筐 3 只，叠在一起，把葱、姜、桂皮和装在布袋里的茴香放于竹筐内，（桂皮、茴香可用 2 次）再将猪头肉 3 块（猪脸 2 块，下巴肉 1 块）放入竹筐内，置竹筐于锅的中间，然后以竹筐为中心，在其四周摆满竹筐（一般锅子约 6 只），其目的是以竹筐为垫底，防止成品粘贴锅底。将汆 10min 左右的五花肉均匀地倒入锅内，然后倒入汆 20min 左右的五花肉，再倒入汆 0.5h 左右的肥肉，最后倒入汆 1h 左右的肥肉，不必摊平，自成为宝塔形。下料时因为旺火在烧，汤易发干，故可边下料，边烧汤，以不烧干为原则，待原料全部倒入后，舀入白汤，汤须一直放到宝塔形坡底与锅边接触处能看到为止。加盖用旺火烧开后，加酒 4～5kg，加盖再烧开后，将红米汁用小勺均匀地浇在原料上面，务使所有原料都浇着红米汁为止，再加盖蒸煮，看肉色是否是深樱桃红色，如果不是，酌量增烧，直至适当为止。加盖烧 1.5h 左右以后就须注意掌握火候，烧到汤已收干发稠，肉已开始酥烂时可准备出锅，出锅前将白糖（用糖量的 1/5）均匀地撒在肉上，再加盖待糖溶化后，就出锅为成品。出锅时用尖筷夹起来，一块块平摊在盘上晾凉。

酱汁的调制：酱汁肉的质量关键在于酱汁上。上品的酱汁色泽鲜艳，品味甜中带咸，以甜为主，具有黏稠、细腻、无颗粒等特点。酱汁的制法是：将余下的白糖加入成品出锅后的肉汤锅中，用小火煎熬，并用铲刀不断地在锅内翻动，以防止发焦起锅巴，待调拌至酱汁呈胶状，能粘贴勺子表面为止，用笊篱过滤，舀出待用，出售时在酱汁肉上浇上酱汁，如果天气凉，酱汁冻结，须加热熔化后再用。

产品鲜美醇香，肥而不腻，入口化渣，肥瘦肉红白分明，皮呈金黄色，适于常年生产。

（二）酱鹅

1. 产品配方

每 50 只鹅用：

酱油 2.5kg，盐 3～4kg，白糖 2.5kg，桂皮 0.15kg，八角 0.15kg，陈皮 0.05kg，丁香 0.015kg，砂仁 0.01kg，红曲米 0.35kg，葱 1.5kg，姜 0.16kg，黄酒 2.5kg，腊肉 0.5kg，$NaNO_3$ 0.01kg。

2. 工艺流程（图 15.4）

图 15.4　酱鹅加工工艺流程

3. 操作要点

1）原料选择、预处理

选用重量在 2kg 以上的地产鹅为最好。

宰杀放血：操作人员用刀切颈放血，把血放净摘除三管，刀口处不能有污血。

烫毛、拔毛：宰杀后，趁鹅体温未散前，立即放入烫毛池或锅内浸烫，水温保持在 65～68℃，水要充足，以拔掉背毛为准，浸烫时要使鹅体受热均匀，特别头、脚要浸烫充分。

去绒毛净膛：鹅体烫拔毛后，残留有若干细毛毛茬。将鹅体浮在水面（20～25℃）用拔毛钳子从头颈部开始逆向倒钳毛，将绒毛和毛管钳净。然后切开腹壁，将内脏，包括肺脏全部取出，只存净鹅。

2）腌制

每只鹅体表和体腔内擦上食盐，用盐量约为鹅重的 3%。食盐中加入 1% $NaNO_3$，与食盐混匀后使用。擦盐后叠入缸中腌制，根据季节不同灵活掌握时间，夏季腌 8h 左右，置于阴凉处防止腐败；冬季腌 36h 左右，放在室内防止冻结。腌好后取出滴尽血水，清水漂洗干净，沥干水分。

3）煮制

先把老汤入锅烧沸，无老汤用清水。把香辛料和红曲米分别用纱布袋包好放入锅内，同时加食盐、酱油、糖、绍兴酒和硝，腊肉 500g 也随即放入水中。

取腌好后的鹅，在每只鹅体腔内放入丁香 12 粒、砂仁少许、葱段 20g、绍兴酒

10～20mL，随后将鹅放入沸汤中，上面用算子压住，使鹅浸没在液面之下。用旺火烧沸，撇除浮沫，再加入锅中绍兴酒 1.5kg，改为微火烧煮，约经 1.5h，当鹅两翅关节处皮肤煮至开裂（开小花）时即可出锅。

4）调卤涂汁

卤汁的配制：用 10kg 煮鹅肉的老卤，加入锅中烧沸，撇除浮沫。然后加入白糖 8kg，绍兴酒 0.3kg、生姜 80g、红曲米（粉碎成细末）0.6kg，用旺火烧沸改为微火慢熬，不断用锅铲在锅内翻搅，防止锅底煳焦。熬煮时间因老卤的浓淡不同而异，待卤汁发黏变稠时即可。稠度以涂满鹅体后挂起来不滴卤汁为佳。以上制出的卤汁量可供约 160 只鹅使用。

将煮好的鹅取出放在盘中冷却 20min，然后在整只鹅体表面均匀涂抹一层调好的卤汁即为成品。食用时，另取卤汁加热后均匀淋浇切成块的鹅肉上，即可食用。

酱鹅成品表面呈琥珀色，香味宜人，甜中带咸，色泽酱红，鲜嫩味美。

小结

酱卤制品是将原料肉加入调味料和香辛料，以水为加热介质煮制而成的熟肉类制品。酱卤制品分为酱制品和卤制品两大类。两种产品有相同也有差异。酱卤制品的调味和煮制（酱制）是加工该制品的关键。

复习思考题

（1）试述酱卤制品的种类及其特点。

（2）酱卤制品加工中的关键技术是什么？

（3）调味有几种方法？有何作用？

（4）煮制时如何掌握火候？

（5）酱制品和卤制品有何异同？

 知识链接

酱 卤 制 品

酱卤制品分为酱制品和卤制品两大类。两种产品有相同也有差异。相同之处是所用原料及原料的处理过程相同；但煮制方法、调味材料、产品色泽、产品特点上却不相同所以产品特点、色泽、味道也不相同。在煮制方法上：酱制品是原料和各辅料一起下锅，大火烧开，文火收汤；卤制品是将各种辅料煮成清汤后，再将原料下锅以旺火煮制。在调料上，酱制品所用香辛料和调味料的量较大，故汤浓味香；而卤制品主要使用盐水，所用香辛料和调味料量小，故产品色泽较淡，突出原料的原汁原味。

单元操作训练

制作料袋、焯水、酱锅、装锅、翻锅、起锅操作

一、实训目的

通过实训，掌握制作料袋的方法，能按要求焯水后码放装锅，能按要求酱锅、翻锅、起锅。

二、仪器与材料

1. 仪器

夹层锅，纱布。

2. 材料

原料肉。

三、操作方法

1. 料袋制作

可根据锅的大小、原料多少用两层纱布缝制大小不同的长方形布袋——料袋，将各种香料装入料袋，用粗线绳将料袋口扎紧。最好在原料未入锅之前，将锅中的酱汤打捞干净，将料袋投入锅中煮沸，使料在汤中串开后，再投入原料酱卤。

2. 焯水

焯水是以水为传热介质对原料肉进行初步热处理的方法。是酱制前预制的常用方法。目的是排除血污和腥膻异味。根据投料时水的温度，可分冷水焯和沸水焯两类。

1) 沸水焯

适用于异味小的原料，如鸡肉、鸭肉、蹄髈、方肉等。把准备好的料袋、盐和水同时放入铁锅内，烧开、熬煮，保持微沸。水量一次要加足，一般控制在刚好淹没原料肉，不要中途加凉水，以免使原料受热不均匀而影响原料肉的水煮质量。视原料肉老嫩，适时、有区别地从汤面沸腾处捞出原料肉（要一次性地把原料肉同时放入锅内，不要边煮边捞，又边下料，影响原料的鲜香味和色泽）。再把原料肉放入开水锅内煮40min左右，不盖锅盖，随时撇出浮沫。然后捞出放入容器内，用凉水洗净原料肉上的血沫和油脂。同时把原料肉分成肥瘦、软硬二种，以待码锅。

2) 冷水焯

适用于腥膻臊等异味较重、血污较多的原料。如牛肉、羊肉、大肠、肚、心脏等，这些原料如在水沸后下锅，则表面蛋白质会因骤然受高温而立即凝固收缩，内部的血污和异味就不易排出。所以必须冷水下锅，让其血污和异味在逐步加热过程中渗出，不致使原料发梗。将备好的原料肉，洗去表面血污，除去杂质，放入冷水锅，掌握好焯水原则，注入清水，淹没原料肉，用旺火或中火进行加热，并翻动原料使各部分受热均匀，控制好加热时间，注意刚沸时撇尽浮沫，然后捞出原料肉，用清水或温水洗涤干净备用。

3. 酱锅

酱锅是将经过焯水的原料肉放入锅中，加入鲜汤（或部分老汤）、香料、糖色用微火加热直至原料肉达到产品所需要的颜色。将经焯水后的原料肉进行整埋，放入调好的卤汤内，用旺火烧沸，撇尽浮沫，中火烧至上色，翻动原料使其上色均匀，以待酱或卤。操作时卤汤内的糖色或有色调味品的颜色深浅和用量要掌握准确，使酱锅后的原料颜色符合产品的要求。而且因为原料肉上色时有一个受热熟化的过程，而且酱锅不是产品最终目的，所以要在上好原料颜色的基础上，迅速转入酱或卤的阶段，避免使原料肉因过分熟化而影响产品的最终质量。

4. 装锅

把煮锅用清水刷洗干净，不得有杂质、油污，并放入适量的自来水以防干锅。用一个圆条状铁算子垫在锅底上，然后用猪下巴骨、扇骨或竹板整齐地码垫在铁算四周边缘上，紧靠在铁锅内壁上，沿锅壁呈圆形码放一排或两排（根据原料多少决定码几排竹板），然后再用一个高 40cm（根据产量需要也可矮一些）、直径为 12cm 的圆铁筒，筒壁上有 2cm 直径的不规则圆眼数十个，竖放在铁算子的中心，留出锅心（若操作熟练可以不放铁筒，直接利用原料肉码出锅心）。此后，把焯水后的原料逐个从锅心竖着放，每块原料肉要紧贴着围码成圆形，以此类推码至煮锅壁处。根据原料肉的数量可以码成数层，注意一定要码紧、码实，防止开锅时沸腾的汤把原料肉冲散。在原料肉相接处留出起锅的记号，或用经过热水冲洗干净的料袋夹在其间留出起锅的记号，以便出锅。装锅时不要把肉渣掉入锅底，防止煳锅。最后把清好的汤放入码好原料肉的锅内，并使汤漫过原料肉面 3～4cm 左右，避免酱制中途加添汤，使原料肉受热不均匀而影响产品质量。

5. 翻锅

在整个酱卤煮制过程中，有些产品的原料要上下翻动数次，使之均匀上色、成熟。如酱牛肉在焖煮过程中每隔 60min 翻锅一次，需翻 2～3 次锅。翻锅时要把老的、吃火慢的肉放在开锅头上，翻动后，仍要用算子压好，继续用文火焖煮。

6. 起锅

起锅也称出锅。出锅时应及时把中火改为微火，微火不能熄灭，汤汁要做到小泡不能间断，否则酱汁出油就不能成酱汁。出锅时，用小平板铁铲从原料肉码放时留下的出锅记号处铲住肉皮的位置，放在铲上，肉面朝上取出。出锅时注意保持肉块完整不散，要用铁和铁铲把肉块逐块从锅内托出，然后放在盘子内，肉皮朝上，码放整齐。最后还要将锅内的竹板、铁筒、铁算子取出。

四、思考题

（1）装锅、翻锅、起锅时应注意哪些问题？

（2）认真做好实验记录，写出实训报告。

综合实训一

卤猪肉的制作

一、实训目的

通过本实训，了解卤猪肉制作的一般原理，掌握卤猪肉制作的方法。

二、仪器与材料

1. 仪器

切肉刀，剔骨刀，喷灯，蒸煮锅，勺，笊篱，小铁叉，不锈钢盆，盘，纱布。

2. 材料

食盐，鲜姜，花椒，白糖，大料，桂皮，小茴香。

三、操作方法

卤猪肉工艺流程（图15.5）。

原料选择 → 原料修整 → 焯水 → 清汤 → 煮制 → 码盘 → 成品

图15.5　卤猪肉工艺流程

1. 原料选择与整理

选用经兽医卫生检验合格的鲜（冻）猪肉，要求皮嫩，膘薄。首先用喷灯把猪皮上带的长、短毛烧干净，而后用小刀刮净皮上的焦煳，剔净骨头，去掉淋巴结、淤血、杂污、板油及多余的肥肉、奶脯。切成长17cm、宽14cm、厚度不超过8cm左右的肉块，达到大小均匀。然后将备好的原料肉放入有流动自来水的容器内浸泡4h左右，捞出并用硬毛刷子洗刷干净，以备入锅煮制。

2. 配方（按50kg猪肉计算）（表15.1）

表15.1　卤猪肉配方

原　料	用　量	原　料	用　量
食盐	3.5kg	大料	75g
鲜姜	150g	桂皮	100g
花椒	50g	小茴香	25g
白糖（炒糖色用）	100g	—	—

3. 焯水

将准备好的原料肉块投入沸水锅内加热。操作时，把准备好的料袋、盐和水同时放入铁锅内，烧开、熬煮。水量要一次性兑足，一般以淹没原料肉为好，不要在焯水过程中加凉水；控制好火力的大小，以保持汤面微沸为宜。要视原料肉的老嫩，适时、有区别地从汤面沸腾处捞出肉。焯水时不要盖锅盖，随时撇出血沫和浮油，焯水时间为30min左右。

4. 清汤

原料肉捞出后，把锅内的汤过滤，去净锅底和汤中的肉渣；并把汤面浮油用铁勺撇净。如果发现汤面要沸腾，适当加入一些凉水，不使其沸腾，直到把杂质、浮沫撇干净，观察汤呈微清的透明状，清汤即可。如果感觉汤清得不够理想，可加白矾继续清，直到干净为止。

5. 煮制

先将清过的老汤内放入料袋、食盐和适量糖色，开锅后将焯过的肉块放入锅内，卤汤面要高于原料肉，开锅后撇净血沫、汤油，盖上锅盖，用中火煮 20min 后翻一次锅，翻锅时须用小铁叉叉住瘦肉部位，以避免皮面被铁叉碰破，从而保持成品整洁，不出油，提高出品率，翻锅时要用手触摸，如有煮熟的，随时拣出，放入洁净的盘内，经逐块地检查、翻锅后，盖上锅盖，继续用中火煮制。如此共翻 2～3 次锅，翻锅时随时撇净血沫和汤油，煮制时间为 1.5～2h。卤肉随熟随出锅，不可等待一起出锅，成品出锅后，码盘要整齐，晾凉即为成品。

四、注意事项

(1) 严格原料初加工操作，保证原料在色、香、味、形、卫生等方面的质量。原料焯水处理以控制在紧肉的成熟程度为宜，不能过熟，防止鲜香味过度损失。

(2) 卤制大块原料，其体积不宜过大，原料的规格以达到本身需要的成熟程度时入味为准。

(3) 卤制时，要经常撇去浮沫，不使制品脏污。卤制时要加锅盖，其火力以保持卤汤"沸而不腾"为准，这样既不使卤汤香味逸出散失，卤汤蒸发太快，又可加快卤制速度，保证原料滋润。卤制达到产品的成熟标准时，原料应从卤汤的沸腾处捞出，使制品不粘卤油，制品晾凉后色泽美观，表面光洁。

(4) 卤制要一次性投料，不要一边加生料卤制，又一边捞出熟制品，这样做会影响产品的质量。

五、思考题

(1) 掌握卤猪肉的工艺流程与方法。
(2) 在卤制过程中应该注意哪些事项？

 综合实训二

北京酱牛肉的制作

一、实训目的

通过本实训，了解北京酱牛肉制作的一般原理，掌握酱牛肉制作的方法。

二、仪器与材料

1. 仪器

切肉刀，蒸煮锅，勺，竹箅，铁铲，铁拍，不锈钢盆，纱布。

2. 材料

牛肉，各种调味料。

三、操作方法

1. 原料肉的选择与整理

选用肌肉发达，无病健康的成年牛肉。剔去骨头，然后把肉放入 25℃ 左右温水中浸泡，洗除肉表面血液和杂物，切成 1kg 左右的肉块，放和温水中漂洗干净，捞出沥干水分。

2. 预煮

锅内加清水旺火烧沸，把整理好的肉加入沸水中，继续用旺火烧沸，注意撇除浮沫和杂物。约经 1h，把肉从锅中捞出，放入清水中漂洗干净，捞出沥干水分。

3. 调酱（表 15.2）

表 15.2 酱牛肉参考配方（以 100kg 牛肉计）

原　料	用　量	原　料	用　量
黄酱	10kg	食盐	1～3kg
桂皮	150g	大茴香	150g
砂仁	100g	丁香	50g

锅内加清水 50kg 左右，同时加入黄酱和食盐，边加热边搅拌溶解，用旺火烧沸，撇除表面浮沫，煮沸 0.5h 左右。然后过滤除去酱渣，待用。

4. 酱制

先在锅底垫上牛骨或竹箅，以免肉块贴锅而被烧焦。然后把预煮后的肉块放入锅中。同时将香辛料用纱布包好放在锅中下部，上面用箅子压住，以防肉块上浮。随后倒入调好的酱液，淹没肉面。用旺火烧煮，注意撇除汤汁表面浮沫和杂物。2h 后翻锅一次，待肉酥软，熟烂而不散，即可出锅。

5. 出锅

出锅时注意保持肉块完整不散，要用铁和铁铲把肉块逐块从锅内托出，注意用汤汁，放入盛器中冷却后即为成品。

四、注意事项

（1）预煮时为了去除牛肉的腥味，可同时加入胡萝卜适量。

（2）酱制装锅时，肉要按质地老嫩不同分开放入锅中，一般将结缔组织多的、质地坚韧的肉，如小腿肉、脖子肉、前臂肉、腹壁肉等放在锅底和中央；结缔组织少的、质地较嫩的肉，如大腿肉、脊背肉、臀部肉等放在锅的四周和上面。

五、思考题

（1）掌握酱牛肉的工艺流程与方法。

（2）在酱牛肉的酱制过程中应注意哪些事项？

项目十六　熏烤制品加工

☞ **岗位描述**

运用熏烤设备和工艺，进行熏烤肉制品生产加工的人员。

☞ **工作任务**

控制熏烤制品的质量并完成熏肉制品的加工。

☞ **知识目标**

(1) 了解熏烤制品的相关知识。

(2) 掌握熏烤制品的加工要点。

☞ **能力目标**

(1) 能按产品要求进行熏烧烤前的整形处理。

(2) 能给原料均匀上色。

(3) 能按要求将原料挂入烤炉。

(4) 能使用烤炉按不同产品的要求进行熏制、烤制。

☞ **案例导入**

尹家熏鸡始创于清光绪十五年（1889 年）。传承了独特而考究的工艺及配料，堪称中国传统饮食文化中的一朵奇葩。产品香气浓郁、肥而不腻、烂而连丝、咸淡可口。

☞ **课前思考题**

列出你经常吃的几种熏烤制品。

任务一　认识熏烤制品

熏烤制品一般是指以熏烤为主要加工方法生产的肉制品。熏与烤为两种不同的加工方法，其加工产品又可分熏制品和烤制品（也称烧烤制品）两类。

一、熏烤肉制品的概念

（一）烟熏的概念

烟熏是利用木柴、木片、木屑或其他材料在不完全燃烧时产生的烟进行加工的工艺过程，包括干燥和烟熏两个步骤。烟熏前一般都要进行干燥，其意义有：

(1) 使腌制的肉色因升温而进一步变红。

(2) 除去过多的水分，特别是表面的水分，使肉制品外型美观，提高保存性。

（3）使肉制品适度收缩，赋予肉制品良好的质地，便于烟熏时熏烟渗透。

肉的熏制是利用木材、木屑、茶叶、甘蔗皮、红糖等材料不完全燃烧时所产生的熏烟和热量对肉制品进行熏烤的一种加工方法。

随着防腐保鲜技术的发展，现今烟熏防腐作用的重要性大大降低、代之以赋予肉制品一定的烟熏香气味为主要目的，而且趋向于轻度烟熏，给肉制品微量的烟熏味。

（二）烤制的概念

烤制是利用烤炉或烤箱在高温条件下烘烤，温度一般在 $180 \sim 220$ ℃。由于温度较高，使肉品表面产生一种焦化物，从而使制品香脆酥口，有特殊的烤香味，产品已熟制，可直接食用。烤制使用的热源有木炭、无烟煤、红外线电热装置等。

二、熏烤对肉制品的作用

（一）熏烟成分及其作用

从木材烟中已分离出 200 多种化合物，但是在烟熏制品中，这些成分并不都存在。有很多因素都会影响烟的成分，如木材的种类、发烟温度，供氧量等。这些成分中也有很多与烟熏风味和防腐作用无关。熏烟中最重要的成分通常认为有酚类、羰基化合物类、醇类、有机酸类和多环烃类。多环烃类中的 3,4-苯并芘、1,2,5,6-苯并蒽等是公认的致癌物质。

1. 酚类

从熏烟中分离鉴定了约 20 种酚类，据认为其中的愈疮木酚 4-甲基愈疮木酚是主要的烟熏风味物质。酚类不仅是主要烟熏风味物质，还具有抗氧化性、强烈的抑菌能力和防腐作用。

2. 羰基化合物类

羰基化合物中的酮和醛对烟熏风味也有贡献，并且是烟熏时主要形成色泽（起棕化反应）的物质，醛还能和酚形成一种聚合树脂附着在制品表面，烟熏良好的肉制品表面光亮，就是这种原因。从烟中已确定的羰基化合物有 20 种以上，但是简单短链的化合物对烟熏风味、色泽等更为重要。

3. 醇类

醇类主要作用是作为熏烟中其他挥发性成分的载体，不是产生风味和香气的主要成分。

4. 有机酸类

有机酸对于肉制品风味的影响极小，可因制品表面酸的聚积而增加微弱的防腐能力，酸最主要的作用在于使制品表面蛋白质凝固聚积而增加微弱的防腐能力，起到无肠衣保护的防腐作用，但其作用时间一般很长，如果用酸液浸渍或喷雾的方法可以很快达到这个目的。烟熏风味并不是由某种单纯物质所产生，而是受多种成分的综合影响。据有关资料介绍，在酚、酸、醛之间的比例 0.81：0.32：0.37 时，烟熏风味最佳时。

5. 多环烃类

烃类对肉制品的风味和防腐作用没有多大影响，某些多环烃如苯并芘和二苯并蒽还是致癌物质，因此多环烃类在烟中含量越少越好。

现在研究减少苯并芘的方法主要是利用控制生烟温度。当生烟温度低时，有机酸产生多，酚类产生较少；随着温度升高，有机酸产生减少，酚类增多。据测定在 343℃ 和 399℃ 时酸和酚的比例最佳，烟的质量最好；其次是 249℃ 左右时也最有利于多环烃类的产生。但是，在 399℃ 左右时也最有利于多环烃类的产生。为了减少多环烃类的含量，发烟温度要维持在 343℃，不能再高。这种温度的烟质量最好，而多环烃类的含量较少，没有致癌的危险。

（二）烤制的作用

烤制是利用热空气对原料肉进行的热加工。原料肉经过高温烤制，表面变得酥脆，产生美观的色泽和诱人的香味。肉类经烧烤产生的香味，是由于肉类中的蛋白质、糖、脂肪、盐和金属等物质在加热过程中，经过降解、氧化、脱水、脱胺等一系列变化。生成醛类、酮类、醚类、内酯、硫化物、低级脂肪酸等化合物，尤其是糖与氨基酸之间的美拉德反应，不仅生成棕色物质，同时伴随着生成多种香味物质；脂肪在高温下分解生成的二烯类化合物，赋予肉制品特殊香味；蛋白质分解产生谷氨酸，使肉制品带有鲜味。

任务二　肉品熏烤技术

一、肉品熏制技术

烟熏方法大致可以分为以储藏为主要目的的冷熏法和以风味为主要目的的温熏法两种。温熏法又可分为狭义温熏法和热熏法。温熏法是用得最普遍的方法。另外还有速熏法，包括电熏法和液熏法两种。

1. 冷熏法

在低温（15～30℃，平均 25℃）之下，用较长时间（1～3 周）进行熏干。冷熏制品储藏期在 1 个月以上，但风味不及温熏制品，而且易受温度影响，在气温高的夏季时生产有困难。冷熏法制品一般是冬季生产，夏季销售。

2. 温熏法

用较高温度（50～80℃，有时 90℃）在较短时间（2～12h）内进行适度干燥熏制。其水分含量在 50% 左右，不耐储藏，仅能保存 4～5d，但风味良好。

3. 热熏法

德国经常使用此法。在相当高的温度下（120～140℃），用极短时间（2～4h）烟熏（又叫焙熏），这时蛋白质凝固，整个食品几乎近于蒸煮了。由于热熏制品水分含量较高，不易保存，其实是一种即食食品，随做随吃。

还有一些方法，如将烟通过液体的湿烟法，通过滤层的过滤法等都能在一定程度上减少和控制多环烃类的影响，目前国际上已采用液熏法代替传统工艺，不仅能有效地消除多环烃类的影响，而且还有使用方便、烟熏时间短。便于流水线生产等优点，实在是一种值得推广的新工艺。

烟熏液的制法国外有很多专利，这里简单介绍两种方法。

欧美诸国多采用的方法是，取木柴不完全燃烧时产生的浓烟，先用水循环吸收制成3％的溶液，除去水中的焦油、沉淀，再用非极性溶剂洗涤，除去有害成分，然后浓缩至含量为10％左右的烟熏液后使用。

日本是利用制木炭时的副产品木醋液，经蒸馏、精制再调整 pH 后，作为烟熏液使用。日本还采用更精细的方法，是将木醋液用有机溶剂乙醚、抽提后浓缩至膏状或粉状木醋液经精制处理后，其成分较粗木醋液少得多，但仍可保留一定的烟熏风味而无多环烃之忧。

烟熏液还可添加糊精、淀粉等充填剂来制成粉末状物来使用，称为固体熏料，其使用就更加便利了烟熏液的使用方法有浸渍法、涂揩法、喷淋法和直接添加等这些方法可以省去传统的烟熏设备，只要使用得当，不需要特别的技巧也能制出良好的产品来。烟熏液的用量因品种而异，一般在 0.0001％～0.0004％之间。

二、肉品烤制技术

肉品的烤制系指原料肉经配料腌制后再经过烤炉的高温加热烤熟的肉制品。肉品由于经过高温烤制，产品表面产生一种焦化物，从而使产品香脆可口，风味独特。烤制肉品的品种很多，以北京烤鸭，广东化皮烧猪、烧乳猪、叉烧肉，苏州陆稿荐烧鹅较为驰名。

（一）烧烤制品的品种

烧烤制品的品种较多，而且都有各自不同的特色。

（1）广东化皮烧猪。它是广东的著名食品，历史悠久，产品鲜红松脆，具有烧烤产品特有的香味，鲜美可口。

（2）广东烧乳猪。它是广东名产，亦称脆皮乳猪、烤乳猪，它的特点是色泽鲜艳，皮脆肉香，入口松化，为广大消费者所喜爱。

（3）哈尔滨烤火腿。它是欧式风味产品，又名老巴克，敖克那。老巴克是烤猪前腿，敖克那是烤猪后腿。这种产品的特点是生产周期短，肉质鲜艳，具有俄罗斯风味。

（4）广东烧鸭、挂炉鸭。他们都是烤鸭，但在烧烤方法上不同。烧鸭是广东特产，皮香肉甘骨软；挂炉鸭以北京烤鸭最为有名，其特点是外皮松脆，肉质鲜嫩，以现吃现制为好。

（5）苏州陆稿荐烧鹅。它是苏州陆稿荐熟肉店生产的烧鹅（又名烤鹅）。其特点是色泽枣红，外皮松脆，肉质鲜嫩，肥而不腻。

（6）北京炉肉。它是北方人喜食的食品，味美香甜，营养丰富。

（二）肉品烤制的方法

肉品的烤制也称烧烤，是利用热空气对原料进行的热加工，它分为明烤和暗烤两种。

1. 明炉烤制

把制品放在明火或明炉上烤制称明烤。从使用设备来看，明烤分为三种：第一种是将原料肉叉在铁叉上，在火炉上反复炙烤，烤匀烤透，烤乳猪就是利用这种方法；第二种是将原料肉切成薄片状，经过腌渍处理，最后用铁钎穿上，架在火槽上，边烤边翻动，炙烤成熟，烤羊肉串就是用这种方法；第三种是在盆上架一排铁条，先将铁条烧热，再把经过调好配料的薄肉片倒在铁条上，用木筷翻动搅拌，成熟后取下食用，这是北京著名风味烤肉的做法。

2. 暗炉烤制

把制品放在封闭的烤炉中，利用炉内高温使其烤熟，称为暗烤。又由于制品要用铁钩钩住原料，挂在炉内烤制，又称挂烤。北京烤鸭、叉烧肉都是采用这种烤法。

暗烤的烤炉最常用的有三种：一种是砖砌炉，中间放有一个特制的烤缸（用白泥烧制而成，可耐高温），这种炉的优点是制品风味好，设备投资少，保温性能好，省热源，但不能移动。另一种是铁桶炉，炉的四周用厚铁皮制成，做成桶状，可移动，但保温效果差，用法与砖砌炉相似，均需人工操作，这两种炉都是用炭作为热源，因此风味较佳。还有一种为红外电热烤炉，炉温、烤制时间、旋转方式均可设定控制，操作方便，节省人力，生产效率高，但成品风味不如前面两种暗烤炉。

任务三　熏制品加工

一、熏鸡加工

因各地所用鸡的品种和辅料不同，熏鸡有许多地方品种，如内蒙古的"卓资山熏鸡"、辽宁省丹东市的"百乐熏鸡"、山西省的"右玉熏鸡"、河北省唐山市的"义盛永熏鸡"。但不管是那种熏鸡，其加工的工艺大致相同。

（一）熏鸡配方及加工工艺流程

1. 工艺流程（图 16.1）

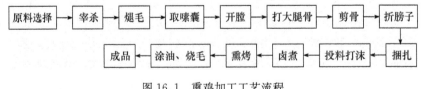

图 16.1　熏鸡加工工艺流程

2. 原料配方

鸡 100kg，白酒 0.25kg，鲜姜 1kg，草果 0.15kg，花椒 0.25kg，桂皮 0.15kg，山奈 0.15kg，味精 0.05kg，白糖 0.5kg，精盐 3.5kg，白芷 0.1kg，陈皮 0.1kg，大葱 1kg，大蒜 0.3kg，砂仁 0.05kg，豆蔻 0.05kg，八角 1kg，丁香 0.05kg。

（二）操作要点

1. 原料选择

根据产品需要，选用适当的鸡品种。要求选择健康无病的活鸡，体重要适中，不宜过大过肥，也不宜过小过瘦。总之，原料选择必须符合《鲜（冻）禽肉卫生标准》（GB 2710—1996）的要求。

2. 宰杀

从鸡的喉头底部切断动脉血管，把血放净，并要求无血污。

3. 煺毛

先干拔，公鸡先拔脖毛、背毛和尾毛；母鸡先拔脖毛和背毛。拔完干毛后再用65℃左右的热水浸烫，烫毛的时间约 1min。

4. 取嗉囊

从鸡的两膀跟中间开口，然后用大拇指顶住鸡嗉，再用另一只手拽出。

5. 开膛

开膛是从鸡的莲花底部下手，刀口大小以能伸进手为宜。将手伸进膛内，掏出全部内脏。

6. 打大腿骨

去内脏、洗净鸡体后，再用刀背将鸡两侧大腿与躯体连接处的骨头节敲断，并敲打各部位肌肉，使其松软。

7. 剪骨

用剪刀剪断鸡胸部的软骨，然后再将鸡腿交叉伸入胸腔内。

8. 折膀子

先将鸡的右翼从刀口插入口腔，从嘴里穿出，然后再将右翼弯到脖子底部，同时再将左翼折回。

9. 捆扎

经过整形后，用马兰草叶将两小腿骨与开膛刀口底部连同莲花、尾指部分捆在一起。捆扎要求鸡体绷直，不歪不斜。鸡捆扎后浸烫 2～4min，使鸡皮紧缩，固定鸡形，捞出晾干。

10. 投料打沫

将各种辅料装袋后放入老汤中煮沸，并撇净浮沫，放入处理好的白条鸡。

11. 卤煮

将鸡入锅后，用旺火煮沸后改为用小火煮制，煮 2h 左右，煮到半熟时加盐，继续卤煮至肉烂而连丝时，即可出锅。

12. 熏烤

煮鸡出锅后，要趁热熏烤。熏前先刷上一层香油，再放入带有铁箅子的锅内，锅底用急火，待锅底微红时将白糖放入锅底，迅速将锅盖严，约 2min 后，揭盖，将鸡逐个翻身，再熏 2～3min 后即可出锅。

13. 涂油、烧毛

熏好的鸡出锅后立即涂抹一次香油，再用酒精灯将鸡只残存的绒毛烧掉，再涂抹一次香油，即为成品。

14. 质量标准

熏鸡的形状美观，色泽枣红、明亮，味道芳香，肉质细嫩，烂而连丝，风味独特。

二、熏猪肉加工

（一）熏猪肉配方及加工工艺流程

1. 配方（按 50kg 的猪肉计算）

花椒 25g，大料 75g，桂皮 100g，小茴香 50g，鲜姜 150g，大葱 250g，白糖 200g，食盐 3kg。

2. 工艺流程（图 16.2）

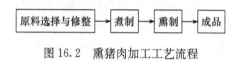

图 16.2　熏猪肉加工工艺流程

（二）操作要点

1. 原料选择与修整

选用经兽医卫生检验合格的解冻猪肉。然后将猪肉剔骨后用喷灯烧毛，洗净血块、杂物等，切成 15cm 见方的肉块，刮洗干净肉块后，用清水泡 2h 以煮制。

2. 煮制

把汤倒入煮锅内加入辅料、食盐后清汤，开锅后把肉块放入锅内，待开锅后，撇净汤油及血沫，盖上锅盖，用中火煮制，20min 翻一次锅。约翻 2～3 次锅。煮制时间为90min 左右，出锅前把汤油及血沫撇净，把肉块捞起放于盘子内，沥净水分，再整齐地码放在熏屉内，以待熏制。

3. 熏制

熏肉的方法有两种：一是将空铁锅装上糖放在炉子上。用旺火加热锅内底部的糖至出烟，将熏屉放在铁锅内，上面码放肉料，熏 10min 左右肉料即可出屉码盘；二是将锯末或刨花放在烟熏炉内熏制、焖 20min 左右，即为成品。

4. 质量标准

熏肉外观呈黄色，食之不腻，味美爽口，有浓郁的烟熏香味。

三、熏腿加工

熏腿又称生火腿、生熏腿，简称熏腿。成品外形像乐器琵琶，与金华火腿相似。外表肉色呈咖啡色，内部淡红色，皮金黄色。生熏腿是西式肉制品中的一个高档品种，系采用猪的整只后腿经冷藏腌制、整形、烟熏制成。成品为半干制品，肉质略带轻度烟熏味，清香爽口。

（一）工艺流程（图 16.3）

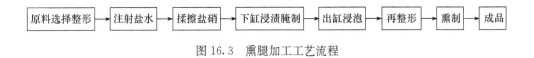

图 16.3 熏腿加工工艺流程

（二）操作要点

1. 原料选择整形

选择健康无病的猪后腿肉，而且必须是心肌肉丰满的白毛猪，白条肉应在 0℃ 左右的冷库吊挂冷却约 10h，使肉温降至 0～5℃，肌肉稍微变硬后再开割。这样腿坯不易变形，有助于成品外形美观。开割的腿坯形状似金华火腿。

整形是去掉尾骨和腿面上的油筋、奶脯，并割去四周边缘凸出部分，使其呈直线，经整形的腿坯重量以 5～7kg 为宜。

2. 注射盐水，揉擦盐硝

注射盐水是用盐水泵通过注射针头把盐水强行注入肌肉内。注射的部位一般是五个均匀分布的位置各注射一针。肌肉厚实的部位，可适当增加注射点，以防止中心部位腌不透。注射好的腿坯，应立即揉擦盐硝。

盐硝腌制剂是食盐和硝酸钠的混合物，盐和硝的比例为 100：0.5。注射的盐水配制是 50kg 水中加精盐 6～7kg，食糖 0.5kg，亚硝酸钠 30～35g。把上述用料置于容器内，用少量清水拌和均匀，使其溶解。如一次溶解不透，可不断加水搅拌，直至全部溶解，然后冲稀，总用水量为 50kg。

揉擦盐硝的方法是将盐硝撒在肉面上，用手揉擦，腿坯表面必须揉擦均匀，最后拎起腿坯抖动一下，将多余的盐硝落回盛器。揉擦盐硝的用量，一般每只腿平均用 100～150g。揉擦完毕，将腿坯摊放在不漏水的铝质浅盘内，置 2～4℃ 冷库内腌渍 20～24h。

3. 下缸浸渍腌制

浸渍盐水与注射用盐水不同，其配法如下：50kg 水中加盐约 9.5kg，硝酸钠 35g。浸渍腌制的方法是将冷库内腌渍过的腿坯一层一层紧密排放在大口陶瓷缸内。底层的皮向下，最上面的皮向上。肉的堆放高度应略低于缸口。将事先配好的浸渍盐水倒入缸内，盐水液面的高度应稍高于肉面。盐水的用量一般约为肉重的 1/3，以把肉浸没为原则。为防止腿坯上浮，可加压重物。

浸渍时间的长短，与腿坯的大小、注射是否恰到好处、腌室温度等因素有关，一般 2 周左右。在此期间应翻缸 3 次。翻缸的目的有两个：一是改变肉的受压部位，松动肌肉组织，有助于盐水渗透扩散均匀。二是检查盐水是否酸败变质，尤其是夏季更为重要。变质盐水的特征是产生气泡或有异味，发现变质调换新盐水是长时间静止的盐水，各处咸度不同，通过翻缸可使咸度均匀。

4. 出缸浸泡

腌制好的腿坯，需用盐水浸泡 3～4h。浸泡有两个作用：一是使腿内温度升高，肉质软化，便于清洗和修割；二是漂去表面盐分，以免熏制后出现"白花"盐霜，有助于增加产品外形美观。经过腌制的腿坯，表面有时会有少量污物沉积，应想办法去除掉。

5. 再整形

完成了上述各项工序处理的腿坯，需再次修割、整形，使腿面成光滑的椭圆球面。在脚圈上方刺一小洞，穿上棉绳，吊挂在晾架上，再一次刮去皮上的水分和油污，在晾架上晾干 10h 左右。晾干期间有血水流出，可用布吸干。

6. 熏制

熏制的方法是先在烟熏室底部架设柴堆，点火将烟熏室预热一下，待室内温度升至 70～80℃时，即把腿坯挂入。在整个烟熏过程中，温度不是恒定不变的。一般开始时因腿坯潮湿，可用 80～90℃，并以开门烟熏为好，时间约维持 15～20min，以此提高气流速度，让水分尽快排出。然后加上木屑，压低火势，使熏室温度降至 60～70℃，并关闭熏室门，用文火烟熏，整个烟熏时间为 8～9h。熏制好的产品其肌肉呈咖啡色，手指按压有一定硬度，似一层干壳，皮质呈金黄色，用手指弹击，有清晰"噗、噗"声。

任务四　烧烤制品加工

一、北京炉肉加工

（一）炉肉配方及加工工艺流程

1. 配方（按 50kg 鲜猪五花肉计算）

精盐 4kg，酱油 400g，甜面酱 400g，酱豆腐 200g，白酒 400g，五香粉 200g，大蒜 100g，白糖 400g，芝麻酱 400g，麦芽糖 100g，香油 250g。

2. 工艺流程（图 16.4）

图 16.4　炉肉加工工艺流程

（二）操作方法

1. 原料选择、修整

将卫生检验合格的鲜猪五花肉用刀刮净残毛，冲洗干净，切成宽 21cm、长 34cm 的长方块，用刀在瘦肉面隔 3cm 刺一个小口，深约肉厚的 1/2，两端不刺通。

2. 煮制

将准备好的肉块放在白水锅内煮 1h。

3. 穿铁钩

将煮好的肉块逐块穿上铁钩。

4. 涂料

除麦芽糖及香油外，将其余辅料混合在一起，擦在肉块上，将麦芽糖加水 1kg，刷在肉和皮上。

5. 第一次烤制

将肉块挂进烤炉，皮面向炉壁，温度为 150℃，烤 20～30min。

6. 刷香油

将第一次烤制的肉块从炉内取出，用排针遍扎皮部，深约皮部的 1/2，然后刷上香油。

7. 第二次烤制

将刷过香油的肉块入烤炉烤 20～30min，温度 300℃，每隔 6min 在皮部刷一次香油，皮部起泡、呈现黄金色泽，即为成品。

8. 质量标准

北京炉肉肉皮呈淡黄色、皮亮，皮上起泡，不焦不煳，皮脆肉嫩，香味浓郁，鲜美可口，存放阴凉通风处 3～4d 清香不变。

二、北京烤鸭

北京烤鸭历史悠久，在国内外享有盛名，是我国著名特产。它具有色泽红润，皮脆肉嫩，油而不腻，酥香味鲜的特点。

（一）工艺流程（图 16.5）

图 16.5　北京烤鸭加工工艺流程

（二）操作方法

1. 选料

烤鸭的原料必须是经过填肥的北京填鸭。饲养期 55～65 日龄，活重 2.5～3kg。

2. 宰杀造型

填鸭经宰杀、放血、煺毛后，将鸭体置案板上，从小腿关节处切去双掌，并割断喉管和气管，拉出鸭舌。然后从颈部开口处拉出食道，并用左手拇指顺着食管外面向胸脯推入，使食管与周围薄膜分开，再将食管塞进喉管内，用打气工具对准刀口处，徐徐打气，使气体充满鸭的全身，把鸭皮绷紧，鸭体膨大。从鸭翅膀根开一刀口，取出内脏洗净。再取 7cm 长的高粱秆，两端分别削成三角形和叉形，伸入鸭腹腔内，顶在三叉骨上，使鸭胸脯隆起。这样在烤制时，形体不致扁缩。

3. 冲洗烫皮

将清水从刀口处灌入腔内，晃动鸭体后从肛门排水，如此反复清洗数次。用钩子在离鸭肩 3cm 的颈中线上，紧贴颈骨右侧肌肉穿入，挂牢。再用沸水往鸭皮上浇烫，先烫刀口处，再均匀烫遍全身，以使毛孔紧缩，皮肤绷紧，便于烤制。

4. 浇淋糖色

糖色的配制用麦芽糖 1 份、水 6 份，在锅内熬成棕红色。熬好后趁热向鸭体浇淋，浇淋的方法同烫皮一样，先淋两肩，后淋两侧。浇挂糖色的目的是使鸭体烤后呈棕红色，表皮酥脆。

5. 灌烫打色

鸭坯烫皮上糖色后，先挂阴凉通风处干燥，然后向体腔内灌入 70～100mL 开水，鸭坯进炉后便激烈汽化。这样外烤内蒸，达到制品成熟后外脆里嫩的特点。为防止前面浇淋糖色有不均匀的现象，鸭坯灌烫后，要再浇淋一遍糖色，叫打色。

6. 挂炉烤制

鸭坯进炉先挂炉膛前梁上，刀口一侧向火，让炉温首先进入体腔，促使体内的水汽化，使之快熟。待到刀口一侧鸭坯烤至橘黄色时，再把另一侧向火，烤到同刀口一侧同色为止。然后用烤鸭杆挑起旋转鸭体，烘烤胸脯、下肢等部位。这样左右翻转，反复烘烤，使整个鸭体都烤成橘红色，便可送到烤炉的后梁，背向红火，继续烘烤，直至鸭全身呈枣红色后出炉。

将鸭坯挂在炉内四周，并与火保持适当距离，过近易煳，过远不易成熟。鸭头朝上，鸭腿向下，鸭背对火，鸭脯向壁。这是因为鸭肥肉较厚，要离火近些，受热大些；鸭肥肉嫩，不能开始就直接对火，否则容易烤糊。鸭坯在炉内烤制时间一般为 30～40min，炉温掌握在 230～250℃为宜。炉温过高，时间过长，会造成鸭坯烤成焦黑，皮下脂肪大量流失，皮如纸状，形如空洞，失去了烤鸭脆嫩的特点。时间过短，炉温过低，会造成鸭皮收缩，胸脯下陷和烤不透，影响烤鸭的质量和外形。另外，鸭坯大小和肥度与烤制时间也有密切关系，鸭坯大，肥度高，烤制时间就长；反之则短。

7. 质量标准

烤鸭颜色呈枣红色，表面油光发亮，皮脆肉嫩，香味浓郁；鸭体表皮完整、整洁，不沾有任何杂物。

三、烤脊肉加工

(一) 配方及加工工艺流程

1. 配方 (按 50kg 原料肉计算)

食盐 2kg，鲜姜 1.5kg，大葱 1.5kg，麦芽糖 1kg。

2. 工艺流程 (图 16.6)

图 16.6　烤脊肉加工工艺流程

(二) 操作方法

1. 原料选择与修整

选用猪鲜里脊肉或通脊肉为原料，剔净筋膜，修净杂物等，用刀切割成宽 3～4cm、长 15～20cm 的肉块。

2. 腌制

将大葱、鲜姜用绞肉机绞成糊浆状，与食盐、白糖、酱油混合均匀置于同一容器内，然后将修割好的原料肉放入其中，混合均匀后腌制 12h。

3. 穿钎子

将腌制好的原料肉用铁钎子逐块串好，每块原料肉上穿 2 根铁钎子，挂入烤炉内。

4. 第一次烤制

烤炉火候调好后，把穿好的里脊肉挂在烤炉内四周，用微火烤 20min，烘干水分。

5. 蘸麦芽糖

将烘干后的里脊肉从烤炉内取出，每块均匀蘸麦芽糖，再放入烤炉内。

6. 第二次烤制

二次放入烤炉内的里脊肉要注意用微火烤熟，并随时调换里脊肉在炉内的位置，避免烤不均匀，烤 40min 后里脊肉出炉即为成品。

7. 质量标准

烤脊肉外观呈棕红包或深黄色，外焦里嫩，食之甜咸适口。

8. 保管方法

烤脊肉应置于通风、凉爽、干燥处，可保存 1～2d。

四、烤鸡翅根加工

(一) 烤鸡翅根配方及加工工艺流程

1. 配方

鸡翅根 10 个、盐 1 小匙、红糖 2 大匙、蒜泥 1 大匙、蜂蜜 2 大匙、酱油 1 大匙、料酒 2 大匙、辣椒粉（适量）。

2. 加工工艺（图 16.7）

图 16.7　烧鸡翅加工工艺流程

(二) 操作方法

1. 原料选择与整修

选用鸡翅根为原料，剔净筋膜，修净杂物等，用刀轻刮至肉骨分离。

2. 腌制

加调料抓匀、密封、入冰箱冷藏腌 12h。

3. 上架、烘烤

鸡翅放烤架，置于铺锡纸的烤盘上，烤箱 400F/200℃烤 30min，中间每 10min 在鸡翅表面刷剩下的腌料汁。

(三) 主要关键控制点的质量控制

1. 原辅材料验收

1) 工艺要求

(1) 质检科负责制定原材料检验标准和对其进行感官检验的各类检测规程、检测点、检测频率、抽样标准、检测项目和判定依据，使用的检测设备等。

（2）质检科根据《原材料验收标准》和《感官检验报告》对原材料做出判定。

2）测量与监控

（1）检测频率：每次原辅材料进厂检测一次。

（2）检测点：供销科。

（3）检测方法：

① 感官检查。

② 查看产品质量证明（产品合格证、检验报告等）进行验证。

③ 记录结果数据。

 **小结**

熏烤肉制品是一类深受人们喜爱的肉制品，熏肉的烤制技术有冷熏、热熏和温熏三种，肉的烤制技术有明炉烤制和暗炉烤制两种方法。熏烤的基本技术是肉的熏烤的基础知识，也是学生应该重点掌握的技能点。

 复习思考题

（1）烟熏的概念及意义。

（2）烤制的概念及作用。

（3）在烤鸡的整形中，有哪些操作步骤，要点是什么？

（4）如何给烤鸭上色？

（5）简述烧炉的基本操作方法。

（6）简述烧鸡的基本操作工艺和要点。

 **知识链接**

怎样选购熏烧烤肉制品

熏烧烤肉制品是我国民族传统肉制品。在我国食用熏烧烤肉已有几千年的历史，其中北京烤鸭、叫化鸡等品牌最有名，近年来烤羊肉串也深受广大消费者的喜爱。

熏烧烤肉制品由原料肉加入香辛料和调味料制成，通常不加入淀粉等充填剂。商品本身外表应干爽、有烤过的痕迹。有光泽。很多熏烧烤肉制品都是现烤现卖的；如烤肉羊串、北京烤鸭等。消费者如果要购买商场出售的熏烧烤肉制品，要选购近期生产的产品，肉制品虽然有一定的保质期，但越新鲜的产品口味越好。另外老字号企业、大型企业和通过各种认证的企业产品质量比较有保证，消费者可以选择这些企业的产品。

单元操作训练

熏烧烤制品整形、挂钩、上色操作（初级工）

一、实训目的

通过实训，使学生掌握熏烧烤制品整形、上色、挂钩操作方法和技巧。

二、仪器与材料

1. 仪器

挂钩，木棍，乳猪铁叉，刀具等。

2. 材料

原料鸭，乳猪，鸡，麦芽糖。

三、实训内容

（一）熏烧烤前的整形处理

1. 北京烤鸭的整形

（1）将活鸭倒挂宰杀放血、去毛。

（2）剥离食道周围的结缔组织，把脖颈拉直，将打气筒的气嘴从刀口插入皮肤与肌肉之间，向鸭体内充气；让皮下组织和结蹄组织之间充满气体，使鸭子保持膨大的外形；然后在右翼下开脸（刀口呈月牙形状），取出内脏，并用 7cm 长的秸秆从刀口送入腔内支撑胸膛，使鸭体造型美观。

2. 广东烤乳猪的整形

用乳猪铁叉把猪从后腿穿至嘴角，在上叉前要把猪撑好。用两条长约 40～43cm 的长木条做支撑，用两条长约 13～17cm 的短木条做横撑。然后用草和铁丝将猪前后腿扎紧；以固定猪体形，使烧烤后猪身平正，均衡对称，外形美观。

3. 烤鸡的整形

将全净膛的光鸡先从跗关节处去除脚爪，再从放血处的颈部表皮横切断，向下推脱颈皮，切去颈骨，去掉头颈，最后将两翅反转成 8 字形。

（二）挂钩操作

在制作北京烤鸭时，要用铁钩钩起烤鸭，挂入烤炉内。但挂钩也有技巧，要钩牢，烤时不脱钩。必须在离鸭肩上方 3cm 的鸭颈处，将钩从颈骨左面穿入，右面穿出（不能穿透颈，但也不能穿过颈骨），将鸭颈钩托住。如不这样挂钩，则在鸭子烤熟时就会因颈断而掉下。

（三）上色操作

1. 北京烤鸭的烫皮、上色

（1）烫皮。用 100℃的沸水烫皮，先烫刀口处及其四周皮肤，使皮肤紧缩，防止从刀口跑气，接着再浇淋其他部位，一般情况下，用 3 勺水即可把鸭坯烫好。烫皮的目的，在于使表皮毛孔紧缩，烤制时减少从毛孔中流失脂肪；另外可使皮层蛋白质凝固，烤制后表皮酥脆。

（2）上糖色。烫皮后上糖色，即在鸭坯上浇淋麦芽糖水溶液。（麦芽糖与水之比为 1∶6）；先淋两肩，后淋两侧，通常 3 勺糖水即可淋遍全身。上糖色的目的，是使烤制后的鸭体呈枣红色，同时增强表皮的酥脆性，口感不腻。

（3）晾皮。将烫皮挂糖色后的鸭坯放在阴凉通风处晾皮。目的是蒸发肌肉刮皮层中的一部分水分，使鸭坯干燥，烤制后增加表皮的酥脆性，保持胸脯不跑气、不下陷。

（4）灌汤和打色。制好的鸭坯在进入烤炉之前，先向鸭体腔内灌入 100℃的汤水约 70～100mL，称为"灌汤"。目的是强烈地蒸煮腔内的肌肉、脂肪，促进快熟，即所谓"外烤里蒸"，使烤鸭达到外脆里嫩的特色。灌好汤后，再向鸭坯表皮浇淋 3～2 勺糖液，称为"打色"，目的是弥补挂糖色不均匀的部位。

2. 广东化皮烧猪的上色

用 30%的麦芽糖水擦遍猪全身（包括头、脚），要擦得均匀，渗入皮并晾干。麦芽糖水只擦一次，不可重复，否则会使猪皮色泽变暗，不够鲜亮，或者烧成一块白一块红，影响质量。

四、思考题

（1）北京烤鸭上色时应注意哪些问题？

（2）简述整形、挂钩、上色的操作要点。

（3）认真作好实验记录，写出实训报告。

 综合实训一

熏鸡的加工

一、实训目的

通过实训，使学生掌握熏鸡的加工要点及质量控制。

二、仪器与材料

1. 仪器

熏炉，锅，盆，挂钩，木棍，刀具等。

2. 材料

鸡。

三、实训内容

1. 配料标准

以体重 1kg 的一只鸡计，配料用量为：食盐 30g，丁香、山柰、白芷、陈皮、桂皮、花椒、大茴香各 4.2g，砂仁、肉蔻各 1.4g，鲜姜 7g，胡椒粉、香辣粉各 0.7g，味精少许。

2. 加工方法

(1) 宰杀煺毛。将活鸡按常法宰杀放血后，放进 60℃ 热水中烫毛，烫约 0.5min，用手试拔，如能轻轻拔掉毛即捞出投入凉水里，趁温迅速拔毛。

(2) 取内脏。拔净毛的鸡放在案板上，用酒精喷灯烧掉鸡身上的绒毛。用刀先在鸡右翅根处颈侧割一小口，取出嗉囊，再用刀在腹部靠肛门处横割一小口，除掉肛门，伸进手指，慢慢掏出内脏。然后，放进清水里洗刷，重点冲洗肛门、腹腔、胸腔、嗉囊等处。

(3) 整形。将净膛鸡放在清水里，浸泡 2h，控出血水，使鸡肉颜色鲜亮。捞出后，在案板上用刀背砸断鸡大腿，再用剪刀剪断胸骨，把双腿折过来，塞进鸡肚子里，把鸡头压在翅子底下，双翅别在背上。

(4) 煮制。将整好形的鸡放进开水锅里浸 1h，捞出。将浸过鸡的水过滤，再倒入锅内，烧开后，将鸡和食盐、砂仁、肉蔻、丁香、山柰、白芷、陈皮、桂皮、花椒、大茴香、鲜姜、胡椒粉、香辣粉、味精等配料，一起放入锅里。大火烧开后改小火慢煮，以免鸡肉破碎走形。当年新鸡肉嫩，煮制 1h，老鸡肉粗，要煮制 2h 左右。

(5) 熏制。将煮好的鸡捞出，用小刷子蘸糖水（4 份糖 6 份水混合在一起），涂抹在鸡身上。把涂好糖的鸡摆在铁丝网篦子上，放入烧热的空铁锅内，往锅内撒些锯末或木屑，一见生烟，赶快盖上锅盖，焖熏 15min 即成。也可用熏炉进行熏烤。

(6) 涂油。将熏好的鸡，用软毛小刷子蘸上香油，往鸡肉上涂抹，抹油后即为成品。

3. 产品特点

体形完整，美观大方，肉质软嫩，鲜香可口，具有熏制香味。

四、思考题

(1) 简述熏鸡的煮制、熏制要点。

(2) 写出实训报告。

 综合实训二

烤鸡翅根的加工

一、实训目的

通过实训，使学生掌握烤鸡翅根的操作要点。

二、仪器与材料

1. 仪器

微波炉，冰箱，刀具等。

2. 材料

鸡翅根，蜂蜜，酱油，盐，料酒，姜，红干辣椒，五香粉，黑胡椒。

三、实训内容

1) 鸡翅根的处理

速冻鸡翅，需先解冻。然后把 10 个鸡翅根放在一个可在微波炉内加热的器皿内。加入少量酱、料酒或红酒、盐、少许姜沫、少许辣椒子，少许五香粉、少许黑胡椒，后拌匀。

2）腌制

将鸡翅根放在冰箱冷藏室腌制 8h 以上。

3）涂蜂蜜

将腌制好的鸡翅根取出，涂抹上蜂蜜，可根据口味适当增加蜂蜜涂抹的多少。

4）烤制

将涂抹好蜂蜜的鸡翅放进微波炉，中高火加热 15min 即可。

若使用烤箱，采用上下火为 180°，烤制时间 15~20min。

5）产品特点

色泽鲜亮，美观大方，肉质软嫩，鲜香可口。

四、思考题

（1）简述鸡翅根的处理步骤。

（2）写出实训报告。

项目十七　灌肠制品加工

☞ **岗位描述**

灌肠加工工。

☞ **工作任务**

能采用不同配方、工艺，经过选料、腌制、斩拌、填充、熏烤、蒸煮等，生产中、西式灌肠。

☞ **知识目标**

熟悉灌制品的种类及特点；了解灌制品的加工工艺。

☞ **能力目标**

（1）能使用绞肉机和搅拌机绞肉制馅。

（2）利用所学知识，能完成一个灌制品种的充填、结扎和煮制。

☞ **案例导入**

什么样的香肠为上品？只要掌握一下的诀窍，就可以挑选出满意的香肠。一看是否干爽，干爽的香肠是上品，如果香肠较湿润不属上品。二看肉是否肥瘦分明，分明者属刀切肉肠，食味最佳；不分明者是用机器将肉搅烂制成的，食味较差。三看肠衣 厚薄程度越薄越好，蒸熟后香肠较脆，如肠衣厚，蒸熟后会"韧"。四看肉色 香肠肉色过于透明，证明腌制时加入的白硝过多，并非上品；如呈淡色，毫无油润，也不是佳品；倘若过于红润，没鲜明原色，证明经过染色，不要购买。

☞ **课前思考题**

什么是香肠？它和市场上的火腿肠是一样的吗？

任务一 认识灌肠类制品

一、灌肠制品的种类及特征

灌制品是指将原料肉经腌制或不经腌制，经切碎成丁或绞碎成颗粒，或斩拌乳化成肉糜，再混合添加各种调味料、香辛料、黏着剂等，充填入天然肠衣或人造肠衣中，经烘烤、烟熏、蒸煮、冷却或发酵等工艺制成的产品。这类产品的特点是可以根据消费者的爱好，加入各种调味料，从而加工成不同风味的灌制品。

由于灌肠制品种类繁多，其分类标准也各不相同，如按肉类的绞切程度分：绞肉型灌制品和乳化型灌制品；按生熟程度分：生灌制品和熟灌制品；按烟熏程度分：烟熏灌制品和非烟熏灌制品；按发酵程度分：发酵灌制品和非发酵灌制品；按所用原料分：猪肉灌制品、牛肉灌制品、鱼肉灌制品和混合灌制品等。综合以上分类方法，按生产工艺流程分为以下几种。

（一）生鲜灌制类

用新鲜猪肉，有时添加适量牛肉，不经腌制，绞碎后加入香辛料和调味料，充填入肠衣内，不加硝酸盐和亚硝酸盐等发色剂。产品必须低温储存。在食用前需经蒸、煮等熟加工。如新鲜猪肉香肠、鲜牛肉香肠、意大利鲜香肠、德国油煎香肠。

（二）生熏灌制类

将未经腌制或经腌制的原料肉，切碎、调味后充填入肠衣，然后烟熏处理，但不进行熟加工，最终产品还是生的。在食用前需煮熟方可食用。如生色拉米香肠、广东香肠等。

（三）熟熏灌制类

原料肉经腌制、绞碎、调味，充填入肠衣，然后烟熏和蒸煮，至完全煮熟。如蛋清肠、哈尔滨红肠等。

（四）熟灌制类

将经腌制或未经腌制的原料肉，绞碎、调味，充填入肠衣中，然后煮熟，有时稍微烟熏，一般无烟熏味。如泥肠、茶肠、血肠、法兰克福肠等。

（五）发酵灌制类

以牛肉或猪牛混合肉为主要原料，经绞碎或粗斩成颗粒，用食盐、（亚）硝酸盐、糖等为调味进行腌制，并接入乳酸菌或其他相应菌种，充填入肠衣后，经发酵、烟熏、干燥、成熟等工艺。该类产品具有较大的水分损失，同时具有辛酸刺激的风味，产品的pH低，质地紧密，切片性好，货架期长，深受欧美人士喜爱。

（六）粉肚灌制类

原料肉取自边脚料，经腌制、绞切成丁或糜，加入大量的淀粉和水，充填入肠衣或猪膀胱中，煮熟、烟熏。如北京粉肠、小肚等。

二、灌肠制品中常用的原辅材料

（一）原料

生产灌制品的原料有猪肉、牛肉、羊肉、鱼肉、鸡肉、兔肉及它们的内脏或血液等。其中以猪肉和牛肉为最多。灌肠用的猪肉以热鲜肉为最好，此时黏结性和保水性都高。而实际生产中大量使用的却是冷却肉和冻结肉。

灌制品中如果加入一定的牛肉，既可以提高制品的营养价值，又可以使肉馅色泽美观，增加弹性，提高肉馅的黏着力和保水性。但牛肉只能用瘦肉或中等肥瘦的为宜。最好用肩胛、颈部和大腿部的肉。因为牛的脂肪溶点高，不易溶化，如果将它加入肉馅中会使制品发硬，难于咀嚼且有膻味，特别在灌制品冷食时最为明显。

（二）辅料

在灌制品生产加工中所用的辅料有：食盐、硝酸盐、亚硝酸盐、甜味剂、鲜味剂、香辛料、酒、黏合剂、肠衣等。

1. 食盐

食盐主要成分是氯化钠。由于肉制品中含有大量的蛋白质、脂肪等成分，它们的鲜香味必须在一定浓度的咸味中才能表现出来，因此肉制品中常加入一定量的食盐，这样既可以提高产品的风味，又可以增强肉制品的保水性和黏结性，抑制细菌的繁殖。

2. 香辛料

香辛料是指具有芳香味和辛辣味的辅助材料的总称。它主要是利用香辛料中某些成分所具有的气味和滋味，来赋予产品一定的风味，抑制和矫正肉品的不良气味，有增进食欲，促进消化的作用。

在灌肠类制品加工中常用的有：姜、葱、蒜、辣椒、花椒、大茴香、小茴香、桂皮、肉豆蔻、陈皮、胡椒、丁香、砂仁、白芷、甘草、姜黄等。

3. 甜味料

肉制品加工中常要用的甜味料有砂糖、红糖、蜂蜜以及糖精、甘草等。甜味料是重要的风味改良剂。在肉制品中起赋予甜味和助解的作用，并能增添制品的色泽。

4. 鲜味料

常用的鲜味料有谷氨酸钠、5′-肌苷酸钠、鸟苷酸钠等。

5. 肠衣

肠衣是灌制香肠用的包装材料，也是灌制品流通过程中的容器。将处理好的肉馅灌装于肠衣中可制作出各式各样的灌肠制品。肠衣可保护内容物不受污染，减少或控制水分的蒸发而保持制品的特有风味，通过与肉馅的共同膨胀与收缩，使产品具有一定的坚实性和弹性等。要根据产品的品质、规格选择合适的肠衣。

任务二　灌肠类制品的一般加工工艺

一、工艺流程（图 17.1）

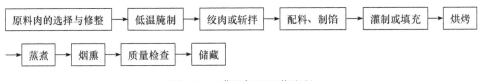

图 17.1　灌肠加工工艺流程

二、操作方法

1. 腌制

腌肉的目的是使肉中含有一定盐量，以保证制品具有适当的滋味，并能抑制微生物的生长与繁殖，使制品色泽鲜艳。同时可使腌肉具有必要的黏性、弹性和保水性。

腌制可根据品种不同，采取先腌后绞或先绞后腌的方法。在腌制前将肉绞细，可使盐分分布得迅速和均匀，缩短腌制时间，还能改善产品质量。采用斩拌机斩拌过的肉，腌制效果最好，肉的黏性和保水性最大，制品的滋味也好。

如果是先腌后绞，则一般肉块重 100g 左右，用食盐、（亚）硝酸盐和其他添加剂混合，其中用盐量占肉重的 2%～3%，硝酸钠用量不超过 0.05%，亚硝酸盐用量不超过 0.015%，腌肉室温在 10℃ 左右，相对湿度在 85%～90% 以上。腌制时间猪肉为 24～48h，牛肉为 48～72h。

腌好的标志是猪肉的颜色变得鲜红，且色调均匀；牛肉变得质地紧实，颜色深红，无论猪肉或牛肉都变得富有弹性和黏性，无霉味或其他气味。

2. 绞肉

用绞肉机将肉或脂肪绞碎，绞肉时要根据产品要求选用不同孔径的孔板。一般肉糜型产品选用孔眼直径为 3～5mm 的孔板，而肉丁产品一般选用孔眼直径为 8～10mm 的孔板。

由于牛肉、猪肉、羊肉及猪脂肪的嫩度不同，所以在绞肉时，要将肉分类绞碎，而不能将几种肉混合同时绞切。在绞脂肪时应注意脂肪投入量不能太大，否则会出现绞肉机旋转困难，造成脂肪熔化变成油脂，从而导致出油现象。

3. 斩拌

将绞碎的原料肉置于斩拌机的料盘内，剁至糊浆状称为斩拌。斩拌是生产灌制品时影响产品质量的重要工序，可起到切碎、搅拌均匀的效果，可以改善肉的结构状况，使瘦肉和肥肉充分拌匀，结合得更牢固，提高制品的弹性，能够破坏结缔组织的薄膜，使肌肉中蛋白质分子的肽键断裂，从而提高吸收水分的能力，增加了肉馅的保水性和出品率。

4. 搅拌

搅拌可使原料肉、辅料、水相互混合，提高黏着力，增加弹性。搅拌拌馅一般是在搅拌机中进行的。搅拌操作前，要认真清洗叶片和搅拌槽。投料的顺序依次为瘦肉→少量水、食盐、磷酸盐、亚硝等辅料→香辛料→脂肪→水或冰屑→淀粉。搅拌拌馅时间一般为 20～30min，搅拌结束时肉料的温度最好不超过 10～12℃（以 7℃为最佳）。通过目测、手摸，判断馅料的稠度、黏性等，达到要求后即可出料。

5. 充填

充填也称灌制，将拌好的肉馅灌入事先准备好的肠衣或容器内，成为定型的灌制品。灌制包括装筒、填充、吊挂几个工序。充填的好坏对灌制品的质量影响很大，应尽量填充均匀饱满，没有气泡，若有气泡应用针刺放气。应根据肠衣选用不同口径的充填嘴，使用不同的充填机，操作也不相同。

6. 结扎

结扎是把两端捆扎，不让肉馅从肠衣中漏出来的工序，可起到隔断空气和肉接触的作用，另外，还有使灌制品成型的作用。结扎时要注意扎紧捆实，不松散。但也要考虑到烟熏、蒸煮时肉会发生膨胀，而在结扎时留有肠衣的余量，特别是肉糜类灌制品。

灌制品品种多，长短不一，粗细各异，形状不同，有长形、方形、环形，有单根、长串，因此结扎的方法也不一样。主要有以下几种：打卡结扎、线绳结扎、肠衣结扎、掐节结扎、膀胱结扎等。

7. 烘烤

烘烤为各类灌制品必须经过的工序。它的作用是使肉馅的水分再蒸发掉一部分，保证最终成品的一定含水量，使肠衣和贴近肠衣的肉馅坚实，避免蒸煮时肠衣的破裂。经过烘烤后的灌制品表面干燥、光滑，变为粉红色，手摸无黏湿感觉，肠衣呈半透明状，且紧紧包裹肉馅，肉馅的红润色泽显露出来。既提高了产品的风味，又提高了商品价值。不同品种灌制品烘烤温度和时间见表 17.1。

表 17.1　灌制品烘烤所需时间和温度

灌制品口径	所需时间/min	烘烤温度计/℃
细灌制品	20～25	50～60
中粗灌制品	40～50	70～85
粗灌灌制品	60～90	70～85

8. 蒸煮

蒸煮是用水或蒸汽对肠制品进行热加工的操作。蒸煮分为两类：一类是 72～80℃的低温蒸煮；一类是 85～95℃的高温蒸煮。表 17.2 所示为不同灌制品的蒸煮温度和时间表。

表 17.2　各类灌制品蒸煮温度和时间

灌制品粗细	开始蒸煮温度/℃	定温温度/℃	蒸煮时间/min
细灌制品	85～90	80±1	10～17
中粗灌制品	85～90	80±1	40～50
粗灌灌制品	85～90	80±1	80～90

煮好的灌肠应迅速冷却到8℃以下，防止制品出现皱纹，同时有清洁灌肠表面的作用。冷却时间与肠的粗细有关，一般细肠在10min左右，粗肠约需15～20min。

9. 熏制

熏制分为生熏和煮熏两种。前者是灌制后不经煮制直接熏制，后者为煮制之后再熏制。我国的消费者习惯后者。

熏制的主要目的在于赋予制品以熏烟的特殊风味，使其外表形成独特的棕色或橘黄色，提高制品的食欲；通过熏烟的成分杀死细菌，增强保藏性，另外熏制具有脱水作用，微生物不易繁殖，便于储存和销售。但熏烟中也有很多致癌物质，对肠制品的污染不容置疑，故灌制品和其他能去皮的熏制品以剥皮食用为好。

熏制后的灌制品，肠衣表面干燥，有皱纹，有光泽，肉馅呈淡红色，有弹性，有烟熏味，不走油。成熟后经冷却即为成品。

任务三　几种常见香肠的加工

一、广式香肠

（一）产品配方

广式香肠产品配方见表17.3。

表 17.3　广式香肠产品配方

原　料	重量/kg	原　料	重量/kg
原料肉	100	食盐	2.8～3.0
白糖	9～10	硝酸钠（加水溶解）	0.05
浅色酱油	2～3	50%以上的汾酒	3～4

（二）工艺流程（图 17.2）

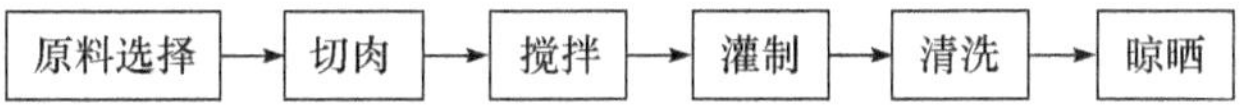

原料选择 → 切肉 → 搅拌 → 灌制 → 清洗 → 晾晒

图 17.2　广式香肠加工工艺流程

（三）操作方法

1. 原料选择

选择经卫生检疫合格的猪肉，瘦肉最好选用前后腿肉，去除筋膜、软骨、血斑和杂质。肥肉选用背部硬脂肪。肉馅中加入一定比例的肥肉丁，可以增进腊肠的滋味、香气，改善制品的口感，赋予产品红白分明的外观，但肥肉用量不可过多，以不超过原料肥瘦肉总量的30%为宜。

2. 切肉

瘦肉经绞肉机绞成8～12mm见方的颗粒，肥肉切成8～10mm见方的方丁，可采用切丁机切丁或手工切丁，为了便于切丁，应将肥肉预先冷却或将肉温控制在−4～

-2℃。因瘦肉含水分比肥肉多，在干燥过程中脱水收缩程度比肥肉大，所以一般肥肉丁的颗粒度小于瘦肉，否则产品中肥肉颗粒大，影响口感和销售。

用绞肉机绞制瘦肉时，选用的孔板孔径不能过小，否则瘦肉被绞成肉泥，灌制后易阻塞肠衣的刺孔，影响肉中水分的散发，使烘烤时间延长，产品易腐败变质；肉粒也不可过大，否则会影响成品的切片性。

切肥膘丁多采用切丁机，工效快，省时省力，切忌使用绞肉机绞切肥膘。肥膘丁以8～10mm 见方为宜。肥膘丁需漂洗去油，否则灌制后油分集结在肉馅表面肠衣内壁，干燥时阻碍肉馅水分的散发，容易造成产品酸败变质。漂洗时应选用 35℃ 左右的温水，水温过高易使肥膘丁烫熟，过低则达不到除油的目的。漂洗后用冷水冲洗，然后沥干水分。

3. 搅拌

搅拌多在搅拌机中进行，可使原辅料混合均匀。在搅拌过程中添料的顺序是将瘦肉放入搅拌机中，加辅料搅拌，然后加肥膘丁搅拌均匀。搅拌的时间不宜太长，避免将肉馅拌成糊状。拌料要以既要将原辅料混合均匀，又要尽量缩短搅拌时间，保持瘦肉和肥肉清晰分明为原则。

4. 灌制

灌制需要充填机和肠衣。肠衣选用口径为 28～30mm 的天然肠衣或胶原肠衣。在灌制时，肉馅充填入肠衣中，完成灌制。灌制肠体的松紧度要把握好，一般以灌制稍微紧实些、灌制肠衣容量达 8～9 成为宜，若太松，肠内易留下气泡，使成品肠体粗细不匀；太紧，则不利于打结，也容易造成肠衣破裂。

灌制后，用针刺香肠排气、和烘烤时的排湿。刺孔以每 1～1.5cm 刺一针孔为宜。若采用真空搅拌机和真空灌肠机，肠体内残留的空气很少，可免去刺针排气。

刺孔以后，按规格长度用水草或细麻绳打结，一般每节长度 12～15cm。生产枣肠时，每隔 2～2.5cm 用细棉绳捆扎分节，挤出多余的肉馅，使成枣形。传统的广东香肠是双条的，肠体在刺针排气后，分段扎成双条，在肠体两段用水草扎结，正中系上麻绳，成为一束双绳，便于吊挂。麻绳可染色以区分品种。

5. 清洗

经过灌制、刺针排气、拴绳后，肠体表面会附着少许肉馅，在晾晒、烘烤前，要放在 35℃ 左右的温水中清洗一下，清洗掉表面附着的肉馅，且有利于肠衣收缩和排气，使成品肠体表面美观。

6. 晾晒、烘烤

将清洗后的香肠挂在竹竿上，放在阳光充足的地方晾晒 2～3d，再在通风良好的地方晾挂风干 1～2 周，使肠体表面收缩并发色。遇到雨天或烈日，不宜露天晾晒，可直接进入烘房内烘干。

烘烤是香肠生产过程中十分重要的环节，对成品的质量影响很大。烘房温度一般控制在 50～55℃，最高不超过 60℃。最重要的是初始阶段温度的控制，如果温度过高，干燥速度过快，肠衣表面易形成硬壳，从而阻止内部的水分向外散发，另外，温度过高，还会使香肠出油，从而影响产品品质；如果温度过低，则香肠难以干燥，微生物易繁殖，甚至会产生酸味，并且干燥时间也会相应延长。

干燥时间受炉内温度、通风排湿及香肠直径等因素的影响，一般为 24～48h，烘烤至肠表面干燥，色泽光亮，红白分明。软硬适中，有弹性，成品率在 60%～70% 为宜。

7. 冷却

烘烤后的香肠，应放在通风处冷却降温。

8. 包装

一般采用真空包装。能在室温下放置，保质期为半年。

（四）产品特点

甜咸适中，鲜美适口，腊香明显，醇香浓郁，食而不腻，具有广式香肠的特有风味。

二、北京大香肠

（一）产品配方

北京大香肠产品配方见表 17.4。

表 17.4　北京大香肠产品配方

原　料	重量/kg	原　料	重量/kg
肥猪肉	25	食盐	1.75
瘦猪肉	25	味精	0.075
白糖	1.25	硝酸钠（加水溶解）	0.025
白酒	1	—	—

（二）工艺流程（图 17.3）

图 17.3　北京大香肠加工工艺流程

（三）操作方法

1. 原料选择与制备

将检验合格的去骨猪肉进行选割整理，去除淤血、泥污和皮毛等杂物。剔除软骨和碎骨屑，扒下瘦肉，去掉筋腱。将肉切成长 7～8cm，宽 2～3cm，左右的小肉块。

2. 制馅

把切好的肉块用盐、硝酸钠进行腌制 24～48h 后绞碎。拌馅时将原辅料准确称重后放入搅拌机内，再放入 2～3L 水进行搅拌，直至全部均匀为止。

3. 灌制

选用直径为 20～25mm 的猪肠衣。灌馅时握肠衣的手要松紧适当，过紧容易使肉馅胀破肠衣，过松会造成香肠脱节或产生气泡。每小节 10cm，6 节为一根。烘烤时一般每一根竿串挂 13 根，每根香肠之间要留有一定的距离。

4. 烘烤

要求火力均匀，炉温应由 55℃ 逐步达到 70℃，期间要开炉门通风 2～3 次，将热气放出，烘烤 18h 即可。

5. 煮制

将烤好的香肠放入沸水中，水温保持 90℃，煮制 25min。

（四）产品特点

甜咸可口，有酒的清香味。

三、火腿肠加工

火腿肠是以鲜或冻畜、禽、鱼肉为主要原料，经腌制、斩拌、灌入肠衣，高温高压杀菌加工而成的乳化型香肠。高温杀菌火腿肠的生产技术于 1984 年由洛阳春都公司从日本引进，很快在市场上占有一席之地，其主要原因是这类火腿肠既有一般西式火腿的鲜嫩可口、食用方便的特点，又有在常温下能保藏、保鲜、携带方便的特点。

（一）工艺流程（图 17.4）

图 17.4　火腿肠加工工艺流程

（二）操作方法

1. 原料肉预处理

原料肉拆去包装，置于解冻室，自然解冻约 24h，解冻温度为 0～4℃，并修整去除筋腱、碎骨，不带杂物。

2. 绞碎

解冻后的原料肉在绞碎机绞碎，绞肉时肉温不高于 10℃，绞肉前要先将原料肉和脂肪切碎，然后分别将它们的温度控制在 3～5℃，绞碎程度要求肉粒直径为 6mm。

3. 搅拌、腌制

经绞碎的肉放入搅拌机中，同时加入 2.5% 食盐、亚硝酸钠、0.1% 复合磷酸盐、0.04% 异抗坏血酸钠、各种香辛料和调味料等，搅拌 5～10min，搅拌时控制肉温不超过 10℃，搅拌完毕，肉糜放入腌制间腌制。腌制间温度为 0～4℃，湿度为 80%～90%，腌制 24h。

4. 斩拌

斩拌前先用冰水将斩拌机降温至 10℃ 左右，然后投放肉糜到斩拌机中斩拌 2min，接着加入约 20% 冰片、糖及胡椒粉，斩拌 2～5min 后，再加入约 8% 玉米淀粉和 5% 大豆分离蛋白继续斩拌 2～5min。斩拌温度控制在 10℃ 左右，时间一般为 5～10min。

5. 灌肠

灌装结扎工艺是火腿肠生产的关键性工艺；一是肉馅通过灌装结扎变为成形产品，二是通过灌装结扎把肉馅严密封装于 PVDC 薄膜袋内，与外界形成了严密的隔绝状态，为产品在常温下保存以及防止微生物污染提供了先决条件。

火腿肠灌装结扎机每次开机后，要特别注意开始启动 3～5min 运行不稳定期，及时检查焊缝是否偏移、焊缝强度是否牢靠、结扎是否严密等。因焊缝漏气、结扎松动等都容易造成产品在很短时间内变质。

6. 蒸煮杀菌

填充完毕经过检查的肠坯（无破袋、夹肉、弯曲等）排放在灭菌车内，进行灭菌处理。火腿肠的高温杀菌大多采用高压蒸汽杀菌法：温度一般控制在 121℃，杀菌时间为 18～20min，并要根据产品的不同品种、不同直径来确定产品的杀菌时间。如规格为 58g 的火腿肠其灭菌参数为 15min—23min—20min/121℃。

任务四　发酵香肠加工

一、认识发酵香肠

（一）发酵香肠的概念

发酵香肠是指将绞碎的肉和动物脂肪同糖、盐、发酵剂和香辛料等混合后灌入肠衣，经过微生物发酵而制成的具有稳定的微生物特性和典型发酵香味的肠类制品。这类产品最显著的特点是具有较好的保藏性能和独特的风味特性，产品可在常温下储藏、运输，肠体质地紧密，切片性好，货架期长，不经过熟制直接食用，深受欧美人士喜爱。

人们习惯按照产品在加工过程中失去水分的多少将发酵香肠分成：干发酵香肠：经过细菌的发酵作用，使肉馅 pH 达到 5.3 以下，在加工过程中失重大约为 30％以上；熏干肠：绞碎的肉在微生物的作用下，pH 达到 5.3 以下，在加工过程中失重大约为 20％～30％；半干发酵香肠：在加工过程中失重为 10％～20％；不干发酵香肠：在加工过程中失重大约为 10％以下。

（二）发酵香肠生产中使用的原辅料

1. 原料肉

用于发酵香肠的肉馅中以瘦肉为主，一般约 50％～70％以上，可以是猪肉、牛肉、羊肉、鱼肉等，其中以猪肉使用最为广泛，其次为牛肉和羊肉。另外原料肉需要有良好的卫生质量，以减少发酵初期有害微生物与乳酸菌的竞争。

2. 脂肪

脂肪是发酵香肠中的重要组成部分。脂肪的氧化酸败是限制发酵香肠保质期的重要因素。选择色白而又结实的猪背脂作发酵香肠的最好原料。因这部分脂肪只含有较少的多不饱和脂肪酸。

3. 腌制剂

腌制剂主要包括：食盐、硝酸盐、亚硝酸盐、抗坏血酸等。食盐在发酵肠中的填加量一般为 2%～3%。在生产发酵香肠的传统工艺中或在生产干发酵香肠过程中一般加入硝酸盐而不加入亚硝酸盐，添加量通常为 200～600mg/kg。除了干发酵香肠外，其他类型的发酵香肠在腌制时首先选用亚硝酸盐，添加量一般小于 150mg/kg。抗坏血酸钠为腌制剂中的发色助剂，起还原剂的作用，它可使产品保持色泽和风味，加速腌制。

4. 碳水化合物

在发酵香肠生产中所添加的碳水化合物一般为葡萄糖和低聚糖的混合物。通常将两种糖结合使用，添加量一般为 0.4%～0.8%。

5. 发酵剂

在发酵香肠生产中，常用的发酵剂微生物种类有：细菌、酵母菌、霉菌等。它们在发酵香肠生产中的作用不同。

1）细菌

用作发酵香肠发酵剂的细菌主要是乳酸菌和球菌，乳酸菌能将发酵香肠中的碳水化合物分解成乳酸，降低原料的 pH，具有改善肉制品组织状态、色泽和风味，抑制有害菌及其毒素的产生的作用，可延长产品保质期和储藏期。另外，产品在发酵过程中，可提高制品游离氨基酸含量和蛋白质的活化率，降低制品中亚硝酸盐的量，抑制亚硝胺的形成。而小球菌和葡萄球菌等球菌具有分解脂肪和蛋白质的活性，以及产生过氧化氢酶的活性，对产品的色泽和风味起决定作用。因此发酵剂常采用乳酸菌与小球菌或葡萄球菌或酵母菌混合。

2）酵母菌

适合于加工干发酵香肠。汉逊氏德巴利酵母是常用菌种，这种菌耐高盐、好气并具有较弱的发酵性，一般生长在香肠表面。通过添加此菌，可提高肠的风味，但该菌没有硝酸盐的还原能力，只有通过与乳酸菌和小球菌合用，获得较好的产品品质。

3）霉菌

通常用于干发酵香肠，能使产品具有干肠特殊的芳香气味和外观。由于霉菌酶具有蛋白质水解和脂肪水解能力，故对产品的风味有利。由于霉菌大量存在于肠的外表，能起到隔氧的作用，因而可以防止发酵香肠的酸败。

二、发酵香肠的加工工艺

（一）工艺流程（图 17.5）

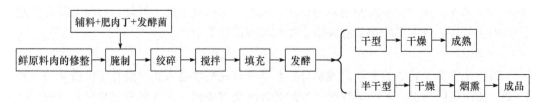

图 17.5　发酵香肠加工工艺流程

虽然发酵香肠的种类繁多，但其加工工艺基本相同。

（二）肉馅的制备和填充

1. 腌制

选用符合食用标准的鲜（冻）肉，经修整后，将瘦肉切成 5cm 厚约 0.5～1kg 重的肉块，加入盐硝混合盐，拌匀后置于 4℃ 条件下腌制 2～3d。将猪背脂肪切成 1cm 左右的方丁，置于低温下备用。

2. 绞肉、拌馅

把腌制好的肉块，放入 5mm 孔板绞肉机中绞成粗颗粒，然后放入搅拌机中，按一定比例加入各种调味料、香辛料、碳水化合物、肥肉丁、发酵剂等搅拌 3～5min 至均匀。接种量一般为：10^6～10^7 cfu/g。

3. 填充

将搅拌好的肉馅填充到直径约 5～10cm 的天然肠衣或胶原肠衣中。在灌制时要注意尽量排除肉馅中的空气，以免影响产品的色泽。灌肠时肉馅的温度不要超过 2～4℃。

（三）发酵

发酵是指香肠中的乳酸菌旺盛生长和代谢并伴随着 pH 快速下降的阶段。发酵可以认为是发酵香肠整个加工中持续发生的过程。发酵温度随产品类型而异。干香肠通常在 15～27℃ 下发酵，时间大约为 24～72h；涂抹型香肠需在 22～30℃ 下发酵，时间约为 48h，而半干型切片香肠需在 30～37℃ 下发酵，时间为 14～72h。

发酵过程中发酵室的相对湿度无论对香肠干燥过程的启动还是对防止产品表面酵母菌和霉菌的过度生长都非常重要，适宜的湿度可防止产品表面酵母菌和霉菌的过度生长，防止产品在干燥过程中形成坚硬外壳。一般情况下，高温短时间发酵空气的相对湿度为 98% 左右，但在低温发酵时，原则是发酵间的相对湿度应比香肠内部的平衡水分含量（90% 左右）对应的相对湿度低 5%～10%。

香肠酸化的程度根据产品类型不同有很大的差异。一般来说，半干香肠的酸度最高，尤其是美国生产的半干香肠，发酵后的 pH 在 5.0 以下，德国干香肠发酵后的 pH 通常为 5.0～5.3。

（四）熏制

对于半干型香肠、不干型香肠、熏干肠在发酵完了以后要进行熏制，它可以使香肠表面进一步干燥，并沉积一些具有抗菌作用的酚类、羰基化合物和小分子质量的有机酸，从而抑制表面霉菌的生长，酚类化合物还能降低脂肪氧化的程度。不同品种的发酵香肠其熏制条件差异很大。

（五）干燥和成熟

在所有发酵香肠的干燥过程中，都必须注意控制水分从香肠表面蒸发的速率，使其与水分从香肠内部向表面转移的速率相等。半干香肠其干燥失重小于20％，干燥温度通常为37～66℃，相对湿度60％。干香肠的干燥在低温度下进行，最常用的温度范围是12～15℃。在实际生产中，采用的常是先使用较高温度，然后随着干燥的进行，温度逐渐降低的方法，同时空气的相对湿度也逐渐降低，但通常保持比香肠内的水分所对应的平衡相对湿度低10％。

对于干香肠来说，尤其是表面长霉菌或酵母菌的干香肠，在干燥过程中香肠内发生一系列的化学变化，这些变化被称为干香肠的"成熟"。干香肠的成熟会影响产品最终的感官性状，尤其是这类产品特有的香气和风味。成熟过程中所发生的反应主要包括脂肪水解和蛋白质水解。

（六）成品

发酵香肠的成品在外观上看：肠体表面干燥，与肉结合紧密，坚实而有弹性，色泽暗红色，断面平整，肥肉呈白色，瘦肉呈鲜红色，呈红白相间状。从风味上看：酸味柔和，鲜香醇厚，咸淡适中。

（七）包装

简单包装：纸箱、布袋或塑料袋、真空包装、经切片和预包装（真空包装或气调包装）后零售。

 小结

灌制品是指将原料肉经腌制或不经腌制，经切碎成丁或绞碎成颗粒，或斩拌乳化成肉糜，再混合添加各种调味料、香辛料、黏着剂等，充填入天然肠衣或人造肠衣中，经烘烤、烟熏、蒸煮、冷却或发酵等工艺制成的产品。灌制品按生产工艺流程可分为生鲜灌制类、生熏灌制类、熟熏灌制类、熟灌制类、发酵灌制类、粉肚灌制类。

 复习思考题

（1）试述灌制品的种类及其特点。
（2）简述灌制品加工的操作要点。
（3）斩拌的目的是什么？
（4）灌制品常用的节扎方法有哪些？适用于哪些产品？

 知识链接

中式香肠和西式灌肠的区别

中式香肠和西式灌肠的区别如表17.5所示。

表 17.5　中式香肠和西式灌肠的区别

品种	中式香肠	西式灌肠
原料	主要用猪肉	种类多，可用牛、羊、猪、兔、鸡等
原料处理	肥、瘦肉均切成丁	要斩拌成很细的肉糜
腌制	一般不经过腌制	腌制，以提取盐溶性蛋白
灌后处理	有较长的晾挂时间，以利于发酵	灌后通过热处理，成为商业无菌熟食品
辅助料	不用玉果粉和大蒜，可用酱油	用玉果粉、淀粉，有些产品可加大蒜，不用酱油
产品特点	多为生制品，出品率 70%～80%，猪肠衣灌制，香肠大小一致	出品率 120% 以上，肠衣有牛、羊、猪和塑料肠衣等，肠口径大小不一

 单元操作训练

绞肉、斩拌操作

一、实训目的

通过实训，解绞肉、斩拌的方法、意义；掌握绞肉机、斩拌机的使用方法。

二、仪器与材料

1. 仪器

绞肉机，斩拌机。

2. 材料

原料肉。

三、操作方法

1. 绞肉

绞肉机是肉制品生产中的主要设备之一，可将大块的原料肉切割、研磨和破碎为细小的颗粒（一般为 2～10mm），用于加工各种香肠、乳化型火腿、午餐肉罐头、鱼酱、鱼圆等。

1）绞肉机的分类

根据处理原料的不同，可以将绞肉机分为普通绞肉机和冻肉绞肉机。普通绞肉机用于鲜肉或解冻至 0℃±2℃ 的冻肉；冻肉绞肉机可以直接绞制 -25～2℃ 的整块（整箱）冻肉，也可以绞制鲜肉，但冻肉绞肉机价格较高。此外，还有一种搅拌/绞肉机，该设备既有一定的搅拌功能，又可以绞肉，适合于多种不同原料肉的需要，可节省时间和设备。

2）绞肉机的构造及工作原理

绞肉机主要由料斗、螺旋供料器、绞刀、筛板、紧固螺母、电动机等部分组成。绞肉机工作时，物料从料斗放入，在螺旋供料器的旋转、推进作用下，物料连续地被送到前方，被筒体前端装置的十字形刀和多孔挡板切割后挤出。

机头各部件的锁紧及固定主要靠机头对开卡环及各定位套来锁紧和定位固定。筛板规格较多，一般孔直径为 $\phi1.5\sim22\text{mm}$（粗孔 $9\sim10\text{mm}$、中孔 $5\sim6\text{mm}$、细孔 $2\sim3\text{mm}$），绞肉机的筛板可以自由拆换，使用不同孔径的筛板，可以加工出不同直径的肉粒。

3）操作及注意事项

（1）绞肉前检查料斗中是否有异物，机器各部件是否组装到位。如筛板松动，刀刀部和筛板之间有缝隙，在绞肉过程中会对物料产生磨浆作用，造成脂肪大量析出的质量事故。因此在装配或调换十字刀后，一定要把紧固螺母旋紧，确保筛板不动。

（2）切刀为十字形，有四个刀口，刀口是顺着切刀的转向安装。刀口要求锋利，否则将影响切割效率。甚至有些物料不是切碎后排出，而是挤压、磨碎成浆状排出，造成脂肪析出。刀最好在使用约 50h 后，进行一次研磨。

（3）在生产将要结束时，将绞好的肉料倒回料仓 $10\sim15\text{kg}$，这样可将残存机内原料肉全部推出绞碎，避免无料空转车现象。

（4）生产结束后，应切断电源，依次拆卸零件，清洗干净后，正确地将刀具编组保管。

2. 斩拌

1）斩拌机的分类

斩拌机是肉糜制品生产过程中常用设备之一。可将去皮、去骨后的肉切细，使原料肉馅产生黏着力，并同时将原料肉馅与各种辅料进行搅拌混合，形成均匀的乳化物。

斩拌机可分为真空斩拌机和非真空斩拌机两大类。使用真空斩拌机可有效地减少肉糜混入空气，防止脂肪氧化，保证产品风味；可释放出更多的盐溶性蛋白，得到最佳的乳化效果；减少产品中的细菌数，延长产品储藏期，稳定肌红蛋白的颜色，保护产品的最佳色泽，相应减少体积 8% 左右。

2）斩拌机的构造及工作原理

目前常用的是真机空斩拌机。斩拌机主要由一组斩拌刀，一个装卸物料的脐型转盘、刀盖、上料机构、出料机构、机架、液压系统、电器控制系统等部分组成。斩拌时，首先处于斩拌状态，肉由上料机构倒入转动的转盘中，受到一组多片高速斩拌刀的切细。可根据产品的要求，选择刀组的斩拌速度及转盘的速度。斩拌后整机转入搅拌状态，开启出料机构，被斩切的物料即可连续从转盘内排出，进入肉斗车内。

3）操作（ZB80-Ⅱ斩拌机）

（1）清理转锅。锅内不允许有物品，然后盖上半盖。

（2）接通总电源。过压、欠压保护器由红灯转换为绿灯，急停按钮指示灯亮后表明总电源已接通。

（3）斩拌。将控制面板上斩刀旋钮置于Ⅰ速，斩刀开始转动。然后将转锅旋钮置于Ⅰ速，转锅开始转动。装添肉料及辅料斩拌。按工艺要求可以依次启动斩刀置于Ⅱ速、Ⅲ速及转锅Ⅱ速。

（4）出料。在料口下方放置容器。手握出料器手柄，将出料盘置于转锅内，出料盘自动出料，出料完成后将出料器放回原处，出料盘自动停止转动。

（5）结束。工作结束后，先停转锅，后停转刀，关闭所有电源开关。

4）注意事项

（1）开机前应检查斩刀是否装牢，有无损伤。

（2）由于刀高速旋转，所以应注意操作安全，硬性异物切忌混入原料肉中，冷冻肉应做半解冻处理，以免损伤刀具。

（3）如果每天使用斩拌机，最少 10d 要磨一次刀，以确保斩拌效果。斩拌时应按工艺要求，调整斩拌时间。

（4）斩拌过程中，如果温度计显示超过要求，应适当放入冰水或冰块。

（5）为防止上料堵塞，一次加料不能过多，还可适当添加食用水。当上料发生堵塞时，严禁用手进入转锅内按料，以防发生危险。

（6）遵循"先开刀，后开锅，先停锅，后停刀"的原则。遇到特殊情况可按"急停"按钮。

四、思考题

（1）为防止绞肉时出现脂肪析出现象，操作应注意哪些问题？

（2）斩拌时应注意哪些问题？

（3）认真做好实验记录，写出实训报告。

 综合实训

哈尔滨风干肠加工

一、实训目的

熟悉并掌握风干肠加工方法。

二、仪器与材料

1. 仪器

灌肠机，蒸煮锅，绞肉机，拌馅机等。

2. 材料

猪肉，酱油，砂仁粉，豆蔻粉，桂皮粉，花椒粉，鲜姜，猪或羊小肠衣。

三、操作方法

1. 配方

猪精肉 90kg，肥猪肉 10kg，酱油 18～20kg，砂仁粉 125g，豆蔻粉 200g，桂皮粉 150g，花椒粉 100g，鲜姜 100g。

2. 原料选择

原料肉一般以猪肉为主，以腿肉和臀肉为最好，肥肉一般选用背部的皮下脂肪。选用的精盐应色白、粒细，无杂质。

3. 切肉

剔骨后的原料肉，首先将瘦肉和肥膘分开，分别切成 1～1.2cm 的立方块。目前为加快生产速度，一般采用筛孔 1.5cm 直径的绞肉机绞碎。

4. 制馅

将肥瘦猪肉倒入拌馅机内，开机搅拌均匀，再将各种配料加入，搅拌均匀即可。

5. 灌制

肉馅拌好后要马上灌制，用猪或羊小肠衣均可。灌制不可太满，以免肠体过粗。灌后要每根长 1m，且要用手将每根肠撸匀，即可上杆晾挂。

6. 日晒与烘烤

将香肠挂在木杆上，送到日光下暴晒 2～3d，然后挂于阴凉通风处，风干 3～4d。烘烤时，室内温度控制在 42～49℃，烘烤时间为 24～28h。

7. 捆把

将风干后的香肠取下，按每 6 根捆成一把。把捆好的香肠横竖码堆，存放在阴凉、湿度适合的场所，一般干制条件为 22～24℃，相对为 75%～80%。干制香肠成熟后，肠内部水分含量很少，在 30%～40% 之间。

8. 煮制

产品在食用前应该煮制，煮制前先用温水洗一次，洗掉肠体表面的灰尘和污物。开水下锅，煮制 15min 后出锅，装入容器晾凉即为成品。

9. 产品特点

瘦肉呈红褐色，脂肪呈乳白色，切面可见少量的棕色调料点，肠体质干略有弹性，具有独特的清香分味，味美适口，越嚼越香，久吃不腻，食后留有余香；易于保管，携带方便。

四、注意事项

(1) 切馅时，最好用手工切。用机械切由于摩擦产热使温度提高，影响产品质量。

(2) 烘烤时，最好温度保持恒定温度过高使肠内脂肪融化，产生流油现象，肌肉色泽发暗，降低品质。如温度过低，延长烘烤时间，肠内水分排除缓慢，易引起发酵变质。

五、思考题

(1) 掌握哈尔滨风干肠的工艺流程与方法。

(2) 在哈尔滨风干肠的烘烤过程中应注意哪些事项？

项目十八　西式火腿制品加工

☞ **岗位描述**

火腿加工工。

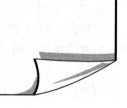

☞　**工作任务**

能采用专用设备和工艺，经过选料、注射、滚揉和嫩化，生产西式火腿。

☞　**知识目标**

熟悉西式火腿制品的种类及特点，掌握西式火腿制品的加工工艺。

☞　**能力目标**

（1）能使用注射机、滚揉机进行注射腌制。

（2）能使用绞肉机、搅拌机、嫩化机制馅。

（3）能完成一个品种西式火腿制品的煮制。

☞　**案例导入**

随着人们生活水平的提高，工作节奏的加快，西式蒸煮、烟熏火腿由于食用方便、口感好、营养价值高，便于保存，携带方便等优点，越来越受到广大消费者的青睐。特别是当外出郊游时，西式火腿是旅游者首选的方便食品。然而，火腿是怎样生产的、火腿的主要成分是什么、火腿产品容易存在哪些质量问题以及怎样选购火腿，已成为广大消费者普遍关心的问题。

☞　**课前思考题**

西式火腿和中式火腿有区别吗？

任务一　认识西式火腿制品

一、西式火腿的种类

西式火腿一般由猪肉加工而成，因与我国传统火腿的形状、加工工艺、风味等有很大不同，习惯上称其为西式火腿，西式火腿起源于欧洲，在北美、日本及其他西方国家广为流行，传入中国则是在 1840 年鸦片战争以后，至今已有 160 多年的历史，因其肉嫩味美而深受消费者欢迎。我国自 20 世纪 80 年代中期引进国外先进设备及加工技术以来，西式火腿生产量逐年大幅提高。

西式火腿品种很多，除用猪前腿或猪后腿腌制加工的整只火腿外，还有用小肉块加工的压制火腿及肉块与肉馅混用的灌肠型火腿。因选择的原料肉不同，处理、腌制及成品的包装形式不同，西式火腿的种类很多，如图 18.1 所示。

西式火腿的商品特点：鲜艳的腌制肉红色，极少的脂肪和结缔组织，多汁味厚滑嫩可口的组织，切面基本没孔洞和裂隙，有大理石纹状，有良好咀嚼感而不塞牙，营养价

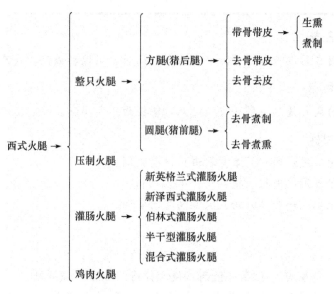

图 18.1　西式火腿种类

值丰富。就组织状态讲，中、西式火腿迥然相异。中式瘦而柴、肉香浓，西式滑而嫩、肉香淡。

二、收缩膜的种类和用途

收缩膜主要作为模具内衬，多采用玻璃纸薄膜和塑料薄膜制成。塑料薄膜有单纯和复种，在西式火腿加工中使用的塑料薄膜一般都是复合塑料薄膜，单纯性塑料薄膜在肉制品的加工过程很少使用。

（一）玻璃纸薄膜

玻璃纸薄膜是一种黏胶纤维素薄膜，分为有色和无色两种。其特点是纸质柔软，具有伸缩性的纤维素微晶体呈纵向平行排列，所以纵向强度大，横向强度小。厚度一般为 0.8～1.9mil（1mil＝1/1000in＝0.0254mm），玻璃纸经过塑化处理，含有甘油，因而吸水性大（浸水后的最大吸水量可达自重的 100％），储存时易发泡。具有潮湿状态下水蒸气透过率高、易烟熏、易印刷、可层合、强度高、价格低等特点。

（二）复合塑料薄膜

复合塑料薄膜的种类很多，复合塑料薄膜通常采用二层或三层黏合在一起，具有透明性、隔氧性、透湿性、透气性、热封性、热收缩性及耐压力、耐高温等特性。常用的层压基础材料有聚乙烯、聚丙烯、聚氯乙烯、聚偏二氯乙烯、尼龙、聚酯等。厚度范围一般为 0.4～30mil。

任务二 西式火腿加工

一、带骨火腿加工

带骨火腿（regular ham）又称生熏腿，成品外形像乐器琵琶，是将猪前后腿肉经盐腌后加以烟熏以增加其保藏性，同时赋以香味而制成的半成品。食用前需要熟制。带骨火腿有长形火腿和短形火腿两种。带骨火腿生产周期长，成品较大，且为半成品，不宜机械化生产，因此生产量及需求量较小。

（一）工艺流程（图 18.2）

原料选择 → 整形 → 去血 → 腌制 → 浸水 → 干燥 → 烟熏 → 冷却 → 包装 → 成品

图 18.2 带骨火腿加工工艺流程

（二）操作要点

1. 原料选择

选择健康无病、腿心肌肉丰满的猪后腿，长形火腿是自腰椎留 1～2 节将后大腿切下，并自小腿处切断。短形火腿则自耻骨中兼并包括荐骨的一部分切开，并自小腿上端切断。屠宰后的白条肉应在 0℃左右的冷库吊挂冷却 10h，使肉温降至 0～5℃，肌肉稍微变硬后再开割，这样腿坯不易变形，有助于成品外形美观。

2. 整形

整形时割去尾骨和腿面上的油筋、奶脯，除去多余的脂肪，并割去四周边缘的凸出部分，修平切口使其整齐丰满，经过整形的腿坯重量以 5～7kg 较为适宜。

3. 去血

取肉量 3%～5% 的食盐于 0.2%～0.3% 的硝酸盐，混合后均匀涂布在肉的表面，堆叠在略倾斜的操作台上，上部加压，在 2～4℃下放置 1～3d，使其排除血水。

在腌制前利用其渗透作用加适量的食盐、硝酸盐，进行脱水处理以除去肌肉中的血水，可改善产品的色泽和风味，增加防腐性和肌肉的结着力。

4. 腌制

腌制方法有干腌法、湿腌法、混合腌法（即干腌后再进行湿腌）和腌液注射法等。

干腌法腌料的配合比例（占肉重的%）为：精盐 3%～4%，白糖 1%～3%，硝酸盐 0.05%，调味料 0.5%～1.0%。用混合腌料擦在肉的表面，然后肉面朝上，皮面朝下，层层堆放（最上一层肉面朝下），高度最好不超过 1m。然后用塑料薄膜盖好（以防污染和与空气接触），再放在 3～4℃ 的冷暗场所腌制，5kg 以下的火腿腌 20d 左右，10kg 左右的腌 40d。腌料的投放，可以一次投入，也可以将腌料分成 2～3 等分，在 5d 左右的时间内分次涂擦，同时对肉料进行翻倒。

干腌法的蛋白质和浸出物的损失比湿腌法小，但不足之处是脱水程度大，可能出现干燥、制品发硬、盐在肉料中分布不均匀、关节部位变质等现象。

湿腌法腌液的配制是先将硝酸盐或亚硝酸盐以外的材料用水溶解、煮沸、过滤，冷却后加入硝酸盐或亚硝酸盐充分混合。将肉码放在腌缸中，倒入冷却到 2～3℃ 的腌液，上面压上石块等重物。腌制室温在 2～3℃，腌制时间按 1kg 腌 4～5d 计，为腌制均匀，开始时隔 3～5d 翻倒一次，以后隔 5～10d 翻一次。

湿腌法的特点是多汁、柔软、味好，但蛋白质和浸出物会有大量损失。湿腌法腌制液可经过处理重新使用。

注射腌制法是用注射器将腌制液注入肉料的不同部位，注射液量大体占肉重量的 18%～20%。在腌制过程中可注射数次。注射腌制法的特点是腌制速度快，但有时腌制不均匀。腌制或注射腌制的肉最好经过滚揉，使盐水均匀分布到肉块中，增强了蛋白质的提取和保水性，赋予产品良好的结构、嫩度和色泽。

5. 浸水

用干腌法或湿腌制的肉块，其表面与内部食盐浓度不一致，需浸入 10 倍的 5～10℃ 的清水中浸泡以调整盐度。浸泡时间随水温、盐度及肉块大小而异。一般配每千克肉浸泡 1～2h，若是流水则数十分钟即可。浸泡时间过短，咸味重且成品有盐结晶析出，浸泡时间过长，则成品质量下降，且易腐败变质。采用注射法腌制的肉无须经浸水处理。因此，现在大生产中多用盐水注射法腌肉。

6. 干燥

干燥能使肉面光泽，成为多孔质，有利熏烟时烟的成分渗入，同时使氧进入肉中，可促进发色。经浸水去盐后的原料肉，悬吊于烟熏室中，在 30℃ 温度下保持 2～4h 至表面呈红褐色，且略有收缩时为宜。

7. 烟熏

烟熏使制品带有特殊的烟熏味，色泽呈美好的茶褐色，能改善色泽和风味。在木材燃烧不完全时所生成的烟中的醛、酮、酚、蚁酸、醋酸等成分能阻止肉品微生物增殖，故能延长保藏期。据研究，烟熏可使肉制品表面的细菌数减少到 1/5，且能防止脂肪氧化，促进肉中自溶酶的作用，促进肉品自身的消化与软化，降低肉中亚硝酸盐的含量，加快亚硝基肌红蛋白的形成，促进发色。烟熏所用木材以香味好、材质硬的阔叶树（青刚）为多。带骨火腿一般用冷熏法，烟熏时温度保持在 30～33℃，时间为 1～2 昼夜，至表面呈淡褐色时则芳香味最好。烟熏过度则色泽暗，品质变差。

8. 冷却、包装

烟熏结束后，自烟熏室取出，冷却至室温后，转入冷库冷却至中心温度 5℃ 左右，擦净表面后，用塑料薄膜或玻璃纸等包装后即可入库。

上等成品要求外观匀称，厚薄适度，表面光滑，断面色泽均匀，肉质纹中较细，具有特殊的芳香味。

二、去骨火腿加工

去骨火腿是用猪后大腿经整形、腌制、去骨、包扎成型后，再经烟熏、水煮而成。又称为去骨成卷火腿、去骨熟火腿。

（一）工艺流程（图 18.3）

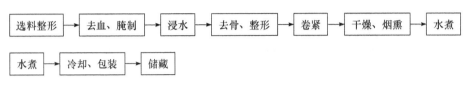

图 18.3 去骨火腿加工工艺流程

（二）操作要点

1. 选料整形

与带骨火腿相同。

2. 去血、腌制

与带骨火腿比较，食盐用量稍减，砂糖用量稍增为宜。

3. 浸水

与带骨火腿相同。

4. 去骨、整形

去除两个腰椎，拨出骨盘骨，将刀插入大腿骨上下两侧，割成隧道状取除大腿骨及膝盖骨后，卷成圆筒形，修去多余瘦肉及脂肪。

5. 卷紧

用棉布将整形后的肉块卷紧，包裹成圆筒状后用绳扎紧，也可用模具进行整形压紧。

6. 干燥、烟熏

30～35℃下干燥 12～24h。因水分蒸发，肉块收缩变硬，须再度卷紧后烟熏。烟熏温度在 30～50℃之间。时间为 10～24h。

7. 水煮

水煮的目的是杀菌和熟化，赋予产品适宜的硬度和弹性，同时减弱浓烈的烟熏味。中心温度达到 62～65℃保持 30min 为宜。若温度超过 75℃，则肉中脂肪大量融化，常导致成品质量下降。一般大型火腿煮 5～6h，小型火腿煮 2～3h。

8. 冷却、包装、储藏

水煮后略加整形，快速冷却后除去包裹棉布，用塑料膜包装后在 0～1℃的低温下储藏。

三、盐水火腿加工

盐水火腿具有生产周期短、成品率高、黏合性强、色味俱佳、食用方便等优点，成为欧美各国人民喜爱的肉制品，也是西式肉制品中的主要产品之一。其选料精良，加工工艺科学合理，采用低温巴氏杀菌，故可以保持原料肉的鲜香味，产品组织细嫩，色泽均匀鲜艳，口感良好。我国自 20 世纪 80 年代中期引进国外先进设备及加工技术以来，根据化学原理并使用物理方法，不断优化生产工艺，调整配方，使之更适合我国居民的口味，因此盐水火腿也深受我国消费者的欢迎，生产量逐年大幅提高。

（一）工艺流程

盐水火腿的一般工艺流程如图 18.4 所示。

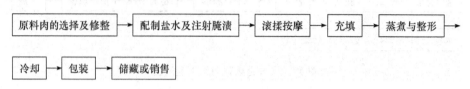

图 18.4　盐水火腿加工工艺流程

（二）操作要点

1. 原料肉的选择及修整

原料应选择经卫生部门检验、符合鲜售要求的猪的臀腿肉和背腰肉，猪的前腿部分肉品质稍差，两种原料以任何比例混合或单独使用均可。若选用热鲜肉作为原料，需将热鲜肉充分冷却，使肉的中心温度降到 0～4℃。如选用冷冻肉，宜在 0～4℃ 的冷库内进行解冻。

选好的原料肉经修整，去除皮、骨、结缔组织膜、脂肪和筋腱，使其成为纯精肉。然后按肌纤维方向将原料肉切成不小于 300g 的大块，对其中块型较大的肉，沿着肉纤维平行的方向，中间切成两块，避免腌制时因肉块太大而腌不透。修整时应注意，尽可能少地破坏肌肉的纤维组织，刀痕不能划得太大太深，且刀痕要少，以免注射盐水时大量外流，并尽量保持肌肉的自然生长块型。

2. 盐水配制及注射腌渍

盐水的主要组成成分包括食盐、亚硝酸钠、糖、磷酸盐、抗坏血酸钠及防腐剂、香辛料、调味料等。按照配方要求将上述添加剂用 0～4℃ 的软化水充分溶解，并过滤，配制成注射盐水。

盐水的组成和注射量是相互关联的两个因素。在一定量的肉块中注入不同浓度和不同注射量的盐水，所得制品的产率和制品中各种添加剂的浓度是不同的。盐水的注射量越大，盐水中各种添加剂的浓度应越低；反之，盐水注射量越小，盐水中各种添加剂的浓度应越大。

在注射量较低时（≤25％），一般无需加可溶性蛋白质。否则，使用不当可能会造成产品质量下降和机器故障（如注射针头阻塞等）。

利用盐水注射机将盐水均匀地注射到经修整的肌肉组织中。所需的盐水量一般分一次或两次注射，以多大的压力、多快的速度和怎样的顺序进行注射，取决于使用的盐水注射机的类型。盐水注射的关键是要确保按照配方要求，将所有的添加剂均匀准确的注射到肌肉中。

3. 滚揉按摩

将经过盐水注射的肌肉放置在一个旋转的鼓状容器中，或者是放置在带有垂直搅拌浆的容器内进行处理的过程称之为滚揉或按摩。

滚揉按摩是火腿加工一个非常重要的操作单元。肉在滚筒内翻滚，部分肉由叶片带至高处，然后自由下落，与底部的肉相互撞击。由于旋转是连续的，所以每块肉都有自身翻滚、互相摩擦和撞击的机会，结果使原来僵硬的肉块软化，肌肉组织松软，利于溶质的渗透和扩散，并起到拌和作用。同时在滚打和按摩处理中，肌肉中的盐溶性蛋白质被充分的萃取，这些蛋白质作为黏结剂将肉块黏合在一起。滚揉或按摩的目的是：

(1) 通过提高溶质的扩散速度和渗透的均匀性，加速腌制过程，并提高最终产品的均一性。

(2) 改善制品的色泽，并增加色泽的均匀性。

(3) 通过肌球蛋白和 α-辅肌动蛋白的萃取，改善制品的黏结性和切片性。

(4) 降低蒸煮损失和蒸煮时间，提高产品的出品率。

(5) 使用小块肉或低品质的修整肉，生产高附加值产品，并提高产品的品质。

滚揉或按摩时结缔组织为了获得较好的切片性和黏结性，需去除原料肉中的脂肪组织；另过度的滚揉将降低组织的完整性，并导致温度升高，因此滚揉必须在 0～5℃ 的环境温度下进行。

滚揉的方式一般分为间歇滚揉和连续滚揉两种。连续滚揉二次，首先滚揉 1.5h 左右，停机腌制 16～24h，然后不规则滚揉 0.5h 左右。间歇滚揉一般采用每 1h 滚揉 5～20min，停机 40～55min，连续进行 16～24h 的操作。

4. 充填

滚揉以后的肉料，通过真空火腿压模机将肉料压入模具中成型。一般充填压模成型要抽真空，其目的在于避免肉料内有气泡，造成蒸煮时损失或产品切片时出现气孔现象。火腿压膜成型一般包括塑料膜压膜成型和人造肠衣成型二类。人造肠衣成型是将肉料用充填机灌入人造肠衣内，用手工或机器封口，再经熟制成型。塑料膜压模成型是将肉料充入塑料膜内再装入模具内，压上盖，蒸煮成型，冷却后脱膜，再包装而成。

5. 蒸煮与冷却

火腿的加热方式一般有水煮和蒸汽加热两种方式。金属模具火腿多用水煮办法加热，充入肠衣内的火腿多在全自动烟熏室内完成熟制。为了保持火腿的颜色、风味、组织形态和切片性能，火腿的熟制和热杀菌过程，一般采用低温巴氏杀菌法，即火腿中心温度达到 68～72℃ 即可。若肉的卫生品质偏低时，温度可稍高，以不超过 80℃ 为宜。

蒸煮后的火腿应立即进行冷却，采用水浴蒸煮法加热的产品，是将蒸煮篮重新吊起放置于冷却槽中用流动水冷却，冷却到中心温度 40℃ 以下。用全自动烟熏室进行煮制后，可用喷淋冷却水冷却，水温要求 10～12℃，冷却至产品中心温度 27℃ 左右，送入 0～7℃ 冷却间内冷却到产品中心温度至 1～7℃，再脱模进行包装即为成品。

任务三　几种成型火腿加工

一、压制火腿

压制火腿的用料猪肉、牛、羊、鸡肉都可以。特点是：肉料黏结性强，与小块肉搅拌后灌入肠衣，通过压实，成品在外观上与普通火腿相似，加工设备简单，生产周期短，便于使用调味料，风味多种多样。

1. 产品配方

猪精肉 75kg，牛精肉 10kg，猪脂肪 15kg，盐 2.5～3kg，葱 100g，硝酸盐 50g，白胡椒 300g，豆蔻 100g，抗坏血酸盐 30g。

2. 工艺流程

1）原料肉的处理

选猪精肉，将原料肉剔骨、去皮、除去脂肪。然后将大块肉切成小块肉，剔去筋、腱。将精肉块按颜色的浓淡、组织的软硬分成 3～4 类，再分别切成小块。每小块体积为 3cm³，每块重在 20g 左右。肉块稍薄些，宽和长稍大些，大小均匀，以保证腌制时腌料渗入时间相同，且速度快。

压制火腿通常加猪脂肪 20％～30％（也可不加）。将脂肪切成大小为 1～2cm³ 的块状，在沸水中浸一下，溶去表面的柔软脂肪，迅速取出，放入冷水中，冷却后沥干待用。

将选好的牛肉除去脂肪、剔去筋、腱，取其精肉放入细孔绞肉机中绞碎。

2）腌制

将切好的精肉块和脂肪块，加混合盐进行腌制。混合盐配制比例为食盐 2.5kg，硝酸盐 50g，砂糖 100g。腌制工作间的温度应在 2～3℃，腌制时间为 3～4d。腌制时最好用塑料薄膜包盖，或装在塑料袋中，防止细菌污染。

3）搅拌

将腌好的原料肉倒入混合机中，依次倒入牛肉馅、称量好的各种配料，进行充分搅拌，使其混合均匀。混拌时注意不能使肉温上升。

4）灌制

混拌好的肉料可立即进行灌制。灌制可以选用塑料薄膜人造肠衣或金属火腿模。肠衣在使用前先用 75℃ 温水浸泡 30min，以便灌制时可使肉料排紧，肠衣的膨胀性为 20％～30％。灌制后用针刺孔，以排除肠衣中的空气和汁液。

5）煮制

灌制后的产品放入温度 75℃ 的热水中煮 2h 左右，煮制时间根据制品的大小而定。1500～2000g 的制品煮 2～2.5h，制品中心部的温度达到 65℃时保持 30min。

6）冷却

煮制后立即将制品从热水中取出放入冷水中。冷却时间至少需要 30min。充分冷却后，将制品从水中取出吊挂在架上沥水，稍微风干后，用清洁的布将制品表面拭擦干净，然后送入冷库储藏。

二、北京火腿

北京火腿是北京有名的风味食品。这种火腿系用大口径人造纤维肠衣灌制而成。成品直径 12～13cm，长 40～50cm，外表（肠衣）呈浅棕色，外形似圆柱体，亦称"熏圆腿"。

1. 产品配方

精选瘦肉 100kg，精盐 2.5kg，硝酸盐 25g，淀粉 2.5kg，混合粉 1.5kg，磷酸盐 1kg。

2. 工艺流程

1）原料的选择和整理

原料采用猪大排肌肉和后腿精肉。修尽后腿和大排的皮下脂肪、硬筋、肉层间的夹油、粗血管等结缔组织和软骨、淤血、淋巴结等，使之成为纯精肉。再把修好的后腿肉，按其原生长的块型结构，大体分成 4 块。修去脂肪的肉要立即装入不透水的浅盘内，迅速注射盐水，并置于 2~4℃的冷库内。

2）注射盐水腌制

采用注射腌制则应注意：一方面注射要分布均匀，另一方面每块肉注射盐水量要一致，每块肉注射前后都要称重，一般情况下注射量为原料肉重量的 20%。注射工作宜在 8~10℃的冷库内进行。若在常温下注射，则应把注射好的肉迅速转入到 2~4℃的冷库内。冷库内的温度不宜过低，否则盐水的渗透速度会大大下降。同时不能最大限度的提取蛋白质，肉块间的黏着力减弱。

3）滚揉

将注射完的肉放入到滚揉机中，滚揉工作间的温度应控制在 8~10℃，第一次滚揉的时间约 1h，滚揉完了的肉仍放置在 2~4℃的冷库内，存放 20~30h，再进行第二次滚揉，滚揉时间为 30~40min，再把混合粉加入肉内，加入的方法以边滚边加为好，同时加入经过 36~40h 腌制的粗肉糜，加入量为滚揉肉量的 15%，加入肉糜是为了增加肉块间的黏合作用，填补肉块的空洞。

4）灌制

把人造纤维肠衣，截成 75cm 长的小段，一端封住，然后在清水里浸泡 30min。将滚揉好的肉，快速灌入肠衣。每个肠衣里灌入肉的量要均匀一致，灌好后立刻封口。然后检查肠衣内壁是否有气泡，将气泡用细钢针扎眼放出。

5）烟熏

灌好的火腿用绳吊挂在杆上，火腿间保持一定距离，以互不相碰为原则，熏材选用硬质木材，利用熏烟熏制约 2h。

6）煮制

把锅内的水预热到 85℃左右，再把熏制好的火腿投入水中，水温控制在 78~80℃，煮制时间约 2.5h，出锅前火腿中心温度以达到 68~70℃为标准。出锅后先自然冷却，而后放到冷库中低温保存。

成品肉质细嫩呈淡红色，结构致密，按压有弹性。口感咸淡适中，鲜嫩，风味独特。

三、里脊火腿及 Lachs 火腿

里脊火腿以猪背腰肉为原料，Lachs 火腿以猪后大腿与肩部小块肉为原料，两者所用肉部位不同，而其加工工艺则相同。

1. 工艺流程（图 18.5）

整形 → 去血 → 腌制 → 浸水 → 卷紧 → 干燥 → 烟熏 → 水煮 → 冷却 → 包装

图 18.5　里脊火腿及 Lachs 火腿加工工艺流程

2. 操作要点

1）整形

里脊火腿系将猪背部肌肉分割为 2～3 块，削去周围不良部分后切成整齐的长方形。Lachs 火腿则将原料肉块切成 1.0～1.2kg 的肉块后整形。这两种火腿都仅留皮下脂肪5～8mm。

2）去血

方法与带骨火腿相同。

3）腌制

用干腌、湿腌或盐水注射法均可，大量生产时一般多采用注射法。食盐用量可以无骨火腿为准或稍少。

4）浸水

处理方法及要求与带骨火腿相同。

5）卷紧

用棉布卷时，布端与脂肪面相接，包好后用细绳扎紧两端，自右向左缠绕成粗细均匀的圆柱状。

6）干燥、烟熏

约 50℃干燥 2h，再用 55～60℃烟熏 2h 左右。

7）水煮

70～75℃水中煮 3～4h，使肉中心温度达 62～75℃，保持 30min。

8）冷却、包装

水煮后置于通风处略干燥后，换用塑料膜包装后送入冷库储藏。

 小结

西式火腿一般由猪肉加工而成，因与我国传统火腿的形状、加工工艺、风味等有很大不同，习惯上称其为西式火腿。因选择的原料肉不同，处理、腌制及成品的包装形式不同，西式火腿的种类很多。西式火腿的商品特点：鲜艳的腌制肉红色，极少的脂肪和结缔组织，多汁味厚滑嫩可口的组织，切面基本没孔洞和裂隙，有大理石纹状，有良好咀嚼感而不塞牙，营养价值丰富。

 复习思考题

（1）试述西式火腿的种类、特点及其形成。

（2）简述带骨火腿、去骨火腿加工工艺的异同点。

（3）滚揉时间越长，溶出的盐溶性蛋白越多，成品质量越好，这种说法是否成立？为什么？

（4）火腿生产常用的收缩膜有哪几种？

 知识链接

什么是西式火腿？

最早的火腿生产在罗马时代，据说是由法国人的祖先发明的。其加工方法是将原料盐渍 7d 后干燥 2d，在涂上油脂熏 2d，然后涂上油和醋保藏。至今法国南部、意大利、英国的某些地方还保留着这种传统的加工方法。1701 年法国人曾制造了一根长 652m 长的香肠，献给国王加冕仪式。这是历史上至今最长的香肠纪录，也显示了当时肉制品加工技术的发展水平。

Ham 原来是指猪的后腿，但在现在肉制品加工行业中通常称为火腿。传统的西式火腿加工与中式火腿有相似的地方，但是因为这种火腿与我国传统火腿（如金华火腿）的形状、加工工艺、风味有很大不同，习惯上称其为西式火腿（westen ham）。

西式火腿类产品是以畜、禽肉为原料，经剔骨、选料、精选、切块、盐水注射腌制后，加入辅料，再经滚揉、填充、蒸煮、烟熏（或不烟熏）、冷却等工艺，采用低温杀菌、低温储运的盐水火腿。西式火腿类产品的组成主要是水分、蛋白质、脂肪、糖类、无机盐、调味品和其他必要的添加物。水分、蛋白质、脂肪是其重要的组成部分，其组成比例因产品质量的档次而不同。一般的比例为：蛋白质 > 14%，脂肪 < 7%，水分 < 75%，糖类、调味品、相关食品添加剂约占 4%～8%。

 单元操作训练

注射腌制、滚揉操作

一、实训目的

通过实训，了解注射腌制、蒸煮拌的方法、意义；掌握盐水注射机、真空滚揉机的使用方法。

二、仪器与材料

1. 仪器

盐水注射机，真空滚揉机。

2. 材料

原料肉。

三、操作方法

（一）ZS40 盐水注射机的使用

1. 操作方法

1）接通电源

控制板上电源指示灯亮。

2) 开泵

将循环盐水装置浸入盐水桶中，按控制面板上"泵开"按钮，调整调压阀至所需压力。通过调节机身上的调压阀可以改变物料的盐水注射率。

3) 盐水注射准备

按工艺要求按控制面板上"注射低速"或"注射高速"按钮，此时注射针架上下移动，准备注射。

4) 物料注射

将物料摆放在输送带上进行自动注射，注射后的产品从出料口落入料车。

5) 停止注射

工作结束，按控制面板上"停止注射"按钮，注射停止。

6) 停泵

按控制面板上"泵停"按钮，盐水泵停止工作。

2. 注意事项

(1) 摆放肉块时，严禁用手伸入输送带深部，以防发生危险。

(2) 配制注射液时，如加入卡拉胶、蛋白以及其他添加剂，必须搅拌均匀，不得有颗粒存在，否则容易堵塞注射针孔。

(3) 盐水泵禁止无水空转。

(4) 机器使用结束后应及时清洗。

(二) GR 20 真空滚揉机的使用

1. 操作步骤

1) 装料

打开滚筒口盖，装入肉块和其他配料，然后盖上口盖将曲柄向上推至将口盖压紧。

2) 打开电源

控制板上电源指示灯亮。

3) 设定真空范围

真空表的上限指针为绿色，下限指针为红色，黑色指针表明机体真空度，机器运行时，黑色指针始终位于绿色指针和红色指针之间。

4) 设定运行时间

按照工艺要求通过调节时间继电器设定控制面板上的"滚揉/停歇时间"和"运行时间"。

5) 运行

将控制面板上的滚揉/出料旋钮扭到"滚揉"。机器开始按照设定方式进行真空滚揉-停歇循环运行，定时器上的数码显示开始计时。到达设定运行时间时，机器自动停止运行。

6) 出料

滚揉结束后，将自动充气/手动充气旋钮旋至"自动充气"，等滚筒内外压力平衡后，将控制板上的滚揉/出料钮扳到"出料"。出料结束后按"急停"按钮，机器停止运转。

7）清洗

滚筒上设有放水口。打开口盖可以放水，清洗后应将口盖盖好，以免下次使用时漏气。

2. 注意事项

（1）切勿触摸继电器的接线。

（2）应保护好滚筒口盖及放水口盖处的密封圈（垫）及密封面，以免漏气。

（3）不允许将干淀粉等粉状物料直接加到滚筒内，以免将其吸入真空泵，造成设备损坏。若需要加入冰块，其大小不应超过 80mm×80mm×80mm。

四、思考题

（1）滚揉不足或过度会产生哪些问题？

（2）盐水时应注意哪些问题？

（3）认真做好实验记录，写出实训报告。

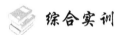 **综合实训**

方（圆）火腿的制作

一、实训目的

熟悉并掌握方（圆）火腿的加工方法。

二、仪器与材料

1. 仪器

模具，烟熏炉，锅。

2. 材料

原料肉，精盐，白糖，硝酸盐，调味料。

三、操作方法

1. 原料的选择及处理

西式火腿生产中，其原料肉的选择是非常重要的，只有最佳的肉料才能加工出最好的产品。火腿肉应选择 pH 在 5.8～6.2 的肉，如果 pH 过低，则肉的保水性差，做成的火腿切片呈黄色，结构粗糙。如果 pH 过高，虽然保水性增强，但细菌繁殖的速度快，也会影响火腿的质量。还要强调用于加工火腿的原料肉一定要低温冷藏，一般 6～7℃，高于 7℃，细菌大量繁殖，低于 6℃，肉品过硬，不利于注射盐水的渗透。

通常选择整只猪的前、后腿或零块的肉。修去肉皮和肉块上的脂肪、筋、膜、腱、骨等，修齐边缘，为了使蛋白质更好的游离出来，改善结着性，应尽量破坏包裹在外面的结缔组织。修割后的原料肉必须称重，其目的是为了确定用盐量。

2. 腌制

腌制方法有干腌法、湿腌法、混合腌法（即干腌后再进行湿腌）和腌液注射法等。

干腌法腌料的配合比例（占肉重的％）为：精盐 3％～4％，白糖 1％～3％，硝酸盐 0.05％，调味料 0.5％～1.0％。用混合腌料擦在肉的表面，然后肉面朝上，皮面朝下层层堆放（最上一层肉面朝下），高度最好不超过 1m。然后用塑料薄膜盖好（以防污染和与空气接触），再放在 3～4℃的冷暗场所腌制，5kg 以下的火腿腌 20d 左右，10kg 左右的腌 40d。腌料的投放，可以一次投入，也可以将腌料分成 2～3 等分，在 5d 左右的时间内分次涂擦，同时对肉料进行翻倒。

干腌法的蛋白质和浸出物的损失比湿腌法小，但不足之处是脱水程度大，可能出现干燥、制品发硬、盐在肉料中分布不均匀、关节部位变质等现象。

湿腌法腌液的配制是先将硝酸盐或亚硝酸盐以外的材料用水溶解、煮沸、过滤，冷却后加入硝酸盐或亚硝酸盐充分混合。将肉码放在腌缸中，倒入冷却到 2～3℃的腌液，上面压上石块等重物。腌制室温在 2～3℃，腌制时间按 1kg 腌 4～5d 计，为腌制均匀，开始时隔 3～5d 翻倒一次，以后隔 5～10d 翻一次。

湿腌法的特点是多汁、柔软、味好，但蛋白质和浸出物会有大量损失。湿腌法腌制液可经过处理重新使用。

注射腌制法是用注射器将腌制液注入肉料的不同部位，注射液量大体占肉重量的 18％～20％。在腌制过程中可注射数次。注射腌制法的特点是腌制速度快，但有时腌制不均匀。腌制或注射过腌液的肉最好经过滚揉，使盐水均匀分布到肉块中，增强了蛋白质的提取和保水性，赋予产品良好的结构、嫩度和色泽。

3. 压缩、成型

西式火腿为定型产品，如果是带骨火腿，则使火腿呈平整的琵琶形。如果加工去骨火腿，则方腿要装在长方形金属模具中（长 23cm，宽 2.5cm，高 12.5cm），要装满不留空隙，整只火腿，则在模具的空隙处装上小块肉，压实，加盖扭紧；如果用猪前腿加工成去骨圆腿，圆腿的造型方法是将前腿卷成圆筒形，外面用布包裹起来，再用绳扎紧，然后煮制。加工间室温应控制在 8～12℃。

4. 熏烟

需要熏烟的火腿，在熏烟前先要进行干燥。干燥能使肉面光泽，成为多孔质，有利熏烟时烟的成分渗入，同时使氧进入肉中，可促进发色。熏烟有冷熏法、温熏法和热熏法。冷熏法是在 15～25℃，熏制时间需 1 周左右。这种方法因时间长、发色不充分、成品率低，除少数产品（干肠）外，多不采用。温熏法是用 30～50℃的熏制方法。带骨火腿需熏制 1～3d，小型火腿熏 1～1.5d。需特别注意的是要使温度恒定。热熏法是用 50～80℃的熏制方法。此法温度高，肉的发色好，熏制时间短，但开始时温度要低，逐渐升高达到要求的温度。如果开始就用高温，则肉的表面会形成硬膜，熏烟即不易渗入肉中，对肉的发色也不利。带骨火腿用热熏法熏制 6～10h。

5. 煮制

蒸煮西式火腿须用不锈钢或铁锅，内铺蒸汽管，其大小视生产规模而定。如果是方形腿或圆形腿，在蒸煮时把模型逐层排列在锅底部，下层铺满后，再铺上层，以此类推。排列好后，即放入清洁水，水面稍高出模具。然后开大蒸汽，使水温迅速上升。火腿煮熟后，在排放热水同时，锅面上应淋些砂滤水，使模子温度迅速下降，以防止因产生大量水蒸气而降低成品率。然后，出锅整形。

对于煮制前烟熏火腿，煮时则将火腿一端用绳扎起，吊挂在煮锅中，使其全部浸入水中，水煮目的除杀菌外，可使制品具有适当的硬度和弹力，便于立即食用，也可以缓和熏烟味。蒸煮时间依据蒸煮锅的保温性能和模子的传热性能而定。通常煮制温度在70～80℃。小型火腿需煮制 2～3h，大型火腿需煮制 5～6h。

6. 冷却

蒸煮后的火腿先放在 22℃以下的冷水中冷却至 35～40℃，然后再移置 2℃的冷风间中利用冷空气降温。冷却期间的降温速度过慢，产品会有渗水现象；冷却速度过快，则产品内外温差过大，会引起产品收缩作用不均，使成品结构及切片性受到不良影响。

7. 包装

冷却后的火腿应立即进行包装，以免杂菌的污染。包装应在无菌包装室内进行，采用的包装形式大多是真空包装。包装后的火腿应在低温下储藏。

8. 成品

方腿和圆腿都属于整只火腿，它是用整只猪后腿或猪前腿加工而成的，用猪后腿加工的火腿，经过去骨、整形、腌制充填入模型中（多为长方形）蒸煮而成，外形呈长方形，故称方腿。而用猪前腿加工的火腿，外形呈圆筒形，故称圆腿。

方形腿的特点是：肉面致密无孔洞，色泽鲜艳，肉筋透明，肉质鲜嫩，脂肪少，咸淡适中，由于不带骨，食用方便。

圆形腿的特点是：口味与方形腿基本相同，颜色相近，但猪前腿夹层脂肪多，故肉质较肥，价格比方腿要低，可直接食用。

四、思考题

(1) 掌握圆形腿的工艺流程与方法。

(2) 在圆形腿的煮制过程中应注意哪些事项？

项目十九　中式火腿加工

☞ **岗位描述**

运用专用设备和工艺进行肉制品生产加工的人员。

☞ **工作任务**

运用专用设备及工具，进行选料、修整、腌制、整形、发酵和分级等，生产中式火腿。

☞ **知识目标**

(1) 了解中式火腿制品的分类、制作原理。

(2) 掌握原料的等级标准与鉴别方法。

(3) 掌握腌制的步骤与技巧。

(4) 掌握发酵的步骤与技巧。

(5) 掌握晒腿、修腿的步骤和要求。

 **能力目标**

(1) 能根据不同气候条件恰当地控制腌制时间、加盐的数量、翻倒的次数。

(2) 能判断发酵成熟的程度。

(3) 能给火腿成品分等级。

案例导入

我国有"四大名腿",即金华火腿、如皋火腿、宣威火腿和恩施火腿。目前恩施火腿已很少见,金华火腿、如皋火腿、宣威火腿因口味好深受广大消费者的喜爱,有很高的声誉。金华火腿又称南腿,素以造型美观,做工精细,肉质细嫩,味淡清香而著称于世。相传起源于宋代,距今已有800余年的历史。早在清朝光绪年间,已畅销日本、东南亚和欧美等地。1915年在巴拿马国际商品博览会上荣获一等优胜金质大奖。1985年又荣获中华人民共和国金质奖。

课前思考题

(1) 什么是中式火腿?

(2) 简述中式火腿的加工工艺及发展趋势。

任务一　认识中式火腿

中式火腿是选用带皮、带骨、带爪的鲜猪肉后退作为原料,经修割、腌制、洗晒(或晾挂风干)、发酵、整修等工序加工而成的,具有独特风味的生肉制品。中式火腿皮薄肉嫩、爪细、肉质红白鲜艳。肌肉呈玫瑰红色,具有独特的腌制风味,虽肥瘦兼具,但食而不腻,易于保藏。

一、中式火腿的分类及特点

中式火腿具有悠久的历史,是我国著名的传统肉制品。中式火腿种类繁多,分类方法也有所不同,一般有以下分类方法。

1. 根据地域分类

长江以南地区的南腿,长江以北地区的北腿,云贵地区的云腿。

2. 根据火腿产地分类

浙江省的金华火腿、浙江火腿，江西省安福县的安福火腿，江苏省如皋县的如皋火腿，云南省宣威县的宣威火腿、鹤庆县的鹤庆圆腿，四川省冕宁县的冕宁火腿、达县的达县火腿，湖北省恩施火腿，贵州省威宁地区的威宁火腿等。

3. 根据火腿成品的外形分类

竹叶形的竹叶腿，琵琶形的琵琶腿，圆形的圆腿，方盘形的盘腿。

4. 根据加工腌制时的季节分类

腌制于初冬季节的早冬腿，腌制于隆冬季节的正冬腿，腌制于立春后季节的早春腿，腌制于春分以后节气的晚春腿。期中以正冬腿品质最佳。

5. 根据所选原料、所加辅料及腌制加工方法分类

用特殊方法加工的金华火腿称为特制金华酱腿（雪舫酱腿），用白糖腌制的糖腿，用甜酱腌制的酱腿，用晾挂阴干的方法加工的风冬腿，以猪前腿为原料割去肋骨修整成月圆形的圆腿，以猪前腿修整成长方形的风腿，味淡而香用以品茗的茶腿。

二、中式火腿的加工方法

我国生产的中式火腿的地方较多，加工方法也各有不同。浙江、云南、江苏、四川、贵州、湖北、江西、安徽、台湾等省均产中式火腿。期中以浙江、云南、江苏三省最多。

加工腌制的方法主要有干腌堆叠法、干擦法和湿腌法等不论哪种方式方法，都是为达到使盐分渗透、鲜腿脱水的目的。

1. 干腌堆叠法

干腌堆叠法一般是在鲜腿肉面上多次撒盐（皮面、腿脚上不用盐），使盐慢慢地渗透到鲜肉内，然后把腿平叠在"腿床"上，便于鲜腿脱水。

2. 干擦法

干擦法是把盐碾成粉末状，然后擦遍腿身。在皮面和爪下用手掌使劲擦，在肉面和腿周围，五指并拢进行揉擦，使盐分渗透。

3. 湿腌法

湿腌法是把鲜腿像腌菜一样腌在缸内，然后压出腿内水分。

由于各地的气候条件、生猪品种、加工方法和用料的不同，致使所产中式火腿具有不同的风味特点。期中以金华火腿、宣威火腿、如皋火腿最受消费者欢迎和喜爱。

任务二　中式火腿加工

一、金华火腿加工

金华火腿历史悠久，驰名中外。相传起源于宋朝，早在公元 1100 年间，距今 900多年前民间已有生产，它是一种具有独特风味的传统肉制品。产品特点：脂香浓郁，皮色黄亮，肉色似火，红艳夺目，咸度适中，组织致密，鲜香扑鼻。以色、香、味、形"四绝"为消费者称誉。

（一）工艺流程（图 19.1）

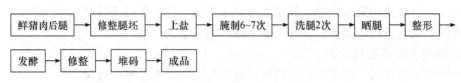

图 19.1　金华火腿加工工艺流程

（二）操作方法

1. 鲜腿的选择

原料是决定成品质量的重要因素，没有新鲜优质的原料，就很难制成优质的火腿。选择金华"两头乌"猪的鲜后腿，皮薄爪细，腿心饱满，瘦肉多，肥膘少，腿坯重 5～7.5kg，平均 6.25kg 的鲜腿最为适宜。

2. 修割腿坯

修整前，先用刮刀刮去皮面上的残毛和污物，使皮面光滑整洁。然后用削骨刀削平耻骨，修整坐骨，除去尾椎，斩去脊骨，使肌肉外露，再把过多的脂肪和附在肌肉上的浮油割去，将腿边修成弧形，腿面平整。再用手挤出大动脉内的淤血，最后使猪腿成为整齐的柳叶形。

3. 腌制

修整好腿坯后，即进入腌制过程。腌制是加工火腿的主要工艺环节，也是决定火腿质量的重要过程。金华火腿腌制系采用干腌堆叠法，用食盐和硝石进行腌制，腌制时需擦盐和倒堆 6～7 次，总用盐量约占腿重的 9%～10%，需 30d 左右。根据不同气温，适当控制加盐次数、腌制时间、翻码次数，是加工金华火腿的技术关键。腌制火腿的最佳温度在 0～10℃之间。以 5kg 鲜腿为例，说明其具体加工步骤。

1）第一次上盐

第一次上盐俗称小盐。目的是使肉中的水分、淤血排出。其方法是在肉表面薄薄的撒上一层盐（每腿约 100g），并在上盐之前，在腰椎骨节、耻骨节以及肌肉较厚处上少许硝酸钠。左右的盐撒在脚面上，敷盐要均匀，敷盐后堆叠时必须层层平整，上下对齐。堆码的高度应视气候而定。在正常气温下，以 12～14 层为宜，天气越冷，堆码越高。

2）第二次上盐

第二次上盐又称大盐。即在小盐的翌日做第二次翻腿上盐。在上盐以前用手压出血管中的淤血。必要时在三签头上放些硝酸钾。把盐从腿头撒至腿心，在腿的下部凹陷处用手指粘盐轻抹，用盐量为 250g 左右，用盐后将腿整齐堆叠。

3）第三次上盐

第三次上盐又称复三盐。第二次上盐 3d 后进行第三次上盐，根据鲜腿大小及三签处余盐情况控制用盐量。复三盐用量 95g 左右，对鲜腿较大、脂肪层较厚、三签处余盐少者适当增加盐量。

4）第四次上盐

第四次上盐又称复四盐。第三次上盐后，再过 7d 左右，进行复四盐。目的是经过下翻堆后调整腿质、温度，并检验三签处上盐溶化程度，如大部分已溶化需再补盐，并抹去腿皮上的黏盐，以防止腿的皮色发白无亮光。这次用盐 75g 左右。

5）第五次、第六次上盐

第五次、第六次上盐又称复五盐或复六盐。这两次上盐的间隔时间也都是 7d 左右。目的主要是检查火腿盐水是否用得适当，盐分是否全部渗透。大型腿（6kg 以上）如三签头上无盐时，应适当补加，小型腿则不必再补。

经过六次上盐后，腌制时间已近 30d，小型腿应挂出洗晒，大型腿进行第七次腌制。从上盐的方法看，可以总结口诀为：头盐上滚盐，大盐雪花盐，三盐靠骨头，四盐守签头，五盐六盐保签头。

4. 洗腿

鲜腿腌制后，腿面上留的黏浮杂物及污秽盐渣，经洗腿后可保持腿的清洁，有助于火腿的色、香、味，也能使肉表面盐分散失一部分，使咸淡适中。

洗腿前先用冷水浸泡，浸泡时间应根据腿的大小和咸淡来决定，一般需浸 2h 左右。浸腿时，肉面向下，全部浸没，不要露出水面。洗腿时按脚爪、爪缝、爪底、皮面、肉面和腿尖下面，顺肌纤维方同依次洗刷干净，不要使瘦肉翘起，然后刮去皮上的残毛，再浸泡在水中，进行洗刷，最后用绳吊起送往晒场挂晒。

5. 晒腿

将腿挂在晒架上，用刀刮去剩余细毛和污物，约经 4h，待肉面无水微干后打印商标，再经 3~4h，腿皮微干时肉面尚软开始整形。

6. 整形

所谓整形就是在晾晒过程中将火腿逐渐校成一定形状。整形要求做到小腿伸直，腿爪弯曲，皮面压平，腿心丰满和外形美观，而且使肌肉经排压后更加紧缩，有利于储藏发酵。整形晾晒适宜的火腿，腿形固定，皮呈黄色或淡黄，皮下脂肪洁白，肉面呈紫红色，腿面平整，肌肉坚实，表面不见油迹。

7. 发酵

火腿经腌制、洗晒和整形等工序后，在外形、质地、气味、颜色等方面尚没有达到应有的要求，特别是没有产生火腿特有的风味，与腊肉相似。因此必须经过发酵过程，一方面使水分继续蒸发，另一方面使肌肉中蛋白质、脂肪等发酵分解，使肉色、肉味、香气更好。将腌制好的鲜腿晾挂于宽敞通风、地势高而干燥库房的木架上，彼此相距 5~7cm，继续进行 2~3 个月发酵鲜化，肉面上逐渐长出绿、白、黑、黄色霉菌（或腿的正常菌群）这是发酵基本完成，火腿逐渐产生香味和鲜味。因此，发酵好坏与火腿质量有密切关系。

火腿发酵后，水分蒸发，腿身逐渐干燥，腿骨外露，需再次修整，即发酵期修整。一般是按腿上挂的先后批次，在清明节前后即可逐批刷去腿上发酵霉菌，进入修整工序。

8. 修整

发酵完成后，腿部肌肉干燥而收缩，腿骨外露。为使腿形美观，要进一步修整。修整工序包括修平耻骨、修正股骨、修平坐骨，并从腿脚向上割去脚皮，达到腿正直，两旁对称均匀，腿身呈柳叶形。

9. 堆码

经发酵整形后的火腿，视干燥程度分批落架。按腿的大小，使其肉面朝上，皮面朝下，层层堆叠于腿床上。堆高不超过 15 层。每隔 10d 左右翻倒 1 次，结合翻倒将流出的油脂涂于肉面，使肉面保持油润光泽而不显干燥。

（三）主要关键控制点的质量控制

腌制火腿时应注意以下几个问题：

1. 注意顺序

鲜腿腌制应根据先后顺序，依次按顺序堆叠，标明日期、只数。便于翻堆用盐时不发生错乱、遗漏。

2. 堆码火腿重量均匀

4kg 以下的小火腿应当单独腌制堆叠，避免和大、中火腿混杂，以便控制盐量，保证质量。

3. 擦盐注意事项

腿上擦盐时要有力而均匀，腿皮上切忌擦盐，避免火腿制成后皮上无光彩。

4. 堆叠要整齐

堆叠时应轻拿轻放，堆叠整齐，以防脱盐。

5. 注意温度变化

如果温度变化较大，要及时翻堆更换食盐。

二、宣威火腿加工

宣威火腿，历史悠久，驰名中外，属华夏三大名腿之一。其形似琵琶，皮色蜡黄，瘦肉桃红色或玫瑰色，肥肉乳白色，肉质滋嫩，香味浓郁，咸香可口，以色、香味、形著称。

（一）加工工艺流程（图 19.2）

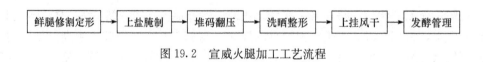

图 19.2　宣威火腿加工工艺流程

（二）操作要点

1. 鲜腿修割定形

每只鲜腿毛重以 7~15kg 为宜，在通风较好的条件下，经 10~12h 晾凉后，根据腿的大小形状进行修割，9~15kg 的修成琵琶形，7~9kg 的修成柳叶形。修割时，先用刀刮去皮面残毛和污物，使皮面光洁；再修去附着在肌膜和骨盆的脂肪和结缔组织，除净血渍，再从左至右修去多余的脂肪和附着在肌肉上的碎肉，切割时做到刀路整齐，切面平滑，毛光血净。

2. 上盐腌制

将经冷凉并修割定形的鲜腿上盐腌制，用盐量为鲜腿重量的 6.5%～7.5%，每隔 2～3d 上盐一次，一般分 3～4 次上盐，第一次上盐 2.5%，第二次上盐 3%，第三次上盐 1.5%（以总盐量 7% 计）。腌制时将腿肉面朝下，皮面朝上，均匀撒上一层盐，从蹄壳开始，逆毛孔向上，用力揉搓皮层，使皮层湿润或盐与水呈糊状，反复第一次上盐结束后，将腿堆码在便于翻动的地方，2～3d 后，用同样的方法进行第二次上盐，堆码；间隔 3d 后进行第三次上盐、堆码。三次上盐堆码三天后反复查，如有淤血排出，用腿上余盐复搓（俗称赶盐），使肌肉变成板栗色，腌透的则于淤血排出。

3. 堆码翻压

将上盐后的腌腿置于干燥、冷凉的室内，室内温度保持在 7～10℃，相对湿度保持在 62%～82%。堆码按大、中、小分别进行，大只堆 6 层，小只堆 8～12 层，每层 10 只。少量加工采用铁锅堆码，锅边、锅底放一层稻草或木棍做隔层。堆码翻压要反复进行 3 次，每次间隔 4～5d，总共堆码腌制 12～15d。翻码时，要使底部的腿翻换到上部，上部的翻换到下部。上层腌腿脚杆压住下层腿部血筋处，排尽淤血。

4. 洗晒整形

经堆码翻压的腌腿，如肌肉面、骨缝由鲜红色变成板栗色，淤血排尽，可进行洗晒整形。浸泡洗晒时，将腌好的火腿放入清水中浸泡，浸泡时，肉面朝下，不得露出水面，浸泡时间看火腿的大小和气温高低而定，气温在 10℃ 左右，浸泡时间约 10h。浸泡时如发现火腿肌肉发暗，浸泡时间酌情延长。如用流动水应缩短时间。浸泡结束后，即进行洗刷，洗刷时应顺着肌肉纤维排列方向进行，先洗脚爪，依次为皮面、肉面到腿下部。必要时，浸泡洗刷可进行两次，第二次浸泡时间视气温而定，若气温在 10℃ 左右，约 4h，如在春季约 2h。浸泡洗刷完毕后，把火腿晾晒到皮层微干肉面尚软时，开始整形，整形时将小腿校直，皮面压平，用手从腿面两侧挤压肌肉，使腿心丰满，整形后上挂在室外阳光下继续晾晒。晾晒的时间根据季节、气温、风速、腿的大小、肥瘦不同确定，一般 2～3d 为宜。

5. 上挂风干

经洗晒整形后，火腿即可上挂，一般采用 0.7m 左右的结实干净绳子，结成猪蹄扣捆住蹠骨部位，挂在仓库楼杆钉子上，成串上挂的大只挂上，小只挂下，或大、中、小分类上挂，每串一般 4～6 只，上挂时应做到皮面、肉面一致，只与只间保持适当距离，挂与挂之间留有人行道，便于观察和控制发酵条件。

6. 发酵管理

上挂初期至清明节前，严防春风的侵入，以免造成暴干开裂。注意适时开窗 1～2h，保持室内通风干燥，使火腿逐步风干。立夏节令后，及时开关门窗，调节库房温度、湿度，让火腿充分发酵。楼层库房必要时应楼上、楼下调换上挂管理，使火腿发酵鲜化一致。端午节后要适时开窗，保持火腿干燥结实，防止火腿回潮。发酵阶段室温应控制在月均 13～16℃，相对湿度为 72%～80%。日常管理工作，应注意观察火腿的失水、风干和霉菌生长情况，根据气候变化，通过开关门窗、生火升湿来控制库房温湿度，创造火腿发酵鲜化的最佳环境条件，火腿发酵基本成熟后（大腿一般要到中秋节），仍应加强日常发酵管理工作，直到火腿调出时，方能结束。

7. 储藏方法

宣威火腿是猪肉腌腊食品，便于携带和储藏。但它毕竟是肉类食品，含有较多的动物脂肪，肌肉组织又有吸收其他气体的特性。因此，消费者买回后要使腿质不变，保管工作十分重要。动物脂肪久放，加之保管不善，往往会出现哈喇味，亦即油脂的氧化酸败等现象，所以火腿不能长期放在日光直射、高温、近火、煤飘熏处或潮湿的地方，通常应悬挂在室内阴凉通风干燥而清洁的地方。至于火腿肉面上的发酵层，那是制作过程中酵母菌等有益菌落层，不但不会影响火腿肉质和香味，反而能起到防腐、防虫、防干裂、防污染等保护作用，平时不必揩刮，只要在食用前削刮掉即可。

（三）主要关键控制点的质量控制

宣威火腿虽然比其他肉类食品存放时间长，但一般保管期不宜过久。消费者自己保管，以一、二年内为好，如保管得法，整腿可三、五年不变风味，道地的多年陈火腿，仍鲜香无比，丰腴适口的虽常有，但表层损耗终究较大，影响食用价值。商店、餐馆如进货量较多，应掌握先进先出原则，以免过于年久，肉质干硬，肥膘黄褐，风味变劣，甚或肌肉变海绵样，味哈喇涩口。

火腿表面应常涂抹植物油；火腿切割后的肉面也应涂抹植物油，以防氧化。

 小结

中式火腿是选用带皮、带骨、带爪的鲜猪肉后腿作为原料，经修割、腌制、洗晒（或晾挂风干）、发酵、整修等工序加工而成的，具有独特风味的生肉制品。中式火腿皮薄肉嫩、爪细、肉质红白鲜艳。本章主要介绍了中国传统火腿的分类及制作方法，金华火腿与宣威火腿为我国著名的火腿类型，重点论述了金华火腿与宣威火腿的制作工艺流程及质量关键控制点。

 复习思考题

（1）简述中式火腿的分类。
（2）修割腿坯、洗腿的要点有哪些？
（3）金华火腿关键控制点如何进行质量控制？
（4）简述宣威火腿与金华火腿的差异。

 知识链接

传统火腿加工歌

火腿加工的全过程一般要经过6～7道工序、60～70步操作，历时8～10个月。在业内有这样的说法："一个月的床头，五六天的日头，百二十天的钉头，二'九'一'八'

的折头"。也就是说火腿经腌制后堆栈在"腿床"上需要 1 个月的时间才能成熟，在清水中洗刷后要在阳光下晒 5～6d 才能发酵，挂架发酵时间从火腿整形算起要经过 120d 左右，二"九"一"八"的折头指的是两次九折、一次八折，即腌制后的火腿重量是鲜腿的九折，晒腿又是腌腿的九折，发酵后的火腿重量又是晒腿的八折。所以，一般火腿的成品率在 64％左右。

 单元操作训练一

修割腿坯、洗腿操作（初级工）

一、修割整理

加工火腿的原料后腿的切割是先在后起第三腰椎骨节处切断，然后沿大腿骨斜向切下。切下的鲜猪腿不能立即腌制，必须吊挂在 6～10℃通风处冷却 12～18h 后方能进行整理加工。

将鲜腿割下来后，用刮毛刀刮净腿皮上的残毛和污物，使皮面光洁。

二、削骨

把整理后的鲜腿斜放在操作台上，左手握住腿爪，右手持刀削骨，削平腿部耻骨（俗称眉毛骨），修整股关节（俗称龙眼骨），除去尾骨和背脊骨，去除油膜和血管中的残血，修整腿周围和表面不整齐的部分，修成火腿坯。

三、开面

把鲜腿腿爪向右，腿头向左放在操作台上，削去腿面皮层，将胫骨节上面皮层处割成半月形。开面后将油膜割去，操作要谨慎，操作时刀面紧贴肉皮，刀口向上，慢慢地割去，防止硬割。

四、修整腿皮

先在臀部修腿皮，然后将鲜腿摆正，腿朝外，腿头向内，右手拿刀，左手揉平后腿肉，拉起肉皮，割去腿肚皮，之后将腿调头，揪出胫骨、股骨、坐骨（俗称三签头）和血管中的淤血，鲜腿雏形即已形成。

五、注意事项

修整腿坯时应特别注意不损伤肌肉表面，仅以露出肌肉表面为限。

在耻骨下面沿脊椎延长方向的肌肉内部有两条粗大的动脉血管，内集有淤血，而且该处又是大腿肌肉的最厚处，同时，此处肌肉内包有耻骨和大腿骨，因此，修整时必须注意将血管中的淤血用手挤出，防止腌制时腐败。

六、思考题

（1）简述原料后腿修割整理的步骤。

（2）简述削骨的操作步骤。

 单元操作训练二

晒腿、整形操作（中级工）

一、晒腿

晒腿就是将洗过的火腿挂上晒架后，再用刀刮去腿脚和表皮上的残余细毛和油污杂质放在太阳下晾晒，并要随时修整腿形（即"做腿"），使腿形美观。然后在腿皮面上加盖"×××一腿"和"兽医验讫"戳记。盖印时要注意盖得清楚、整齐。

晒腿时间的长短根据气候决定，一般冬季晒 5～6d，春季晒 4～5d，以晒至皮紧而红一亮，并开始出油为度。

二、整形

整形就是在晾晒过程中将火腿逐渐修整成一定形状，也称做腿。整形要求做到小腿伸直，脚爪弯曲，皮面压平，腿心丰满，目的是使火腿的外形美观，而且使肌肉经排压后更加紧缩，有利于储藏发酵。

将洗过的腿每两只用绳扎在一起，挂在晒架上，用刀刮去腿脚和表面皮层上的残余细毛和污物。之后放到太阳下晾晒，约经 4h 后，待皮面无水微干后可加印厂名及商标。盖印后再继续挂晒 4h 左右，腿皮微干、肉面尚软时即可开始整形。

晒腿时应检查腿头上的脊骨是否折断，如有折断用刀削去，以防积水，影响质量。

整形分三步：

首先在火腿内部（即腿身），用两手从腿的两侧往腿心部用力挤压，使腿心饱满，成橄榄形。其次在小腿部，先用木锤敲打膝部，再用校骨凳（即凳面带有圆孔的长凳），将小腿插入凳孔中轻轻攀折，使小腿正直，至膝踝无皱纹为止。最后在脚爪部，用手捏弯脚爪，将脚爪加工成镰刀形。

整形后再继续暴晒，在腿没变硬前，连续整形 2～3 次（每天整一次），暴晒 4～5d后，火腿表面干燥，形状固定。此时晒腿与整形工序即可结束。

三、思考题

（1）简述晒腿的操作步骤。
（2）简述火腿整形的步骤。

 单元操作训练三

腌制、发酵操作（高级工）

一、腌制的步骤与技巧

腌制火腿最理想的温度为 8℃左右，腌制过程共擦盐和倒堆 6～7 次。擦盐主要是前3次，余下几次根据火腿的大小、气温的不同以及不同部位而控制用盐。每次擦盐的量和间隔的时间视当时的气温而定，不完全一致。根据经验，用盐量为鲜腿重的9％～10％。腌制时间受鲜腿的大小、脂肪层的厚薄等影响。6～10kg的鲜腿腌制时间约40d左右。最重要的是前3次用盐，第一次用盐约占总盐量的15％～20％，第二次用盐最多，约占总盐量的50％～60％，第三次用盐变动很大，主要看第二次用盐量及腌制情况而定，一般占15％左右。腌制时腿皮切忌用盐。

用盐时间间隔，一般第一次与第二次相隔1d，第二次与第三次相隔5d，第三次与第四次相隔6d，第四次、第五次、第六次每次相隔7d。

经过多年的实践，有人把腌制火腿的过程总结成口诀："首盐上滚盐，大盐雪花飞，三盐保重点，四盐扭'签头'，五盐、六盐保'签头'。

二、发酵的步骤与技巧

发酵期间，肉质在酶的作用下完成一系列的生物化学变化，产生多种氨基酸和芳香醇。

晾晒好的火腿，悬挂在库房中的分层木架上，并保持一定的距离，便于通风。发酵与库房温度关系极大，温度高，湿度大，发酵时间短。在金华地区的气温条件下，冬季12月到次年1～2月加工的火腿，发酵达标时间约在4～5月间。此时火腿的肌肉表面逐渐生成绿色的霉菌，最后形成一层淡黄色的灰粉，并产生特殊的香气。火腿发酵至7月份后，即完成全部发酵过程，此时火腿表面呈橘黄色或淡肉红色，肉面油润，由于水分蒸发，腿部肌肉逐渐干燥而收缩，腿骨外露。

发酵完成后，逐批落架，落架时刷去腿上霉酵灰，按照规格质量标准进行分级，然后逐只打签，标出等级，再分级堆放，即为成品。

三、思考题

(1) 简述火腿腌制的步骤与技巧。
(2) 简述火腿发酵的步骤与技巧。

 综合实训

实验室制作中式火腿

一、实训目的

掌握中式火腿的加工工艺流程及制作方法。

二、仪器与材料

1. 仪器
案板，刀具，腌制发酵室。
2. 材料
猪后腿，食用盐，硝石，硝酸钾。

三、实训内容

(一) 工艺流程 (图 19.3)

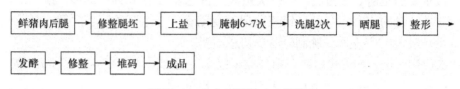

图 19.3 中式火腿加工工艺流程

(二) 操作方法

1. 鲜腿的选择

原料是决定成品质量的重要因素,没有新鲜优质的原料,就很难制成优质的火腿。选择金华"两头乌"猪的鲜后腿最好,皮薄爪细,腿心饱满,瘦肉多,肥膘少,腿坯重 5～7.5kg,平均 6.25kg 的鲜腿最为适宜。

2. 修割腿坯

修整前,先用刮刀刮去皮面上的残毛和污物,使皮面光滑整洁。然后用削骨刀削平耻骨,修整坐骨,除去尾椎,斩去脊骨,使肌肉外露,再把过多的脂肪和附在肌肉上的浮油割去,将腿边修成弧形,腿面平整。再用手挤出大动脉内的淤血,最后使猪腿成为整齐的柳叶形。

3. 腌制

腌制是加工火腿的主要工艺环节,也是决定火腿质量的重要过程。金华火腿腌制系采用干腌堆叠法,用食盐和硝石进行腌制,腌制时需擦盐和倒堆 6～7 次,总用盐量约占腿重的 9%～10%,约需 30d。根据不同气温,适当控制加盐次数、腌制时间、翻码次数,是加工火腿的技术关键。腌制火腿的最佳温度在 0～10℃ 之间。以 5kg 鲜腿为例,说明具体加工步骤。

1) 第一次上盐

第一次上盐俗称小盐。目的是使肉中的水分、淤血排出。用 100g 左右的盐撒在脚面上,敷盐要均匀,敷盐后堆叠时必须层层平整,上下对齐。堆码的高度应视气候而定。在正常气温下,以 12～14 层为宜,天气越冷,堆码越高。

2) 第二次上盐

第二次上盐又称大盐。即在小盐的翌日做第二次翻腿上盐。在上盐以前用手压出血管中的淤血。必要时在三签头上放些硝酸钾。把盐从腿头撒至腿心,在腿的下部凹陷处用手指黏盐轻抹,用盐量为 250g 左右,用盐后将腿整齐堆叠。

3) 第三次上盐

第三次上盐又称复三盐,第二次上盐 3d 后进行第三次上盐,根据鲜腿大小及三签处余盐情况控制用盐量。复三盐用量大约 95g,对鲜腿较大、脂肪层较厚、三签处余盐少者适当增加盐量。

4）第四次上盐

第三次上盐后，再过 7d 左右，进行复四盐。目的是经过下翻堆后调整腿质、温度，并检验三签处上盐溶化程度，如大部分已溶化需再补盐，并抹去腿皮上的黏盐，以防止腿的皮色发白无亮光。这次用盐约 75g。

5）第五次或第六次上盐

复五盐或复六盐，这两次上盐的间隔时间也都是 7d 左右。目的主要是检查火腿盐水是否用得适当，盐分是否全部渗透。大型腿（6kg 以上）如三签头上无盐时，应适当补加，小型腿则不必再补。

4. 洗腿

鲜腿腌制后，腿面上留的黏浮杂物及污秽盐渣，经洗腿后可保持腿的清洁，有助于火腿的色、香、味，也能使肉表面盐分散失一部分，使咸淡适中。

洗腿前先用冷水浸泡，浸泡时间应根据腿的大小和咸淡来决定，一般需浸 2h 左右。浸腿时，肉面向下，全部浸没，不要露出水面。洗腿时按脚爪、爪缝、爪底、皮面、肉面和腿尖下面，顺肌纤维方同依次洗刷干净，不要使瘦肉翘起，然后刮去皮上的残毛，再浸泡在水中，进行洗刷，最后用绳吊起送往晒场挂晒。

5. 晒腿

将腿挂在晒架上，用刀刮去剩余细毛和污物，约经 4h，待肉面无水微干后打印商标，再经 3～4h，腿皮微干时肉面尚软开始整形。

6. 整形

所谓整形就是在晾晒过程中将火腿逐渐校成一定形状。整形要求做到小腿伸直，腿爪弯曲，皮面压平，腿心丰满和外形美观，而且使肌肉经排压后更加紧缩，有利于储藏发酵。整形晾晒适宜的火腿，腿形固定，皮呈黄色或淡黄，皮下脂肪洁白，肉面呈紫红色，腿面平整，肌肉坚实，表面不见油迹。

7. 发酵

火腿经腌制、洗晒和整形等工序后，在外形、质地、气味、颜色等方面尚没有达到应有的要求，特别是没有产生火腿特有的风味，与腊肉相似。因此必须经过发酵过程，一方面使水分继续蒸发，另一方面便肌肉中蛋白质、脂肪等发酵分解，使肉色、肉味、香气更好。将腌制好的鲜腿晾挂于宽敞通风、地势高而干燥库房的木架上，彼此相距 5～7cm，继续进行 2～3 个月发酵鲜化，肉面上逐渐长出绿、白、黑、黄色霉菌（或腿的正常菌群）这时发酵基本完成，火腿逐渐产生香味和鲜味。

火腿发酵后，水分蒸发，腿身逐渐干燥，腿骨外露，需再次修整，即发酵期修整。一般是按腿上挂的先后批次，在清明节前后即可逐批刷去腿上发酵霉菌，进入修整工序。

8. 修整

发酵完成后，腿部肌肉干燥而收缩，腿骨外露。为使腿形美观，要进一步修整。修整工序包括修平耻骨、修正股骨、修平坐骨，并从腿脚问上割去脚皮，达到腿正直，两旁对称均匀，腿身呈柳叶形。

9. 堆码

经发酵整形后的火腿，视干燥程度分批落架。按腿的大小，使其肉面朝上，皮面朝下，层层堆叠于腿床上。堆高不超过 15 层。每隔 10d 左右翻倒 1 次，结合翻倒将流出的油脂涂于肉面，使肉面保持油润光泽而不显干燥。

四、思考题

（1）中式火腿加工的工艺流程与操作要点是什么？
（2）认真做好实训记录，写出实训报告。

项目二十　油炸制品加工

☞ **岗位描述**

肉制品加工工。

☞ **工作任务**

能应用各种油炸设备，炸制各种油炸食品。

☞ **知识目标**

（1）掌握油炸的作用和方法。
（2）掌握常见食品的油炸工艺要求。

☞ **能力目标**

（1）能制作不同规格的丸子。
（2）能在油炸前进行滚粉。
（3）能使用油炸锅按不同产品的要求进行油炸。
（4）能恰当掌握煮制或油炸的火候。
（5）能配制裹粉并挂糊上浆。
（6）能均匀着色。

☞ **案例导入**

新华网北京 2009 年 7 月 8 日报道：日前有媒体报道境外查出包括肯德基在内的一些快餐店炸油中含有致癌物丙烯酰胺。对此，卫生部食品安全综合协调与卫生监督局有关负责人 8 日表示，我国 2005 年就已发布丙烯酰胺的危险性评估报告，居民应改变吃油炸和高脂肪食品的习惯，减少因丙烯酰胺可能导致的健康危害。

卫生部发布的《食品中丙烯酰胺的危险性评估》报告指出，丙烯酰胺是一种白色晶体化学物质，是生产聚丙烯酰胺的原料。聚丙烯酰胺主要用于水的净化处理、纸浆的加工及管道的内涂层等。

　　报告称，丙烯酰胺具有潜在的神经毒性、遗传毒性和致癌性。试验显示，丙烯酰胺可致大白鼠多种器官肿瘤。国际癌症研究机构将丙烯酰胺列为 2 类致癌物即人类可能致癌物，其主要依据为丙烯酰胺在动物和人体均可代谢转化为其致癌活性代谢产物环氧丙酰胺。

　　报告中提醒，高温加工的淀粉类食品，如油炸薯片和油炸薯条等食物中丙烯酰胺含量较高，而我国居民食用油炸食品较多，暴露量较大，存在潜在危害。

☞ **课前思考题**

　　（1）油炸优点是什么？
　　（2）油炸原理是什么？

任务一　油炸原理及方法

一、油炸原理

　　肉制品经过油炸可以改变产品的形状和性能，并改善风味，使制品具有良好的口感。其基本原理是利用油脂的性质及导热性。

（一）油脂的基本性质

　　食用油脂主要来源于动物脂肪组织和植物的种子中。常温下（18~20℃）呈液态为油。纯粹的脂肪是无色无味的。但是各种脂肪都不是纯净的脂肪，所含的成分都不相同，这是脂肪具有本身特殊气味的主要原因。

　　油炸香味的扩散程度要大于煮制。这是由于热油中会分解出刺激性气味较强的丙烯烃（油烟味），另外，油脂中还含有少量的挥发性芳香物质（这些都是沸水中所不具备的），它们的分子和原料自身香味的分子伴随在一起，在不同程度的作用下，迅速散溢，并且温度越高，分子活动越强烈，时间越长。散溢的香味越浓郁。但是，油脂经长时间加热会发生黏度增高、酸性增加以及产生刺激性气味等不良因素。

　　食用油的燃点很高，一般在 340~355℃之间。一般来说，油温在 120~200℃之间炸制，食品中的营养成分不会降低；油温在 270℃以上不仅油中所含脂溶性维生素破坏殆尽，而且人体必需的各种脂肪酸也遭到大量氧化，降低了油脂的营养价值。因此，油炸制品应尽可能避免把油烧到全锅冒青烟。除此之外，油脂（尤其是动物油）在长期保管储藏中极易发生氧化作用而变质，使其营养价值降低，并产生带有毒性的过氧化物，通过加热则可使过氧化物很快分解。因此，在生产过程中，未经熬炼的油禁忌直接放入食品，经多次高温炸过原料的油中应适当补充一些新油后再使用。

（二）油脂的导热性

　　油炸制品原料的加工主要依赖油脂传导热量。实际上，它应包括油与金属共同参与的导热。所以，这类导热形式是原料沉浸在油中或是原料紧贴锅底，由铁锅和油脂共同传热致熟。这种导热形式的特点是：从物理学角度讲，油是热的不良导体，金属是热的良导体。在旺火上将铁锅烧红用不了多长时间，而要将一锅油烧沸却需要一定时间。油是盛放在铁锅里的，铁锅很快把热量传给油，加速油的升温，用油和金属作为导热体，原料往往能更快传递很高的温度，原料遇到 85℃ 以上温度时细菌便被大量杀灭，畜类肉呈灰白色，趋于成熟。

因此，油脂的高温能使原料肉在较短的时间里断生成熟。又因为缩短了加热时间，有些质地鲜嫩的原料就能在加工过程中减少水分流失，使产品保持了爽脆或软嫩的本色。

在正常大气压下，水的沸点是 100℃，而油在四成热以上就超过了 100℃，含水的原料遇到高于 100℃ 的油脂，表层迅速脱水、变脆。一些挂糊的制品所以能够外脆里嫩，就是因为淀粉糊衣脱水结壳变脆，又阻挡了原料水分的外溢。油脂温度越高，蒸发也就越快，油烟是蒸发的表象，动物原料中含有酯、酚、醇等有机物质，加热后离析出来，一部分与油分子一起散发在空气中。所以，油导热做出的产品香味很浓郁。

淀粉能够吸收水分，尤其遇到沸水会膨胀糊化，吸水加剧，并有部分溶解于水中。然而，淀粉在油锅里遇热糊化时并不吸收油分，挂糊上浆的原料过油之后，才会使淀粉外衣与原料合为一体。淀粉遇热后，糊化产生黏性，附着在原料的表面，使低温油中加热成熟的原料表面光润柔滑。

油导热还能最大限度地突出原料的本身风味，增加油的香腻味。原料在油锅中成熟的过程也就是脱水的过程，原味越来越浓。有些原料还会吸收部分油脂，使制品味道更美。

油导热主要依靠热的对流作用，当铁锅把热量传了导热体油时，与锅底接触的油脂最先受热，体积膨胀，相对密度大，下沉，整锅油慢慢趋于沸腾。因此，我们直观油锅在刚开始加热时，油面波动较大，而到了将要达到沸点时，除了青烟直冒，油面倒是平静的，因为这时的油温上下已相当接近了。油从常温到沸点其温差在 200℃ 左右。温差大，则使掌握油温成为一项专门的基本技术。通常油温的度数都是根据目测油面的反应而定的，灵活性很大；因为操作时可变因素很多，诸如原料与油的数量之比、油温与火力强弱的对应、油温与原料入锅的速度、油温与原料形体质地的关系等。即便使用温度计也很难直接测试到合适的温度。因此，油炸时掌握好油温十分重要。

（三）挂糊上浆的作用

油炸制品加工的滑油技法又称拉油、划油，是指用中油量、温油锅，将原料滑散成制品的一种熟处理方法。滑油的原料一般都是丁、丝、片、条、块等小型原料。滑油前多数原料都要上浆，使原料不直接同油接触，使水分不易溢出，而保持柔软鲜嫩。挂糊上浆是典型的滑油技法。挂糊上浆俗称穿衣、滚粉，是有的原料需要在其表面上黏裹或附着一层由淀粉调制成的糊状（浆状）物的操作方法。挂糊上浆是以所用的糊浆浓稀程度来区分的。挂糊所用的是粥样浓稠的糊状物，上浆所用的是较薄稀的淀粉浆。

挂糊上浆是制作油炸制品的一种技法，原料经过挂糊上浆后，用油加热，热能透过糊浆，使原料受热成熟，这样就可以避免原料中的汁液渗出，防止原料中的蛋白质变性，也不至于因加工时间过长而影响制品的质量。其作用如下：

（1）保持原料的水分和鲜香味。

原料经挂糊上浆后再进行炸制，油脂不会很快浸入原料内部，同时糊浆受热后会立即形成一层薄膜，使原料的香味也不会很快散失，故成品味道鲜美，具有香、酥、松、脆的特点。

（2）保持原料营养成分，增加制品的营养价值。

原料中含有丰富的蛋白质、糖、无机盐及多种维生素和其他营养成分，如直接受热过久，或油温过高，营养成分都会遭到不同程度的破坏，降低了营养价值，而挂糊或上浆的糊、浆又是用淀粉与水或鸡蛋清等调制而成，本身具有一定的营养成分，从而增加了制品的营养价值。

（3）保持原料形状，使其光滑饱满，使制品更加美观。

各种原料经过加工成片、块、条状或直接使用整料，在加热时往往易碎，易蜷缩干瘪，改变原形。通过挂糊上浆后再经加热就能保持原料的固有形状，使制品外形美观。

二、油炸方法

油炸是肉类制品加工方法之一，是广泛采用的一种加工技艺。油炸是用旺火加热、以油为传热介质的加工方法。特点是火力旺，用油量多；成品无汁。用这种方法制作的产品大部分要间隔炸两次。油炸可以杀灭食品中的微生物，延长肉制品的货架期，同时可改善肉制品风味，提高肉制品的营养价值，赋予制品特有的金黄色泽。油炸制品的制作设备简单、操作方便。油炸制品的特点是香酥脆嫩，色泽美观。

油炸肉制品的方法主要有浅层油炸和深层油炸；后者又可分为常压深层油炸和真空深层油炸。根据制品要求和风味口感的不同，又可分为清炸、干炸、软炸、酥炸、松炸、脆炸、卷包炸和纸包炸等基本油炸方法。

（一）浅层油炸

浅层油炸适合于表面积较大的肉制品如肉片和肉饼等的加工。一般在工业化油炸加工中应用较少，多用于餐馆、饭店和家庭的油炸制品的制作。浅层油炸方法比较适合于手工制作和小批量作坊式生产，不适宜工业化油炸制品加工。

浅层油炸普遍使用电热平底油炸锅或炒锅等厨房设施。该类设备生产能力较低，一次使用物料约5～10kg，操作简单，无滤油装置，常有食物碎屑残留锅中。此类设备虽能精确控温，但因设备自身不能分离除去油中的食物碎屑，故反复使用几次后，碎屑在高温下发生变化，甚至变成焦煳物，导致油炸用油的风味变差，品质下降，故不得不作为废弃油处理除去。因此，油炸用油的利用率较低，浪费较大，致使产品生产成本增加。

（二）深层油炸

深层油炸是常用的一种油炸方式，适合于肉制品工业化油炸加工。一般可分为常压深层油炸和真空深层油炸。根据油炸介质不同又可分为纯油油炸和水油混合油炸。在工业上应用较多的是水油混合式深层油炸。

水油混合式深层油炸是指在同一容器内加入水和油进行油炸的方法。水油因密度大小不同而分成两层，上层是相对密度较小的油层，下层是相对密度较大的水层，一般在油层中部水平设置加热器加热。水油混合深层油炸食品时，食品的残渣碎屑下沉至水层，由于下层油温比上层油温低，炸油的氧化程度可得到缓解，同时，沉入下半部水层的食物残渣可以过滤除去，这样，可大大减少油炸用油的污染，保持其良好的卫生状况。

水油混合式深层油炸工艺具有分区控温、自动过滤、自我净化的特点。在油炸过程中，油始终保持新鲜状态，所炸制的肉制品不但色、香、味、形俱佳，外观洁净，而且可大大减少油炸用油的浪费，节油效果十分显著。

目前，在油炸肉制品加工中，已具有无烟型多功能水油混合式油炸机和全自动连续深层油炸生产线，可完全满足油炸肉制品生产的需要。

（三）清炸

选用新鲜质嫩的肉品，经过预处理切成一定几何形状，再按配方称量辅料与肉品混合腌制，然后用急火高温热油炸制一次，即称为清炸。如清炸猪肝、清炸鱼块等，成品外脆里嫩，清爽利落。

（四）干炸

取新鲜动物瘦肉，经成型、调味，并用淀粉、鸡蛋和水挂糊上浆，于190～220℃的热油中炸熟，即为干炸。如干炸里脊、油炸排骨等，成品特点是干爽，香溢，外脆里嫩，色泽红黄。

（五）软炸

取质嫩的猪里脊、鲜鱼片、鲜虾等经加工造型、上浆入味、蘸干粉面，拖蛋白糊处理后，置90～120℃热油中炸熟即可。把蛋清打成泡沫状后加淀粉、面粉调匀裹肉制品后经油炸制，成品色白、细腻松软，故称软炸。常见制品有软炸鱼条等，成品特点是表面松软，质地细嫩，色白微黄，清淡味美。

（六）酥炸

选取动物原料，成型、调味、蘸面粉、拖全蛋糊、撒面包屑，放入150℃热油中炸至表面呈深黄酥，成品外松内软，细嫩可口，即为酥炸。如酥炸鱼排、香酥仔鸡等。

（七）松炸

松炸是将原料加工成片状或块形，经调味后蘸面粉挂上全蛋糊后，放入150～160℃热油中，慢炸成熟的一种油炸方法，因成品表面金黄松酥，故称松炸。该类产品特点是制品膨松饱满，里嫩味鲜。

（八）脆炸

脆炸多用于家禽加工。将整鸡或全鸭燎毛后，去内脏，用沸水洗烫，使表面皮肤中胶原蛋白发生热收缩，然后，在表皮上挂一层饴糖淀粉水，晾坯，置于 200～210℃ 高温热油中炸制，使其呈红黄色，直至油炸熟化，使其鸡或鸭皮脆、肉嫩，故称脆炸。

（九）卷包炸

将新鲜质嫩的肉品切成一定形状，调味后卷入各种调好口味的馅，包卷起来，放入 150℃ 热油中炸制。成品特点是外脆里嫩，色泽金黄，滋味鲜美。

（十）纸包炸

将质地细嫩的猪里脊、鸡鸭脯、鲜虾等高档原料切成薄片或其他形状，上浆后用糯米纸或玻璃纸等包成长方形，投入 80～100℃ 温油中炸制，称纸包炸。其产品特点是形状美观，细嫩多汁。因此，在包装时，应注意包裹严密，防止汤汁溢漏。

三、油炸的技术关键

油炸是食品熟制和干制的一种加工方法，是将食品置于较高温度的油脂中，使其加热快速熟化的过程。经过油炸加工的产品具有香酥脆嫩和色泽美观的特点。油炸既是一种菜肴烹调技术，又是工业化油炸食品的加工方法。油炸肉制品深受大众喜爱，成为世界上许多国家流行的方便食品。

油炸工艺的技术关键是控制油温和热加工时间。不同的原料，其油炸工艺参数不同。根据原料的组成、质地、质量和形状大小合理控制油温进行油炸加工，可获得优质的油炸肉制品。

（一）油温的确定

油的对流作用可以使原料迅速受热，但不宜长时间加热。油的最高温度可以达到 400℃，比水温高出 3 倍，油不会汽化蒸发，如果再加热就会燃烧起来。油炸制品使用的油温一般在 100～250℃ 之间，可以利用不同的油温对原料加热。有的原料经过挂糊上浆处理后，使用旺火时，不能在油太热时下锅，因为旺火很快就会把原料炸成外焦里不熟。在油温只有四五成热时下锅，并在温油中浸炸一段时间，然后再用热油，才能把原料炸得外部黄脆，内部嫩软。如用温火，油温应在六七成热时，将原料下锅。因为温火把油烧得很热需要很长时间，如原料下锅时间早，炸的时间太长，原料内部水分会渐渐渗透出来，容易使制品炸得内部老硬。并且火温油凉、原料下锅时，糊容易脱落，影响制品的美观和质量。

所谓油温，就是锅中的油经加热达到的温度。不论滑油还是走油，都应当正确掌握油温。要正确处理油温，首先要正确地鉴别各种不同程度的油温，而这种鉴别不可能随时利用温度计来测量，只能凭借实践经验来鉴别。一般油温大致可分为四种：

（1）温油：油温三四成热。油温达到 70～100℃，这时锅的表面无青烟、无响声，油面较平静。原料入油时原料周围会出现少量气泡。

（2）热油：油温五六成热。油温达到 110～170℃，锅面微有青烟，油从四周向中间翻动，搅动时略有响声。原料入油时原料周围会出现大量气泡，无声响。

（3）旺油：油温七八成热。油温达到 180～220℃，锅面有青烟，油面较平静，搅动时有响声。原料入油时原料周围会出现大量气泡，并带有轻微的声响。

（4）沸油：油温达到 230℃以上，全锅冒青烟，油面翻滚并有较大声响。

（二）油温的控制

正确鉴别油温后，还必须根据火力大小、原料性质及下料多少正确地控制油温。

1. 根据火力大小控制油温

用旺火加热，原料下锅时油温应低一些，因为旺火使油温迅速升高。如果原料在火力旺、油温高的情况下入锅，极易造成黏结、划散不开、外焦内不熟的现象。

用中火加热，原料下锅时油温应高一些，因为以中火加热，油温上升较慢。如果原料在火力不太旺、油温低的情况下入锅，则油温会迅速下降，造成脱浆、脱糊。

在过油过程中，如果火力太旺，油温上升太快，应立即调整火候或加入冷油，以使油温降低至适宜的温度。

2. 根据投料数量控制油温

投料数量多，下锅时油温应高些。因为原料本身是凉的，投料数量大，油温必然迅速下降，而且降低幅度较大、回升慢，故应在油温较高时投料下锅。

投料数量少，下锅时油温应低些。因为原料量小，油温下降的幅度也小，而且回升快，所以应在油温较低时下锅。

根据原料质地老嫩和规格控制油温。质地细嫩和小型规格的原料，下锅时油温低一些；质地粗老韧硬和整形大块的原料，下锅时油温应高一些。

总之，以上各种控制油温的方法不是孤立的，必须同时考虑，综合运用，灵活掌握，把油温控制在原料所需的温度范围内，才能使原料合理、均匀地受热。

（三）油炸的关键

（1）正确掌握过油的油。油温是过油的关键，油温的高低，直接影响原料过油的质感。凡是原料质地老的、形体大的，油温要高一些；相反，下锅原料少、且体形又小，油温可低一些。

（2）投料数量与油量成正比。投料越多所使用的油量越大，过油时，才能使原料受热均匀，火候一致。

（3）表面酥脆过油复炸。

（4）保持洁白色泽须用猪油或清油（即未用过的植物油）。猪油不宜高温，以防油质变色、香味损失。

任务二 油炸制品加工

一、油炸丸子加工

油炸肉丸子是以新鲜猪肉主要原料，辅以天然香辛料和添加剂，经绞肉、拌馅和油炸的传统肉制品。其传统制作方法简单，风格各不相同。随着人们生活节奏加快，各种产品逐步形成规模化和产业化，可做汤（如牛肉丸子汤）、炖、穿串、火锅料等，食用方便。

（一）配方及加工工艺流程

1. 配方

猪瘦肉 35kg，猪脂肪 5kg，淀粉 10kg，精盐 750g，酱油 750g，大葱 800g，鲜姜 500g，花椒面 80g，植物油 4～5kg。

2. 工艺流程（图 20.1）

图 20.1　油炸丸子加工工艺流程

（二）操作要点

1. 选料

选用经卫生检验合格的鲜（冻）猪肉。要求干净、无污物、修尽肉筋。

2. 绞碎

把选好的肉切成 5cm 左右见方的小块，装入 2 号孔眼孔板的绞肉机内，肥瘦肉一起绞碎成肉泥状。

3. 拌馅

将淀粉用 10～12.5kg 的清水调和成干浆状，把姜、葱切成或绞成细粒，然后把所有配料一起倒入肉馅内搅拌均匀。

4. 成型

将拌好的肉馅做成棉桃大小的圆球形。可采用机械成型，也可采用手工成型的制作方法。

5. 油炸

把植物油烧到 190℃左右，将丸子放入油锅中炸制，下锅后的油温保持在 180℃左右，经 15min 左右，使肉丸子炸制呈深黄色即可，捞出控尽油，摊放在容器内晾凉即为成品。

6. 质量标准

猪肉丸子外表呈棕黄色，内部呈淡褐色，形状呈不规则的圆形，大小均匀，每 500g 肉馅应制作 30～35 个丸子，外焦里嫩，不黏不散，具有浓厚的油炸肉香气，味道酥松香脆，咸淡适口。

二、五香炸酥肉加工

（一）配方及加工工艺流程

1. 配方

鲜猪肉 40kg，鲜鸡蛋 1kg，干淀粉 10kg，精盐 800g，酱油 500g，花椒粉 80g，植物油 4kg。

2. 工艺流程 (图 20.2)

图 20.2　五香炸酥肉加工工艺流程

（二）操作要点

1. 原料选择

选用经卫生检验合格的去皮去骨后较肥的猪五花肉，修净脏污，去掉肉筋。

2. 切片

把选好的鲜猪肉切成每块长 10cm、宽 4cm、厚 1cm 的长方形薄片。

3. 上糊

将切好的肉片和调味料混合在一起，搅拌均匀，腌制 30min。再用 2kg 左右的清水把淀粉调稀，将鸡蛋打成蛋汤，混入淀粉糊内搅拌均匀，再将肉片放入淀粉糊内，使淀粉糊布满肉片。

4. 油炸

把植物油加热到 180℃左右，然后将拌好的肉片逐块投入油锅。下锅要迅速，一次投放量不宜过多，避免外熟内生，炸至 5～6min，皮上呈黄色即捞出，控油，摊开晾在盘内，即为成品。

5. 质量标准

五香炸酥肉外观呈棕黄色，内部肥肉呈白色、瘦肉呈棕色，每块面糊挂得均匀，外脆里嫩，质酥软，不碎块，具有较浓的炸肉香气，味道酥软香脆，鲜美适口。

（三）主要关键控制点的质量控制

挂糊上浆一定要均与，由于肉片的大小厚薄不均一，因此控制挂糊上浆工序，是获得均匀成品的关键。

三、东北炸肉饼加工

（一）配方及加工工艺流程

1. 配方

猪瘦肉 35kg，猪脂肪 5kg，淀粉 10kg，豆油 4～5kg，精盐 750g，酱油 750g，大葱 800g，鲜姜 500g，花椒面 80g。

2. 工艺流程 (图 20.3)

图 20.3　东北炸肉饼加工工艺流程

（二）操作要点

1. 原料选择与修整

选用经卫生检验合格的鲜、冻猪肉为原料，修净皮、毛、淋巴、淤血、脏污后冲洗干净。

2. 绞碎

将修割好的猪肉切成 5cm 左右的小块肉，放入 0.8cm 算眼的绞肉机内绞碎。

3. 拌馅

把淀粉先用 7.5～10kg 清水调成浆状，再将葱、姜用绞肉机绞成细泥状，然后把所有的配料和肉馅一并倒入淀粉浆内搅拌均匀。

4. 油炸

把豆油放在油锅内加热到 190℃ 左右，把搅拌好的肉馅做成直径为 5～6cm、厚 2cm 的小圆饼，放入油锅中炸 10～15min，待肉饼呈深黄色捞出控净炸油即为成品。

5. 质量标准

炸肉饼外表呈棕黄色，内部色略浅，每 500g 原料出 4～5 个肉饼，个头均匀，外脆里嫩，不黏不散，具有较浓的炸肉香气，酥软香脆，咸淡适口。

四、上海走油肉、走油蹄髈加工

（一）配方及加工工艺流程

1. 工艺流程（图 20.4）

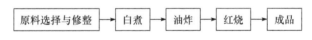

图 20.4 上海走油肉、走油蹄髈加工工艺流程

2. 配方（按 50kg 原料肉计算）

原料肉 50kg，黄酒 1～1.5kg，精盐 250g，味精 50g，红酱油 500g，大葱 250g，白酱油 500g，生姜 125g，白糖 2.5kg。

（二）操作要点

1. 原料选择与修整

做上海走油肉时选用经检验合格的、肥膘厚 1.5cm 的猪肋条肉最为适宜，猪皮可稍厚。刮净皮上短毛，割去奶脯，修去边缘碎油，切成长 14cm、宽 11cm 的长方块。

做走油蹄髈时，则选用猪的前后蹄髈，前蹄髈拆去前肱骨，后蹄髈拆去胫骨，留下腓骨（筷子骨），用水洗干净。

2. 白煮

将经过整理的原料置于锅中，加入清水（以淹没原料为准），用旺火烧沸，以铲刀翻动原料，撇去浮油杂质，再用文火焖煮 1h 左右，待肉酥时捞出。出锅后趁热拆去骨头，如数量不多，蹄髈和走油肉两种产品可以用锅煮制。

3. 油炸

将拆去骨头后的原料置于容器中，稍微散热沥干水分，即入锅油炸。锅内放入清洁的猪油（也可用植物油），油锅温度保持在 170～190℃之间。放入油锅的原料数量应本着分批小量的原则，用笊篱轻轻放入，放入时，皮朝下，肉朝上。油炸时间一般为 7～8min。油炸成熟的标志是皮层起泡，色泽金黄，肉质发酥。到了起锅时间，如果有少数原料皮面未起泡，也须一道捞出。原料入锅后，须用铲刀上下翻动，使原料四面受热均匀，但须注意不要翻碎。出锅之后立即放入清水中沉浸 4～5min，原料在水中浸泡会产生皱褶，为下一工序红烧入味奠定基础。

4. 红烧

为防止原料烧焦、黏贴锅底，须先在锅底四周衬垫竹篮，按比例放入辅料，生葱、生姜（打碎装入布袋中）放在最底层，然后放入走油肉，皮向上，肉向下，一层一层地排列整理，不宜过密，避免彼此粘连，影响口味和上色。每放一层原料，撒以少量精盐，使咸味均匀。原料放妥后加入黄酒。酱油、精盐，以及去净杂质的白烧肉汤（每 50kg 原料约加入 10～20kg 汤），如有老汤可同时加入，不宜加得过多。锅内的汤不宜太多，以加到低于肉体约 3cm 最为适宜，用旺火烧约 30min，皮面起皱酥，加入白砂糖、味精，继续烧煮 10～15min，即可出锅。

5. 质量标准

走油肉为 10cm×13cm 左右的长方块，无骨，皮上有皱纹，色泽酱红，肉酥皮糯。走油蹄髈成品为整只蹄髈，带有腓骨，皮有皱纹，外表酱红色，肉酥皮糯。

（三）主要关键控制点的质量控制

红烧起锅时动作要敏捷，蹄髈起锅后，须竖放于盘上，不能堆叠；走油肉皮向上，肉向下排列在盘上，亦不能堆叠。将锅内汤汁中的浮油杂质撇去。取出部分汤汁浇于产品表面；可加重产品色泽和口味，剩下的汤汁要注意保存，留待下次使用。

 **小结**

本项目介绍了油炸原理、油炸方法（根据制品要求和风味口感的不同，又可分为清炸、干炸、软炸、酥炸、松炸、脆炸、卷包炸和纸包炸等基本油炸方法）。同时还介绍了油炸丸子、五香炸酥肉、东北炸肉饼及上海走油肉、走油蹄髈的加工工艺。

 复习思考题

（1）简述油炸原理。
（2）简述油炸的分类。
（3）油炸的关键技术是什么？
（4）综述油炸丸子的加工工艺及关键控制点的控制。

知识链接

真空油炸锅的使用方法

　　油炸肉制品经挂糊上浆后，都要油炸，以固定形状、产生特有的风味和提高制品保存期。在肉制品加工过程中，油炸是通过油炸锅来完成的。

　　油炸锅一般有两种：一种是连续式油炸锅（见操作训练单元）。适用于大批量生产；另一种是真空油炸锅，适用于高质量分批式生产。

　　真空油炸锅的使用：

　　（1）使用前，做好设备清洗工作，特别要对锅体内壁转轴、框架、网篮做彻底清洗，并保持干燥。

　　（2）将物料均匀放置在网篮内，并依次把网篮放置在锅内框架上，上层网篮盖好网板。

　　（3）关闭锅门，用手轮压紧，确保密封良好。

　　（4）泵入油料，待油淹没制品时，自动停泵。

　　（5）开启电加热器，从窥视镜中查看，当锅内油出现游腾时即可开始油炸，油炸所需时间应根据不同物料的工艺要求来确定。此时启动恒温控制器可自动控制温度。

　　（6）油炸结束后，关闭电加热器，打开真空阀，待设备处于常压下；启动循环油泵排油。

　　（7）排油结束后，打开锅门，转动转轴，进行沥油工作。

　　（8）依次将网篮取出，然后在不锈钢操作台上取出制品进行包装。

　　（9）每班工作结束后，应及时做好清洗和卫生工作。

单元操作训练一

油炸操作（初级工）

一、油炸原料入锅

　　油炸原料使用的油锅大小根据产量而定，不宜过大。油锅中的油，一般放到七成即可，不宜放满。原料入锅应掌握分批小量的原则，对于滑油的原料还应一块一块分散下锅或用漏勺逐勺下锅，下锅以后再用铁筷划开，以免粘连成团。走油制品入锅时，应先滤干水分。带肉皮的制品入锅时应肉皮朝下，因肉皮组织坚实、韧性强，易于发涨、松软。在油炸过程中，须用漏勺推动原料，以避免原料下沉、粘贴锅底、烧焦发黑。

　　油炸操作要注意安全，因原料入锅后发出声响，并且热油外溅，如不注意容易发生烫伤事故。因此，操作时应挡住面部，防止热油烫及面部。同时为了防止油锅太热，做到随时降温，可在油锅旁备置凉油。为了安全起见，油锅附近应备有灭火器材，并随时检查其是否好用。

二、油炸

肉制品加工中油炸按料来分有挂糊上浆和净炸两种，按火候大小分有软炸和脆炸。

（一）挂糊上浆

挂糊上浆也称滑油，就是将原料在油锅中稍炸一下，时间很短，大多用于整理好的小块原料。油炸前，用淀粉或蛋液等调制成具有黏性的糊浆，把原料在其中蘸涂后即进行炸制，称为挂糊。如果用淀粉和其他辅料加在原料上一起调拌，称为上浆。挂糊上浆的作用一是使原料表面附着一层糊浆，不直接接触热油，保持原料中的水分和鲜味，使蛋白质等营养成分不易受到破坏；二是不使原料过分蜷缩，基本保持本来形态，光润饱满，以增加美感和香、酥、脆的口感。

原料下锅时的温度应根据火候、原料性质和数量来决定，一般将油温控制在150℃左右为宜。

（二）净炸

净炸也称走油，净炸就是将产品投入油多、火旺的油锅中，让它翻滚受热，炸制时间较长。其目的在于使原料发胀松软，变形变性，增加美感，改善风味。走油一般用于大块的原料。

无论哪种炸制方法，在油炸前都必须对原料进行剔选、清洗，并切割成型，然后根据不同的品种，选用不同的辅料，挂糊或腌制后，进行油炸加工。

三、思考题

（1）简述油炸的操作方法。
（2）油炸时应注意哪些问题？

 单元操作训练二

连续式油炸锅的使用（中级工）

一、使用前设备清洁

可用0.2%的NaOH洗剂加热至65～700℃，清洗油炸槽内壁以除去表面油污，再用清水冲洗，擦干，不得留有积水。

二、加足油料

储油槽内准备好足够生产用的油料，注意油位表上限油标。

三、准备原料

在进料端准备好已裹浆的肉制品原料。

四、启动设备

开启电源总开关，启动循环泵，将油泵入油炸槽内，当达到一定油位后由液位开关自动停止油泵工作。

五、预热加工

开启电加热器开关，当油温达至要求温度时投入原料，启动输送网带开始油炸。一般油温以最高不超过 200℃ 为宜，油温可以通过恒温器控制。

六、控制温度

当出现焦化油炸制品时，应立即关闭部分电加热器，调整控制温度，减少热量供应。

七、去除杂质

油层表面出现浮屑时，应使用网瓢及时排除，以防产生焦味和油烟气。

八、停止设备

油炸结束后，应排出油料，经过滤净化后泵入储油槽，可做循环使用。但重复使用时间不能太长，否则氧化后的油料会引起油炸制品变味，做每隔适当时间需要更换新油。

九、安全清洁

油料排净后应及时做好清洁卫生工作，洗净槽内和网带上的料屑。关闭电源总开关，确保安全。

十、思考题

(1) 简述连续式油炸锅的操作步骤。
(2) 使用连续式油炸锅应注意哪些事项？

 单元操作训练三

挂糊上浆操作（高级工）

一、浆料稀稠控制

挂糊上浆所用的糊或浆要根据原料特性和制品的要求恰当掌握稀稠程度。一般来说，原料质地嫩，含水分少的，要求糊或浆稀薄一些。同一种原料经冷冻的含水分较多，要求糊或浆浓稠一些；反之就稀薄一些。原料经过挂糊上浆马上炸制的，要求糊或浆浓度大一些，因为这时原料还来不及吸收糊、浆中的水分，炸制时糊和浆不容易脱落；挂糊上浆后，要过一些时间才进行炸制的，糊或浆的浓度可以小一些，因原料能够充分吸收水分，这样可以减少糊、浆的脱落。

二、上浆要求

挂糊上浆的糊、浆要搅拌均匀，不能有粉粒存在。如果有小粉粒附着在原料表面，投入油锅后会引起爆裂脱落，使制品表面不光滑，严重影响制品外形美观。

三、浆料调制要求

调制糊、浆时搅拌时间要稍长一些，并做到先慢后快，使淀粉逐步溶解，增强黏性。

四、上浆操作

挂糊上浆时，要把原料表面全部包裹起来，并要均匀，不能留有空隙。否则，原料投入油后，热油就会从空隙处流入原料内，使这个部位发生萎缩变形，从而影响制品的色泽和质量。

五、挂糊上浆后原料火候与油温控制

炸制时，不宜在油温太高时下锅，以免外焦内生；如在油温太低时下锅，原料所含水分随着油温的逐步提高又不断渗透出来，容易使原料内部质地变老，外部的糊、浆容易脱落或干硬，影响制品的质量。所以，经过挂糊上浆后的原料在炸制时，必须严格按照制品的工艺要求，掌握好火候和油温，以保证制品的质量。

除挂糊上浆外，还有拍粉的方法，就是在经过调味的原料表面均匀地拍上一层面粉或干淀粉。拍粉后的原料经过油炸，可以保持原有的形态，并使制品表面脆硬而体积缩小。

六、思考题

(1) 怎样控制油温?
(2) 简述上浆步骤?

 综合实训一

五香炸酥肉加工

一、实训目的

通过实训，掌握五香炸酥肉加工工艺。

二、仪器与材料

1. 仪器
油炸锅，不锈钢案板，刀具，网篮等。
2. 材料
猪肉，鸡蛋，淀粉，精盐等。

三、实训内容

(一) 配方及加工工艺流程

1. 配方

鲜猪肉 10kg，鲜鸡蛋 0.25kg，干淀粉 2.5kg，精盐 200g，酱油 128g，花椒粉 20g，植物油 1kg。

2. 工艺流程 (图 20.5)

图 20.5　五香炸酥肉加工工艺流程

(二) 操作要点

1. 原料选择

选用经卫生检验合格的去皮去骨后较肥的猪五花肉，修净脏污，去掉肉筋。

2. 切片

把选好的鲜猪肉切成每块长 10cm、宽 4cm、厚 1cm 的长方形薄片。

3. 上糊

将切好的肉片和调味料混合在一起，搅拌均匀，腌制 30min。再用 0.5kg 左右的清水把淀粉调稀，将鸡蛋打成蛋汤，混入淀粉糊内搅拌均匀，再将肉片放入淀粉糊内，使淀粉糊布满肉片。

4. 油炸

把植物油加热到 180℃ 左右，然后将拌好的肉片逐块投入油锅。下锅要迅速，一次投放量不宜过多，避免外熟内生，炸至 5～6min，皮上呈黄色即捞出，控油，摊开晾在盘内，即为成品。

5. 质量标准

五香炸酥肉外观呈棕黄色，内部肥肉呈白色、瘦肉呈棕色，每块面糊挂得均匀，外脆里嫩，质酥软，不碎块，具有较浓的炸肉香气，味道酥软香脆，鲜美适口。

四、思考题

(1) 五香炸酥肉加工要点是什么?

(2) 认真做好实训记录，写出实训报告。

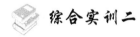 **综合实训二**

油炸丸子加工

一、实训目的

通过实训，掌握油炸丸子加工工艺。

二、仪器与材料

1. 仪器

油炸锅，不锈钢案板，绞肉机，刀具，网篮等。

2. 材料

猪肉，大葱，淀粉，精盐等。

三、实训内容

（一）配方及加工工艺流程

1. 配方

猪瘦肉 7kg，猪脂肪 1kg，淀粉 2kg，精盐 150g，酱油 150g，大葱 160g，鲜姜 100g，花椒面 16g，植物油 1kg。

2. 工艺流程（图 20.6）

图 20.6　油炸丸子加工工艺流程

（二）操作要点

1. 选料

选用经卫生检验合格的鲜（冻）猪肉。要求干净、无污物、修尽肉筋。

2. 绞碎

把选好的肉切成 5cm 左右见方的小块，装入 2 号孔眼孔板的绞肉机内，肥瘦肉一起绞碎成肉泥状。

3. 拌馅

将淀粉用 10~12.5kg 的清水调和成干浆状，把姜、葱切成或绞成细粒，然后把所有配料一起倒入肉馅内搅拌均匀。

4. 成型

将拌好的肉馅做成棉桃大小的圆球形。可采用机械成型，也可采用手工成型的制作方法。

5. 油炸

把植物油烧到 190℃左右，将丸子放入油锅中炸制，下锅后的油温保持在 180℃左右，经 15min 左右，使肉丸子炸制呈深黄色即可，捞出控尽油，摊放在容器内晾凉即为成品。

6. 质量标准

猪肉丸子外表呈棕黄色，内部呈淡褐色，形状呈不规则的圆形，大小均匀，每500g 肉馅应制作 30~35 个丸子，外焦里嫩，不黏不散，具有浓厚的油炸肉香气，味道酥松香脆，咸淡适口。

四、思考题

(1) 油炸丸子加工要点是什么？

(2) 认真做好实训记录，写出实训报告。

项目二十一 肉制品加工常用设备的使用及保养

☞ **岗位描述**

肉制品设备操作工及维护保养工。

☞ **工作任务**

能对绞肉机、搅拌机、斩拌机、制冰机、充填机、结扎机、盐水注射机、滚揉机、乳化机、嫩化机、提升机、烟熏炉、高压杀菌罐等机械设备进行安装、使用、维护及保养。

☞ **知识目标**

(1) 了解各机械设备的结构及原理。

(2) 掌握设备的安装及使用方法。

(3) 掌握各机械设备的维护及保养方法。

☞ **能力目标**

(1) 能使用、清洗和安装常用机械设备。

(2) 能维护及保养常用机械设备。

☞ **案例导入**

肉类加工机械是肉类工业发展必须而重要的保障。现代肉制品质量在很大程度上取决于加工设备的自动化程度，因此肉制品加工设备是肉品加工的重要内容。在20世纪80年代中期，原国家商业部为了提高我国的肉类深加工技术，开始从欧洲进口肉类加工设备。从那时开始，我国的肉类加工企业开始认识和了解现代化的加工设备、工艺及产品；肉类加工机械制造厂家也开始接触先进的肉类加工设备，并开始借鉴国外的技术开发中国自己的产品。

☞ **课前思考题**

(1) 肉制品加工常用机械设备有哪些？

(2) 各种机械设备如何使用及保养？

任务一 提升机的使用

提升机是为绞肉机、搅拌机、斩拌机、灌肠机等设备提供物料的专用设备。提升机具有安装简便、性能可靠、结构紧凑、运转平稳等优点，是肉制品加工中不可缺少的设备。

一、结构及工作原理

1. 主要结构

提升机是由机架、机架上焊合件、丝杠、提升导套、翻转架、定位翻转板及电动机等部分组成，如图 21.1 所示。

2. 工作原理

按动启动按钮，电动机旋转带动槽轮，通过三角带带动丝杠顶端槽轮和丝杠旋转，带动提升导套、通过导杠。滑杠连同固定在提升套的肉斗车支架和肉斗车一同向上运动，当运动到一定位置时，支架上的倾斜辊与提升机的翻转板相吻合，限位开关与行程开关相碰，将肉斗车上的物料转到机器的料斗内，按下降开关，肉斗车翻转复位并向下运动，直到料斗架的侧板与机内下行程开关相碰，动作停止。将肉斗车拉出，再继续装料。

图 21.1 提升机

二、提升机的使用及保养

1. 提升机的安装

（1）打开机器包装后，先仔细阅读说明书，并做好安装的准备工作。

（2）小心地将提升机放到地上，把所有机件上的螺母再紧固一遍，以防运输过程中造成螺母松动。

（3）提升机要安装到坚固平整的地面上，安装时用水平仪进行检查和调整。

（4）提升机的地脚螺栓为 M16，将调整好的提升机固定牢固。

（5）从料斗的边缘到提升机底前孔的距离为 75mm。

（6）机体安装位置与周围墙壁距离要求不小于 1.2m。

2. 提升机的使用

（1）提升前确认电动机的旋转方向是否正确，按下"提升"按钮，电动机扇叶应是逆时针旋转，下降时为顺时针旋转。

（2）点动按钮，看小车上行到位后翻转小车投料，观察小车投料时与对接机器的料斗距离是否合乎要求。不合适时，要调整行程开关的位置；同样点动按钮，看小车下降到位时，是否落地，位置是否合适，提升轴是否撞到其他部位。不合适时，要调整行程开关的位置，直到上下运行均到位为止。

（3）运行。

① 将装满原料肉的料斗车推入提升架中，将提升叉与小车在两侧固定板连接好，

按"上行"按钮，料斗车上升。

②小车上升到达预定高度时，支架上的倾斜辊与翻转板相吻合，限位开关与上行程开关相碰，即可自动卸料。卸料后按下"下行"按钮，小车转动回复正常位置后下降，直到限位开关与下行程开关相碰时自动停车，拉出小车。停机时，按下红色按钮。

3. 提升机的维护及保养

（1）丝杠和滑杠每周上一次油，最好用刷子将油脂涂刷到丝杠和滑杠上。

（2）上下轴承及升降支架中心支撑管也要润滑，每周检查一次，并加注润滑油。

（3）每月检查一次 V 带的松紧程度，发现松弛时及时调紧，磨损严重的则需更换。

（4）清洗机器时注意不要向电器部分冲水，也不要直接冲洗机槽内。

任务二　绞肉机的使用

绞肉机又称碎肉机，主要功能是将整块的原料肉或脂肪按要求的大小切碎绞制成细粒或肉糜，以减轻手工劳动强度，提高生产效率。目前新式绞肉机除具有绞肉功能外，还有剔除筋腱、嫩骨和混合的作用。

一、结构及工作原理

1. 绞肉机的工作原理

绞肉机是肉食行业通用性高，适用范围广的一种肉类加工设备，依靠螺杆将料斗箱中的原料肉推到电预切处，通过螺杆的旋转作用，使得绞刀与孔板产生相对运动，从而将原料肉切成颗粒形状，确保了肉馅的均匀性。

2. 绞肉机的主要结构

绞肉机主要由电动机、V 带、孔板、绞刀、绞龙、减速器、压紧套、料斗箱、配电箱、机架等构成。如图 21.2 所示。

二、提升机的使用及保养

1. 绞肉机的安装

（1）安装绞肉机时，绞肉机的倾斜度为 1°，只允许向出肉方向倾斜。

（2）绞肉机的安装位置与墙壁的距离一般要求不小于 1m。

（3）绞肉部分零件的拆装。根据产品绞肉粒度的要求，安装绞肉部分零件的方法及顺序为：绞龙→绞龙外套→拧紧锁紧装置→预切孔板→绞刀→孔板（$\phi13$）→绞刀→孔板（$\phi3$、$\phi5$、$\phi7$ 任意一个）→压紧套→绞龙外套螺母。拆卸时顺序相反。

图 21.2　JR-130 型绞肉机

2. 绞肉机的使用方法

（1）使用前，首先要检查料仓内是否有异物，再检查皮带松紧度、减速箱油标是否到位、各个润滑部位是否注食用油。

（2）绞肉前，先将绞肉部分各零件取出清洗注油，然后将绞肉机装好。快速点动慢速绞肉按钮，检查绞龙旋转方向（从出料口方向看应为逆时针方向）。

（3）将少量原料肉约15kg，放在料斗箱绞龙出口处。按下慢速绞肉按钮，使肉品旋送到最外孔板为止，停机并使机器反转约5转左右，再停机。然后拧紧绞龙外套螺母，使绞刀与孔板见间紧密相接，方可正式开机生产。

（4）在生产将要结束时，将绞好的肉料倒回料仓10～15kg，这样可将残存在机内的原料肉全部推出绞碎，避免物料空转现象。

（5）在生产中要使料仓存放一定数量的原料肉，绝不允许无料空转，否则会严重损坏绞肉部件。

（6）如需要退料，按下停止按钮，停顿约5s，按下反转退料按钮即可。

（7）生产结束后，首先要切断电源，按照顺序依次拆卸零件，清洗干净后涂上食用润滑油。

3. 绞肉机的维护与保养

（1）使用前后应进行清洗，以确保卫生。清洗时要注意不要用水冲刷电动机，以免造成短路，烧毁电动机或造成漏电。

（2）不能在电源电压不足时长时间使用电动机，电动机启动约两三秒内不能达到正常运转时，应切断电源检查原因。

（3）要定期打磨或更换绞刀，孔板使用一定时间后会出现凹陷，要及时磨平。

（4）要定期检查传动带，及时调整或更换。电气元件要定期检修，电动机轴承应定期更换润滑脂。

三、注意事项

1. 绞肉机装卸

（1）在插入螺旋送料器时，要根据所使用绞肉机的具体构造，使电动机或减速器输出轴端和螺旋送料器正确连接。

（2）在安装刀片时，注意不要把刀片装反，刀的刃口要朝向孔板。

（3）安装孔板时，注意要使孔板圆周上的定位半圆孔和筒体上的定位销对齐。

2. 绞肉机调试

（1）刀刃和孔板吻合。

（2）紧固件的松紧度。

任务三　切丁机的使用

一、结构及工作原理

切丁机也称脂肪切丁机，是一种主要用于脂肪切割的机械，在批量生产的大、中型企业应用较广。其作用是根据不同品种的工艺要求，把脂肪切成各种规格的丁，作为原料与其他馅料一起加入灌肠在成型加工，如广东香肠、大腊肠等产品。切丁机可在6～50mm³ 范围内切丁，规格由机头上安装的刀算大小来决定。

切丁机主要由料仓、机头帽子、左刀算、右刀算、推进绞笼、出料导槽、电动机及偏心机械传动系统和机架等组成，如图21.3所示。

图21.3　多功能切丁机

二、切丁机的使用及保养

1. 切丁机的使用

（1）首先检查料仓内是否有异物，然后方可试车。

（2）检查提升机与料斗之间是否已固定，以确保料斗在提升过程中不脱落。

（3）根据膘丁规格选择好刀算，按顺序安装好，并在刀算两侧滑动杆上涂抹食用润滑油。

（4）安装好转动刀杆，并检查刀杆上安装的片刀是否完好。用手扳动转刀，检查刀面与刀算的断面间隙是否符合要求。

（5）上述检查无误后，先试绞笼转动情况，然后试刀算滑动情况，最后试转刀旋转。

（6）试车正常后，方可开始操作。

2. 切丁机的保养

（1）生产结束后，首先切断电源，然后打开机头护罩门，将转刀、刀算以及绞笼一次卸下，认真清洗，清洗时要小心，以防将手割伤。各部位清洗后，应挂在工具备件架上。

（2）清洗料仓时，注意不要把水冲到电器和机械传动部件上。

（3）设备冲刷后，要用抹布将机器外壳擦干净，搞好环境卫生。

（4）每周应检查4个传动系统的V带松紧度，检查减速器、变速器油位，运转1000～1500h后全面添加一次润滑油。

三、注意事项

切丁机在切丁过程中可能出现的问题及解决措施：

1. 原料挤出的速度明显减慢

解决措施：检查传动V带，调整松紧度；检查刀算上刀片是否锋利，刀片磨损应进行更换或用砂石磨修刀片。

2. 挤出肉条后切除的丁不成形

解决措施：检查转动刀片是否锋利；检查刀片与刀算断面间隙是否过大，然后进行调整。

任务四　滚揉机的使用

滚揉工艺是盐水火腿和一些肉制品生产中较常运用的工艺。滚揉是将嫩化和盐水腌制或盐水注射后的原料肉块在 0～5℃中进行机械滚揉和按摩,使肉块中的盐溶性蛋白质被提取出来,对水产生良好的黏结作用,令肉块中的盐水更好地被吸收。

一、滚揉机的种类及结构

1.滚揉机的种类

滚揉机按设备容器外形来分,有立式滚揉机和卧式滚揉机两种;按操作压力来分,有常压式滚揉机混入真空滚揉机两种。

目前,我国肉制品加工中应用最广泛的是卧式真空滚揉机。该机操作简便、运行平稳、使用效率高,且安装了抽真空传动系统,可使残存在肉块中的空气被抽出,使腌制液在肉中均匀分布并被充分吸收,从而提高产品弹性和出品率。

图 21.4　电脑变频
真空滚揉机

2.滚揉机的工作参数

(1)滚揉机应安装在腌制间中,其环境温度应控制在 0～5℃。

(2)一般视滚筒的容量选择装载容量的 35％～67％。

(3)一般真空度要求在 60～90kPa。

3.主要结构

GR-3500 型电脑变频真空滚揉机由罐盖、罐体、罐带、减速机、电控箱、机架、真空泵、真空管路等组成。如图 21.4所示。

二、滚揉机的使用及保养

以沈阳吉祥食品机械有限公司生产的 GR-3500 型电脑变频真空滚揉机为例。

1.GR-3500 型电脑变频真空滚揉机的使用

(1)清除罐内异物。开机,进入触摸屏操作界面,进入【清洁养护程序】界面,清洗滚揉罐。

(2)装料。按“正转微调”“手动出料”按钮,将吸料口置于上方。

(3)上料。肉块直径＞50mm 采用人工上料:将物料装满到罐口出料板位置时将灌盖盖好。

肉块直径＜50mm 采用抽真空吸料方法上料:将罐盖盖好,在保证真空泵用水的情况下,将吸料管接头与罐体接头连接,吸料管另一头与料斗车连接,将足够物料放入料斗车内。在触摸屏上按下“真空吸料“按钮,真空泵工作,当达到一定的压力时即可吸料,吸料的数量应按罐体容积而定(应为罐体容积的 35％～67％)。真空吸料工作结束时,再按一下操作面板上的“真空吸料”按钮,真空泵停止工作,将吸料管取下,盖上封口压板,锁紧夹扣,为真空滚揉做准备。

(4)编辑配方。在屏幕上输入管理员密码,进入【配方编辑管理】界面。按相应按钮设定滚揉方式、滚揉速度。按参数区域弹出数值窗口,修改相关参数,按确认按钮确认输入。按屏幕左侧写入数值区域,弹出数值窗口,写入希望存储的配方号码,按确认按钮确认输入,这时设定配方就完成了,退出设定工作。

（5）滚揉工作。进入【操作控制中心】界面，按下配方数字区域，写入所需配置好的配方号码，调入配方，按下"启动"按钮，进入工作状态。运行过程中可以改变工作总时间、正转滚揉时间、反转滚揉时间、间歇时间等任何参数。

（6）放气。在屏幕上按下"自动放气"按钮，这样在滚揉工作结束的同时放气阀自动打开，直至滚揉罐内外气压平衡。运行结束，除自动放气外也可以按下控制面板"真空放气"按键，使滚揉罐的内外压力达到平衡。

（7）出料。结束放气后，将料斗车放在罐口下面。将罐体停在槽口向上的位置，旋转罐盖手柄，将罐盖卸下按下手动反转按钮出料，开始出料工作。出料工作结束后，应清洗罐内物料，为下次滚揉工作做准备。

2. GR-3500 型电脑变频真空滚揉机的清洗与保养

（1）定期彻底清洗整机。

（2）每天向链条油槽注油，每两周检查油槽注油情况，定期检查链条链轮润滑状况。

（3）减速机使用第一个月和此后的每半年必须添加一次机油（40♯机油）。

（4）主轴、托轮轴承每半年添加一次润滑油，密封圈老化后应更换。

（5）真空接头过滤网每工作一次应清洗。真空管路的气体过滤器每周清洗一次。过滤器内的积水应及时放掉。

（6）每月检查控制箱内电器、可编程控制器、触摸屏等有无结露，并用电吹风烘干整理一次。烘干后关好箱盖，注意密封。电气设备运转半年检修一次。

任务五　充填机与结扎机的使用

一、结构及工作原理

1. 充填机的种类及用途

充填机又称灌肠机，是将混合好的肉馅在动力作用下填充到肠衣中而形成灌肠的机器。充填机的种类很多，一般有卧式和立式两种，卧式一般是小型手动式的，立式有活塞式和电动式。目前，国内肉制品生产常用的充填机有活塞充填机、真空充填机、自动充填结扎机等。

1）活塞充填机

活塞充填机一般分为空压式、油压式及机械推动式三种，其中油压式充填机在肉制品加工中被广泛使用。

2）真空充填机

真空充填机是一种由料斗、肉泵（齿轮泵、叶片泵或双螺旋泵等）和真空系统所组成的连续式灌装机。该机能使用不同种类的肠衣，灌制不同规格的香肠。一般都带有自动扭结、定量灌制、自动上肠衣等装置，还可与自动打卡机、自动挂肠机、自动罐头充填机等设备配套使用。

3）自动充填结扎机

自动充填结扎机是靠齿轮泵与叶片泵充填加工灌肠类产品。该机具有定量充填、肠衣自动焊接、充填后自动打卡结扎、剪切分段等多种机械性能。

　　该机的最大优点是生产效率高，自动化程度高，肠衣规格化、耐高温，生产出的产品保存期长。该机在我国的大、中型肉制品企业中被广泛采用。

　　2. 结扎机的种类及用途

　　结扎就是把原料肉填充到肠衣后用线绳或铝线、铝卡等把两端捆扎，不让肉馅从肠衣中漏出来。结扎的目的是为了把肉馅牢固地封闭在肠衣内，制成各种性状的产品，以隔离肉馅与空气的接触，防止微生物的污染。

　　现在大多数产品采用铝卡结扎，利用结扎机完成。结扎机有手动式、半自动式和自动式 3 种，通常根据肠衣种类和折幅尺寸选择相应的机器种类。

二、充填机、结扎机的使用及保养

　　（一）油压式填充机的使用

　　1. 开机前的准备

　　（1）检查料仓内有无异物，并对料仓进行清洗，清除油污。

　　（2）调整好膝碰开关位置，用腿膝部和膝碰开关的位置比试一下，如不合适，用专用的手动螺母，移动膝碰开关位置直到合适为止，然后锁紧螺母。

　　（3）根据肠衣的直径选择合适的填充嘴。

　　2. 使用

　　（1）按启动开关，液压系统开始工作。

　　（2）按绿色按钮，缸内推料活塞降到底部。

　　（3）打开上盖，将准备好的原料肉馅装入缸内，装满后关闭缸盖。

　　（4）将肠衣套在充填嘴上，用膝部触动膝碰开关，同时调整好填充旋钮和返吸时间钮，即可进行充填工作。

　　（5）当推料活塞上行到终点时，说明缸内原料已经灌完。然后可以从第二步骤开始重复加料操作。

　　（6）生产结束后，切断电源，用高压水枪喷刷缸体内部，清洗干净后将缸体内部涂上食用润滑油。

　　（二）意大利 RISCO（1040C）型真空填充机的使用及保养

　　1. RISCO（1040C）型真空填充机的操作

　　（1）打开锥形料斗检查斗内是否有异物，并将转子、叶片擦干净，然后涂上食用润滑油。先安装转子，后按叶片安装顺序依次组装好，然后盖好锥形料斗。

　　注意：安装叶片时要检查叶片是否可以在转子的槽中自由滑动，如果滑动不好，则说明叶片有损坏，可以用挫打平或更换新的叶片。

　　（2）按所需口径选择好充填嘴，清洗后安装在出料口上。

　　（3）检查无误后，用提升机将原料肉倒入锥形料斗内。

　　（4）开机前检查所有液压油箱和真空泵油是否被充满，并检查电压及连接是否正确。

（5）开机，根据产品操作键盘选择充填方式及操作步骤进行灌装。

① 连续充填状态。向前按压膝碰开关，充填泵启动，并持续保持按压，及其连续灌装，如果需要停机，将腿离开膝碰开关即可。

② 连续自动充填状态。向前按膝碰开关，充填泵自动开启充填，松开膝碰开关充填泵将自动连续充填，机器处于连续自动充填状态。

a. 再次按压膝碰开关，机器停止充填。

b. 按键关机，指示灯熄灭，取消自动连续充填状态。

③ 定量充填状态。

a. 按键启动机器，指示灯亮，数字显示器亮，机器处于定量状态。

b. 按键选择机器重量调节功能，选择产品所需重量，相对应的数字在显示器上显示。按"＋"键增加重量，按"－"减少重量。

c. 如果间断式按键，增加或减少的重量值将在显示器上显示。如果连续按键，数值的增加或减少将呈现连续而快速变化的状态。

d. 所选择的重量将以数字形式在显示器上显示（显示器上的重量只是理论值，需要根据个人需要进行调节）。按压膝碰开关充填泵启动，当一个循环完毕时，机器将自动停机。若要增加或减少每份的重量，请重新按键，并完成一个新的运行。

④ 连续定量充填状态。

a. 通常，此功能在本机连接其他设备（如打卡机、捆绳机及扭结器）时使用。本机可设定一个以 1%s 为单位的循环间隔时间，此时间表示根据产品的要求每份产品的停顿时间。

b. 按键选择机器的间隔功能，并在显示器上选择足够的间隔时间。

c. 按膝碰开关使填充泵启动，机器按照输入的间隔时间所确定的频率进行定量填充。如果腿离开膝碰开关，机器将停止工作。如果充填速度不能满足需要，可以通过按键改变间隔时间。请记住此功能选必须在指示灯亮时进行。

⑤ 自动连续定量填充状态。

a. 按键启动机器，指示灯亮，机器处于自动定量状态。

b. 以下操作与机器自动连续充填相同。

注意：如果机器超过 3min 不使用，机器将自动停机。

（6）充填过程中，要经常观察物料的填充情况，不得无料空转。

（7）操作中要注意倾听叶片泵运转声音，如有明显噪声，应立即停车检查转子和叶片，叶片有断裂现象应立即更换。

（8）生产结束后，切断电源。拆卸时先打开锥形料斗，后取出叶片、卸下转子，并拆卸充填嘴。

2. RISCO（1040C）型真空填充机维护和保养

（1）日常保养。全部零件在专用清洗车内用热水冲洗干净。料斗和泵腔用高压水枪喷刷干净，并用洁净布擦干。清洗时禁止带转子、叶片加水冲刷，并检查转子，去除可能有的毛刺和划痕。

（2）每周检查真空泵油箱的油位，以免缺油。

（3）每月检查液压罐的油位和过滤器。

（4）每月工作 500h，更换真空泵油。

（5）每工作 1500h，更换液压油和油箱的过滤器，更换防磨板和叶片，并打开料斗更换密封圈并进行润滑。

（6）每工作 3 年，更换驱动轴的密封圈。

注意：若机器超负荷使用，保养周期应减半。

（三）结扎机的使用

1. 手动式结扎机的操作

1）装卡

将 U 型卡预先装在导向槽中，并检查 U 型卡排放顺序是否符合要求。

2）试打卡

将空肠衣用手折叠成褶放置于导向槽下部，按下打卡手柄，如铝卡卡进，便可以开始打卡。

3）打卡

将填充好肉馅的肠体握在手中，把开口端的肠衣折叠成褶，用手卡紧，折叠端的肠衣放在导向槽下部，控制好长度，按下打卡手柄即可。

如发现铝卡松，应进行调整。如调整后仍不合适，应考虑换铝卡。

2. SY 式结扎机的操作

（1）在绕线架上装入与肠衣配合使用的铝线，调整送线。

（2）闭合按钮开关，电动机回转。

（3）需要结扎的肠衣叠成褶，并插入导向槽中，按微调控制杆，微动开关启动。

（4）铝线按一定长度切断，由成型心轴弯成 U 型。

（5）返回滚筒在上方返回，成型杆后退，成型心轴脱出。

（6）将 U 型铝卡放在导轨下模，将下模提升，使上下模接触。

（7）结扎下模上升后，夹住肠衣的 U 型卡进行结扎，同时切断多余肠衣。

（8）结扎下模和导轨下模同时下降，另一个固定长度的铝线送入，弯成 U 形。

任务六　蒸煮锅与夹层锅的使用

一、蒸煮锅与夹层锅的用途及结构

1. 蒸煮锅的用途及结构

蒸煮锅又称方锅，是煮制灌肠、压缩火腿的主要设备。具有结构简单、操作方便、工作效率高、造价低等优点。

常用的蒸煮锅有长方形和圆筒形两种。主要由蒸煮吊架、电动葫芦升降设备和锅体三部分组成，蒸煮锅内设有整齐加热管、排放阀等，并配有温度计、蒸汽压力表、蒸汽控制阀、程序控制器等控制仪表。

蒸煮锅的加热方法可以采用电、油、煤气、蒸汽、煤炭等。

2. 夹层锅的种类及结构

夹层锅一般由不锈钢材料制成，常用来煮制各种肉制品。

夹层锅按其深浅可分为浅型、半深型和深型；按其操作可分为固定式和倾斜式。目前最常用的夹层锅是可倾式夹层锅。如图 21.5 所示。

可倾式夹层锅主要由锅体、填料盒、冷凝水排出管、进气管、压力表、倾覆装置、排除阀和支架等组成。倾覆装置是专门为出料设计的，包括一对具有手轮的蜗轮、蜗杆，蜗轮与轴颈固接，当摇动手轮时，可将锅体倾倒和复原。可倾式夹层锅的倾倒角度为 60°左右。

固定式夹层锅则把锅体直接固定在支架上。

图 21.5　夹层锅

二、蒸煮锅与夹层锅的使用及保养

1. 蒸煮锅的使用及保养

（1）将需要蒸煮的肉制品装入锅体内部。

（2）关闭排水阀，打开冷水管放入冷水，使水位线稍高于锅内产品。

（3）关闭锅盖。为使锅盖开关自如，锅盖的重心应在转轴处，如开关不灵活，应调节平衡块的位置。

（4）打开蒸汽管进行加热。

（5）待温度上升到规定温度时，关闭进气阀，停止加热。

（6）蒸煮工作结束后，打开排水阀将水放掉。还可以通过压缩空气使锅内温度迅速下降。

（7）打开锅盖取出产品，并将锅体内外洗刷干净。

（8）外壳、锅盖、支架连接处转动部分，每周要加油。

（9）经常检查各密封处、接头处，不得有漏气、漏水现象，如有泄漏应及时排除。

2. 夹层锅的使用及保养

（1）使用夹层锅前应先打开进气阀门，然后打开排水阀门，将锅内残余的水排出，并在见到蒸汽排除时关闭排水阀门，使夹层保压。

（2）当压力表开始升压时，应检查锅体各接头处是否有漏气现象，如有漏气现象，则应立即停止进气，待处理后方可使用。

（3）摇动蜗杆手轮，检查蜗轮、蜗杆转动是否自如，若转动不畅，则应检查锅体两端的支架是否缺油。

（4）检查无误后，方可向锅内加水和原料。

（5）煮制肉制品时，要注意不要把水和原料放得过满，以免汤在沸腾时外溢。

（6）生产结束后，首先关闭进气阀门，然后打开排水阀门，把夹层内的余气排除，并将锅体内外洗刷干净。

（7）经常在蜗轮齿面加注润滑脂，以保证传动正常。

任务七　斩拌机的使用

一、结构及工作原理

1. 斩拌机的分类及用途

斩拌机在肉制品加工中的作用有两个：一是将原料肉（肉块或肉粒）切割剁碎成肉糜状；二是将剁碎的原料肉与添加剂及各种辅料相混合进行搅拌，使之成为达到工艺要求的物料。

斩拌机根据料盘加工时的内部压力可分为常压式、真空式和真空蒸煮式；根据结构（刀轴位置）可分为卧式和立式。

2. ZZB200 型真空斩拌机结构

ZZB200 型真空斩拌机主要由底座、斩锅、刀轴箱、真空罩及翻转机构、刀罩及翻转机构、上料机构、液压系统、出料机构、操纵台、轴流风机等组成，如图 21.6 所示。

图 21.6　真空斩拌机

3. 真空斩拌机的工作原理

装有原料肉的斩锅以低速旋转，并不断将原料肉向斩拌刀组下方输送，斩拌刀组以高速旋转，原料肉及辅料在斩锅中做螺旋式运动的同时被斩拌刀组搅拌和切碎，并排掉肉糜中存在的空气。锋利的刀组高速斩拌，使原料肉得到充分地混合、乳化，刀组的转速越高，其混合乳化效果越好。

二、斩拌机的使用及保养

（一）斩拌刀组组装及对刀调整

对于肉制品加工工来说，斩拌机需要经常装卸的部位就是斩拌刀。在装卸斩拌机的刀具时，最重要的问题应该是装卸者的安全问题。首先，要关闭电源，避免任何原因产生的在装卸过程中刀具突然启动，造成人员伤亡。其次，在用扳手旋动紧固螺钉时，应注意手臂远离斩拌刀，以免因扳手打滑而使手臂碰到刀刃上。

1. 斩拌刀组的组装

首先将斩拌刀、刀座和调节盘上的油污清除干净，然后将材质、薄厚相同，且重量相差小于 2g 的斩拌刀分为一组。一组斩拌刀、一个刀座和一片可调刀盘组成一个刀组，并通过调整可调刀盘上的四个内六角螺钉将斩拌刀调整到恰当的长度。

2. 斩拌刀组的安装

根据斩拌工艺的不同要求，斩拌刀组可组成三种不同形式：由三组六片刀组成的斩拌刀组；由两组四片刀组成的斩拌刀组；由一组两片刀组成的斩拌刀组。斩拌刀组的具体使用方法如下：

（1）首先打开机盖，将刀轴的锁紧装置手柄扳到锁紧位置上，此时，刀轴被锁紧不能转动，便于安装刀组。

（2）由三组六片刀组成的斩拌刀组的安装方法如图 21.7 所示。

① 在刀轴上先装入挡盘1。

② 再先后装入"2型刀组""1型刀组""3型刀组"，此三组刀安装的键槽位置互相成60°角。

③ 装上压盖2，再带上锁紧螺母（左旋）轻轻拧上。

（3）由两组四片刀组成的斩拌刀组的安装方法如图21.8所示。

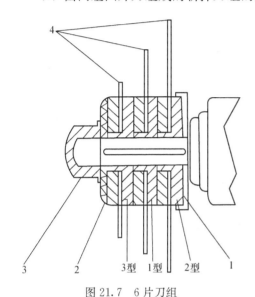 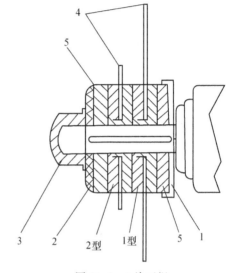

図 21.7　6片刀组

1.挡盘；2.压盖；3.锁紧螺母；4.斩刀

図 21.8　4片刀组

1.挡盘；2.压盖；3.锁紧螺母；4.斩刀；5.调整盘

① 在刀轴上先装入挡盘1。

② 装入调整盘5两件。

③ 再先后装入"1型刀组"、"2型刀组"，此两组刀的刀座键槽位置互相成90°角。

④ 再装入调整盘5一件。

⑤ 再装上压盖2，将锁紧螺母（左旋）轻轻拧上。

（4）由一组2片刀组成的斩拌刀组的安装方法如图21.9所示。

① 在刀轴上先装入挡盘1。

② 再装入调整盘5两件。

③ 再装入任意一组斩拌刀组（1型、2型、3型均可）。

④ 再装入调整盘5两件。

⑤ 再装上压盖2，将锁紧螺母（左旋）轻轻拧上。

（5）装好斩拌刀组后，将刀轴锁紧装置手柄扳到"转动"位置，这时，刀轴可以自由转动。

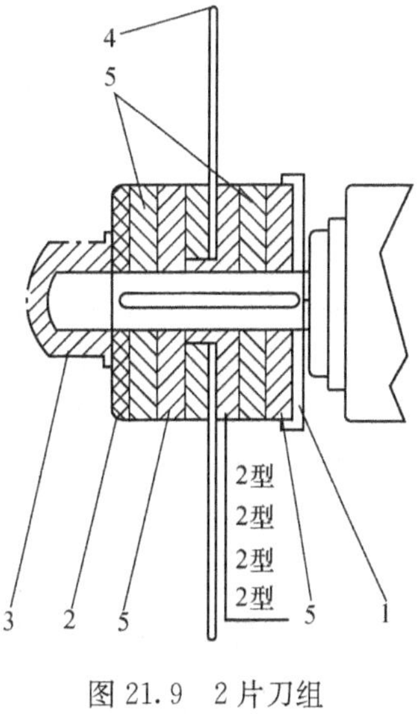

図 21.9　2片刀组

1.挡盘；2.压盖；3.锁紧螺母；
4.斩刀；5.调整盘

3.斩拌刀的对刀调整

将斩锅的"对刀区"（即斩锅锅沿上镶红点处）转动到刀组处，按上述方法调整

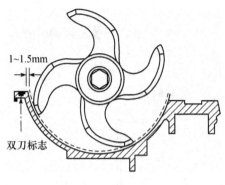

1~1.5mm

双刀标志

图 21.10 对刀示意图

斩拌刀组的长度，使斩拌刀的刀尖与斩锅圆弧尺寸间隙保持在 1～1.5mm 之间，如图 21.10 所示。

（二）斩拌机的安全使用及保养

1. 斩拌机的安全使用

（1）将斩锅清洗干净，检查斩锅内有无异物，对准备往斩锅中倒入的物料要认真仔细地检查，绝对不允许有骨头、石块、铁屑等硬物，以防损坏刀具和发生重大事故。

（2）加入的原料肉和脂肪块不能过大，不能为冻结肉，投料要均匀，按设计容量投料。

（3）启动：打开配电柜，将空气开关闭合送电，然后关上配电柜，点动配电柜门上的左侧绿色电源按钮，触摸屏亮显示【欢迎】界面，设备进入工作状态。

（4）触摸屏的【监控】界面上方显示刀轴、斩锅的运行状态和对应的速度（r/min）。监控界面中间显示物料温度、斩锅计数、斩拌计时控制状态，监控界面下方显示物料温度、斩锅计数、斩拌计时的设定数值，当需要修改某项数值时，直接触按在屏幕响应数字区域，弹出数字键盘，触按响应数字区域确认修改即可。

（5）按【监控】界面上的"设定"键，进入【变频运行状态监视】界面、【运行环境监视】界面，可分别设定为刀轴速度、设定出料盘和斩锅速度、监视变频运行状态、监视运行环境。

（6）操作面板上方，左手是斩锅旋转开关，右手是斩刀旋转开关。斩锅速度设为六挡，斩刀速度设为八挡。用左、右手分别将斩锅旋开关、斩刀旋转开关指向选择需要的斩刀、斩锅速度，斩刀启动后，斩锅随之启动。生产中可任意旋转开关改变斩刀、斩锅的速度。用左、右手分别将斩锅旋转开关、斩刀旋转开关回归"0"位，斩刀停止驱动，将依靠惯性减速直至停止。

斩锅除在调试时可以任意启动外，其他情况下必须斩刀处于旋转状态时才能启动。这样就避免物料堆积直接推挤静止斩刀，甚至发生断刀事故。

生产过程中，触摸屏会显示速度相关信息。

操作员在生产乳化产品时，斩刀高速、斩锅应配合低速，这样一方面提高产品细密度，另一方面也减少电流保护电动机。

互锁提示：

① 如果刀盖开启，斩刀操作无效。

② 任意斩刀操作时，液压操作的刀盖上升无效。

（7）液压操作。在操作面板中部两侧，设有两个十字开关用于液压操作：左侧为刀盖、真空盖操作，右侧为上料提升、出料操作。扳动十字开关到图示文字方向将进行相应操作。

① 刀盖上升。当真空盖未开启到垂直位置或刀轴未停止运行时，该操作失效；当真空盖未开启到垂直位置并且刀轴处于静止时，扳动十字开关指向"刀盖升"，液压泵

和相应电源阀启动，刀盖上升，将十字开关离开指向"刀盖升"位置，刀盖停止上升。

②刀盖下降。当刀盖处于开启状态时，扳动十字开关指向"刀盖降"，液压泵和相应的电磁阀启动，刀盖下降。到达停止位置时扳动十字开关离开指向"刀盖降"位置，刀盖停止下降。

③真空盖上升。当提升机在下面停止位置，同时出料臂在上升停止位置时，扳动十字开关指向"真空盖升"，液压泵和相应电磁阀启动，真空盖上升。当真空盖上升至停止位时，扳动十字开关离开指向"真空盖升"位置，真空盖停止上升。

④真空盖下降。当提升机在下降停止位置，同时出料臂在上升停止位置并且刀盖关闭时，真空盖处于开启状态时，扳动十字开关指向"真空盖降"，液压泵和相应电磁阀启动，真空盖下降。到达停止位置时，扳动十字开关离开指向"真空盖降"位置，刀盖停止下降。

⑤提升机上升。当真空盖离开上升停止位置时，该操作失效；当真空盖处于上升停止位置时，扳动十字开关指向"提升机升"，液压泵和相应电磁阀启动，料斗上升直至倾斜、翻转；到达停止位置时扳动十字开关离开指向"提升机升"位置，提升机停止运行。

⑥提升机下降。当提升机离开地面时，扳动十字开关指向"提升机降"，液压泵和相应电磁阀启动，提升机下降；到达停止位置时扳动十字开关离开指向"提升机降"位置，提升机停止运行。

⑦出料臂上升。当出料臂不在上升停止位置时，扳动十字开关指向"出料臂升"，液压泵和相应电磁阀启动，出料臂上升。如果出料臂上升时出料盘正在转动，则当出料臂上升至一定位置时，出料盘将自动停止转动。

⑧出料臂下降。当真空盖不在上升位置时，该操作失败；当真空盖处于上升停止位置时，扳动十字开关指向"出料臂降"，液压泵和相应电磁阀启动，出料臂下降；到达停止位置时，扳动十字开关离开指向"出料臂降"位置，出料臂停止运行。

当出料臂下降至斩锅上方，出料盘接近斩锅边缘时，出料盘将自动运行，出料臂继续下降；在出料盘接近斩锅底部时，出料臂将缓冲下降；在出料盘到达斩锅底部时，出料臂停止下降，但出料盘继续运行。

（8）控制操作。在操作面板下部左侧，设有一个十字开关用于物料温度、斩锅转圈记数、斩拌计时控制操作。操作员可以控制组合，保证产品品质和一致性。

①物料温度控制。操作员先在触摸屏上设定物料温度数值，然后扳动十字开关指向"温度"一下，屏幕上"物料温度"变成"温度控制"并开始闪烁，表示进入物料温度控制程序，当物料温度超过设定值，斩伴操作自动停止。

在物料温度控制中，可以通过再扳动十字开关指向"温度"一下，来取消物料温度控制，屏幕上"温度控制"变成"物料温度"开始闪烁，表示进入物料温度控制程序，当物料温度超过设定数值，斩伴操作自动停止。

在物料温度控制中，可以通过再扳动十字开关指向"温度"一下，来取消物料温度控制，屏幕上"温度控制"变成"物料温度"并停止闪烁，表示进入物料温度监视状态。

斩拌操作自动停止后，操作员将斩刀控制旋钮回归"0"位置后，温度控制自动取消。

② 斩锅转圈计数控制。操作员先在触摸屏上设定斩锅转圈计数数值，然后扳动十字开关指向"斩锅计数"一下，屏幕上"斩锅计数"变成"计数控制"并开始闪烁，表示进入斩锅转圈技术控制程序，当斩锅转圈技术达到设定数值，斩拌操作自动停止。

在斩锅转圈计数控制中，可以通过再扳动十字开关指向"斩锅计数"一下，来取消斩锅转圈计数控制，屏幕上"计数控制"变成"斩锅计数"并停止闪烁，表示退出斩锅转圈计数控制状态。这时计数器数值不清"0"，以便下次累计使用。

斩伴操作自动停止后，操作员将斩刀控制旋钮回归"0"位置后，斩锅转圈计数控制自动取消，计数器数值清"0"。

③ 斩伴计时控制。操作员先在触摸屏上设定计时数值，然后扳动十字开关指向"时间"一下，屏幕上"计时秒表"变成"计时控制"并开始闪烁，表示进入斩拌计时控制程序，当斩拌计时达到设定数值，斩拌操作自动停止。

计时器只是在斩拌操作时计时，斩刀不运行不计时。

在斩拌计时控制中，可以通过再扳动十字开关指向"时间"一下，来取消斩拌计时控制，屏幕上"计时控制"变成"计时秒表"并停止闪烁，表示退出斩拌计时控制状态。这时计时器数值不清"0"，以便下次累计使用。

斩拌操作自动停止后，操作员将斩刀控制旋钮回归"0"位置后，斩拌计时控制自动取消，计时器数值清"0"。

④ 取消全部控制。在任何控制状态，可以通过扳动十字开关指向"解除控制"一下，来取消全部控制。这时，计数器、计时器数值全部清"0"。

（9）其他操作。

① 出料盘。通过扳动十字开关指向"出料盘"一下，可以改变当前出料盘的状态，即把出料盘启动或把出料盘停止。

② 调试。在斩锅静止状态，可以通过扳动十字开关指向"解除控制"一段时间，来进入调试状态，这时，斩锅可以在斩刀不转的情况下运行。

在调试状态下，可以通过扳动十字开关指向"解除控制"一下，离开调试状态。

（10）正常关机和急停。

① 正常关机。工作结束后，按配电柜门上的红色停止按钮，电源熄灭，打开配电柜拉下所有空气开关，关上配电柜大门。

② 急停。按下控制面板中间的红色急停按钮，整机将急停。急停状态解除须旋转急停按钮使急停按钮弹开，并重新供电。

2. 斩拌机的清洗与保养

1）清洗操作

每天工作完毕后，做好清洗工作。

2）斩刀保养

为了使斩拌刀刀具有良好的耐久性，每用一次或两次后，应把刀具用水或蒸汽加热到 $100\sim200$℃，这样可以有效地缓解材料内部的张力。

存放斩拌刀时，室温不能低于 20℃，磨刀时温度不能高于 45℃，必须有冷却措施，这样可以避免刀面产生局部高温而产生局部内应力（使用时易出现崩裂）。磨刀时要特别注意刀面上不能出现退火颜色和烙印。

生产中，若每天使用斩拌机，则至少每隔 10d 就要磨一次斩拌刀。磨刀过程中必须称重，以保证成套刀具中每片刀的重量一致（严格要求误差不多于 1g）。

3）液压泵保养

液压泵的电动机前后轴承 3000h 注一次润滑脂，充填至轴承空腔的 2/3。开始使用机器 50h 后应更换一次液压油，每工作 2000h 彻底更换一次液压油，推荐使用 YA-N46 液压油，用量约 20～22L。

4）定期润滑

（1）刀具上前后轴承每班注耐高温、高速润滑脂一次。

（2）真空盖轴上各处润滑点每 500h 注入钙钠基润滑脂：液压缸活塞杆关节轴承、液压缸底座关节轴承、真空盖轴的轴承。

三、注意事项

（1）斩拌机运行中严禁打开机盖，严禁将手伸入斩锅的机盖下面，以免发生人身伤害。

（2）不要将任何物体放在机盖上，防止斩拌机运转时振动使其滑入斩锅内，导致斩拌刀的断裂而发生重大事故。

（3）对准备往锅中倒入的物料要认真仔细地检查，绝对不允许有骨头、石块、铁屑等硬物，以防损坏刀具和发生重大事故。

（4）加入的原料肉和脂肪块不能过大，不能为冻结肉，投料要均匀，并尽量按设计容量投料，如 200L 的斩拌机一般斩拌 100～130kg 肉料。

（5）斩拌时要注意温度升高情况，发生肉温过高应立即停止斩拌或加冰屑降温。

（6）斩拌机启动时，一定要先启动低速或中速电动机，当刀轴速度已达中速后，再启动高速电动机。此操作过程若逆转会造成设备损坏等严重后果。

（7）真空盖开启到上升停止位置时，方可操作出料和提升上料。严禁真空盖未开启或未开启到上升停止位置时，操作出料和提升上料，以免造成设备损伤。

（8）使用真空斩拌时，真空泵必须有软化水。

（9）清洗机器时，严防水溅到电气操纵箱上，避免发生触电事故及损坏器件。

（10）主轴前端的锁紧螺母应每班拧紧一次，以防斩拌刀松动。

（11）应按使用说明书的要求对整机的各个润滑部位认真按时注油、润滑。

（12）当需移动设备或改变电源相序时，应将搅拌电动机 V 带轮上的三角齿形皮带摘开，检查运转方向是否正确，确认转动方向正确后，再挂上三角齿形皮带工作。运转方向错误会造成重大事故。

 小结

本项目主要介绍了肉制品加工常用部分设备——提升机、绞肉机、滚揉机、充填机、结扎机、斩拌机、夹层锅、蒸煮锅等。要求学生了解各设备的结构、原理，熟练掌握各设备的使用方法和维护保养技术。

 复习思考题

(1) 简述提升机的安装方法。

(2) 简述提升机的使用方法。

(3) 简述绞肉机的使用及维护与保养方法。

(4) 简述切丁机使用方法及注意问题。

(5) 简述滚揉机的使用方法及维护保养技术。

(6) 简述意大利 RISCO（1040C）型真空充填机的使用及保养技术。

(7) 简述蒸煮锅、夹层锅的使用及保养方法。

(8) 简述斩拌机斩拌刀组组装及对刀调整方法。

(9) 简述斩拌机的安全使用及保养方法。

 知识链接

我国肉类机械的现状

我国近 200 家肉类机械制造厂能生产 90% 以上的肉类加工设备，几乎覆盖了屠宰、分割、肉制品、调理食品、综合利用等所有加工领域，而且所制造的设备已开始接近国外同类产品。例如，斩拌机、盐水注射机、连续式真空包装机、油炸机等。这些设备在中国肉类工业中已起到了很大的作用，推动了肉类工业的发展。除了在国内销售外，已有多家企业开始拓展海外市场，逐步与国际接轨。但是，我们不能因为我们的设备已在应用或已有部分出口就沾沾自喜，实际上我们的产品与欧美先进水平相比，还有很大的距离，这是我们肉类加工机械制造业需要正确面对的现实。从中国肉类协会所汇总统计的肉类机械制造企业情况来看，我国大多数企业还在低水平上徘徊，高起点的较少。这些企业的技术水平还相对落后，除个别企业的个别设备（与欧美设备制造商合作生产）和简单加工生产线（例如分割线已成套出口至澳洲和中国香港等地）外，我们生产的大部分还是简单机械和给国外机械设备配套的附属设施，技术含量相对较低。从整体技术水平来看，我国大部分肉类加工设备还处在欧美 20 世纪 80 年代的水平，只有很少量的已达到 90 年代的水平。也就是说，技术水平相当于落后先进国家 10~20 年。从海关的统计也很能看出肉类机械的现状，我国在 2003 年进口食品加工机械 7.24 亿美元，而出口仅 1.63 亿美元。肉类加工机械约占整个食品机械的 10%，也就是说我国的肉类加工机械年进口量在 7000 万美元左右。而我国肉类加工机械制造企业的年销售总额也就只 6 亿元人民币左右，即我国的肉类机械需求量中有一半以上是进口的。

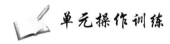

单元操作训练

斩拌刀组组装及对刀调整

一、单元训练目的

通过本次单元训练，掌握斩拌机斩拌刀组的组装要点及对刀调整方法，从而为熟练操作斩拌机打下良好的基础。

二、仪器与材料

ZZB200 型真空斩拌机及斩拌刀组等。

三、操作方法

1. 斩拌刀组的组装

首先将斩拌刀、刀座和调节盘上的油污清除干净，然后将材质、薄厚相同，且重量相差小于 2g 的斩拌刀分为一组。一组斩拌刀、一个刀座和一片可调刀盘组成一个刀组，并通过调整可调刀盘上的四个内六角螺钉将斩拌刀调整到恰当的长度。

2. 斩拌刀组的安装

根据斩拌工艺的不同要求，斩拌刀组可组成三种不同形式：由三组六片刀组成的斩拌刀组；由两组四片刀组成的斩拌刀组；由一组两片刀组成的斩拌刀组。斩拌刀组的具体使用方法如下：

（1）首先打开机盖，将刀轴的锁紧装置手柄扳到锁紧位置上，此时，刀轴被锁紧不能转动，便于安装刀组。

（2）由三组六片刀组成的斩拌刀组的安装方法。

① 在刀轴上先装入挡盘 1。

② 再先后装入"2 型刀组""1 型刀组""3 型刀组"，此三组刀安装的键槽位置互相成 60°角。

③ 装上压盖 2，再带上锁紧螺母（左旋）轻轻拧上。

（3）由两组四片刀组成的斩拌刀组的安装方法。

① 在刀轴上先装入挡盘 1。

② 装入调整盘 5 两件。

③ 再先后装入"1 型刀组""2 型刀组"，此两组刀的刀座键槽位置互相成 90°角。

④ 再装入调整盘 5 一件。

⑤ 再装上压盖 2，将锁紧螺母（左旋）轻轻拧上。

（4）由一组 2 片刀组成的斩拌刀组的安装方法。

① 在刀轴上先装入挡盘 1。

② 再装入调整盘 5 两件。

③ 再装入任意一组斩拌刀组（1 型、2 型、3 型均可）。

④ 再装入调整盘 5 两件。

⑤ 再装上压盖 2，将锁紧螺母（左旋）轻轻拧上。

（5）装好斩拌刀组后，将刀轴锁紧装置手柄扳到"转动"位置，这时，刀轴可以自由转动。

3. 斩拌刀的对刀调整

将斩锅的"对刀区"（即斩锅锅沿上镶红点处）转动到刀组处，按上述方法调整斩拌刀组的长度，使斩拌刀的刀尖与斩锅圆弧尺寸间隙保持在 1～1.5mm 之间。

四、注意事项

（1）要关闭电源，避免任何原因产生的在装卸过程中的刀具突然启动，造成人员伤亡。

（2）在用扳手旋动紧固螺钉时，应注意手臂远离斩拌刀，以免因扳手打滑而使手臂碰到刀刃上。

五、思考题

（1）简述斩拌刀组的安装方法。

（2）简述斩拌刀的对刀调整方法。

（3）写出单元训练报告。

 综合实训

斩拌机的使用及保养

一、实训目的

通过本次实训，使学生掌握真空斩拌机的使用操作方法及维护保养技术，了解斩拌机的结构和工作原理，从而提高学生的实际操作技能。

二、实训设备类型及工作原理

1. ZZB200 型真空斩拌机结构

ZZB200 型真空斩拌机主要由底座、斩锅、刀轴箱、真空罩及翻转机构、刀罩及翻转机构、上料机构、液压系统、出料机构、操纵台、轴流风机等组成。

2. 真空斩拌机的工作原理

装有原料肉的斩锅以低速旋转，并不断将原料肉向斩拌刀组下方输送，斩拌刀组以高速旋转，原料肉及辅料在斩锅中做螺旋式运动的同时被斩拌刀组搅拌和切碎，并排掉肉糜中存在的空气。锋利的刀组高速斩拌，使原料肉得到充分地混合、乳化，刀组的转速越高，其混合乳化效果越好。

三、操作方法及步骤

（一）斩拌机的使用及操作要点

1. 斩拌刀组组装及对刀调整

（1）斩拌刀组的组装。首先将斩拌刀、刀座和调节盘上的油污清除干净，然后将材质、薄厚相同，且重量相差小于 2g 的斩拌刀分为一组。一组斩拌刀、一个刀座和一片可调刀盘组成一个刀组，并通过调整可调刀盘上的 4 个内六角螺钉将斩拌刀调整到恰当的长度。

（2）斩拌刀组的安装。根据斩拌工艺的不同要求，斩拌刀组可组成三种不同形式：由三组六片刀组成的斩拌刀组；由两组四片刀组成的斩拌刀组；由一组两片刀组成的斩拌刀组。

（3）斩拌刀的对刀调整。将斩锅的"对刀区"（即斩锅锅沿上镶红点处）转动到刀组处，按上述方法调整斩拌刀组的长度，使斩拌刀的刀尖与斩锅圆弧尺寸间隙保持在 1～1.5mm 之间。

2. 斩拌机的安全使用

（1）清洗斩锅。

（2）投料。

（3）启动。

（4）设定。

（5）液压操作。在操作面板中部两侧，设有两个十字开关用于液压操作：左侧为刀盖、真空盖操作，右侧为上料提升、出料操作。扳动十字开关到图示文字方向将进行相应操作。

（6）控制操作。在操作面板下部左侧，设有一个十字开关用于物料温度、斩锅转圈记数、斩伴计时控制操作。操作员可以控制组合，保证产品品质和一致性。

（7）其他操作。

① 出料盘。通过扳动十字开关指向"出料盘"一下，可以改变当前出料盘的状态，即把出料盘启动或把出料盘停止。

② 调试。在斩锅静止状态，可以通过扳动十字开关指向"解除控制"一段时间，来进入调试状态，这时，斩锅可以在斩刀不转的情况下运行。

在调试状态下，可以通过扳动十字开关指向"解除控制"一下，离开调试状态。

（8）正常关机和急停。

（二）斩拌机的清洗与保养

1. 清洗操作

每天工作完毕后，做好清洗工作。

2. 斩刀保养

为了使斩拌刀刀具有良好的耐久性，每用一次或两次后，应把刀具用水或蒸汽加热到 100～200℃，这样可以有效地缓解材料内部的张力。

存放斩拌刀时，室温不能低于 20℃，磨刀时温度不能高于 45℃，必须有冷却措施，这样可以避免刀面产生局部高温而产生局部内应力（使用时易出现崩裂）。磨刀时要特别注意刀面上不能出现退火颜色和烙印。

生产中，若每天使用斩拌机，则至少每隔十天就要磨一次斩拌刀。磨刀过程中必须称重，以保证成套刀具中每片刀的重量一致（严格要求误差不多于 1g）。

3. 液压泵保养

液压泵的电动机前后轴承 3000h 注一次润滑脂，充填至轴承空腔的 2/3。开始使用机器 50h 后应更换一次液压油，每工作 2000h 彻底更换一次液压油，推荐使用 YA-N46

液压油，用量约 20～22L。

4. 定期润滑

（1）刀具上前后轴承每班注耐高温、高速润滑脂一次。

（2）真空盖轴上各处润滑点每 500h 注入钙钠基润滑脂：液压缸活塞杆关节轴承、液压缸底座关节轴承、真空盖轴的轴承。

四、注意事项

（1）斩拌机运行中严禁打开机盖，严禁将手伸入斩锅的机盖下面，以免发生人身伤害。

（2）不要将任何物体放在机盖上，防止斩拌机运转时振动使其滑入斩锅内，导致斩拌刀的断裂而发生重大事故。

（3）对准备往锅中倒入的物料要认真仔细地检查，绝对不允许有骨头、石块、铁屑等硬物，以防损坏刀具和发生重大事故。

（4）加入的原料肉和脂肪块不能过大，不能为冻结肉，投料要均匀，并尽量按设计容量投料，如 200L 的斩拌机一般斩拌 100～130kg 肉料。

（5）斩伴时要注意温度升高情况，发生肉温过高应立即停止斩拌或加冰屑降温。

（6）斩拌机启动时，一定要先启动低速或中速电动机，当刀轴速度已达中速后，再启动高速电动机。此操作过程若逆转会造成设备损坏等严重后果。

（7）真空盖开启到上升停止位置时，方可操作出料和提升上料。严禁真空盖未开启或未开启到上升停止位置时，操作出料和提升上料，以免造成设备损伤。

（8）使用真空斩拌时，真空泵必须有软化水。

（9）清洗机器时，严防水溅到电气操纵箱上，避免发生触电事故及损坏器件。

（10）主轴前端的锁紧螺母应每班拧紧一次，以防斩拌刀松动。

（11）应按使用说明书的要求对整机的各个润滑部位认真按时注油、润滑。

（12）当需移动设备或改变电源相序时，应将搅拌电动机 V 带轮上的三角齿形皮带摘开，检查运转方向是否正确，确认转动方向正确后，再挂上三角齿形皮带工作。运转方向错误会造成重大事故。

五、项目评价与考核

按表 21.1 进行实训项目的评价与考核。

表 21.1　项目评价与考核单

情　景	真空斩拌机操作与保养		×××实训室		班　级			
姓名		组员					学号	
序号	考核内容	考核标准				分数	权数	
							自评	互评	教师评
							3	3	4
1	任务领会情况	能理解生产任务的目标要求；根据任务查阅相关资料；形成思路完成理论知识的学习；有工作笔记				5			
2	分工协作	科学分工，团结协作，服从安排				5			
3	信息收集整理	资料搜集准确，信息涵盖全面，总结归纳合理				5			

续表

情　景	真空斩拌机操作与保养	×××实训室		班　级			
姓名		组员			学号		

序号	考核内容	考核标准	分数	权数		
				自评	互评	教师评
				3	3	4
4	生产方案制定	生产方案设计科学、合理，内容完善完整	5			
5	原料预处理	操作准确、步骤完整、记录全面	5			
6	关键步骤	操作准确、步骤完整、记录全面	15			
7	设备操作	按照操作规范准确操作、记录全面，并知其原理	15			
8	用具操作	按照操作规范准确操作、记录全面	10			
9	清场	工器具洗涤干净、消毒、归位；卫生打扫彻底	5			
10	工作态度	积极主动、实事求是、律己守纪	4			
11	出勤情况	不迟到、不早退、不无故请假、不旷工	4			
12	卫生保持	在工作过程中始终保持台面、地面的清洁、垃圾放到指定地点；个人不留长指甲、不戴首饰，工作衣帽穿戴整齐，有良好的卫生习惯	4			
13	质量控制	注重提高产品质量，产品风味好、组织状态好，出品率高	4			
14	生产安全	所有工序严格按照设备操作规程要求操作，没有出现过生产安全问题。能及时预防和消除生产隐患	4			
15	工作评价与反馈	针对本次任务的结果有合理的分析，对存在的问题有讨论，提出修改意见	10			
		合　计				

简短的评语

该同学在实施过程中，_____

最终成绩：_____

考核小组签名：

日　期：

六、思考题

(1) 简述斩拌机的使用及操作要点。

(2) 简述斩拌机的清洗与保养方法。

(3) 写出实训报告。

主要参考文献

蔡健，常锋. 2008. 乳品加工技术. 北京：化学工业出版社.

陈志. 2006. 乳品加工技术. 北京：化学工业出版社.

浮吟梅，吴晓彤. 2008. 肉制品加工技术. 北京：化学工业出版社.

顾瑞霞. 2006. 乳与乳制品工艺学. 北京：中国计量出版社.

郭本恒. 2001. 乳制品. 北京：化学工业出版社.

郭本恒. 2004. 现代乳品加工技术丛书-干酪. 北京：化学工业出版社.

黄得智，张向生. 2002. 新编肉制品生产工艺与配方. 北京：中国轻工业出版社.

蒋爱民. 2000. 畜产食品工艺学. 北京：中国农业出版社.

今世琳. 1987. 乳品工业手册. 北京：轻工业出版社.

孔保华. 2004. 乳品科学与技术. 北京：科学出版社.

李慧东，严佩峰. 畜产品加工技术. 北京：化学工业出版社.

李秀娟. 2008. 食品加工技术. 北京：化学工业出版社.

蔺毅峰. 2007. 冰淇淋加工工艺与配方. 北京：化学工业出版社.

骆承痒. 1992. 乳与乳制品工艺学. 北京：中国农业出版社.

农业部工人技术培训教材编审委员会. 1997. 乳品生产技术Ⅱ. 北京：中国农业出版社.

吴晓彤，马兆瑞. 2006. 畜产品加工技术. 北京：科学出版社.

吴祖兴. 2007. 乳制品加工技术. 北京：化学工业出版社.

武建新. 2005. 乳品生产技术. 北京：科学出版社.

谢继志. 1999. 液态乳制品科学与技术. 北京：中国轻工业出版社.

袁仲. 2008. 食品工程原理. 北京：化学工业出版社.

曾寿瀛. 2002. 现代乳与乳制品. 北京：中国农业出版社.

张和平，张佳程. 2007. 乳品工艺学. 北京：中国轻工业出版社.

张和平，张列兵. 2005. 现代乳品工业手册. 北京：中国轻工业出版社.

张孔海. 2007. 食品加工技术概论. 北京：中国轻工业出版社.

张兰威. 2006. 乳与乳制品工艺学. 北京：中国农业出版社.

赵晋府. 1999. 食品工艺学. 北京：中国轻工业出版社.

中国就业培训技术指导中心. 2008. 肉制品加工工（初级 中级 高级）. 北京：中国劳动社会保障出版社.

周光宏，张兰威，等. 畜产食品加工学. 北京：中国农业大学出版社.

周光宏. 2002. 畜产品加工学. 北京：中国农业出版社.

周家春. 2003. 食品工艺学. 北京：化学工业出版社.

朱维军. 2007. 肉品加工技术. 北京：高等教育出版社.